●サンプルデータについて

本書で紹介したデータは、サンプルとして秀和システムのホームページからダウンロードできます。詳しいダウンロードの方法については、巻末の「サンプルデータのダウンロード方法」をご参照ください。

ダウンロードページ
https://www.shuwasystem.co.jp/books/r_sa_permas_2nd/

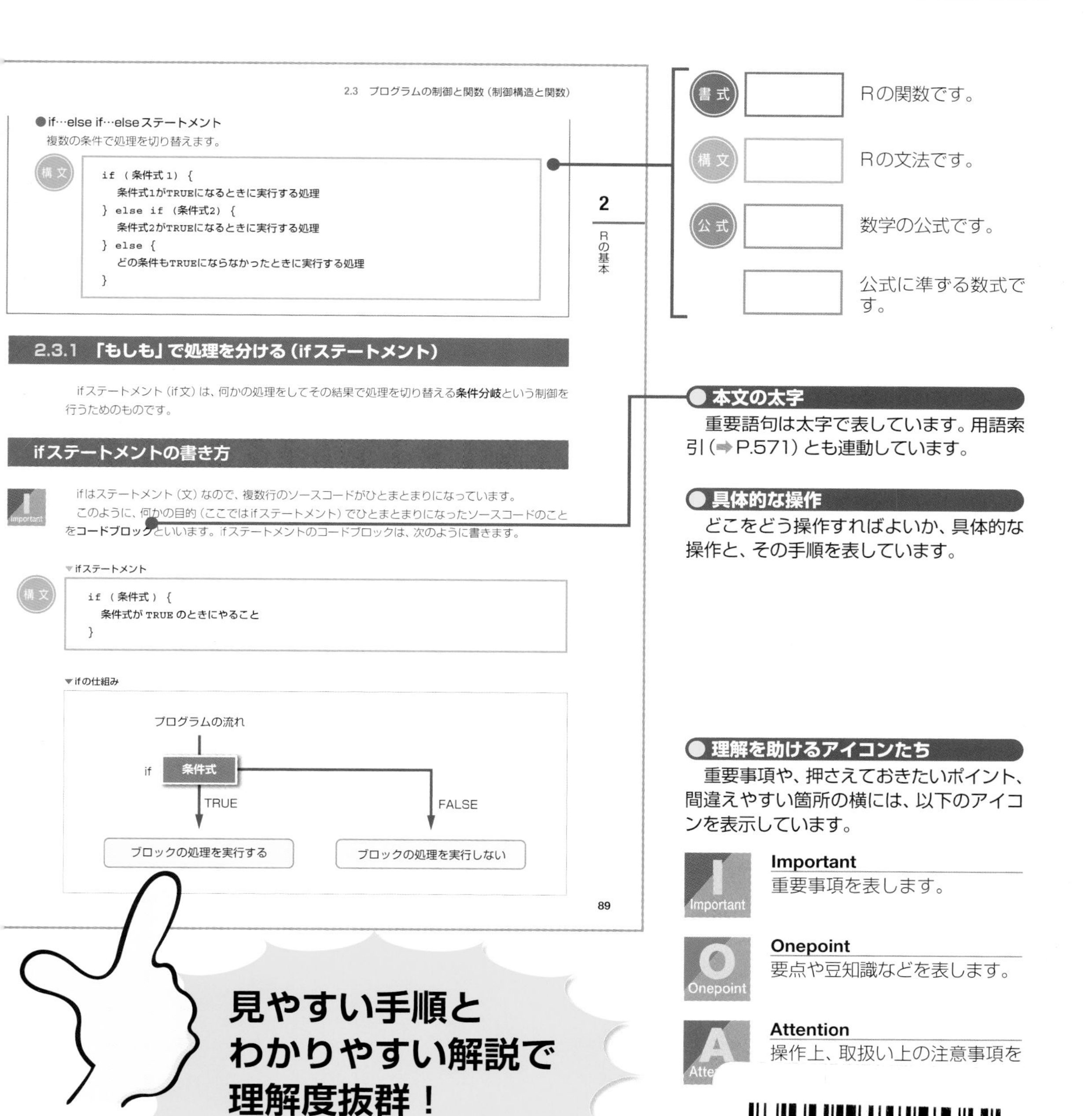

本書のロードマップ

Chapter 1
Rと統計学

- Rってそもそも何をするものなのかを知りましょう。
- RとRStudioのインストールを行います。

Chapter 2
Rの基本

- RStudioの使い方
- Rの文法

について学習します。

Chapter 3
データの全体像を解析する

- 代表値

について学習します。

Chapter 4
データのバラツキ具合を知る

- 偏差
- 分散
- 標準偏差

について学習します。

Chapter 5
正規分布するデータを解析する

- 一般正規分布
- 大数の法則
- 正規分布の再生性
- 点推定
- 確率
- 確率密度関数
- 標本の分散と平均

について学習します。

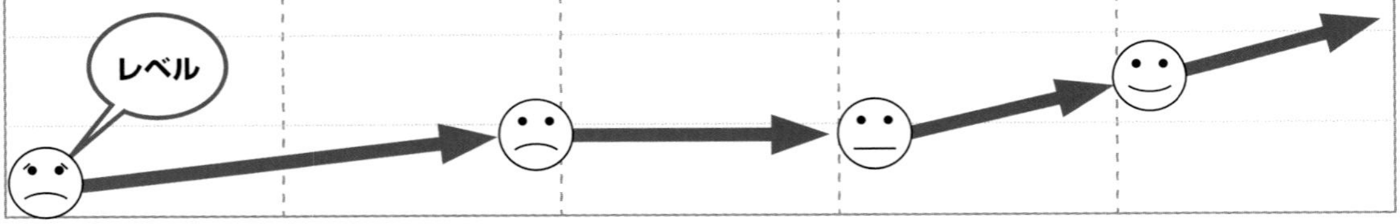

レベル

Chapter 6
手持ちのデータで全体を知る

- z値を用いた区間推定
- t値を用いた区間推定
- 母集団のデータ比率の区間推定

について学習します。

Chapter 7
独立性の検定と2つの平均の比較

- χ^2検定
- 分散が等しい場合のt検定
- 分散が等しくない場合のウェルチのt検定
- 対応のある2群の差のt検定

について学習します。

Chapter 8
3つの平均値が同じ土俵で比較できるか調べる

- 対応なし1要因の分散分析
- 対応あり1要因の分散分析
- 2要因とも対応なしの分散分析
- 2要因が対応ありの分散分析
- 2要因のうち1要因のみ対応ありの分散分析

について学習します。

Chapter 9
回帰分析で未来を知る

- 相関関係
- 相関係数
- 線形単回帰分析
- 線形重回帰分析
- 非線形回帰分析
- 一般化線形モデル
- ロジスティック回帰分析

について学習します。

Chapter 10
クラスター分析

- 階層的クラスター分析

について学習します。

Chapter 11
Rで機械学習

機械学習における「予測問題」「分類問題」に挑戦します。

R統計解析パーフェクトマスター

R4完全対応

[統計&機械学習 第2版]

Windows macOS対応

金城 俊哉 著

秀和システム

注意

(1) 本書は著者が独自に調査した結果を出版したものです。
(2) 本書は内容について万全を期して作成いたしましたが、万一、ご不審な点や誤り、記載漏れなどお気付きの点がありましたら、出版元まで書面にてご連絡ください。
(3) 本書の内容に関して運用した結果の影響については、上記（2）項にかかわらず責任を負いかねます。あらかじめご了承ください。
(4) 本書の全部、または一部について、出版元から文書による許諾を得ずに複製することは禁じられています。

Rで統計分析／機械学習をはじめましょう！

R言語は、ニュージーランドのオークランド大学にいたRoss IhakaとRobert Clifford Gentlemanの両氏によって開発されたオープンソースのプログラミング言語です。現在ではR Development Core Teamという団体によりメンテナンスと拡張がなされています。

「ベクトル」と呼ばれる機能を用いた柔軟な処理が行え、シンプルな記法でプログラミングできるのが特徴です。R言語でいうところの「ベクトル」は、数学用語のベクトルとはやや異なり、「ある構造を持ったデータの集合」という「リスト」に近い意味を持つため、数学上のベクトルや行列はもちろん、配列やリスト、テーブル（データフレーム）、集合のような複雑な構造を持ったデータも、シンプルなコードで扱うことができます。

このように「数値計算に強いR」は、統計学に基づいた統計解析用のプログラミング言語として広く普及すると共に、外部ライブラリの充実により、「機械学習」や「ディープラーニング」のための言語としても多く使われています。

さて、注目のR言語ですが、前述したようにRの文法はとてもシンプルで、難解な概念はまったくといってよいほど存在せず、難しい記号を使うこともないので、他言語の経験があればすぐに使いこなせるでしょう。もちろん、プログラミングが初めてという人にとっても「学びやすい言語」です。「RStudio」という統合型の開発環境が無償で配布されていますので、これを使えば、さらに快適に楽しく学べます。

統計学の世界は広大で、難解な概念も数多く存在します。さらに、機械学習の領域までを制覇するには、相応の時間と労力が求められます。これにプログラミング言語までとなると大変です。しかしR言語ならば、基本さえ押さえておけば、統計や機械学習の難解な数式をいとも簡単にコードに落とし込む（コードを記述する）ことができます。

本書では、統計や機械学習の手法や考え方を説明したあと、コードを記述して実践します。概念のところには難解な数式がしばしば出てきますが、数式を完全に理解しなくても（眺めただけで）コードに書き起こしてみてください。

本書が、Rプログラミングを通じて統計や機械学習の手法を学ぶ一助となることを願っています。

2022年8月

金城　俊哉

Perfect Master Series
Statistical Analysis with R

Contents
目次

Chapter 5　正規分布するデータを解析する　191

Perfect Master Series
Statistical Analysis with R

Chapter

Rと統計学

Rは、統計的な処理を専門に行うツールです。具体的な処理はRというプログラミング言語を使って書いていきます。でも、そもそもプログラミング言語って、デスクトップで動くようなアプリを開発したりするものですよね。統計的な処理をプログラミングするっていうのは、ふつうのプログラミング言語のようにアプリを開発するのと何が違うのでしょう。

この章では、Rで統計的なことをすると何がトクなのかを調べたあと、Rでプログラミングするために必要なツールを用意する手順を紹介します。

Section 1.1

データマイニングの時代だ

Level ★★★ | Keyword データマイニング

データマイニングとは、データの中から有益な知識を得ることを意味します。つまり「広大な情報の海から宝の山を見付け出す」のがデータマイニングです。

Rは、データマイニングを行うためのプログラミング言語であり、プログラミングを行うためのツールでもあります。

1.1.1 データマイニングをするとトクなの？

「○○さんは年収が2000万円なんだって」「お金持ちなんだね」—— こんな会話を交わしたことはありませんか？　日常的に何気なく交わすこのような会話の中に、データマイニングのヒントがあります。

「どこそこの企業の売上は1兆円あるからスゴイな」とか、何かにつけて数字を持ち出しては、何らかの評価をすることはよくあることです。「いや、今日のランチはワンコイン（500円）で済んでよかったよ」など。

こんなふうに、「年収」や「売上高」、さらには「ランチの値段」など、それぞれの数値が表す「量」をもって、「高収入だ」、「あそこの会社は儲かっている」、「ランチが安かった」のように、概念的にものごとを判断しているというわけです。

身の回りはデータだらけ！

ところで、その人がお金持ちなのかそうでないのかをどこで判断するのでしょう。

「年収1000万円以上がお金持ちである」なんて決まりはありません。その人がお金持ちであるのかどうかは、自分の年収と比較したり、あるいはテレビや新聞で発表される平均年収などの情報と比較したりして判断することが多いのではないでしょうか。

このような情報こそがデータマイニングの結果なのです。

データマイニングで成功をつかむ

「過去10年間の売上を調べて今後の売上を予測する」といった場合、過去10年間の売上の統計をとればよいので、これまでに蓄積されたデータを調べて分析にかけることになります。これが**データマイニング**です。商品販売におけるデータマイニングの成功事例をざっと挙げてみましょう。

●「商品を売る」ために何をすればよいかがわかる

　商品が売れた原因、あるいは商品が売れない原因として、次のような点をデータマイニングで明らかにします。主に**回帰分析**と呼ばれる統計手法が使われます。

・価格設定
・販売戦略
・競合店の影響
・気温や天候などの外部からの影響

●来客数の予測

　過去のデータを分析し、今後の来客数を予測します。**正規分布**と呼ばれるデータ分布を用いて、未来の予測が行えます。売上を予測して適正な在庫量を求める場合などにも利用されます。

●広告費をどれだけかければいくら売れるのかを予測する

　過去の広告費と売上額のデータから、どれくらいの広告費をかければどれだけ売れるのかを分析します。**重回帰分析**という統計手法が使われます。

●限られたサンプルからすべてのことを知る

　いわゆる「抜き取り検査」による標本（サンプル）を調べて、全体のことを把握します。これには**区間推定**という統計手法が使われます。

●ライバル店の商品との評価の違いに差はあるのか

　自社の商品とライバル店の商品の満足度を調査し、どちらかの商品の評価が高かった場合に、それはたまたま起こった偶然の差なのか、それともはっきりとした違いがあるのかを検証します。一見、分析自体は簡単そうですが、**t検定**などの分析手法を駆使しなければ本当のことはわかりません。

データマイニングと統計学

　このほかにも、スーパーやコンビニで顧客の購買履歴を分析し、最適な商品の組み合わせパターンに基づいた陳列方法にした結果、売上がアップした――など、いろいろな事例があります。

　すべてがデータマイニングのおかげなのですが、たんにデータマイニングといっても、そこにはデータマイニングを行うための「仕掛け」が存在します。それが従来の統計学に基づいた統計的データ解析の理論と手法です。

　統計的な手法ですから、数学のような公式があって、それに基づいた計算を行うわけですが、いろんな意味で「複雑な計算」が多いのは事実です。何かの平均が知りたければ、すべてのデータを合計してデータの個数で割ればよいのですが、売上の傾向や今後の予測をしようとしたら、それなりの（複雑な）計算をしなければなりません。電卓でできないこともないのですが、「大量のデータを効率的に計算する」ための手段としてRやExcelなどの「ツール」が使われます。

1.1.2 データマイニングのためのツール

統計的な計算は、そろばん（古い？）や電卓を使ってもできないことはないでしょう。そうであれば、そろばんも電卓も立派なツールです。でもやっぱり、いまの時代、コンピューターを使えば大量のデータを瞬時に処理できるので、これを使いたいところです。

そういうわけで、データの集計や分析が手軽に行えるツールとして普及しているのがExcelです。でも、この本はExcelではなく、Rの本です。

Rって言語？ それともツール？

Rは、完全無償版のフリーソフトウェアです。つまり、誰でも無料で入手できるデータマイニング用ツールなのですが、Excelなどの「マウスとキーボードで操作する」ツールとは異なり、「プログラミングで操作する」ツールです。

プログラミングというと英語っぽい書き方をするアレですが、プログラミングは「プログラミング言語」を使って文（ソースコード）を入力することで行います。Excelでいうところのメニューの操作やダイアログの操作に匹敵することを、プログラミングによって行います。

Rでプログラミングするための言語が**R言語**です。Rはプログラミングするためのツールで、そのプログラミングに使われる言語がR言語というわけです。

Rのイイところ

本題に戻りましょう。なぜ、ExcelではなくRなのでしょう。Rを使うメリットとして次のようなことがいわれています。

Rの特徴

①統計解析言語Sをベースに構築されたオープンソースのプログラミング言語である。

1984年にAT&Tベル研究所のJohn Chambers、Rick Becker、Allan Wilks によって研究・開発された統計処理言語のS言語をもとに、本書の序言で紹介したIhakaとGentlemanによって開発されたのがR言語です（公開は1993年）。Rという名前は、アルファベットのSの前にRがあるところに由来します。

②文法がやさしいので習得が容易である。

Rの文法はほかのプログラミング言語に比べてやさしい――つまり複雑な手続きとか、難解な記号を使ったりとか、そういうことが少ない――ので、余計なことを考えずにプログラミング自体に専念できるのです。

③インタープリター型の言語なので、プログラムを書いたそばから実行できる。

プログラミングするときは、英数字で文（ソースコード）を書くのですが、これをコンピューターに理解してもらうには、コンピューターが理解できる**マシン語**に翻訳することが必要です。マシン語に

することでコンピューターはプログラムの内容を理解し、プログラムが動きます。

そういうわけで、実際にプログラムを動かすには、ツールの画面に入力したソースコードをマシン語に翻訳する作業が必要になるのですが、Rはこれが必要ないのです。というのは、Rは「ソースコードをその場でマシン語に翻訳してプログラムを動かす」ようになっているからです。

Important

このように「書いたそばからプログラムを実行できる」プログラミング言語のことを**インタープリター型言語**と呼びます。

インタープリターとは、ソースコードをその場で翻訳して実行するソフトウェアのことです。Rの中にはRインタープリターが収められています。

④強力なデータ解析機能を最初から持っている。

Rはデータマイニング専用のツールなので、統計的な計算が得意、というか何でもこなします。統計的な分析を行うには、いろいろな公式を使うのですが、Rにはそのすべてが搭載されています。統計的な公式や手法を使って計算する機能は**関数**という仕組みにまとめられています。関数にデータを渡すためのソースコードを書けば、データマイニングが行えるというわけです。

⑤データマイニングをしやすいデータ構造である。

データマイニングでは、分析のもとになるデータを読み込んだり、それを処理して結果を見るといったことをします。その過程では、データを一時的に保存したり、保存したデータを取り出して加工したりしますが、Rの内部で扱うデータは「取り出しや加工がしやすい」構造になっています。

⑥いろんな形式の美しいグラフを手軽に作成できる。

Rのグラフ作成機能は強力です。すでにあるデータをグラフにするだけでなく、データの「将来の姿」や「過去の姿」を予測してグラフを作ることも簡単にできます。

⑦数千を超える豊富な統計ライブラリがある。

強力なデータ解析機能を持っていることは、先にお話ししたとおりですが、もっと専門的で特異な分野の処理を行うための機能（関数）が後付けできるように、実にたくさんのライブラリ（関数をまとめたもの）がネット上で公開されているので、やりたいことに合わせてRの機能を簡単に強化できます。

⑧高額な統計解析ツールに比べても遜色ないパフォーマンス。

データマイニングツールにはSASやSPSSなどもありますが、いずれも高価です。処理能力については、Rはこれらのツールに引けをとらないパフォーマンス（分析能力の高さ）を持っています。

Rにはプログラミングするからこそのよさがあります

このほかにも、もっと専門的な視点でのメリットがいわれていますが、ざっと挙げるとこんなところでしょうか。

でもRを使うには、プログラミングをしなければなりません。WordやExcelを使ってきた身には敷居が高い、という人も多いでしょう。なにせ、これまでメニューとかダイアログを使ってやってきたことをソースコードに書いて表現しなくてはならないからです。Excelで関数を使うときも短いソースコードのようなものを書きますが、Rではもっと本格的なコードを書かなくてはなりません。

やりたいことを考えながら書いていける

ですが、これは「処理の手順を書く」ということです。それはすなわち、「やりたいことを書いて残しておける」ことを意味します。もちろんExcelだって、セルに入力した計算式を残しておくことはできますし、いつでもその式を見ることができます。ですが、セルに記録されているので、ワークシート全体でどんな計算が行われているのかを知るには、いろんなセルを見なければなりません。Excelは表計算に特化しているので、表を見ながらの作業がとても楽です。これはRにはないものです。ですが、「処理」という視点から見た場合、プログラミングに特化したRにはかないません。

その理由は、プログラミングとは「やりたいことを理路整然と書く」作業なので、処理したいことを順番に（きれいに）書いていける、という点にあります。原稿用紙に文章を書くのと同じで、一つひとつ考えながら全体を見ながら書いていくので、「あれ、この処理の前に何をしたっけ？」というように前後の処理を忘れても、ソースコードを見ればすぐにわかります。

もちろん、書いたコードはそのまま保存できますので、後日、プログラムを利用するときにも、全体にどんなことをやっているのかが、ソースコードを「読む」ことですぐにわかります。

ちょっと難しめの分析になると、いくつかの処理を経て答えを得たりしますが、プログラミングだと処理の手順を整然と書いていくので、このことが結果的に難解な処理をわかりやすくすることにつながっていきます。

Section 1.2 RとRStudioをインストールしよう

Level ★★★ | Keyword | RStudio　ダウンロード　インストール

　では、Rのサイトからダウンロードしてインストールすることにしますが、ここで1つ追加したいと思います。実は、Rをもっと使いやすくするRStudioというツールがあるのです。

　R自体を内部に組み込んで、いろんな機能を使えるようにしたツールです。もちろん、Rだけでもデータマイニングは十分にできますが、ぜひとも一緒にインストールしましょう。

Theme RとRStudioのダウンロードとインストール

　Rをインストールすれば、R言語でプログラミングしてデータマイニングを行えるようになります。そうなったところで、RStudioを追加でインストールして、RStudioでデータマイニングができるようにしましょう。

●R

　Rを起動したところです。表示されている画面にソースコードを入力してデータマイニングを行えます。もちろん、ソースコードの保存や編集、グラフの作成など、データマイニングに必要なひととおりのことが行えます。

▼Rの操作画面

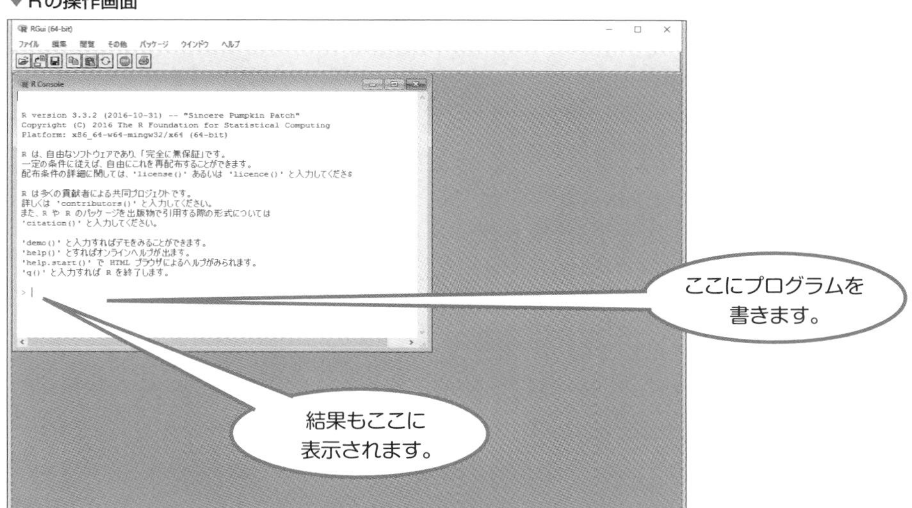

●RStudio

Rをインストールしたところで、RStudioを追加インストールします。そうすると、RStudioの内部にRが組み込まれて、RStudioの多機能な画面を使ってプログラミングできるようになります。ソースコードの保存や編集、グラフの作成機能が強力なので、R単体のときよりも便利に、かついろんなことができるようになります。

▼RStudioの操作画面

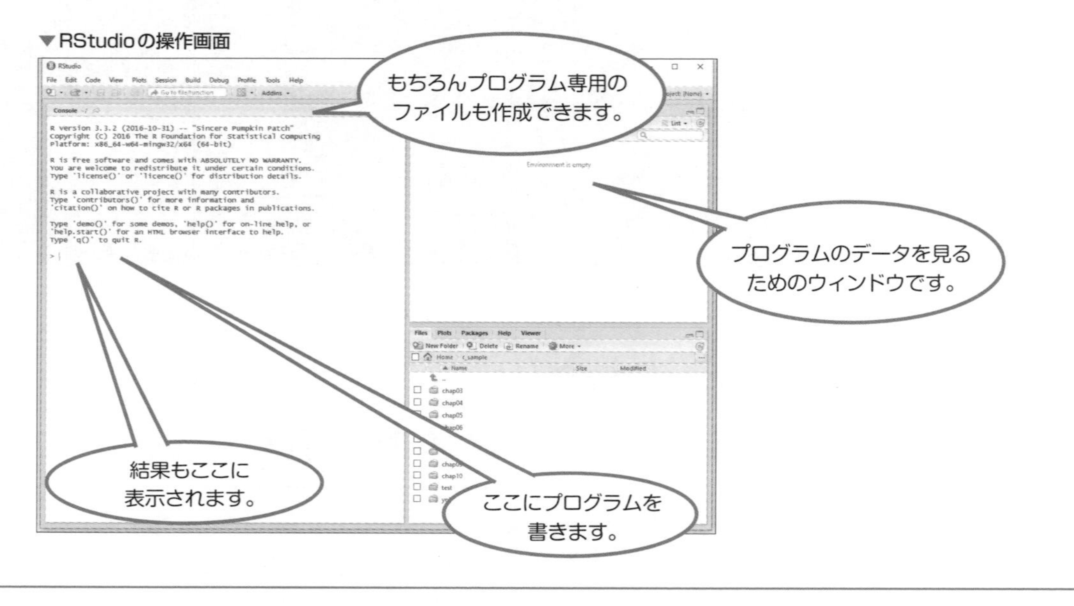

Memo Rのインストール（Macの場合）

Macの場合のインストール手順は、次のようになります。

①「https://cran.r-project.org」にアクセスして**Download R for macOS**をクリックします。
②macOSやMac OS Xのバージョンによってダウンロード先のリンクが異なりますので、使用しているバージョンのリンク先をクリックします。
③ダウンロードしたpkgファイルをダブルクリックしてインストーラーを起動します。
④Rについての情報が表示されるので、**続ける**ボタンをクリックして先に進みます。
⑤使用許諾の画面が表示されるので、確認後に**続ける**ボタンをクリックします。
⑥確認のメッセージが表示されるので、**Agree**（同意する）をクリックします。
⑦**インストール先の選択**が表示されるので、このまま**続ける**ボタンをクリックします。
⑧新規インストールの場合は**インストール**ボタン、すでに古いバージョンのRがインストールされている場合は**アップグレード**ボタンが表示されるので、これをクリックします。
⑨**認証**ダイアログが開くので、Macにログインしているユーザー名とパスワードを入力して**OK**ボタンをクリックすると、インストールが始まります。
⑩インストールが完了したら、**閉じる**ボタンをクリックしてインストーラーを終了します。

1.2.1 Rをインストールし、続けてRStudioをインストールする

まず、本体であるRをインストールし、それからRStudioをインストールしてデータマイニングの環境を整えることにします。

Rのダウンロードとインストール

Rは「CRAN」(The Comprehensive R Archive Network) のサイトで公開されていますので、ここにアクセスしてダウンロードします。

▼「CRAN」のサイト

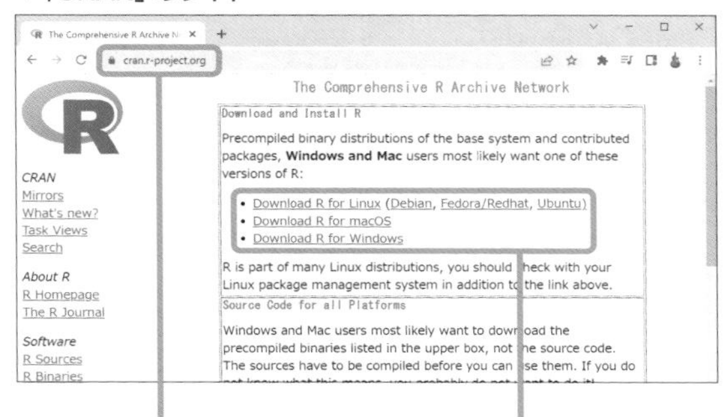

1 ブラウザーを起動して「https://cran.r-project.org」にアクセスします。

2 Windowsの場合は**Download R for Windows**、Macの場合は**Download R for macOS**をクリックします (Macの場合、以後の手順は前ページのMemoを参照)。

3 **base**をクリックします。

▼ダウンロードする内容の選択

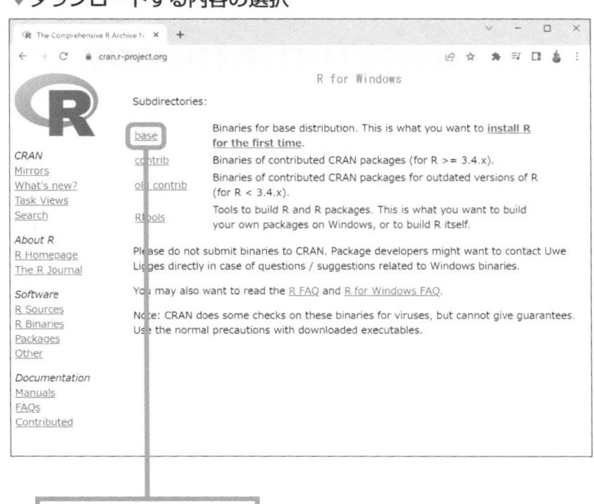

4 **Download R 4.x.x for ～**をクリックするとダウンロードが始まります。

▼ダウンロードの開始

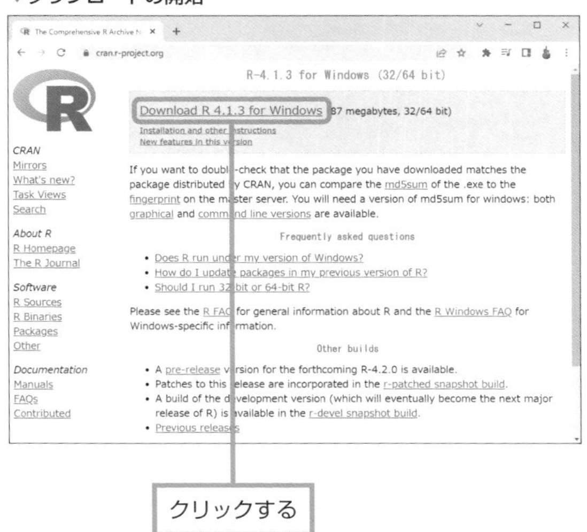

5 ダウンロードが完了したファイルを実行します。

6 使用言語を選択するダイアログが表示されるので、**日本語**を選択して**OK**ボタンをクリックします。

▼言語の選択

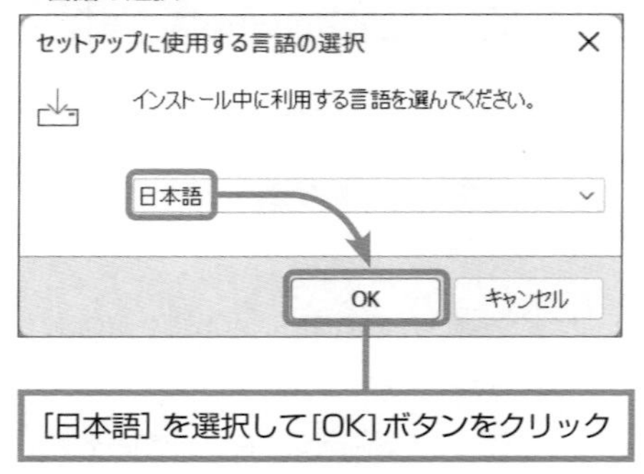

7 ソフトウェアの使用に関する情報が表示されます。内容（英語です）を確認して**次へ**ボタンをクリックします。

▼ソフトウェアの使用に関する情報

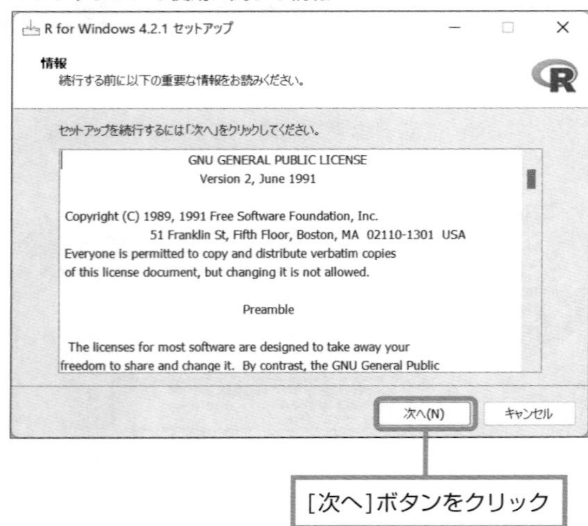

▼インストール先の設定

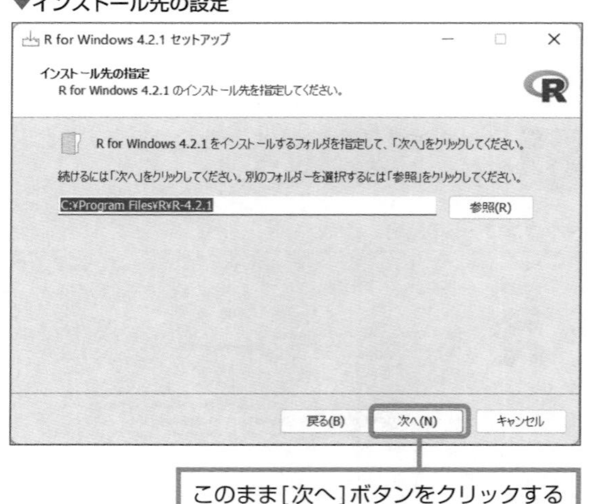

8 インストール先のフォルダーのパスが表示されます。パスに日本語が含まれていない場合はこのまま**次へ**ボタンをクリックします。日本語が含まれている場合は、**参照**ボタンをクリックして日本語を含まないフォルダーのパスを設定してから、**次へ**ボタンをクリックします。

▼インストールするコンポーネントの選択

9 インストールするコンポーネント（ソフトウェア）の選択画面が表示されます。このままの状態で**次へ**ボタンをクリックします。

▼起動時のオプションの設定

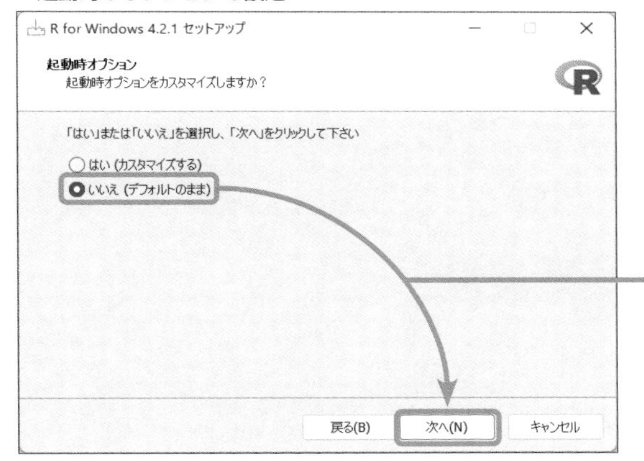

変更する必要がないので、[いいえ（デフォルトのまま）]をオンにした状態で[次へ]ボタンをクリック

10 起動する際のオプションを設定する画面が表示されますが、変更する必要はないので**いいえ（デフォルトのまま）**をオンにした状態で**次へ**ボタンをクリックします。

▼[スタート]メニューの項目（フォルダー）名の設定

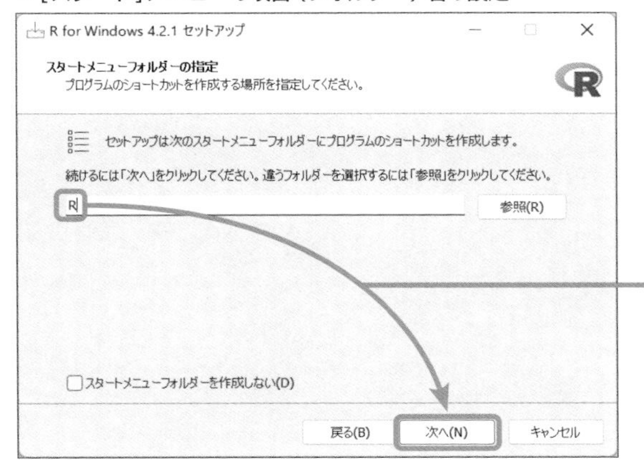

このままでよければ[次へ]ボタン、別の名前にするなら名前を入力して[次へ]ボタンをクリック

11 **スタート**メニューに表示されるフォルダー名の設定画面が表示されます。デフォルトは「R」ですが、別の名前にしたい場合は名前を入力して、**次へ**ボタンをクリックします。

▼追加タスクの選択

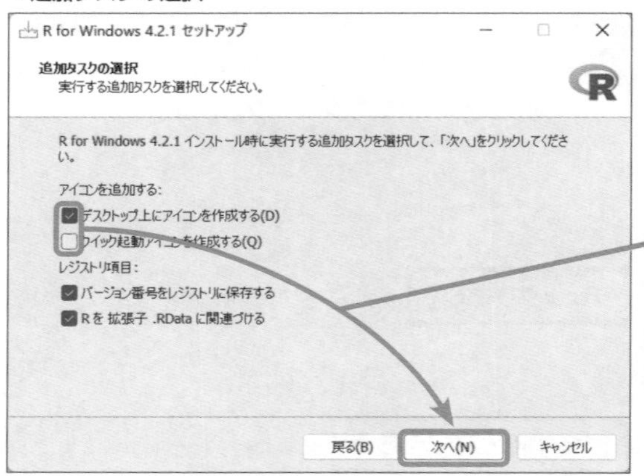

12 **追加タスクの選択**画面が表示されます。**アイコンを追加する**で作成したいアイコンにチェックを入れて**次へ**ボタンをクリックします。このあとインストールが始まります。

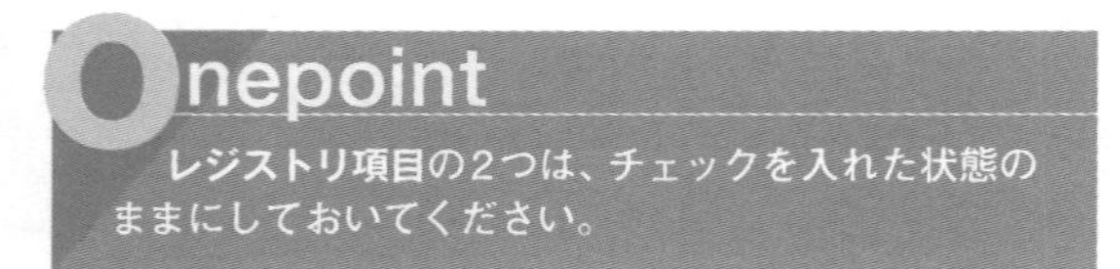

Onepoint

レジストリ項目の2つは、チェックを入れた状態のままにしておいてください。

▼インストールの完了

13 インストールが完了したら、**完了**ボタンをクリックしてウィザードを終了します。

3 **システムのプロパティ**ダイアログの**詳細設定**タブで**環境変数**をクリックします。

▼［システムのプロパティ］ダイアログ

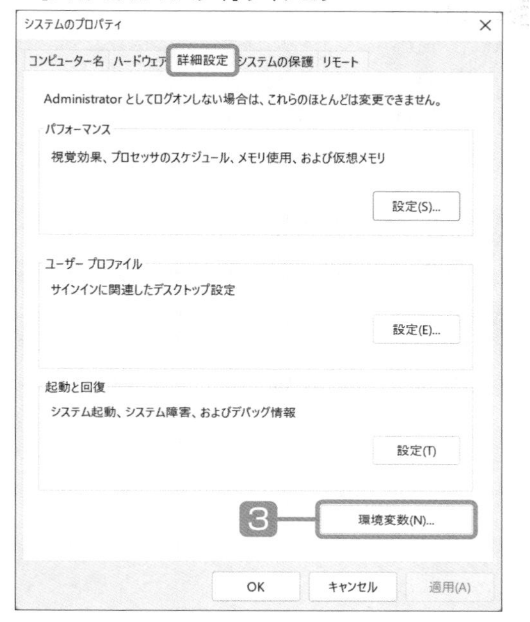

4 **<ユーザー名>のユーザー環境変数**の**新規**ボタンをクリックします。

▼［環境変数］ダイアログ

5 **変数名**に「R_USER」と入力し、**ディレクトリの参照**ボタンをクリックして1で作成したフォルダーを選択した上で、**OK**ボタンをクリックします。

▼［新しいユーザー変数］ダイアログ

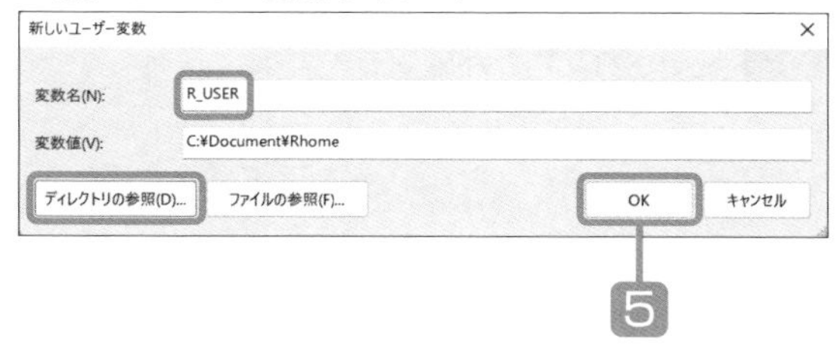

6 環境変数「R_USER」とその値（ディレクトリ）が設定されるので、このまま**OK**ボタンをクリックし、**システムのプロパティ**ダイアログの**OK**ボタンをクリックします。

▼［環境変数］ダイアログ

作業ディレクトリの設定

RStudioでは、デフォルトで「作業ディレクトリ (Working Directory)」が設定されています。RStudioで作成したファイルは、何も指定しなければ作業ディレクトリに保存されるほか、[Files] ビューには作業ディレクトリ以下のファイルやフォルダーが表示されるようになっています。ここでは、作業ディレクトリを任意のディレクトリに設定する方法を紹介します。

▼ [Options] ダイアログ

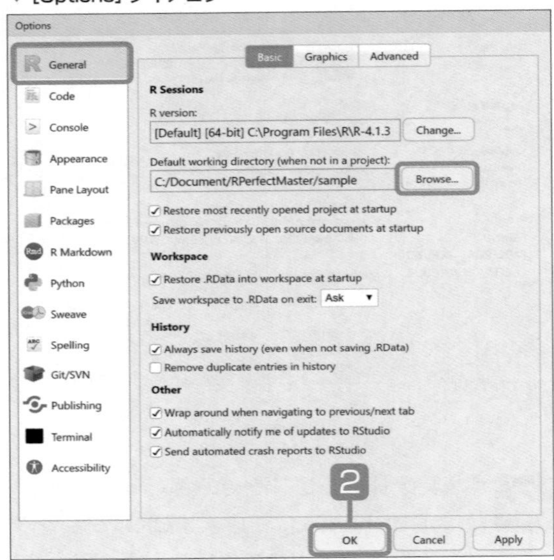

1. RStudioの**Tools**メニューをクリックして**Global Options**を選択します。
2. **Options**ダイアログの**General**をクリックし、**Default working directory (when not in a project):**の**Browse**ボタンをクリックして、パスに日本語を含まないディレクトリを選択したあと、**OK**ボタンをクリックします。

▼RStudioの [Files] ビュー

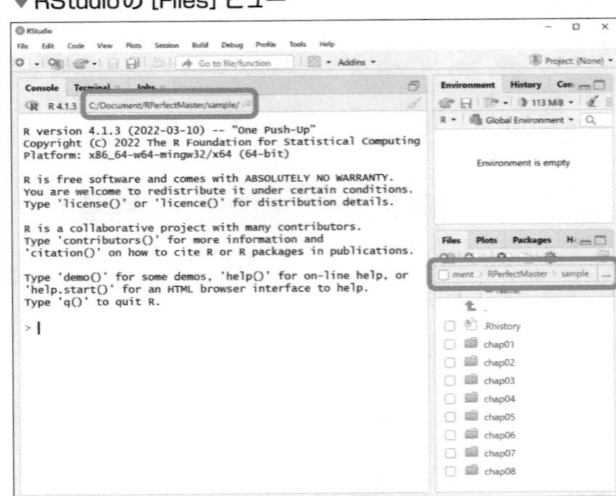

3. RStudioを再起動すると、作業ディレクトリが変更されたことが確認できます。

Perfect Master Series
Statistical Analysis with R

Chapter 2

Rの基本(RStudioの操作と基本プログラミング)

この章では、Rで統計解析を行うためのプログラミング的な基礎について見ていきます。ここで紹介するどれもが、統計解析に必要なことばかりですので、まずはひととおり目を通してもらえればと思います。

Section

2.1 RStudioでプログラムを実行する2つの方法(コンソールとソースファイル)

Level ★★★ | Keyword | コンソール　ソースコード　ソースファイル

RStudioでプログラミングするには、2つの方法があります。1つは、[コンソール] ビューに直接、ソースコードを入力してその場でプログラムを実行する方法、そしてもう1つが、ソースコード専用のファイルにコードを入力してからプログラムを実行する方法です。どちらも自分で書いたコードを実行することに変わりはありませんが、入力したコードを保存するかどうかで、どちらかの方法を選びます。

Theme RStudioでプログラムを実行する2つの方法を知る

●[コンソール] ビューで対話形式で実行

[コンソール] ビューでは、ソースコードを入力するとその次の行に実行結果が表示されます。コードの実行結果を簡便に確認したいときに便利です。

●ソースファイルにコードを記述して実行

ソースファイルを作成してソースコードを入力し、[Run] ボタンでプログラムを実行します。実行結果は [コンソール] ビューに出力されます。

▼[コンソール] ビューでプログラムを実行

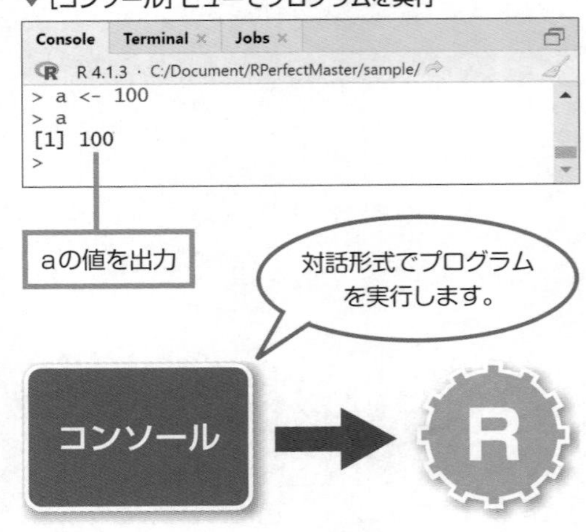

▼ソースファイルにコードを記述して実行

2.1.1 RStudioを関数電卓みたいに使う（コンソールを利用したプログラムの実行）

RStudioを起動したときに画面の左半分に大きく表示される［コンソール］ビューがあります。ここにソースコードを入力して Enter キー（または return キー）を押せば、その次の行に結果が表示されます。

計算を行うソースコードを入力してその場で結果（答え）を見る

いきなりソースコードといっても、まだRの書き方さえやっていません。では、足し算ならどうでしょう。

▼足し算

```
50 + 50
```

これも立派なソースコードです。Rの「+」には足し算という意味がありますので、このように入力すれば「50に50を足す」という処理が行われます。では、やってみましょう。

▼［コンソール］ビュー

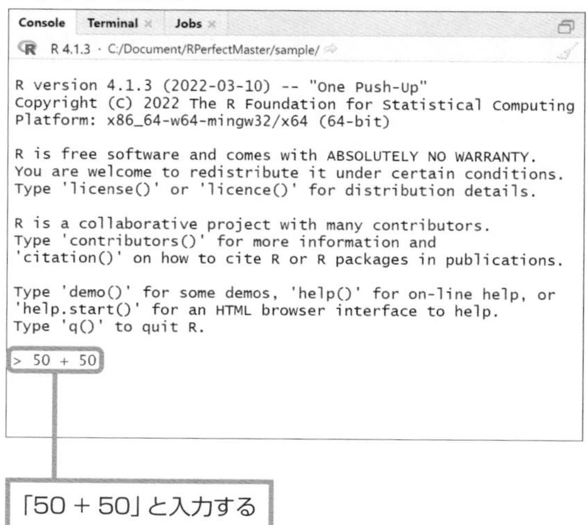

▼［コンソール］ビュー

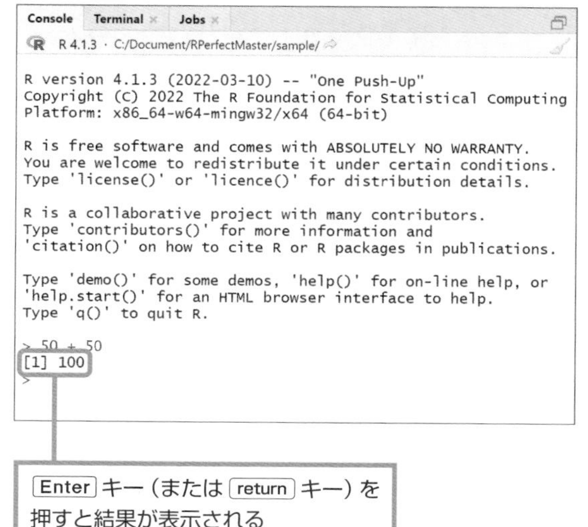

ソースコードを実行した結果が表示されました。「50 + 50」と入力したことで、これがソースコードになり、Enter キーを押したのが合図になってプログラムとして実行された、というわけです。

もちろん、「50 + 50」のソースコードはRインタープリターがマシン語に翻訳したことでコンピューターがこれを理解し、「100」という答えを返してきました。

ソースコードは1文単位で実行

Enter キーを押したところでプログラムが実行されましたが、このようにソースコードは「1行」ずつ実行されます。1行のコードというのは、「何かの処理を行うひとまとまりの文(**ステートメント**)」です。

ある処理を行うソースコードが長くなると、どこかで改行して複数行にまたがることになりますが、それは1つのステートメントになります。

▼ステートメント

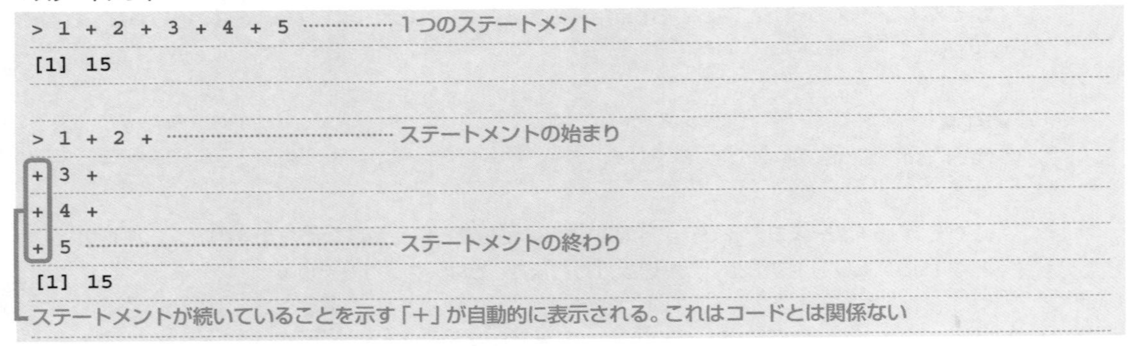

「1＋2＋3＋4＋5」で1つのステートメントです。1行で書いても、途中で改行しても、1つのステートメントとして扱われます。ただし、改行するときは「+」のあとで改行します。「1 ＋ 2」で改行するとそこがステートメントの終わりだと認識されて「3」が表示されます。「1 ＋ 2 +」のように「+」までを入力し、「ステートメントの途中であってまだ続きがある」ことを示しつつ改行します。

処理結果は1行に収まらなければ複数の行にまたがって表示される

答えが表示されるとき、「[1] 15」のように、冒頭に[1]と表示されているのが気になりますが、これはプログラムの実行結果の個数を示しています。今回は結果が1つだけだったので[1]ですが、プログラムの内容によっては、表の中の1行目にある10個の値に100を足す、というようなものもあります。そうすると10個の結果が表示されることになるので、

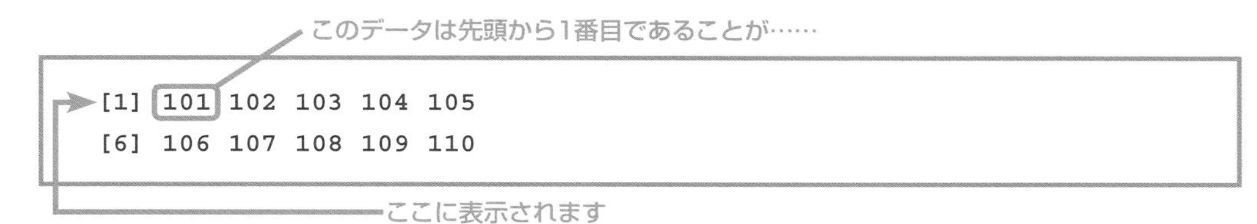

のように2行に分けて表示されたりします。

［コンソール］ビューの横サイズが広ければ1行で表示されることもありますし、1行に収まらない場合ははみ出るところで改行して表示されます。

このとき、改行された直後の値は「何番目の値なのか」を表示するのが［ ］の中の数字です。ここでは、6番目の「106」の手前で改行されているので「この値は6番目の値だよ」という意味で[6]が表示されるというわけです。

それから、入力するときに「50 + 50」のように+の前後に半角スペースを入れました。これはたんに見やすくするだけのものなので、「50+50」のようにくっつけて書いてもまったく問題はありません。ただし、「5 0+50」のように数字の間にスペースを入れるとエラーになります。

▼おかしなところにスペースを入れるとエラーになる

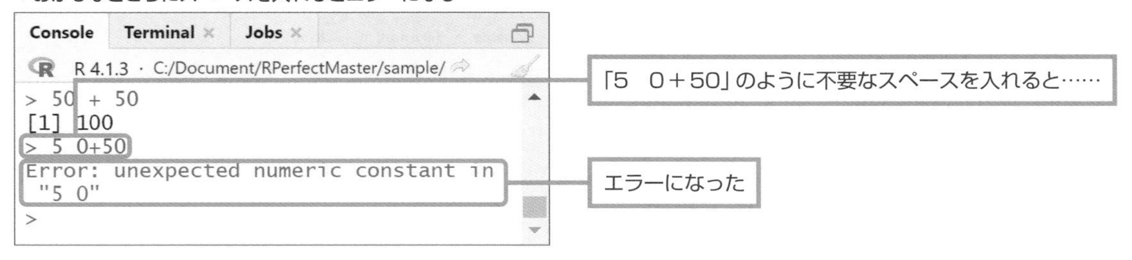

「50」で1まとまりですので、「5 0」とすると5と0が別のものとして扱われてしまうのが原因です。今後、数字だけでなくRのキーワードを使ってプログラミングを行っていく際にも、キーワードとキーワードの間にはスペースを入れますが、キーワードの中にスペースを入れると同じようにエラーになるので、注意してください。

説明がくどくなりましたが、要は英語を書くときのように「単語と単語の間にはスペースを入れ、単語の中にはスペースを入れない」ということです。

2.1.2 ソースファイルにコードを書いて実行する

プログラムのもう1つの実行方法は、「ソースファイルにコードを書いてから実行する」というものです。では、ソースファイルを作成するところから始めてみましょう。

▼ソースファイルの作成

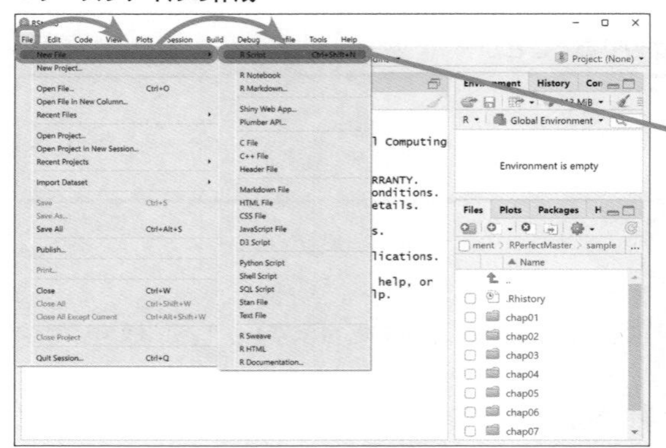

1 **File**メニューの**New File➡R Script**を選択します。

❶ [File] メニューの [New File] ➡ [R Script] を選択

Onepoint

Rのようなスクリプト型の言語では、ソースコードのことを**スクリプト**と呼ぶこともあります。この場合、ソースファイルのことを**スクリプトファイル**と呼ぶこともあります。ソースもスクリプトも同じ意味です。

2 空のソースファイルが開くので、「50 + 50」と入力します。

3 入力したソースコードの行にカーソルを置いた状態で**Run**をクリックします。

4 コンソールにソースコードが自動的に入力され、実行結果が表示されます。

▼ソースコードの入力とプログラムの実行

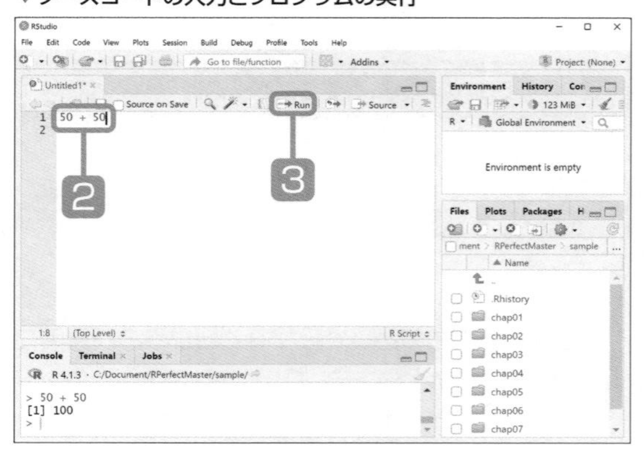

▼コンソール

「50 + 50」というソースコードが入力され、実行結果が表示される

ソースファイルに記述したコードは、ソースファイルのウィンドウ右上の [Run] または [Source] をクリックすることで実行できます。

▼プログラムの実行

Run	カーソルが置かれたところにあるステートメントのみを実行します。
Source	ソースファイルに記述されているすべてのソースコードを実行します。

特定のステートメントだけを実行したいときは該当のステートメントにカーソルを置いて [Run] をクリック、ソースファイル内のコードをすべて実行するときは [Source] というように使い分けます。

Memo [History] ビュー

RStudioの画面右上の領域にはEnvironmentやHistoryなど4つのタブがあり、これらをクリックすることでビュー（ウィンドウ）を切り替えることができます。

このうちのHistoryビューには、コンソールに入力したソースコードの履歴が表示されます。また、ソースファイルから実行したソースコードの履歴も同じように表示されます。このため、コンソールに入力したコードをもう一度実行してみたい場合は、ここに表示されているコードを選択し、To Consoleをクリックすれば前回と同じように実行できます。

●**履歴を保存する**

Historyビューのツールバーにあるをクリックすると、Historyビューに表示されている履歴をファイルに保存することができます。Save History Asダイアログで保存先を選択し、ファイル名を入力して**保存**ボタンをクリックすると、拡張子が「.Rhistory」のファイルとして保存されます。

保存した履歴ファイルを開くには、Historyビューのツールバーのをクリックすると Load History ダイアログが開くので、対象のファイルを選択して**開く**ボタンをクリックします。

▼[History] ビュー

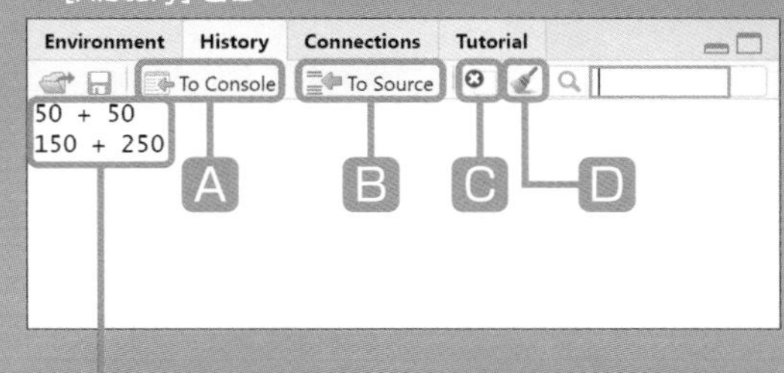

これまでに実行されたソースコードの履歴

Ⓐ実行したいソースコードを選択して [To Console] をクリックすると、プログラムとして実行される

Ⓑ [To Source] をクリックすると、開いているソースファイルに追加される

Ⓒここをクリックすると、選択中のソースコードが削除される

Ⓓここをクリックすると、すべての履歴が削除される

ソースファイルの保存

ソースファイルにコードを書く理由は、「ソースコードを保存するため」です。コンソールに入力したソースコードはその場限りのものです。あとで同じことをしたいと思ったら、もう一度同じコードを入力しなければなりません。その点、ソースファイルを保存しておけば、いつでも呼び出して同じことをすることができます。では、ソースファイルを保存してみましょう。

1. **Save current document**のアイコンをクリックします。

2. 保存する場所を選択します。

3. ファイル名を入力して**保存**ボタンをクリックします。

▼ソースファイルの保存

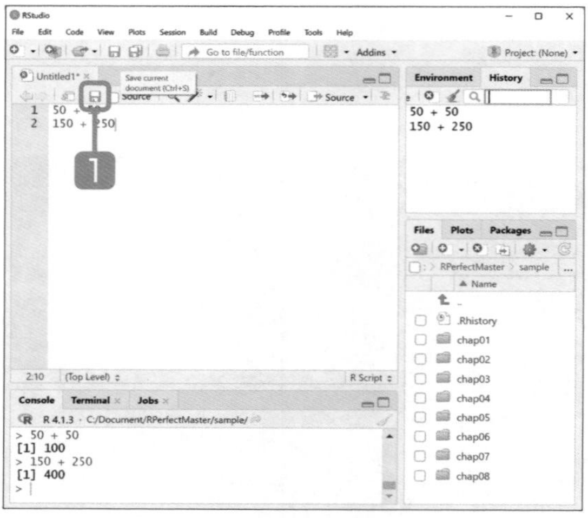

▼ソースファイルの保存

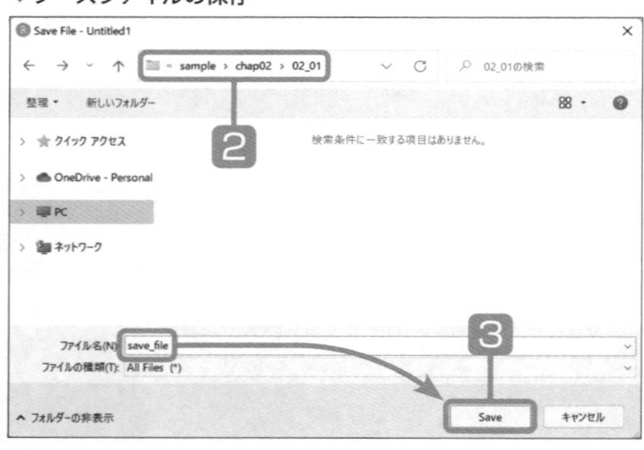

これで、拡張子「.R」が付いた「save_file.R」として保存されました。では、**save_file.R**と表示されているタブの×をクリックしてファイルを閉じましょう。

▼ソースファイルを閉じる

クリックする

ソースファイルを開く

▼保存済みのソースファイルを開く

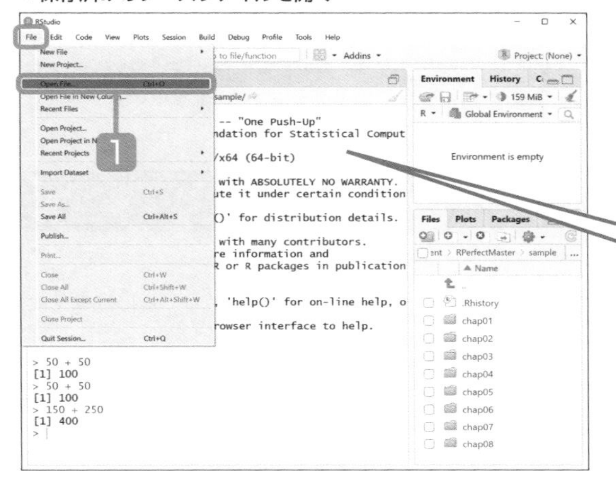

ここの領域に
ソースファイルが
開きます。

1 **File**メニューの**Open File**を選択（もしくはツールバーの**Open an existing file**のアイコンをクリック）します。

▼保存済みのソースファイルを開く

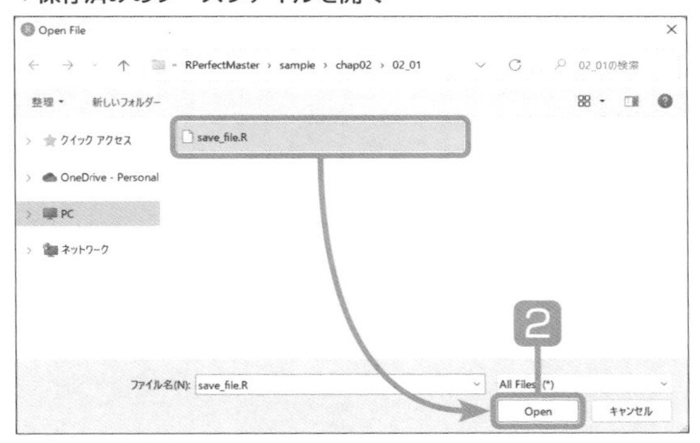

2 **Open File**ダイアログが開くので、保存済みのソースファイルを選択して**Open**ボタンをクリックします。

▼保存済みのソースファイルを開いたところ

3 ソースファイルが開きます。**Source**をクリックすればプログラムが実行されます。
このとき、**Source**の▼をクリックして**Source with Echo**を選択すると、ソースコードの実行結果をコンソールに出力することができます。

❸ [Source] の▼をクリックして [Source with Echo] を選択すると、ソースコードの実行結果をコンソールに出力することができる

ソースファイル

2.1.3 プロジェクトの作成

RStudioは、プログラムを作成する上で必要なデータを**プロジェクト**という単位でまとめて保存し、管理することができます。プロジェクトはいわゆるフォルダーと同じ意味を持ちますが、プロジェクト用のフォルダーの中にはソースファイルをはじめ、プログラムで作成したグラフや分析の結果などのあらゆる情報が保存されます。

プロジェクトを作成する

プロジェクトは、**File**メニューの**New Project**を選択して作成します。

▼[File] メニュー

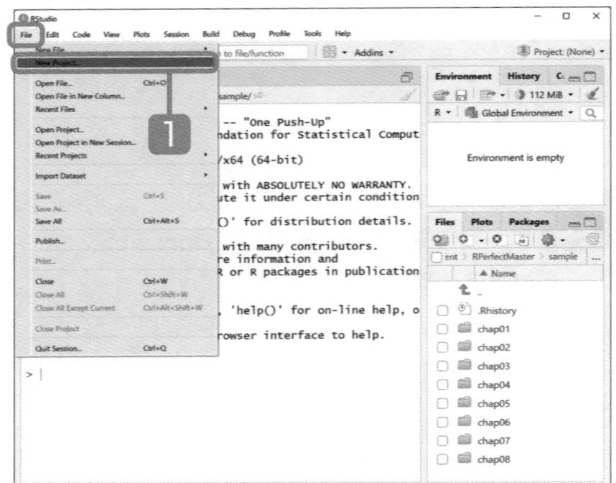

1 RStudioの**File**メニューの**New Project**を選択します。

▼[New Directory]

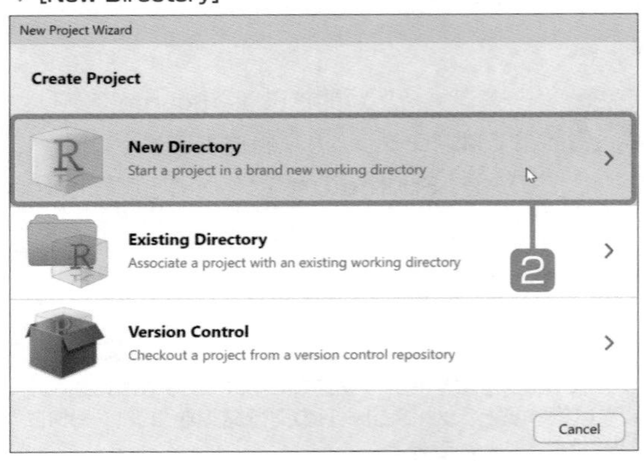

2 **New Directory**をクリックします。

3 **New Project**をクリックします。

4 **Directory name**にプロジェクトの名前を入力します。

5 **Browse...**ボタンをクリックします。

▼[New Project]

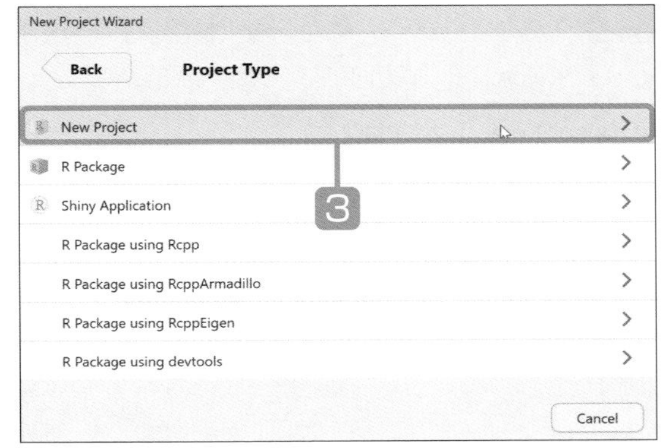

▼プロジェクト名の入力

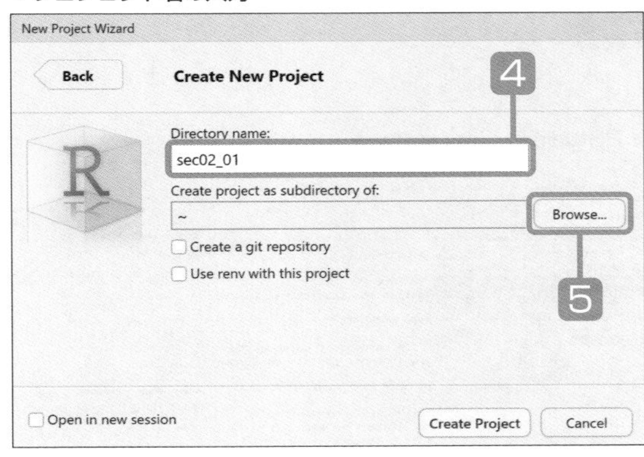

6 プロジェクトの保存先を選択します。

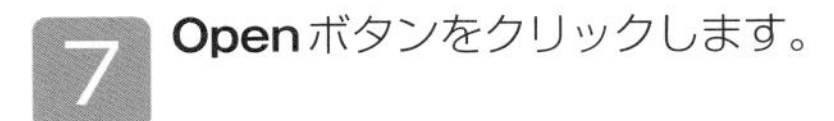

7 **Open**ボタンをクリックします。

8 **Create Project**ボタンをクリックします。

▼プロジェクトの保存先

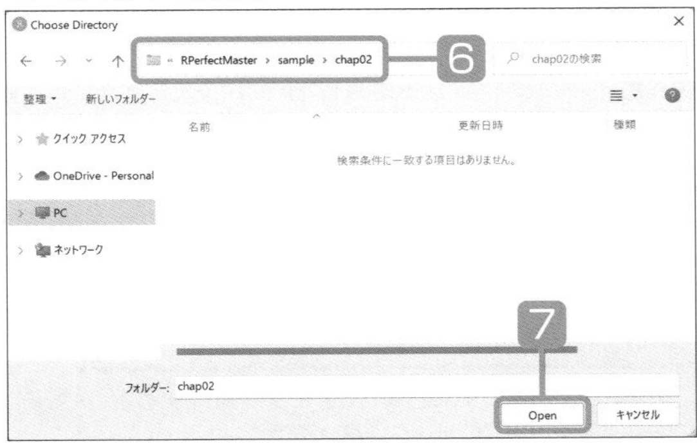

▼[Create Project]

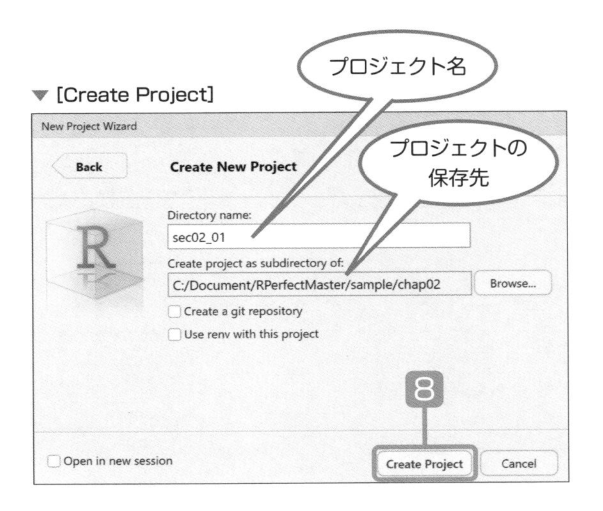

以上でプロジェクト名に指定したフォルダーが作成され、内部にプロジェクトファイル（拡張子「.Rproj」）が作成されます。プロジェクトは、**File**メニューの**Close Project**を選択して閉じることができます。ソースファイルを作成する場合は、**File**メニューの**New File➡R Script**を選択すれば新規のソースファイルが作成されます。

プロジェクトを開く

作成済みのプロジェクトを開くには、次のように操作します。

1 **File**メニューの**Open Project**を選択します。

2 **Open Project**ダイアログが表示されるので、任意のプロジェクトファイル（拡張子「.Rproj」）を選択して**Open**ボタンをクリックします。

▼RStudioの［File］メニュー

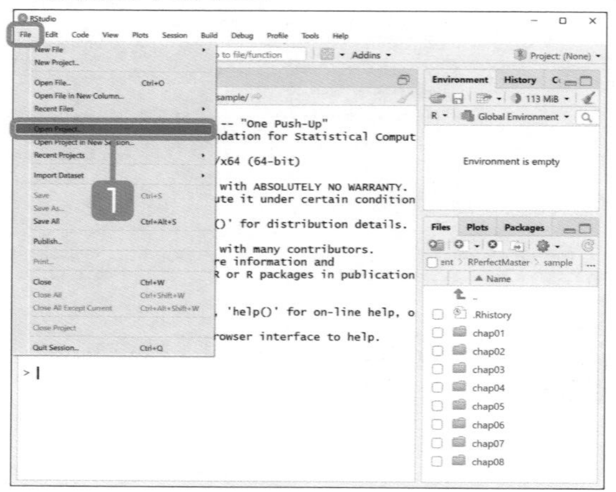

▼［Open Project］ダイアログ

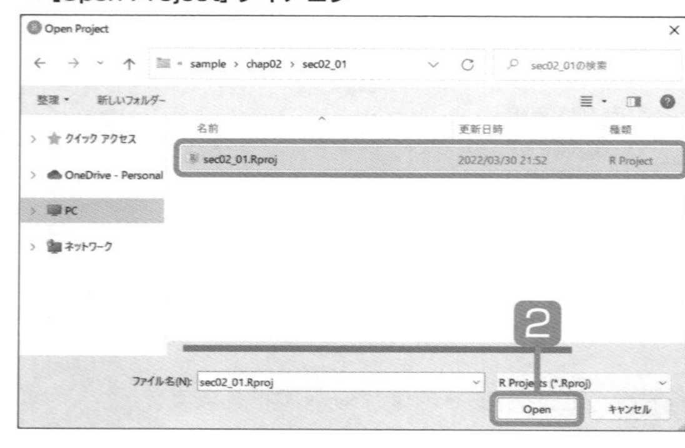

▼プロジェクトを開いたところ

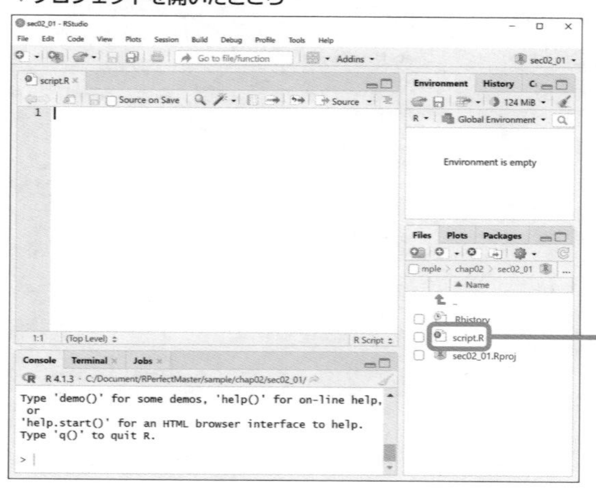

3 プロジェクトが開いて、プロジェクトフォルダーの中身が**Files**ビューに表示されます。ソースファイル（拡張子「.R」）をクリックすると、ソースファイルが開いて中身が表示されます。

ソースファイル（拡張子「.R」）をクリックすると、ソースファイルが開いて中身が表示される

▼リスト要素の変更

```
リスト[[インデックス]] <- 変更する値
```

▼リスト要素のベクトルの要素の変更

```
リスト[[インデックス]][ベクトルのインデックス] <- 変更する値
```


▼リストcustomerの第1要素を変更する（ソースファイル「script.R」）

```
customer[[1]] <- c(1, 2, 3)
# 出力
customer
```

▼出力（コンソール）

```
> customer
[[1]]
[1] 1 2 3 ……… 第1要素のベクトルが変更された

[[2]]
[1] "秀和太郎" "秀和花子" "宗田解析"

[[3]]
[1] "東京都江東区東陽2"     "東京都江東区東陽2-4" "東京都中央区銀座100"
```

▼リストcustomerの第1要素のベクトルの第3要素を変更する（ソースファイル「script.R」）

```
customer[[1]][3] <- 333
# 出力
customer
```

▼出力（コンソール）

```
> customer
[[1]]
[1] 1 2 333 ……… 第1要素のベクトルの第3要素が変更された

[[2]]
[1] "秀和太郎" "秀和花子" "宗田解析"

[[3]]
[1] "東京都江東区東陽2"     "東京都江東区東陽2-4" "東京都中央区銀座100"
```

リスト要素を「名前=値」のペアで管理する

リストの要素はインデックスで管理しますが、それが面倒な場合は、要素を「名前=値」のようにすれば、要素名で管理できるようになります。

▼名前付き要素を持つリストの作成

```
list(要素名1 = 値1, 要素名2 = 値2, …)
```

値には、リテラルまたはベクトル、リストを設定します。

▼リスト要素を名前付きにする（script2.R）

```
customer <- list(
  id = c(101, 102, 103),
  name = c("秀和太郎",
           "秀和花子",
           "宗田解析"),
  address = c("東京都江東区東陽2",
              "東京都江東区東陽2-4",
              "東京都中央区銀座100")
  )
# リストを出力
customer
```

▼出力（コンソール）

```
> customer
$id
[1] 101 102 103

$name
[1] "秀和太郎" "秀和花子" "宗田解析"

$address
[1] "東京都江東区東陽2"     "東京都江東区東陽2-4" "東京都中央区銀座100"
```

要素をリストとして取り出すには、[ ]の中に要素名をダブルクォーテーション（"）で囲んで書きます。また、要素をそのまま取り出すには、[[ ]]の中に要素名をダブルクォーテーション（"）で囲んで書くか、$に続けて要素名を書きます。

▼名前付き要素をリストとして取り出す

```
リスト名 ["要素名"]
```

▼名前付き要素をそのまま取り出す

```
リスト名 [["要素名"]]
リスト名 $ 要素名
```

それぞれの方法で、名前付き要素を取り出してみましょう。

▼リストの名前付き要素を取り出す（script2.R）

```
# リスト["要素名"]でリストとして取り出す
customer["id"]
# リスト[["要素名"]]で要素を取り出す
customer[["id"]]
# idの第1要素を取り出す [["要素名"]][インデックス]の形式に注意
customer[["id"]][1]
# リスト$要素名とすると、要素が取り出される
customer$id
# idの第1要素を取り出す $要素名[インデックス]の形式
customer$id[1]
```

▼出力（コンソール）

```
> customer["id"]
$id
[1] 101 102 103 ……………… id要素がリストとして取り出される

> customer[["id"]]
[1] 101 102 103 ……………… id要素がベクトルとして取り出される

> customer[["id"]][1]
[1] 101 ……………………………… id要素の第1要素

> customer$id
[1] 101 102 103 ……………… id要素がベクトルとして取り出される

> customer$id[1]
[1] 101 ……………………………… id要素の第1要素
```

2.2.6 行列（マトリックス）

行列（マトリックス）は、2つの次元を持ったベクトルです。ここでの**次元**は、ベクトルの数のことを指します。つまり、2つのベクトルを寄せ集めて1つにしたのが行列です。

行列は（行,列）の集計表

表計算ソフトの集計表に相当するのが**行列**です。その名のとおり「行」と「列」で構成されています。行や列はベクトルをそのまま当てはめることで作ります。

行列を作る

行列を作るには、matrix()関数を使います。書式のところで、関数名のあとの( )の中で指定する項目（これを**パラメーター**といいます）を示しています。途中、[ ] で囲んであるところは省略可能なことを意味します。パラメーターには「名前付き」があり、「nrow = 1」のようにあらかじめデフォルト値が設定されている場合があります。

●matrix()関数

```
matrix(data = NA [, nrow = 1, ncol = 1, byrow = FALSE] )
```

パラメーター		
	data	行列にするベクトルを指定する。
	nrow	行数を指定する。省略可能。
	ncol	列数を指定する。省略可能。
	byrow	TRUEでベクトルを行単位で並べる。デフォルトはFALSE（列単位で並べる）。

まずは、数列にするためのベクトルを用意します。ここからは、ソースファイルにコードを書いたら [Source] をクリックして実行してください。

▼ベクトルを用意する（script.R）

プロジェクト	matrix	ソースファイル	script.R

```
vct1 <- c(1, 2, 3, 4, 5, 6)
vct2 <- c(10, 20, 30, 40, 50, 60)
vct3 <- c(100, 200, 300, 400, 500, 600)
```

縦1列（縦ベクトル型）の行列を作成します。

▼1列の行列を作成する（script.R）

```
mtx1 <- matrix(vct1)
```

▼mtx1の中身（コンソール）

```
> mtx1
     [,1]
[1,]    1
[2,]    2
[3,]    3
[4,]    4
[5,]    5
[6,]    6
```

入力したコードを、[Run] または [Source] をクリックして実行すると、作成した行列の中身が出力されます。

ベクトルvct1が列の要素となって、6（行）×1（列）の行列になりました。今度は、ベクトルvct1から行数を2行に指定して行列を作ってみます。

▼ベクトルvct1から2行の行列を作る（script.R）

```
mtx2 <- matrix(vct1, nrow=2)        # 2行の行列を作成
mtx2                                # 出力
```

▼mtx2の中身（コンソール）

```
> mtx2
     [,1] [,2] [,3]
[1,]    1    3    5
[2,]    2    4    6
```

ベクトルvct1の(1, 2, 3, 4, 5, 6)を(1, 2)、(3, 4)、(5, 6)のように列方向に並べることで、(2行, 3列) の行列になりました。次に、列数を2列に指定して行列を作成してみます。

▼ベクトルvct1から2列の行列を作る（script.R）

```
mtx3 <- matrix(vct1, ncol=2)        # 2列の行列を作成
mtx3                                # 出力
```

▼mtx3の中身（コンソール）

```
> mtx3
     [,1] [,2]
[1,]    1    4
[2,]    2    5
[3,]    3    6
```

ベクトルvct1の(1, 2, 3, 4, 5, 6)を(1, 2, 3)、(4, 5, 6)のように列方向に並べることで、(3行, 2列) の数列になりました。次に、行数と列数の両方を指定して数列を作成してみます。

▼ベクトルvct1から（2行, 2列）の行列を作る（script.R）

```
mtx4 <- matrix(vct1, 2, 2)          # 2(行)×2(列)の行列を作成
```

▼mtx4の中身（コンソール）

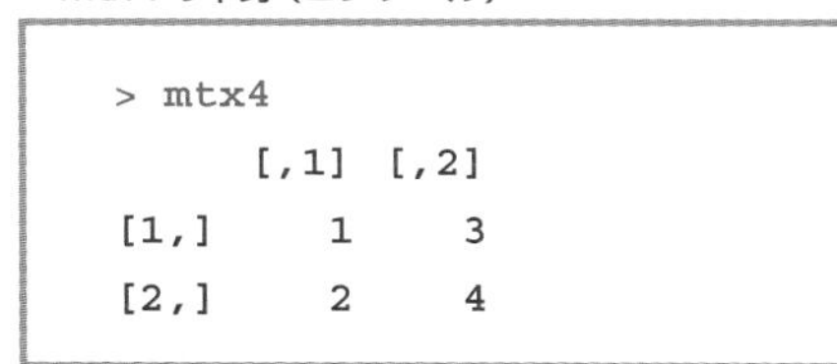

```
> mtx4
     [,1] [,2]
[1,]    1    3
[2,]    2    4
```

Hint 配列

Rの配列（array）は、ベクトルと同じ構造の1次元配列を扱うことができるほか、多次元の配列を扱うことができます。これを利用すると、例えば3次元の配列を作成して、(3行，2列)の行列を複数格納する、といった使い方ができます。

●array()関数

第1引数に、配列の要素にするベクトルを指定します。オプションのdimを省略した場合は1次元配列になり、ベクトルで各次元の最大サイズを指定することで多次元配列にすることができます。例えば、(3行，2列)の行列を3個格納する配列は、dim=c(3, 2, 3)のように「行数」「列数」「行列の数」の順でサイズ指定を行うことで作成できます。

作成した配列の要素は「配列名[インデックス]」で取り出せます。3次元配列の場合は「配列名[1次元のインデックス，2次元のインデックス，3次元のインデックス]」ように指定します。特定の次元のインデックスを省略した場合は、その次元の要素がすべて取り出されます。

```
array( ベクトル , dim= 各次元の最大サイズを代入したベクトル )
```

▼複数の行列を格納する配列を作成する（script.R）

```
# ベクトルを用意
vct1 <- c(1, 2, 3, 4, 5, 6)
vct2 <- c(10, 20, 30, 40, 50, 60)
vct3 <- c(100, 200, 300, 400, 500, 600)
# (3行,2列)の行列を3個作成
mtx1 <- matrix(c(1, 2, 3, 4, 5, 6), ncol=2)
mtx2 <- matrix(c(10, 20, 30, 40, 50, 60), ncol=2)
mtx3 <- matrix(c(100, 200, 300, 400, 500, 600), ncol=2)
array1 <- array(
  c(mtx1, mtx2, mtx3), # vct1、vct2、vct3を1つのベクトルにする
  dim=c(3,2,3)         # 行数3、列数2、行列の数3を指定
)
# 配列の中身を出力
array1
# 3次元のインデックスのみを指定して1つ目の行列を抽出
array1[, , 1]
```

▼出力（コンソール）

```
> # 配列の中身を出力
> array1
, , 1

     [,1] [,2]
[1,]    1    4
[2,]    2    5
[3,]    3    6

, , 2

     [,1] [,2]
[1,]   10   40
[2,]   20   50
[3,]   30   60

, , 3

     [,1] [,2]
[1,]  100  400
[2,]  200  500
[3,]  300  600

> # 3次元のインデックスのみを指定して1つ目の行列を抽出
> array1[, , 1]
     [,1] [,2]
[1,]    1    4
[2,]    2    5
[3,]    3    6
```

これまでベクトルの要素は列方向（タテ）に配置されていましたが、byrow = TRUEを指定することで行方向（ヨコ）に配置されるようになります。

▼ベクトルvct1の要素を行方向に並べつつ数列を作成（script.R）

```
mtx5 <- matrix(vct1,
               nrow=2,          # 行数を2に指定
               byrow = TRUE)    # 値を行方向に並べる
```

▼mtx5の中身（コンソール）

```
> mtx5
     [,1] [,2] [,3]
[1,]    1    2    3
[2,]    4    5    6
```

複数のベクトルを行または列方向で連結して行列を作る

複数のベクトルを、行単位または列単位で連結して行列を作成する関数があるので、これを使ってみましょう。

●rbind()関数

複数のベクトルを「行単位」で連結した行列を作成します。

●cbind()関数

複数のベクトルを「列単位」で連結した行列を作成します。

まずは、3つのベクトルを行方向で連結して行列を作ってみます。

▼3つのベクトルを行方向で連結する（script.R）

```
mtx6 <- rbind(vct1, vct2, vct3)  # 3つのベクトルを行方向に連結する
mtx6                             # 出力
```

▼mtx6の中身を見る（コンソール）

```
> mtx6
     [,1] [,2] [,3] [,4] [,5] [,6]
vct1    1    2    3    4    5    6
vct2   10   20   30   40   50   60
vct3  100  200  300  400  500  600
```

集計表らしくなりました。せっかくですので列、行の合計を求めてみましょう。

●colSums()関数

行列の列ごとの合計を求めます。

●rowSums()関数

行列の行ごとの合計を求めます。

▼列ごとの集計値を求める（script.R）

```
colSums(mtx6)
```

▼出力（コンソール）

```
> colSums(mtx6)
[1] 111 222 333 444 555 666 ………… 6列それぞれの合計値
```

▼行ごとの集計値を求める（script.R）

```
rowSums(mtx6)
```

▼出力（コンソール）

```
> rowSums(mtx6)
vct1 vct2 vct3
  21  210 2100 …………… 3行それぞれの合計値
```

複数のベクトルを列単位で連結して数列を作る

cbind()関数で、ベクトルを列単位で連結してみましょう。

▼3つのベクトルを列方向で連結する（script.R）

```
mtx7 <- cbind(vct1, vct2, vct3)  # 3つのベクトルを列方向に連結する
mtx7                             # 出力
```

▼mtx7の中身（コンソール）

```
> mtx7
     vct1 vct2 vct3
[1,]    1   10  100
[2,]    2   20  200
[3,]    3   30  300
[4,]    4   40  400
[5,]    5   50  500
[6,]    6   60  600
```

行列の要素を取り出す

行列から要素を取り出す場合もブラケット［ ］を使います。

▼行列から任意の行を取り出す

```
行列［行インデックス，］
```

▼行列から任意の列を取り出す

```
行列［，列インデックス］
```

▼行列の任意の要素だけを取り出す

```
行列［行インデックス，列インデックス］
```

先ほど作成したmtx7から、行・列・要素単位で取り出してみましょう。今度はコンソールに直接入力していきます。

▼mtx7から、行・列・要素単位で取り出す（コンソール）

```
> mtx7[1,] ·············· 1行目を取り出す
vct1 vct2 vct3
   1   10  100
> mtx7[,1] ·············· 1列目を取り出す
[1] 1 2 3 4 5 6
> mtx7[1,1] ··········· 1行目の1列目の値を取り出す
vct1
   1
```

2.2.7　データフレーム

データフレームは、ベクトルと並んでRの重要なデータ構造です。データフレームは行と列で構成された、いわゆる集計表です。Excelなどで作成された集計表をRで利用するときは、まずはデータフレームへの読み込みを行います。

データフレームの作成

データフレームの列（カラム）は、リストで構成されます。リストを列にしてそれを横に並べて表形式にしたものがデータフレームです。

▼データフレームの概要

- データフレームの列は、ベクトルを要素に持つリストです。
- データフレームの列のデータ型は、ベクトルの型で決まります。
- データフレームの列の長さは、すべて同じでなければなりません。
- データフレームの列には名前が必要です。

データフレームは、data.frame()関数で作成します。

●data.frame()関数

データフレームを作成します。

```
data.frame("列名1" = ベクトル1, "列名2" = ベクトル2, …)
```

●列の取り出し

▼データフレームの列を要素として取り出す（列名を指定）

```
データフレーム$列名
```

▼データフレームの列を要素として取り出す（ダブルブラケットでインデックスを指定）

```
データフレーム[[列のインデックス]] ………… 列データの要素を取り出す
```

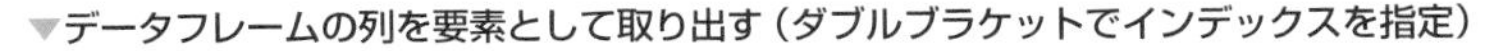

▼データフレームの列を要素として取り出す（ブラケットでインデックスを指定）

```
データフレーム[, 列のインデックス] …………… 列データの要素を取り出す
```

▼データフレームの列をデータフレームとして取り出す

データフレーム [列のインデックス] ………… 列データをデータフレームとして取り出す

▼データフレームの指定した範囲の列をデータフレームとして取り出す

データフレーム [列の開始インデックス ： 終了インデックス]

●行の取り出し

▼データフレームの行をデータフレームとして取り出す

データフレーム [行インデックス ,]

▼データフレームの指定した範囲の行をデータフレームとして取り出す

データフレーム [行の開始インデックス ： 終了インデックス ,]

●特定の要素の取り出し

▼データフレームの特定の要素を取り出す

データフレーム [行のインデックス , 列のインデックス] ………… 行列形式で指定

データフレームを作成してみる

データフレームの列データにするためのベクトルを2つ用意して、データフレームを作成します。

▼データフレーム用の2つのベクトルを用意する（script.R）

プロジェクト	Dataframe	ソースファイル	script.R

```
# 店舗名を格納したベクトル
branch <- c(
  "初台店", "幡谷店", "吉祥寺店", "笹塚店", "明大前店")
# 各店舗の売上額(千円)を格納したベクトル
sales <- c(2024, 2164, 6465, 2186, 2348)
# データフレームを作成
df <- data.frame(branch=branch, # 列1
                 sales=sales)   # 列2
```

ここまでのソースコードを実行すれば、dfという名前のデータフレームが作成されます。[Environment] ビューに [df] と表示されているはずですので、これをクリックしてみましょう。

▼データフレームdf

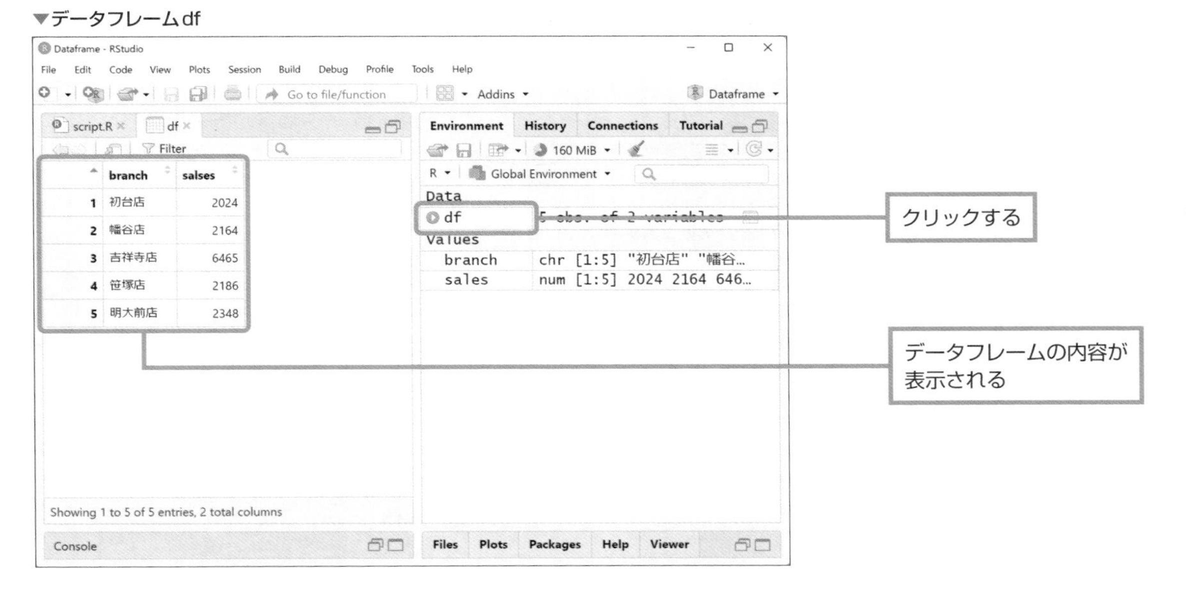

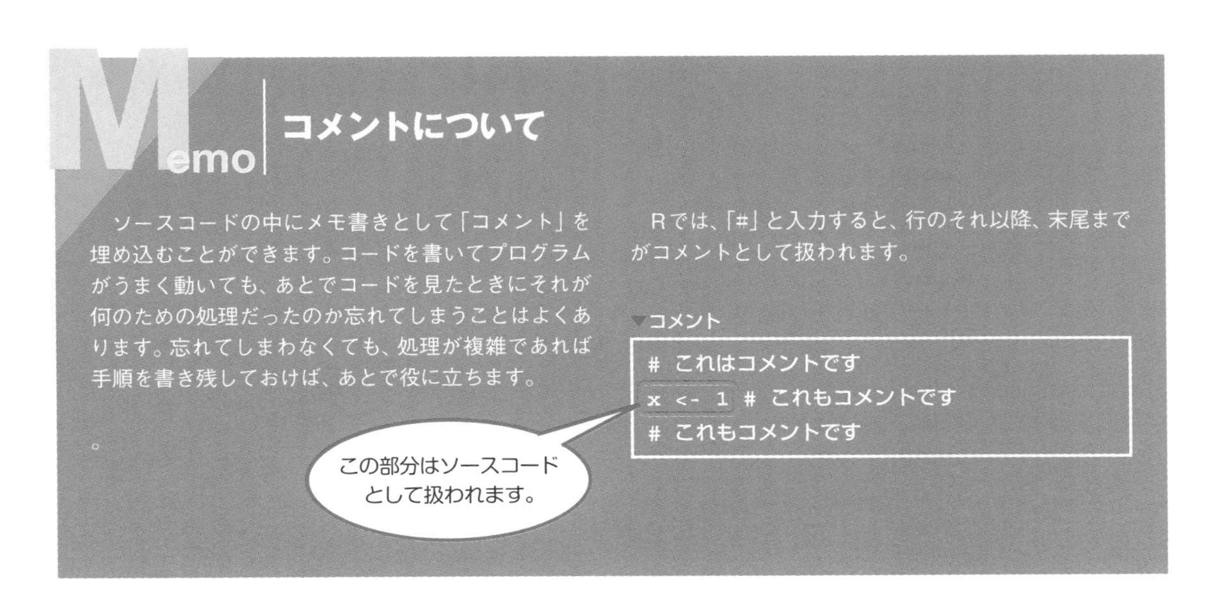

Memo コメントについて

ソースコードの中にメモ書きとして「コメント」を埋め込むことができます。コードを書いてプログラムがうまく動いても、あとでコードを見たときにそれが何のための処理だったのか忘れてしまうことはよくあります。忘れてしまわなくても、処理が複雑であれば手順を書き残しておけば、あとで役に立ちます。

Rでは、「#」と入力すると、行のそれ以降、末尾までがコメントとして扱われます。

▼コメント

```
# これはコメントです
x <- 1 # これもコメントです
# これもコメントです
```

データフレームから列や行のデータを取り出す

ソースファイルに次のように入力して、データフレームから列のデータや行のデータを取り出してみましょう。

▼データフレームから列や行のデータを取り出す（script.R）

```
df$branch # 列データを要素として取り出す
df[[1]]   # 列データを要素として取り出す
df[,1]    # 列データを要素として取り出す
df[1]     # 列データをデータフレームとして取り出す
df[1:2]   # 指定した範囲の列をデータフレームとして取り出す

df[1,]    # 行データをデータフレームとして取り出す
df[1:3,]  # 指定した範囲の行をデータフレームとして取り出す

df[1,1]   # 特定の要素を取り出す
```

▼出力（コンソール）

```
> df$branch # 列データを要素として取り出す
[1] "初台店"   "幡谷店"   "吉祥寺店" "笹塚店"   "明大前店"

> df[[1]]   # 列データを要素として取り出す
[1] "初台店"   "幡谷店"   "吉祥寺店" "笹塚店"   "明大前店"

> df[,1]    # 列データを要素として取り出す
[1] "初台店"   "幡谷店"   "吉祥寺店" "笹塚店"   "明大前店"

> df[1]     # 列データをデータフレームとして取り出す
    branch
1   初台店
2   幡谷店
3 吉祥寺店
4   笹塚店
5 明大前店

> df[1:2]   # 指定した範囲の列をデータフレームとして取り出す
    branch salses
1   初台店   2024
2   幡谷店   2164
3 吉祥寺店   6465
4   笹塚店   2186
5 明大前店   2348
```

```
> df[1,]      # 行データをデータフレームとして取り出す
  branch salses
1  初台店   2024

> df[1:3,]  # 指定した範囲の行をデータフレームとして取り出す
    branch salses
1     初台店   2024
2     幡谷店   2164
3   吉祥寺店   6465

> df[1,1]     # 特定の要素を取り出す
[1] "初台店"
```


データフレームの列は、データフレームとしても要素としても取り出せますが、行（レコード）についてはデータフレームとしてのみ取り出しが可能です。

外部ファイルのデータをデータフレームに取り込む

Rでは、データをカンマで区切ったCSV形式のファイル、タブ区切りのテキストファイルを読み込むことができます。読み込む先は、もちろんデータフレームです。

●read.table()関数

カンマで区切ったCSV形式のファイル、タブ区切りのテキストファイルの内容を、データフレームに展開します。

```
read.table(file[, header = FALSE,
           sep = "",
           quote = "\"'",
           dec = ".",
           numerals = c("allow.loss", "warn.loss", "no.loss"),
           row.names,
           col.names,
           as.is = !stringsAsFactors,
           na.strings = "NA",
           colClasses = NA,
           nrows = -1,
           skip = 0,
           check.names = TRUE,
           fill = !blank.lines.skip,
           strip.white = FALSE,
```

```
            blank.lines.skip = TRUE,
            comment.char = "#",
            allowEscapes = FALSE,
            flush = FALSE,
            stringsAsFactors = default.stringsAsFactors(),
            fileEncoding = "",
            encoding = "unknown",
            text,
            skipNul = FALSE]
)
```

設定する項目がずいぶんあるので見るだけでいやになりますが、読み込むファイルを指定するfileのところ以外はすべてオプションです。この中でよく使われるものを次表に示します。

▼read.table()で設定する主な項目(引数)

項目(引数)	内容
sep = ""	データとデータの区切り文字を指定します。CSVファイルの場合はsep = ","です。タブ区切りファイルの場合は指定は不要です。
skip = 0	ファイルの冒頭に読み込みたくない行があれば指定します。「skip = 1」とすれば最初の1行目を読み込まずに2行目から読み込みます。
nrows = −1	何行目まで読み込むかを指定します。デフォルトは「−1」なので、最後から1行目まで、つまりファイルの最後の行までを読み込みます。
header = FALSE	「ファイルの1行目は列名が書かれている」かどうかを指定します。ファイルの1行目が列名であればTRUE(またはT)を指定します。そうすると、列名がそのままデータフレームの列名になります。
row.names=NULL	行名を設定します。「row.names=文字列型ベクトル」で、任意の文字列を行名にすることができます。読み込むファイルに行名が設定されている場合は、次のいずれかの方法でデータフレームにも行名としての列を設定する必要があります。
	・row.names="列名"
	・row.names=1(列番号を意味する)
fileEncoding = ""	文字コードの変換方式を指定します。Rは「UTF-8」が標準なので、これ以外の変換方式のファイルは、変換方式を指定する必要があります。でないと日本語が文字化けを起こすので注意が必要です。

タブ区切りのテキストファイルをデータフレームに読み込んでみよう

ここでは、プロジェクト「load_file」を作成し、プロジェクト用フォルダーの中にタブ区切りのテキストファイル「店舗別売上.txt」を保存しています。

次は［Files］ビューで「店舗別売上.txt」をクリックして、ファイルの中身を表示したところです。このファイルの文字コードはRStudio標準のUTF-8です。

▼店舗別売上.txt

店舗名と売上額をタブで区切って入力してある

Attention

RStudioの標準の文字コード変換方式はUTF-8であるため、ファイルの変換方式がShift-JISになっていると文字化けを起こすので注意してください。ただし、これはRStudioでファイルの中身を表示した場合です。read.table()では、Shift-JISのファイルを読み込む際に「fileEncoding="CP932"」を指定すれば、文字化けせずにデータフレームに読み込むことができます。

▼「店舗別売上.txt」をデータフレームに読み込む（script.R）

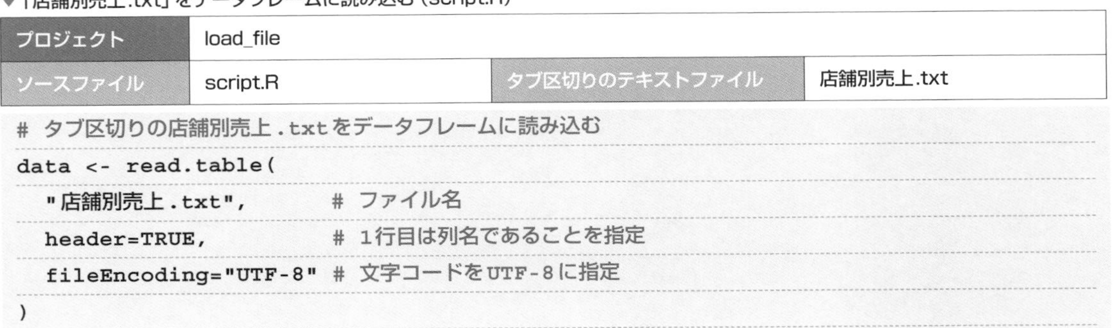

プロジェクト	load_file		
ソースファイル	script.R	タブ区切りのテキストファイル	店舗別売上.txt

```
# タブ区切りの店舗別売上.txtをデータフレームに読み込む
data <- read.table(
  "店舗別売上.txt",        # ファイル名
  header=TRUE,             # 1行目は列名であることを指定
  fileEncoding="UTF-8"  # 文字コードをUTF-8に指定
)
```

［Source］をクリックして実行してみましょう。指定したタブ区切りのテキストファイルのデータが、データフレームdataに読み込まれます。［Environment］ビューに表示されている「data」をクリックしてみましょう。

▼データフレームdataに読み込まれたデータ

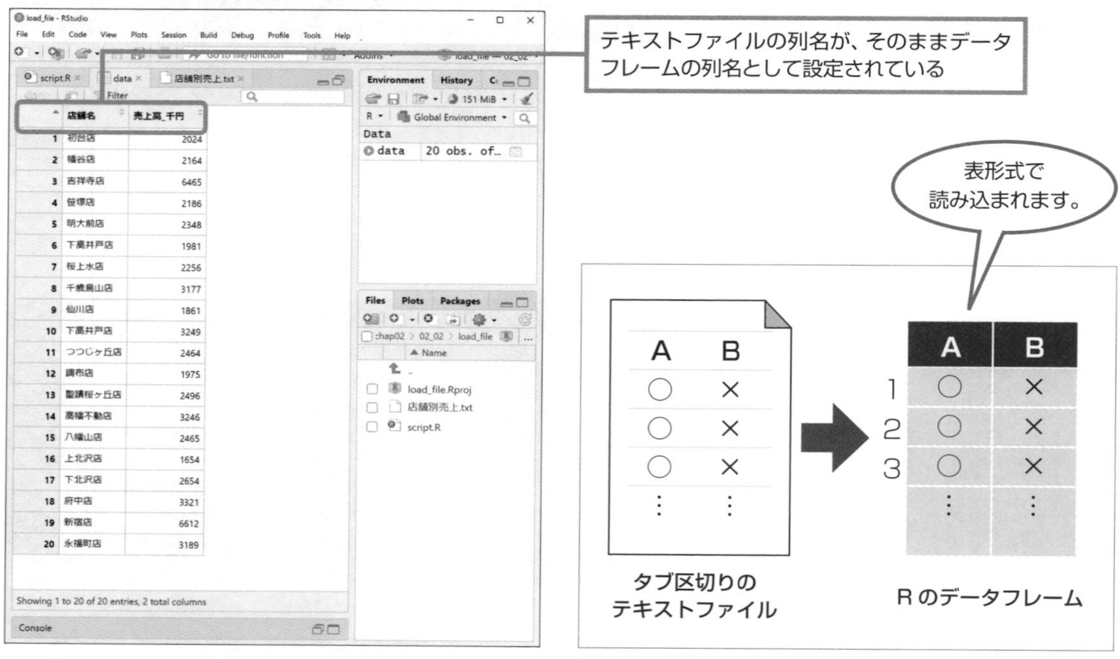

Tips Excelのデータをクリップボード経由で読み込む

Excelのデータを読み込むには、いったんカンマ区切りのCSVファイルまたはタブ区切りのテキストファイルにしておく必要があります。RにはExcelブックを直接読み込むための拡張機能も用意されていますが、いずれにしても事前の準備が必要です。

でも、Excelのワークシートのデータをその場で利用するだけなら、データをまるごとデータフレームに「コピー&ペースト」することができます。

▼Excelのワークシート

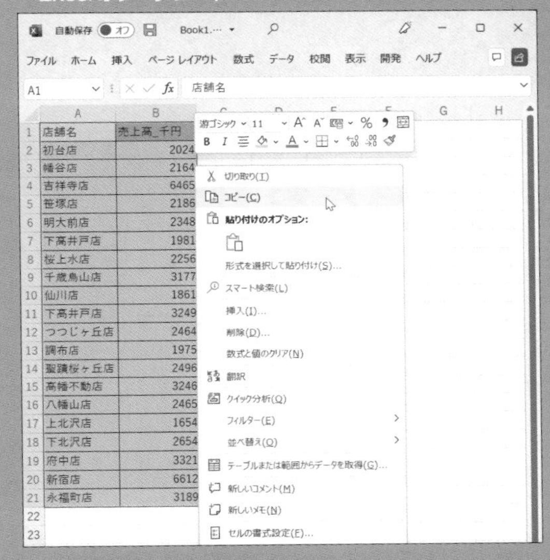

1 Excelのワークシート上のコピーしたい範囲のセルを選択してコピーします。

▼クリップボードのデータをデータフレームに読み込むためのコード

```
data <- read.table("clipboard", # ファイル名を"clipboard"にする
                   header=TRUE) # データの1行目を列名として設定
```

▼Excelデータをコピーして作成されたデータフレーム

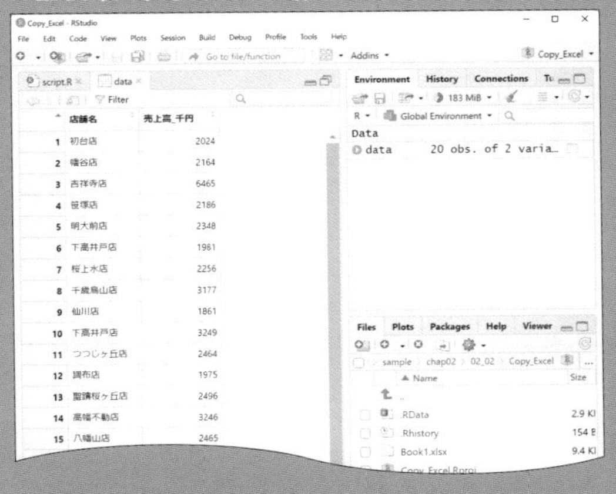

2 Rのソースファイルに上記のコードを記述して、これを実行します。

3 Excelのデータがデータフレームにコピーされます。

Section 2.3

プログラムの制御と関数（制御構造と関数）

Level ★★★　Keyword　制御構造　条件分岐　反復処理

ソースコードは、1つの文（ステートメント）ずつ実行されます。コンソールに入力した場合もそうですが、ソースファイルに書いたコードも1文ずつ、上の行から順番に実行されます。

しかし、上から順に実行するだけでは、プログラムとしてできることが限られてしまいます。そうならないために、Rには制御構造という仕組みが取り入れられています。

Theme 制御構造でプログラムの流れをコントロールしよう

制御構造を使って、プログラムの実行順序をコントロールしてみましょう。制御構造には、条件によって処理を分岐する**条件分岐**と、同じ処理を繰り返す**反復処理**があります。それぞれの処理にトライしてみてください。

●ifステートメント

指定した条件で処理を切り替えます。

```
if （条件式）{
   条件式がTRUEのときにやること
}
```

●forステートメント

指定した回数だけ同じ処理を繰り返します。

```
for (i in イテレート可能なオブジェクト）{
     繰り返す処理
}
```

●if…else if…elseステートメント

複数の条件で処理を切り替えます。

```
if （条件式1） {
  条件式1がTRUEになるときに実行する処理
} else if （条件式2） {
  条件式2がTRUEになるときに実行する処理
} else {
  どの条件もTRUEにならなかったときに実行する処理
}
```


2.3.1 「もしも」で処理を分ける（ifステートメント）

ifステートメント（if文）は、何かの処理をしてその結果で処理を切り替える**条件分岐**という制御を行うためのものです。

ifステートメントの書き方

ifはステートメント（文）なので、複数行のソースコードがひとまとまりになっています。

このように、何かの目的（ここではifステートメント）でひとまとまりになったソースコードのことを**コードブロック**といいます。ifステートメントのコードブロックは、次のように書きます。

▼ifステートメント

```
if （条件式） {
  条件式が TRUE のときにやること
}
```

▼ifの仕組み

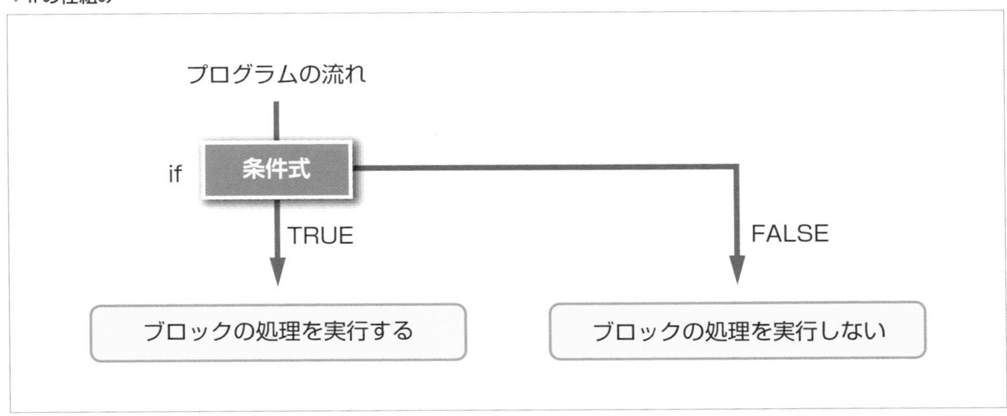

ifに必須の条件式とは

ifは「もしも～がTRUEであれば」、そのうしろに書いてある{}内のコードを実行します。

「～がTRUEであれば」という条件はifのあとの()の中に書きます。例えば、「AとBが等しいか」という条件は「if(A == B)」という書き方をします。AとBが等しいときはTRUE、等しくないときはFALSEになります。

▼logical型のTRUEとFALSE

TRUE	真であることを表します。
FALSE	偽であることを表します。

条件式がTRUEになれば、ifのコードブロックが実行されます。FALSEであればコードブロックは実行されず、ifステートメントの処理が終了します。では、注目の条件式ですが、これは次の**比較演算子**を使って組み立てます。

▼条件式を作るための「比較演算子」

比較演算子	内容	例	内容
==	等しい	a == b	aとbの値が等しければTRUE、そうでなければFALSE。
!=	異なる	a != b	aとbの値が等しくなければTRUE、そうでなければFALSE。
>	大きい	a > b	aがbの値より大きければTRUE、そうでなければFALSE。
<	小さい	a < b	aがbの値より小さければTRUE、そうでなければFALSE。
>=	以上	a >= b	aがbの値以上であればTRUE、そうでなければFALSE。
<=	以下	a <= b	aがbの値以下であればTRUE、そうでなければFALSE。

これらの比較演算子は、式のとおりであればTRUE、そうでなければFALSEを返します。

このほかに、NULL（何もない）、NA（欠損値）、NaN（非数）を調べる関数があります。

●is.null()関数

()内で指定した値がNULLであればTRUE、そうでなければFALSEを返します。

●is.na()関数

()内で指定した値がNA（欠損値）であればTRUE、そうでなければFALSEを返します。

●is.nan()関数

()内で指定した値がNaN（非数）であればTRUE、そうでなければFALSEを返します。

ifステートメントで処理してみる

では、ifステートメントでどんなことができるのかを試してみましょう。

▼numの値が負であれば正の値にする（script.R）

プロジェクト	ifstatement	ソースファイル	script.R

```
# numに負の値を代入
num <- -10

if(num < 0){
  # numが負の値であれば-1を掛けて正の値にする
  num <- num * -1
}

# numの値を出力
num
```

ソースコードを実行してみると、numの値が「10」に変わっていることが確認できます。

▼出力（コンソール）

```
> num
[1] 10 ←── 正の値になっている
```

「そうでなければ」を実行するelse if／else

先のifステートメントでは、「負の値だったら正の値にする」という処理をしてみました。ここでは、さらに「正の値だったら負の値にする」という逆の処理を加え、さらに「実数でなければ実数に変換する」処理を加えることについて考えてみたいと思います。

ifにさらに別の条件を加えるelse if

ifステートメントにelse ifを加えることで、「もしも〇〇なら」に「そうでなければ、もしも××なら」のパターンを加えることができます。こうすることで、「AならBを実行」「CならDを実行」……のように、条件をたくさん作って処理を分岐させることができます。

▼if…else ifステートメント

```
if （条件式 1） {
     条件式 1 が TRUE になるときに実行する処理
} else if （条件式 2） {
     条件式 2 が TRUE になるときに実行する処理
}
```

else ifは、必要であればさらに増やすことができます。では、「負の値なら正の値に、正の値なら負の値にする」処理を書いてみましょう。

▼負の値なら正の値に、正の値なら負の値にする（script2.R）

```
# numに正の値を代入
num <- 10

if(num < 0) {
  # numが負の値なら-1を掛けて正の値にする
  num <- num * -1
} else if(num > 0) {
  # numが正の値なら-1を掛けて負の値にする
  num <- num * -1
}

# numの値を出力
num
```

今回はnumに「10」を代入しました。プログラムの実行後にnumの値を確認すると、負の値になっていることが確認できます。

▼プログラム実行後のnumを確認（コンソール上で実行）

```
> num
[1] -10   ←── 負の値になっている
```

どの条件にも当てはまらないときの処理を実行するelse

elseはどの条件にも当てはまらなかった（成立しなかった）ときの処理を行います。

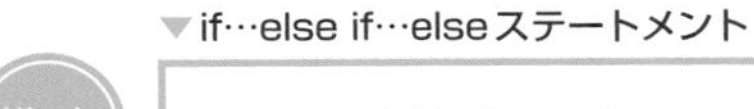

▼if…else if…elseステートメント

構文

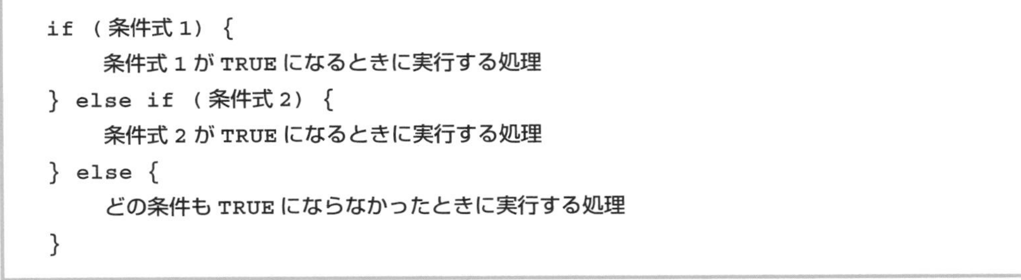

```
if （条件式1） {
    条件式1がTRUEになるときに実行する処理
} else if （条件式2） {
    条件式2がTRUEになるときに実行する処理
} else {
    どの条件もTRUEにならなかったときに実行する処理
}
```

ここでは、新たに「その値が実数型（numeric）でなければ実数型にする」という処理を加えることにします。

▼実数であれば正と負の変換を行い、そうでなければ実数に変換する（script3.R）

```
# valに文字列を代入
val <- "-10"

if(is.numeric(val) & val < 0){
  # valが実数型かつ負の値なら-1を掛けて正の値にする
  val <- val * -1
} else if (is.numeric(val) & val > 0) {
  # valは実数型かつ正の値なら-1を掛けて負の値にする
  val <- val * -1
} else {
  # どの条件も成立しない場合はnumeric型に変換する
  val <- as.numeric(val)
}

# valの情報を出力
str(val)
```

▼出力（コンソール）

```
> str(val)
 num -10
```

valには当初、character型の"−10"が代入されていましたが、処理の結果、valの値はnumeric型の「−10」になっています。

2.3.2 同じ処理を繰り返す（forステートメント）

同じ処理を繰り返す必要があるとします。そうすると同じコードを繰り返し書くことになりますが、プログラミング的に面倒ですし、効率的ではありません。こんなときのために**反復処理**という仕組みが用意されています。

指定した回数だけ処理を繰り返す

forステートメントは、指定した回数だけ処理を繰り返します。

▼forの書式

```
for (i in イテレート可能なオブジェクト) {
    繰り返す処理
}
```

iはイテレート可能なオブジェクトから取り出した値を格納するためのオブジェクト（変数）です。必ずしもiである必要はなく、任意の名前にできます。

「イテレート可能なオブジェクト」とありますが、「イテレート」（iterate）とは「繰り返し処理する」という意味です。例えば、

```
c(1, 2, 3)
```

というベクトルには3個の値があるので、イテレート可能なオブジェクトです。

```
for (i in c(1, 2, 3)) {
  # 何かの処理
}
```

と書くと、次のように処理が行われます。

- **1回目の処理**
  iにベクトルの第1要素の「1」が代入され、ブロック内の1回目の処理が行われます。
- **2回目の処理**
  forの先頭に戻ってiにベクトルの第2要素の「2」が代入され、ブロック内の2回目の処理が行われます。

- **3回目の処理**
  forの先頭に戻ってiにベクトルの第3要素の「3」が代入され、ブロック内の3回目の処理が行われます。
- **次の処理はない**
  forの先頭に戻りますが、iに代入するベクトルの要素がありません。ここで終了です。

次のプログラムは、コンソールにあいさつを連続して表示します。

▼ベクトルのすべての文字列を出力する

```
for (word in c("おはよう！", "こんにちは", "こんばんは")) {
  print(word)
}
```

▼実行結果（コンソール）

```
[1] "おはよう！"   ← forの1回目の処理
[1] "こんにちは"   ← forの2回目の処理
[1] "こんばんは"   ← forの3回目の処理
```

「ファイルからデータフレームに読み込み」➡「ベクトルに代入」を自動化する

もう少し実用的なものを作ってみましょう。ファイルからデータフレームに読み込んだあと、forステートメントの処理で、データフレームのすべての列データをベクトルに代入するようにしてみます。ベクトルの名前をどうするかという問題がありますが、forの処理の中で自動生成するようにしましょう。

ここでは、次のようなタブ区切りのデータファイル——テキスト（.txt）形式です——を読み込むようにします。

▼タブ区切りのテキストファイルをRStudioで表示したところ（定着度.txt）

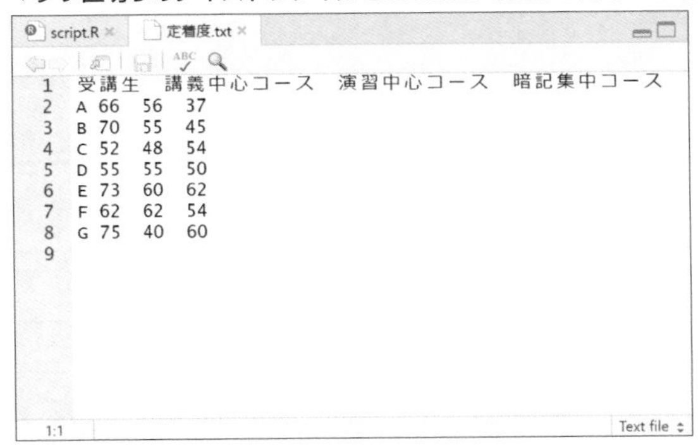

受講生	講義中心コース	演習中心コース	暗記集中コース
A	66	56	37
B	70	55	45
C	52	48	54
D	55	55	50
E	73	60	62
F	62	62	54
G	75	40	60

▼ファイルをデータフレームに読み込んだところ

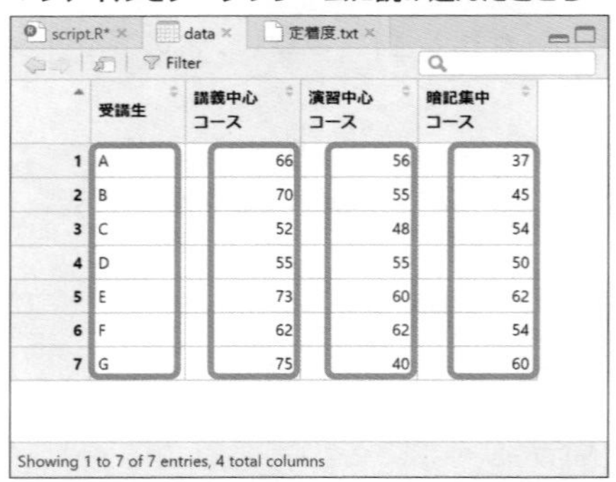

	受講生	講義中心コース	演習中心コース	暗記集中コース
1	A	66	56	37
2	B	70	55	45
3	C	52	48	54
4	D	55	55	50
5	E	73	60	62
6	F	62	62	54
7	G	75	40	60

Showing 1 to 7 of 7 entries, 4 total columns

ファイルを読み込んで、左図のようなデータフレームを作ります。forで列の数のぶんだけベクトル名をx1、x2、…のように作りつつ、列のデータを代入していきます。

列データをx1、x2、…という名前のベクトルに順次代入する

▼forでベクトル名を動的に作りながらデータフレームの列データを代入する（script.R）

プロジェクト	For	ソースファイル	script.R

```
# 定着度.txtをデータフレームに読み込む
data <- read.table(
  "定着度.txt",
  header=T,                # 1行目は列名
  fileEncoding="UTF-8"  # 文字コードはUTF-8
)

# データフレームの1行目（列名の次行）を指定して列の数を調べる（4列）
j <- length(data[1,])

# イテレート可能なオブジェクトc(1:j)で1列～4列を順に処理
for(i in c(1:j)) {
  # 連番を付けたオブジェクトを生成して列データを代入
  assign(
    sprintf("x%d", i),  # ベクトル名はx1、x2、x3、x4
    data[,i]            # データフレームの1列目から代入
  )
}
```

●assign()関数

名前を指定してベクトルを作成し、そのベクトルに値を割り当てます。

```
assign(x, value)
```

パラメーター		
	x	ベクトルの名前。
	value	ベクトルに代入する値。

● sprintf()関数

書式付きの文字列に別の文字列を組み合わせた文字列を、ベクトルにして返します。

```
sprintf(fmt, 組み合わせる要素)
```

パラメーター		
	fmt	書式付きの文字列です。 整数値を示す「%d」を使って「x%d」とすると、「組み合わせる要素」が「%d」の部分に埋め込まれます。 例：sprintf("x%d", 1)とすると、「x1」という文字列が作られ、この文字列を代入したベクトルが返されます。
	組み合わせる要素	fmtに渡す値。整数、実数、文字列、論理値を設定することができます。

入力したソースコードをすべて実行して、[Environment] ビューを確認してみましょう。ベクトルのx1、x2、x3、x4にデータフレームの1列～4列のデータが格納されています。

▼ [Environment] ビュー

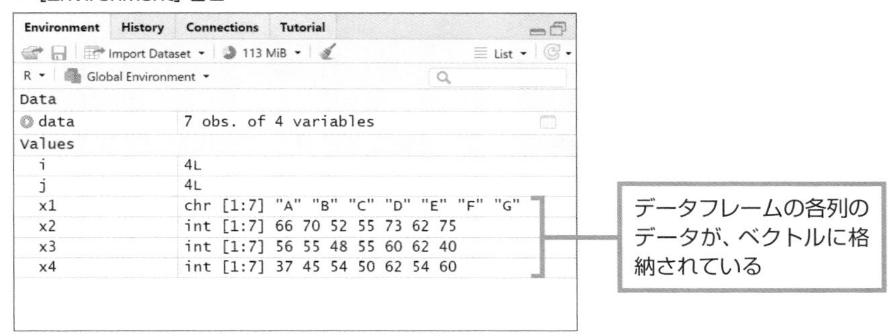

Rで分析するときは、「外部のファイルを読み込んだデータフレームから、列ごとにデータを取り出す」ことがよくあるので、そんなときに、ここで作成したforステートメントを使うとよいでしょう。列の数がいくつであっても対応できるので便利だと思います。

2.3.3 決まった処理に名前を付けて呼び出せるようにしよう（関数の作成）

いつも決まった処理をするなら、処理を行うコードをまとめて「関数」にしてしまう、という手があります。これまでのソースコードは、処理の順番どおりに書いてきました。処理ごとにコードを並べた小さな断片の集まりともいえるものです。その場限りの処理ならこれでよいのですが、同じ処理をいろんな場面で行うような場合は、同じコードを毎回入力するのは効率的ではありません。

そこで、一連の処理を行うコードを1つのブロックとして、これに名前を付けて管理できるようにしたのが**関数**です。関数は「名前の付いたコードブロック」なので、ソースファイルのどこにでも書くことができます。ただし、同じソースファイルの中から呼び出して使う場合は、呼び出しを行うソースコードよりも前（上位の行）に書いておく必要があります。

関数には次の3つのパターンがあります。これらの関数の作り方を順番に見ていきましょう。

・処理だけを行う関数
・何かの値を受け取って処理を行う関数
・処理した結果を呼び出し元に返す関数

●関数名の付け方

関数名には英語動詞を用いて、小文字1単語（showなど）またはlower Camel Case（小文字で書き始めて以後の単語の先頭が大文字、showParameterなど）にすることが推奨されています。

処理だけを行う関数

関数を作成するには、次のように書きます。

▼関数の定義（処理だけを行うもの）

```
関数名 <- function() {
  処理…
}
```

関数名に「<-」を使ってfunction()以下を代入しています。function()は関数を作るための関数です。実は関数もデータ型の一種であり、**function型**と呼ばれます。function()関数を呼び出して{ }の中に処理を書けば、これがそのまま、関数名として指定した文字列に代入されます。このときの関数名はfunction型のデータです。以後は、関数名()と書けば関数が呼び出されて処理が行われる、という仕組みです。これまでに使ってきたRの関数は、すべてこのようにして定義されています。

処理だけを行う関数は、呼び出すと関数の中に書いてある処理だけを実行します。例として、あらかじめ設定しておいた文字列をコンソールに出力する関数を定義してみることにしましょう。

▼呼び出すと文字列を出力する関数（script.R）

プロジェクト	Function	ソースコード	script.R

```
# 処理だけを行う関数
show <- function() {
  print("Hello!")
}
# 関数を呼び出す
show()
```

▼実行結果（コンソール）

```
> show()
[1] "Hello!"
```


引数を受け取る関数

関数では、呼び出し元から何かの値を受け取って、これを処理することができます。関数に渡す値のことを**引数**（ひきすう）と呼び、関数名のあとの( )中に引数を書くと、それが関数に引き渡されます。

一方、関数側では引数を受け取るための仕組みを用意します。これを**パラメーター**と呼びます。パラメーターの名前は、オブジェクト名（変数名）と同様に、英語名詞を用いて、小文字1単語または「スネークケース」（小文字単語を「_」で区切る）で定義します。

▼関数の定義（引数を受け取って処理を行うもの）

```
関数名 <- function( パラメーター ) {
    処理…
}
```

パラメーターの部分は、カンマ（,）で区切ることで複数のパラメーターを設定することができます。

▼引数を2つ受け取る関数（script2.R）

```
# パラメーターが設定された関数
showParameter <- function(word_1, word_2) {
  print(word_1) # word_1を出力
  print(word_2) # word_2を出力
}

# 引数を指定して関数を呼び出す
showParameter("Rの世界へ", "ようこそ！")
```

▼実行結果（コンソール）

```
> showParameter("Rの世界へ", "ようこそ！")
[1] "Rの世界へ"
[1] "ようこそ！"
```

関数を呼び出すときの引数は、「書いた順番」でパラメーターに渡されます。

▼関数を呼び出したときに引数がパラメーターに渡される様子

```
showParameter("Rの世界へ", "ようこそ！") ………… 関数の呼び出し

showParameter <- function(word_1, word_2) {
  print(word_1)
  print(word_2)
}
```

「showParameter("ようこそ！", "Rの世界へ")」のように順序を逆にすると、

```
> ShowParameter("ようこそ！", "Rの世界へ")
[1] "ようこそ！"
[1] "Rの世界へ"
```

のように変わります。

戻り値を返す関数

ベクトルを作成するc()関数やデータフレームを作成するdata.frame()関数は、呼び出すとベクトルやデータフレームを処理結果として返してきます。これを**戻り値**と呼びます。

▼関数の定義（引数を受け取って戻り値を返す）

```
関数名 <- function( パラメーター ) {
 処理…
 return( 戻り値 )
}
```

return()を使わずに、戻り値にするものだけを書いてもよいのですが、ソースコードがわかりづらくなるので、return()の( )の中に書いて「これが戻り値である」とわかるようにすることが推奨されています。

戻り値には文字列や数値などのリテラルを直接、設定できますが、多くの場合、関数内で使われているオブジェクト（変数）を設定します。何かの処理結果を変数に代入しておき、これをreturn()で返す、という使い方です。

▼引数を受け取って戻り値を返す関数（script3.R）

```
# 引数を受け取って戻り値を返す関数
calculateTax <- function(val) {
  tax_in <- val * 1.1 # valに1.1を掛ける
  return(tax_in)       # tax_inを戻り値として返す
}

# 引数を指定して関数を呼び出す
calculateTax(100)
```

▼実行結果（コンソール）

```
> calculateTax(100)
[1] 110 ………… calculateTax()関数の戻り値
```

戻り値をプログラムで利用する場合は、戻り値を代入するためのオブジェクト（変数）を用意します。そうすると、次のような流れで戻り値を取得できます。

▼関数を呼び出したときの処理の流れ

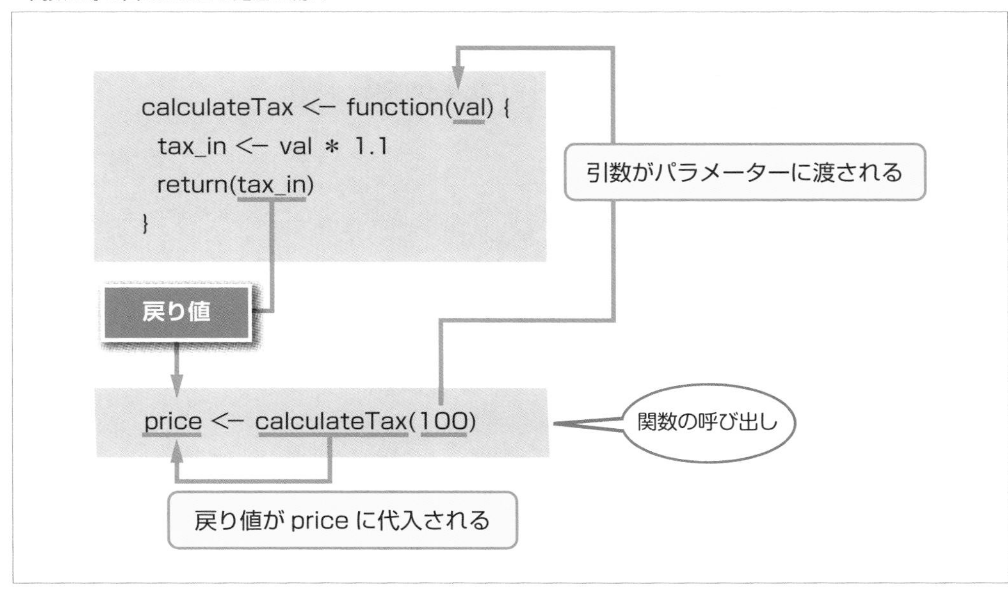

作成した関数を他のソースファイルから実行できるようにしよう

せっかく作成した関数ですので、他のソースファイルから呼び出して使えると便利です。専用のソースファイルに保存しておけば、ファイルを読み込むことで関数を呼び出せるようになります。

●source()関数

指定したソースファイルを読み込みます。

```
source("ファイル名", encoding="文字コードの変換方法")
```

パラメーター		
	"ファイル名"	読み込むファイルの拡張子付きのフルネームを指定。ファイルが同じ場所にない場合は、ファイルの位置を示すパスを含めて指定する。
	encoding= "文字コードの変換方法"	読み込むファイルで使用されている文字コードの変換方法を指定。RStudioで作成したソースファイルは「UFT-8」なので、通常はこれを指定する。読み込むファイルの中で日本語が使われている場合（コメントなど）は、指定がないと警告が表示されることがある。

ファイルをデータフレームに読み込む関数を作る

前にタブ区切りのテキストファイルをデータフレームに読み込む処理を作りましたが、これをそのまま関数にして、ほかのソースファイルからも使えるようにしてみましょう。

ソースファイル「load-file.R」を作成し、次のコードを記述して保存します。

プロジェクト	LoadFunction		
タブ区切りのテキストファイル	店舗別売上.txt	ソースファイル	load-file.R、script.R

▼ファイルをデータフレームに読み込む関数をソースファイル「load-file.R」に保存する

```
# タブ区切りのテキストファイルをデータフレームに読み込む関数
# Parameter:
#   path: ファイル名またはファイルパス
load.file <- function(path) {
  # ファイルを読み込んでデータフレームに格納
  data <- read.table(
    path,                    # 読み込むファイル
    header=T,                # 1行目は列名を指定
    fileEncoding="UTF-8" # 文字コードをUTF-8に指定
  )
  # データフレームを戻り値として返す
  return(data)
}
```

Onepoint

関数名は「load.file()」としました。途中にあるピリオド（.）はたんに区切り文字として入れてあります。

では、ソースファイル「script.R」を作成して、次のように記述し、実行してみましょう。

▼「load-file.R」のload.file()関数を実行する（script.R）

```
# load-file.Rを読み込む
source("load-file.R", encoding="utf-8")

# ファイル名を引数にしてload.file()関数を呼び出す
data <- load.file("店舗別売上.txt")
```


ソースコードを実行すると、店舗別売上.txtのデータがデータフレームdataに読み込まれるはずです。[Environment] ビューに表示されている [data] をクリックして、正しく読み込まれたか確認してみましょう。

▼データフレームdata

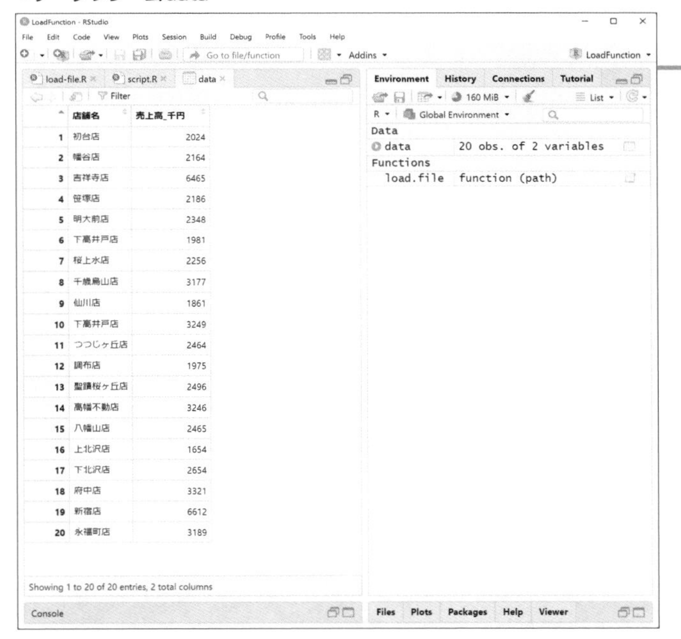

うまくいったようです。ここで作成した「load-file.R」を、作成中のプログラムと同じフォルダーにコピーしておけば、これを読み込んでload.file()関数を使うことができます。

Memo RStudio

RStudioは、R言語の統合開発環境です。一般に統合開発環境（IDE）は、ソフトウェア開発のための統合的なプログラミング環境であり、テキストエディターをはじめ、コンパイラー、デバッガーなど、プログラミングのための様々なツールが搭載されています。

RStudioは、C++やJava、JavaScriptで開発されていて、GUI（グラフィカルユーザーインターフェイス）にQt（キュート）フレームワークが使用されています。Qtフレームワークは GUI を構成する部品の集合で、Qt自体はC++で開発されていますが、言語独自のAPIを通じてJavaやPython、C#などの言語から利用できるようになっています。

RStudioの開発は2010年12月頃に開始され、最初のパブリックベータ版（v0.92）が2011年2月にリリースされました。

データの全体像を解析する（代表値）

統計的な分析手法には、収集したデータの平均や分散、標準偏差などを計算して分布を明らかにし、データの示す傾向や性質を把握する**記述統計**と、採取したデータ（**標本**や**サンプル**とも呼ぶ）から母集団（全体のこと）の性質を確率統計的に推測する**推測統計**があります。

まずは記述統計の手法をRで実践する方法について、これから２章にわたって見ていきます。

Section 3.1

データをならして出てくる代表値（平均）

Level ★★★　Keyword　代表値　平均値

データの傾向や性質を把握する統計手法が記述統計です。記述統計では、データのことをひとことで表す値を代表値と呼んでいます。代表値の中で最もよく使われていて、馴染みが深いものといえば平均です。

Theme　Webサイトの1日当たりの平均アクセス数は――

次の表は、あるWebサイトにおける1か月間のアクセス状況をまとめたものです。この表をまとめたCSVファイルを読み込み、1日当たりの平均アクセス数を求めてみましょう。

▼30日間のアクセス状況（データをカンマで区切ってCSVファイルに保存）

日	アクセス数	日	アクセス数	日	アクセス数
1	354	11	343	21	324
2	351	12	349	22	387
3	344	13	358	23	370
4	362	14	373	24	357
5	327	15	334	25	342
6	349	16	338	26	338
7	361	17	355	27	359
8	360	18	329	28	308
9	333	19	370	29	323
10	366	20	324	30	338

3.1.1　平均を求める

「テストの平均点」から「平均年収」、さらには「平均寿命」まで、何かのデータをひとことで言い表す手っ取り早い手段として**平均**がよく使われているのはご存じのとおりです。

▼平均値の計算

$$平均=\frac{すべてのデータの合計}{データの個数}$$

平均値を求める式

計算式で表す場合、平均を求めるデータをxに置き換えた書き方が使われます。さらに、データの個数について「xがn個」という書き方をします。xの平均は「$\bar{x}$」のようにxの上に横棒を書くことで表します。

▼平均を求める式

$$\bar{x}=\frac{x_1+x_2+\cdots+x_n}{n}$$

x_n：n番目（最後）のデータ
x_2：2つ目のデータ
x_1：1つ目のデータ

データの数をn個としてしまえば、データの数が100個であろうと1000個であろうと、この式で表せます。ちなみにこの式では、「左辺と右辺にnを掛けても等しい」という関係が成り立ちます。右辺にnを掛けると分母のnがなくなり、すなわちデータの合計になります。「データの合計と平均×個数は等しい」ことになります。

▼平均値を求める式の両辺にnを掛ける

$$\bar{x}\times n=x_1+x_2+\cdots+x_n$$ ➡ 平均×データの個数＝データの合計

統計学ではΣ（シグマ）の記号がよく出てくるので、ここでΣの記号を使った場合について見ておきましょう。

▼平均を求める式

$$\bar{x}=\frac{1}{n}\sum_{i=1}^{n}x_i$$

Σは「総和」を表すので、上記の式は$i=1$からnになるまで、

$$\bar{x}=\frac{1}{n}(x_1+x_2+\cdots+x_n)$$

の計算を行うことを示しています。計算の内容は先の式とまったく同じです。

mean()関数で平均を求める

mean()関数は、指定された値を合計し、データの個数で割ることで平均を求めます。

本節冒頭のThemeで示したデータ「access.csv」をデータフレームに読み込み、30日間のアクセス数の平均を求めてみましょう。CSVファイルの読み込みは、read.csv()関数で行います。

```
read.csv(file, header = TRUE, sep = ",", quote = "\"",
         dec = ".", fill = TRUE, comment.char = "", …)
```

header = TRUE（1行目は見出し）、sep = ","（データの区切りはカンマ）のように、CSVファイルを読み込むために必要なことがデフォルトで設定されているので、基本的に第1パラメーターのファイル名（またはファイルパス）のみ指定すればOKです。なお、上記の書式には記載がありませんが、encoding = ""で文字コードの変換方式を指定できるので、文字化けが心配な場合は設定しておくとよいでしょう。UTF-8の場合は「encoding = "UTF-8"」、Shift-JISの場合は「encoding = "Shift_JIS"」または「encoding = "CP932"」のように指定します。

プロジェクト	AverageValue		
カンマ区切りのCSVファイル	access.csv	ソースファイル	script.R

▼access.csvをデータフレームに読み込んで、アクセス数の平均を求める（script.R）

```
# access.csvをデータフレームに読み込む
df <- read.csv("access.csv", encoding = "UTF-8")

# アクセス数の平均を求める
access_mean <- mean(df$アクセス数)
# 出力
access_mean
```

▼出力（コンソール）

```
> access_mean
[1] 347.3667
```

「347.3667」と出力されました。これが30日間のアクセス数の平均です。

Section 3.2

データの分布を棒グラフで見やすくしよう(ヒストグラム)

Level ★★★ Keyword ヒストグラム 度数分布 度数分布表 階級 階級の幅

データを表にまとめたりすることで「全体の傾向」が見えてきます。データを適当なところで区切って、その中にいくつのデータが入るのかを調べて棒グラフにすれば、データがどの辺りに集中しているのかがひと目でわかります。

Theme データの分布を棒グラフで表す

「30日間のアクセス状況」(access.csv)をもとに「ヒストグラム」を作成して視覚化しましょう。

●hist()関数

指定したデータからヒストグラムを作成します。

```
hist(対象のデータ)
```

●本節のプロジェクト

プロジェクト	Histogram
CSVファイル	access.csv
RScriptファイル	script.R

3.2.1 度数分布表➡ヒストグラムの作成こそが統計の第一歩

「30日間のアクセス状況」のデータから何かを読み取ろうとする場合、アクセス数を折れ線グラフにすることが考えられます。ですが、日々のアクセス数の上下がわかるものの、全体の傾向や特徴を知るまでには至りません。

そこで統計では、データ全体を大まかに区分けして集計し、それをグラフ化した**ヒストグラム**というものが使われます。「統計の第一歩はヒストグラムを作ることから」といわれるほどの重要なグラフです。

ヒストグラムは「階級の幅」を決めて「階級」を作る

データの分布状況を調べる手法に**度数分布**というものがあります。度数分布は、データの最小値付近から最大値付近までを**階級**と呼ばれる区間で等間隔に区切り、各階級に含まれるデータの個数（度数）を表したもので、これをまとめた表のことを**度数分布表**と呼びます。

このような度数分布表をもとに作成されるグラフが**ヒストグラム**です。ヒストグラムを作れば、データがどの辺りに集中しているのか、といったデータの分布状況がひと目でわかります。

「すべておまかせ」でヒストグラムを作成してみる

度数分布を調べるには、まずは階級の範囲（これを**階級の幅**と呼びます）を決めます。例えば100〜300の範囲に分布しているデータであれば、階級の幅を「10」にして10刻みで度数を調べたりします。

幸いなことにRのhist()関数は、引数に指定したデータをもとに（内部で）度数分布表を作成し、それをもとにヒストグラムを作成してくれます。階級の幅も独自のアルゴリズムによって決定されるので、指定するのは分析の対象になるデータだけ、という手軽さです。

では、「access.csv」に保存されている「30日間のアクセス状況」のデータから、次の手順でヒストグラムを作成することにしましょう。

▼CSVファイルを読み込んでヒストグラムを作成する手順

①read.csv()関数で、access.csvを読み込んでデータフレームに格納する。

②hist()関数で、「アクセス数」の列データからヒストグラムを作成する。

▼ヒストグラムの作成（script.R）

```
# access.csvを読み込んでデータフレームに格納
df <- read.csv("access.csv", encoding="UTF-8")
# 階級を自動で設定してヒストグラムを作成
hist(df$アクセス数)  # "アクセス数"の列を対象にする
```

[Source]をクリックして、すべてのコードを実行してみましょう。

▼実行結果

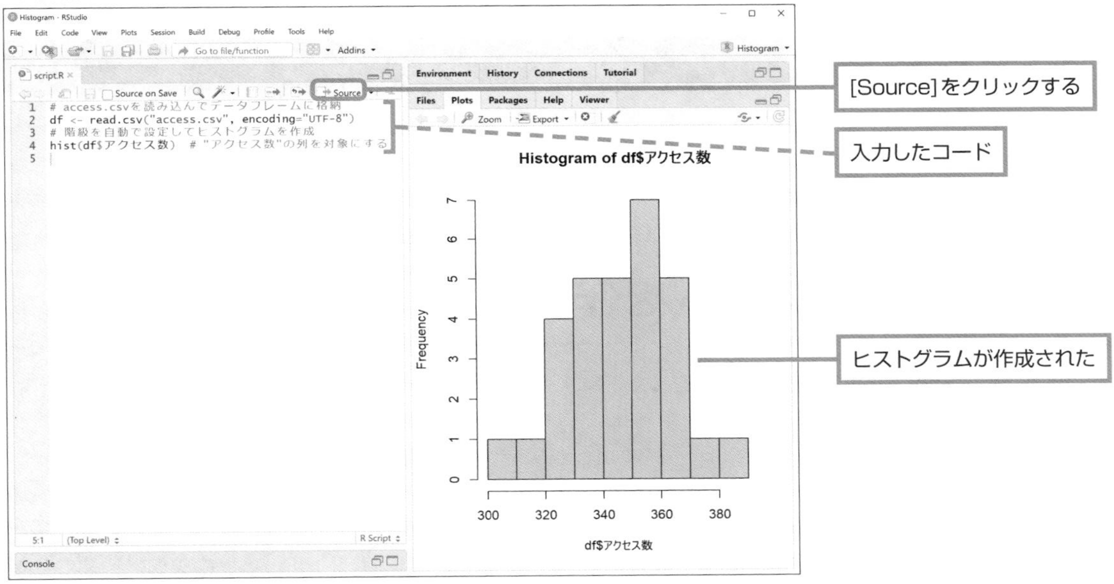

ソースコードを実行すると、[Plots] ビューにヒストグラムが出力されます。ここでは [Source] ビューと [Plots] ビュー以外は、それぞれの右上端にある ▭ をクリックして非表示にしています。

作成されたヒストグラムを見ると、300〜390の範囲を10刻み、つまり、階級の幅を10として各階級の度数を棒の長さで表しています。350から360にかけての度数が最も多く（度数は7）、ここを頂点にして全体的に山形のようにも見える分布です。

Section 3.3

階級幅を独自に指定したヒストグラムを作る

Level ★★★ Keyword ヒストグラム 階級 度数分布

前節では、階級の幅からグラフの色やタイトルまで、すべてhist()関数に「おまかせ」の状態でヒストグラムを作ってみました。ここでは、階級の幅を独自に設定し、グラフにするデータの範囲を指定してみることにします。

Theme 階級幅などを独自に指定したヒストグラムを作成する

次の項目を独自に指定して、ヒストグラムを作成してみましょう。

●ヒストグラムを作成する際に指定する項目

- 度数分布の対象とする範囲
- 階級の幅
- 棒グラフの色
- タイトル
- 縦軸と横軸の項目名

●fivenum()関数

データの最小値、下側ヒンジ、中央値、上側ヒンジ、最大値を求めます。

```
fivenum(対象のデータ)
```

●本節のプロジェクト

プロジェクト	HistogramCustom
CSVファイル	access.csv
RScriptファイル	script.R

3.3.1 階級幅や棒グラフの色を指定してヒストグラムを作成する

階級幅などを独自に指定してヒストグラムを作成する手順は、次のようになります。

▼階級幅などを独自に指定したヒストグラムの作成手順

①fivenum()関数で最小値、最大値を調べる。

②最小値と最大値を10の位で丸めて(1の位を切り上げ「308➡310」)
ヒストグラムの下限と上限の値を作成する。

③hist()関数で以下の項目を指定してヒストグラムを作成する。

- 度数分布を調べる範囲と階級の幅
- ヒストグラムのタイトル
- 縦軸と横軸の項目名
- 棒グラフの色

階級幅のほかに度数分布を調べる範囲、つまり階級を設定する範囲も指定しますので、データの最小値と最大値を調べ、これをもとに範囲を設定するようにします。

最小値と最大値を調べてヒストグラムの下限値と上限値を決定する(手順①〜②)

fivenum()関数でデータの最小値や最大値を調べます。

●fivenum()関数

データの最小値、下側ヒンジ、中央値、上側ヒンジ、最大値を求めます。中央値は、データ全体の中央に位置する値です。下側ヒンジは、データを最も小さいものから順に並べたときに中央値よりも小さなデータの中央値、上側ヒンジは、中央値よりも大きなデータの中央値です。

```
fivenum( 対象のデータ )
```

戻り値	最小値、下側ヒンジ、中央値、上側ヒンジ、最大値を格納したベクトル(最小値 下側ヒンジ 中央値 上側ヒンジ 最大値)

▼fivenum()関数で「アクセス数」の列データを調べる

```
# access.csvをデータフレームに格納
df <- read.csv("access.csv", encoding="UTF-8")
# アクセス数の最小値、最大値を求める
fnum <- fivenum(df$アクセス数)
```

上記のソースコードを実行すると、次の値がベクトルに代入されて返ってきます。

308	334	349	360	387
最小値	下側ヒンジ	中央値	上側ヒンジ	最大値

このうち、インデックスが1の値が最小値、インデックスが5の値が最大値ですので、それぞれを取り出しますが、最小値については上位から2桁のところで丸めた値にします。

例えば、最小値が「308」であった場合は「310」にして、切りのよい値にします。この処理は、signif()関数で行います。

●signif()関数

第1引数に指定した値を第2引数で指定した桁で丸めます。

```
signif(x, n)
```

パラメーター		
	x	丸める対象の値を指定。
	n	上位から数えてどこまでの桁で丸めるのかを指定。

▼signif()関数の使用例

```
# 上位2桁目を四捨五入した結果で「1桁目」を丸める
signif(355, 1)       # 400
# 上位3桁目を四捨五入した結果で「2桁目」を丸める
signif(355, 2)       # 360
```

「最小値を10の位で丸めた値」から「階級幅を2倍した値」を引き、最大値には「階級幅を2倍した値」を足したものを、度数分布を調べる区間の下限値と上限値にします。度数分布の区間に幅を持たせるためです。

▼階級の幅とヒストグラムの下限と上限値を決める

```
w <- 10                                # 階級の幅
fnum <- fivenum(df$アクセス数)          # アクセス数の最小値、最大値を求める
min <- signif(fnum[1], 2) - (w*2)      # 最小値の上位2桁で丸め、階級幅×2を引く
max <- fnum[5] + (w*2)                  # 最大値に階級の幅×2を加える
```

ヒストグラムの作成（手順③）

階級幅や度数分布の区間をはじめ、タイトルなどをhist()関数のオプション（名前付きパラメーター）を使って指定して、ヒストグラムを作成します。

▼hist()関数の引数でオプションを指定する

```
hist(
        対象のデータ,
        breaks = seq(
          下限,
          上限,
          階級の幅,
        ),
        main = "タイトル",
        xlab = "横軸の項目名",
        ylab = "縦軸の項目名",
        col="棒の色"
)
```

breaksオプションは、階級の設定方法をベクトルで指定します。seq()関数でシーケンス（値が連続して連なること）を持つベクトルを生成し、これを値として設定しましょう。

●seq()関数

```
seq(a, b, by = c)
```

パラメーター	a, b, by=c	a から b まで c ずつ増加するベクトルが生成される。

```
seq(min, max, by = w)
```

- by = w ― 階級の幅を格納しているwを増加値にする
- max ― 上限値
- min ― 下限値

上記のように書くと、次の値を持つベクトルが作成されます。

```
290 300 310 320 330 340 350 360 370 380 390 400
```

hist()関数の引数で「breaks = seq(min, max, by = w)」のようにすることで、290から10刻みの階級が設定されます。なお、上限値は「407」（最大値387+10×2）なので、10刻みで進んだ400が最後の値になります。

hist()関数のmainオプションはタイトル、xlabオプションは横軸の項目名、ylabオプションは縦軸の項目名、colオプションは棒グラフの色を設定するためのオプションです。Rでは、色を指定するための定数が次のように定められていて、これらの定数名を指定することで色の指定が行えます。

▼Rの色指定のための主な定数

"white"	"lavenderblush"	"palegreen"	"slateblue"
"azure"	"lemonchiffon"	"paleturquoise"	"slategray"
"blue"	"limegreen"	"palevioletred"	"slategrey"
"chocolate"	"linen"	"papayawhip"	"snow"
"coral"	"magenta"	"peru"	"springgreen"
"dimgray"	"maroon"	"pink"	"steelblue"
"dodgerblue"	"midnightblue"	"plum"	"tan"
"firebrick"	"mintcream"	"powderblue"	"thistle"
"forestgreen"	"mistyrose"	"purple"	"tomato"
"gainsboro"	"moccasin"	"red"	"turquoise"
"ghostwhite"	"navajowhite"	"rosybrown"	"violet"
"gold"	"navy"	"royalblue"	"violetred"
"gray"	"navyblue"	"saddlebrown"	"wheat"
"honeydew"	"oldlace"	"salmon"	"whitesmoke"
"hotpink"	"olivedrab"	"sandybrown"	"yellow"
"indianred"	"orange"	"seagreen"	"yellowgreen"
"ivory"	"orangered"	"seashell"	
"khaki"	"orchid"	"sienna"	
"lavender"	"palegoldenrod"	"skyblue"	

▼ダーク／ディープ系

"darkblue"	"darkmagenta"	"darkred"	"deepskyblue"
"darkcyan"	"darkolivegreen"	"darkslategray"	
"darkgray"	"darkorange"	"darkviolet"	
"darkgreen"	"darkorchid"	"deeppink"	

▼ライト系

"lightblue"	"lightgray"	"lightseagreen"	"lightsteelblue"
"lightcoral"	"lightgreen"	"lightskyblue"	"lightyellow"
"lightcyan"	"lightgrey"	"lightslateblue"	
"lightgoldenrod"	"lightpink"	"lightslategray"	
"lightgoldenrodyellow"	"lightsalmon"	"lightslategrey"	

▼ミディアム系

"mediumaquamarine"	"mediumpurple"	"mediumspringgreen"
"mediumblue"	"mediumseagreen"	"mediumturquoise"
"mediumorchid"	"mediumslateblue"	"mediumvioletred"

コードを入力してヒストグラムを作成してみる

では、ここまで見てきたヒストグラムを作るコードを入力して、実行してみましょう。

▼ヒストグラムを作る (script.R)

```
# access.csvをデータフレームに格納
df <- read.csv("access.csv", encoding="UTF-8")

# 階級の幅
w <- 10
# アクセス数の最小値、最大値を求める
fnum <- fivenum(df$アクセス数)
# 最小値の上位2桁で丸め、階級幅×2を引く
min <- signif(fnum[1], 2) - (w*2)
# 最大値に階級の幅×2を加える
max <- fnum[5] + (w*2)

# アクセス数のヒストグラムを作成
hist(
  # データフレームのアクセス数の列を指定
  df$アクセス数,
  # ヒストグラムの下限値、上限値、階級の幅をベクトルで指定
  breaks = seq(min, max, by = w),
  # タイトルを設定
  main = "アクセス状況",
  # 横軸のラベル
  xlab = "アクセス数",
  # 縦軸のラベル
  ylab = "頻度",
  # 棒グラフの色を設定
  col = "limegreen"
)
```

[Source] をクリックして実行してみましょう。

▼実行結果

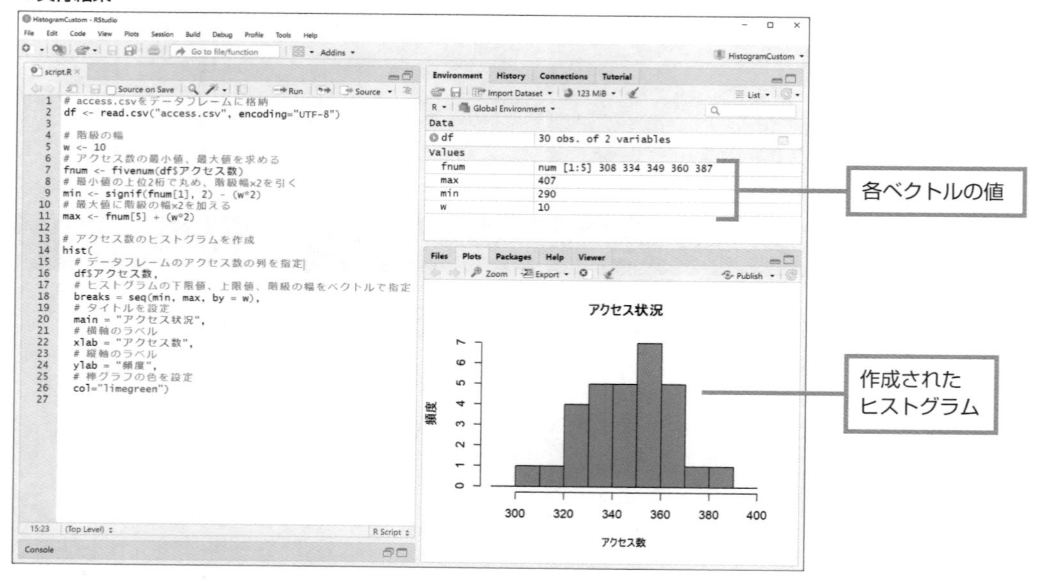

ヒストグラムが作成されました。ベクトルの値は［Environment］ビューに表示されていますので、確認してみてください。

Memo 階級の幅

階級の幅を10にした場合は、10刻みの階級が設定されます。ヒストグラムを作成する際には、「下限値が300で階級幅が10」のように設定され、各階級に含まれるデータの個数（度数）が調べられるわけですが、「どこで区切られるのか」と疑問に思うことがあります。

階級の値の範囲が「300〜309、310〜319、…、380〜389」なのか、それとも「301〜310、311〜320、…、381〜390」なのかということです。Rでは、下限値を300、階級幅を10とした場合、それぞれの階級の値の範囲は右図のようになります。

▼Rにおける階級の表し方

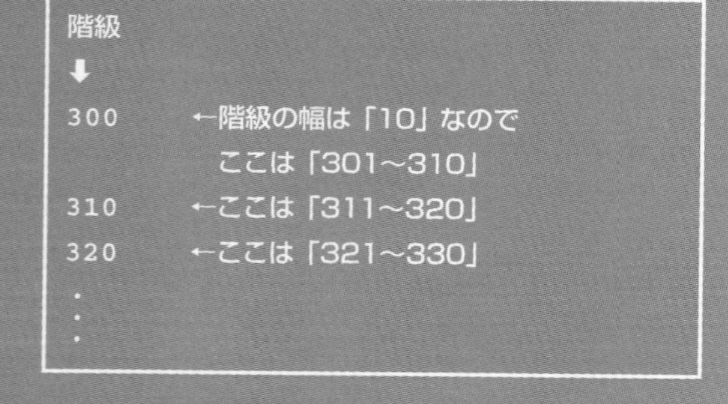

300の節目のところは「300 ＜ 階級に含まれる値 ≦ 310」のように扱われています。

ヒストグラムの山は１つか２つ以上か

今回は階級の幅を10にしたことで、351〜360のアクセス回数の日がいちばん多いことがわかりました。351〜360の棒を頂点に、なだらかな山の形をしています。このように山が１つのヒストグラムを**単峰性（たんほうせい）（の分布）**と呼びます。

階級の幅に気を付けよう

階級の幅は適当に決めるしかありませんが、これがけっこう悩ましいところです。階級の幅をとりあえず10にしたところ単峰性のヒストグラムになりましたが、幅を９に変えてみると次のようになります。

▼階級の幅を９にした場合

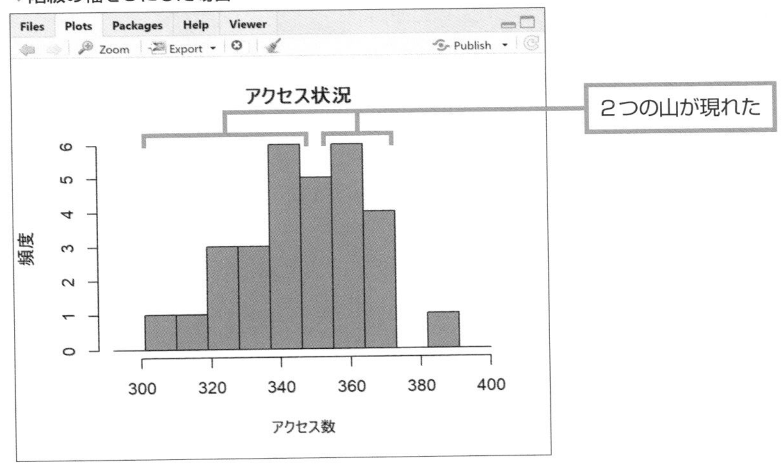

２つの山が現れました。このように、山が２つできるヒストグラムを**二峰性（にほうせい）（の分布）**と呼びます。階級の幅を９にしたことで、10刻みでは見えなかったヒストグラムの形が見えてきました。これはこれでよいのですが、９刻みでは区切りとしてイメージしにくいですし、グラフ自体からは何も読み取ることができません。

ということで階級の幅は10が適切だということがわかるのですが、最初から適切な幅が見付かるとは限りませんし、そのために何度も作り替えるのも面倒です。hist()関数で階級幅を指定しなくても、内部のアルゴリズムでちゃんと階級幅を10に設定してくれたので、最初から「おまかせ」で作成するのがよいでしょう。

階級の幅を決めるJIS規格

階級の幅をアドバイスしてくれる式として、JIS(日本産業規格)の「級幅の決定(Z 9041-1)」があるので、参考までに紹介しておきたいと思います。

▼級幅の決定(JIS規格:Z 9041-1)

最小値と最大値を含む級を5〜20の等間隔の級に分けるように区間の幅を決める。級幅はR(範囲)を1、2、5(又は10、20、50;0.1、0.2、0.5など)で除し、その値が5〜20になるものを選ぶ。これが二通りになったときは、サンプルの大きさが100以上の場合は級幅の小さいほうを、99以下の場合は級幅の大きいほうを用いる。

これを整理すると、次のようになります。

・階級の幅は1、2、5、10、20、50など切りのよい値から選ぶ。
・階級の数は5〜20の範囲内に収める。
・階級の数がサンプルの数に対して多すぎたり少なすぎたりしないようにする。

今回のデータでは「387(最大値)−308(最小値)=79(R:範囲)」ですので、次のように1、2、5、10、20で割って、その値が5〜20の範囲に収まるものを見付けます。

```
79÷1=1
79÷2=39.5
79÷5=15.8  ←―――― 5〜20の範囲に収まっている
79÷10=7.9  ←―――― 5〜20の範囲に収まっている
79÷20=3.95
```

あとは、今回のサンプルの数は30すなわち99以下ですので、階級の幅の大きい方である「10」が適切であることになります。hist()関数がデフォルトで決めてくれた階級幅「10」は、JIS規格にかなっていたというわけです。

Section 3.4

度数分布表から相対度数分布表を作る

Level ★★★ | Keyword | 相対度数　相対度数分布表

ヒストグラムの棒は、階級に含まれる個々のデータの「割合」を示していると考えられます。

度数分布表から相対度数分布表を作る

「30日間のアクセス状況」の度数分布を調べて、相対度数分布表を作成してみましょう。

●相対度数

度数の合計に対する各階級の度数の割合。

●相対度数分布表

階級に含まれる度数と相対度数、さらに累積相対度数を表したものです。

●本節のプロジェクト

プロジェクト	RelativeFrequency
CSVファイル	access.csv
RScriptファイル	script.R

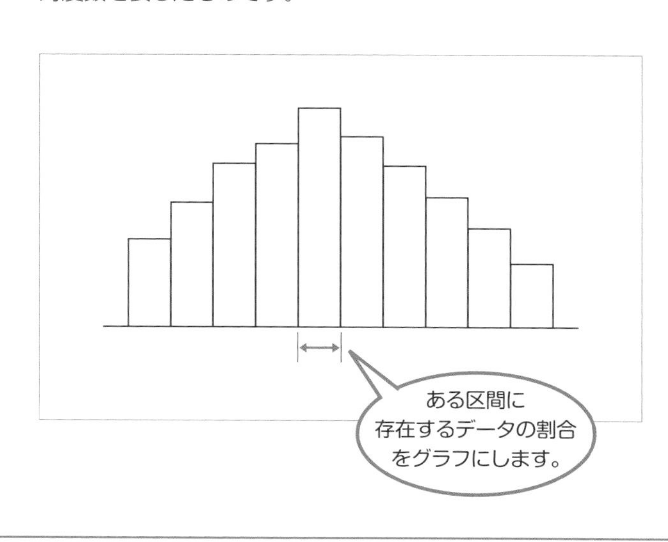

3.4.1 相対度数分布表を作る

これから「相対度数」というものを計算してみるのですが、これまでに出てきたものを含めて、用語について確認しておきましょう。

・変量　　　　：統計的な調査の対象の性質を数値で表したもの。
・階級　　　　：データをいくつかの等しい幅に分けた区間。
・階級値　　　：各階級の中央の値。
・度数　　　　：階級に含まれるデータの数。
・相対度数　　：各階級の度数が度数の合計に占める割合。
・累積相対度数：特定の階級までの相対度数の合計。

階級値は各階級の中央の値です。290〜300の場合は「295」((290+300)÷2)が階級値になります。

これから作成する**相対度数分布表**は、階級に含まれる度数と相対度数、さらに累積相対度数を表したものです。相対度数は、データ全体の度数、つまり変量の数に対する各階級の度数の割合なので、次の式で求めることができます。

▼相対度数を求める式

$$相対度数 = \frac{対象とする階級の度数}{度数の合計}$$

累積相対度数は、階級の度数とその階級に至るまでの相対度数を足し上げたものです。

度数分布表を作成し、これをもとに相対度数分布表を作成する

階級に含まれるデータの数（度数）が、データ全体の個数（度数の合計）に占める割合を表したのが**相対度数**です。なので、相対度数を求めるには、各階級ごとの度数を調べ、これを**度数分布表**としてまとめることから始めます。

ヒストグラムを作成する**hist()関数**は、ヒストグラムを作成するもとになった度数分布などのデータをまとめたリストを、戻り値として返します。まずは、どのようなリストが返されるのか見てみましょう。

▼hist()関数の戻り値を取得する（script.R）

```
data <- read.csv("access.csv", encoding="UTF-8") ………… access.csvをデータフレームに格納
hst <- hist(data$アクセス数) ………………………… ヒストグラムを作成し、hist()の戻り値をhstに代入
hst
```

ソースコードを実行すると［Plots］ビューにヒストグラムが出力され、hist()関数の戻り値を格納したhstの中身が出力されます。

▼hstの中身（コンソール）

```
> hst
$breaks ………………………… 階級の境界
 [1] 300 310 320 330 340 350 360 370 380 390

$counts ………………………… 各階級の度数
[1] 1 1 4 5 5 7 5 1 1

$density ………………………… 相対度数
[1] 0.003333333 0.003333333 0.013333333 0.016666667 0.016666667
[6] 0.023333333 0.016666667 0.003333333 0.003333333

$mids ………………………… 階級の中央値
[1] 305 315 325 335 345 355 365 375 385

$xname ………………………… データの名前
[1] "data$アクセス数"

$equidist ………………………… 階級が等間隔であるか
[1] TRUE

attr(,"class")
[1] "histogram" ………… hist()関数の戻り値はhistogram型であることを示している
```


階級の境界や階級に含まれる度数、さらには相対度数、中央値までが表示されました。hist()関数はこれらの情報をもとにしてヒストグラムを作成していたというわけです。なお、hist()関数の戻り値はhistogram型のオブジェクトですが、データ構造はリストなので、要素はそれぞれの名前を指定($breaksなど)して取り出すことができます。

では、取得したリストから階級の中央値と度数を抽出して、度数分布表を作成しましょう。これには、data.frame()関数を使います。

▼度数分布表のデータフレームを作成（script.R）

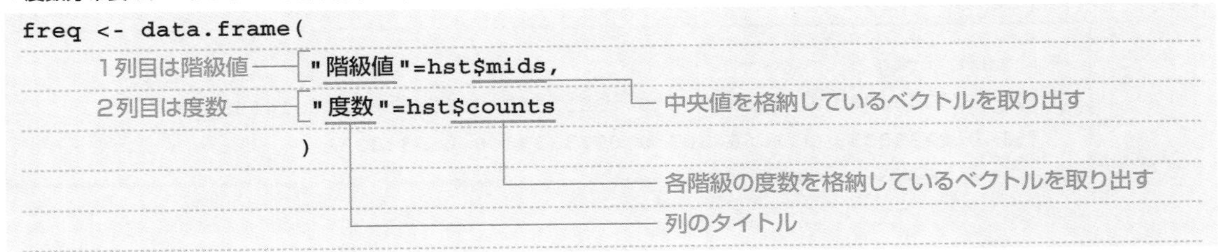
```
freq <- data.frame(
          "階級値"=hst$mids,
          "度数"=hst$counts
          )
```


これで、階級値の列と度数の列で構成されるデータフレームが作成できました。[Environment]ビューに表示されている「freq」をクリックして、内容を表示してみます。

▼freqの内容を表示する

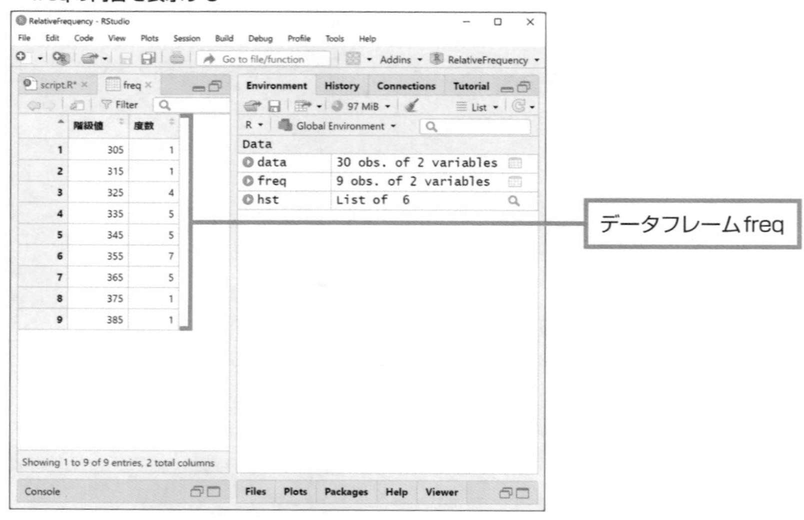

階級ごとの相対度数を求める

相対度数を求めます。length()関数でデータの個数を調べ、この値で各階級の度数を割ります。

▼各階級の度数（ベクトル）をデータの数で割って、階級ごとの相対度数を求める（script.R）

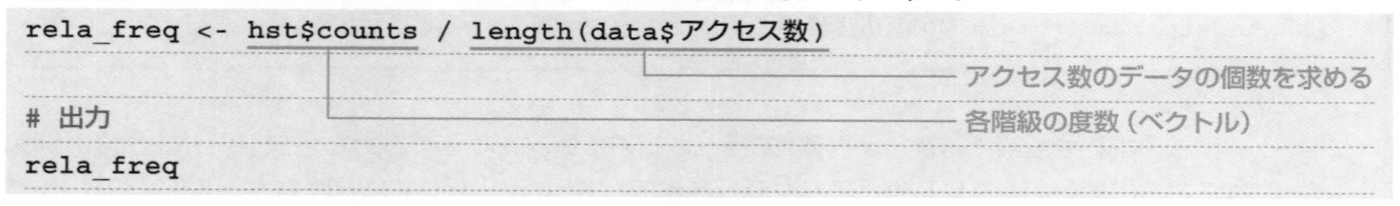

```
rela_freq <- hst$counts / length(data$アクセス数)

# 出力
rela_freq
```


これによって、リストhstの$countsに格納されている各階級の度数ごとに相対度数が計算され、ベクトルrela_freqに代入されます。

では、[Run]をクリックしてソースコードを実行してみることにします。階級ごとの相対度数が「rela_freq」に代入されているはずなので、コンソールに出力してみましょう。

▼rela_freqの中身（コンソール）

```
> rela_freq
[1] 0.03333333 0.03333333 0.13333333 0.16666667 0.16666667
[6] 0.23333333 0.16666667 0.03333333 0.03333333
```

累積相対度数を求める

「rela_freq」には、階級ごとの相対度数が格納されていますので、各階級の度数を順番に足し上げた累積相対度数を求めます。累積相対度数はcumsum()関数で求めることができるので、これを使うことにしましょう。

●cumsum()関数

引数に指定した要素の累積相対度数を求めます。引数に指定した値が複数の値を含むベクトルであれば、先頭の要素から順番に足し上げ、これらの値を格納したベクトルを返します。

```
cumsum(階級ごとの相対度数を格納したベクトル)
```


▼累積相対度数を求める (script.R)

```
cumu_freq <- cumsum(rela_freq)
                    └──────── 各階級の相対度数を順番に足し上げた累積相対度数を求める
# 出力
cumu_freq
```

ソースコードを実行すると、階級ごとの累積相対度数がコンソールに出力されます。

▼cumu_freqの中身 (コンソール)

```
> cumu_freq
[1] 0.03333333 0.06666667 0.20000000 0.36666667 0.53333333
[6] 0.76666667 0.93333333 0.96666667 1.00000000
```

9個の階級の相対度数が順番に足し上げられて、最終的な累積相対度数が「1」になっています。

相対度数分布表を作る

現在、データフレームfreqには度数分布表が格納されています。一方、rela_freqには階級ごとの相対度数、cumu_freqには階級ごとの相対度数を足し上げた累積相対度数が格納されていますので、この2つのベクトルの値をデータフレームfreqの列として連結し、相対度数分布表を完成させましょう。

▼相対度数分布表を作成 (script.R)

```
freqtable <- data.frame(
    freq, ........................... 度数分布表
    "相対度数"=rela_freq, ............ 階級ごとの相対度数
    "累積相対度数"=cumu_freq ......... 階級ごとの累積相対度数
)
```

[Environment]ビューの「freqtable」をクリックして、内容を表示してみましょう。

▼freqtableの内容を表示

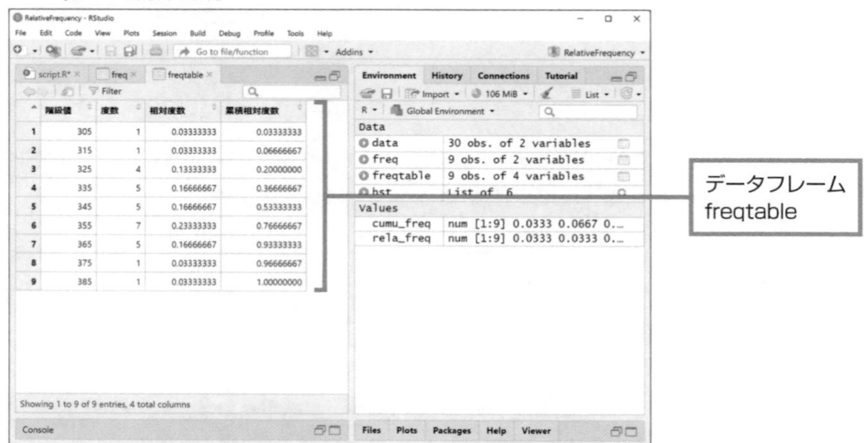

表でわかるように、相対度数をそのまま足し上げると1になります。これは偶然ではなく、相対度数はデータ全体の度数を1としたときの割合ですので、すべての相対度数を足すと全体の割合の1になるわけです。

階級値345の累積相対度数は0.533…です。これは、アクセス数345以下の日が全体の約半分を占めていることを意味します。

相対度数を棒グラフにしてみる

階級ごとの相対度数は全体に対する割合なので、すべて足し上げると1になることは何となくわかります。では、ヒストグラムの棒に着目し、視覚的な面から調べることにしましょう。ヒストグラムの棒は度数を示しますが、これを相対度数を示すように変えて、棒の面積を足すとどうなるかを見てみましょう。棒の長さでもよいのですが、棒には幅もあるのでそれを加味して幅×長さで面積を出したいと思います。

●barplot()関数

棒グラフを作成します。グラフのもとになるデータと、その他の書式を設定するオプションを指定できます。

▼barplot() 関数の主な引数

```
barplot(
        棒グラフのもとになるデータ,
        main      = "グラフのタイトル",
        sub       = "サブタイトル",
        names.arg = "棒の下に表示する文字",
        xlab      = "x軸のラベル"
        ylab      = "y軸のラベル"
        col       = "棒の色",
        space     = 棒と棒の間のスペース（0でスペースなし）
        border    = NAまたはTRUE ………… 棒の境界線（NAは境界線なし、
                                          TRUEで表示）
)
```

棒と棒の間のスペースは0にして、ヒストグラムと同じ見え方にします。

▼相対度数の棒グラフを作成（script.R）

```
barplot(
  freqtable$相対度数, ………… 「freqtableの$相対度数」をグラフにする
  names.arg = freqtable$階級値, ………… グラフの横軸に階級値を設定
  col = "RED", ………… 棒の色を赤にする
  border = TRUE, ………… 棒の境界線を表示
  space = 0 ………… 棒と棒の間のスペースを0にする
)
```

[Run]をクリックして、ソースコードを実行してみましょう。

▼相対度数のグラフ

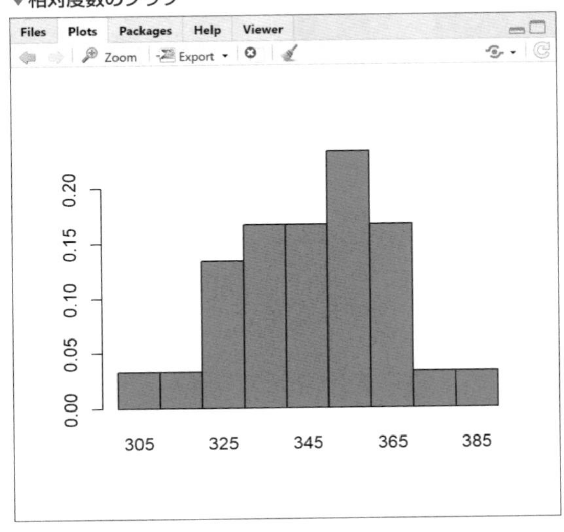

3 データの全体像を解析する

各階級の棒の面積は相対度数と等しい

グラフを見てみると、度数をもとにして描いたヒストグラムと同じ形をしています。では、棒の面積はどうでしょうか。面積ですから棒の幅を決めなくてはなりません。仮に幅をcとしましょう。そうすると「c×相対度数」で棒の面積がわかります。一方、度数をf_i、度数の合計をNとした場合、次の関係が成り立ちます。

▼ヒストグラムの棒の面積と相対度数の関係

$$c \cdot \frac{f_i}{Nc} = \frac{f_i}{N}$$

度数、度数の合計にそれぞれcを掛けることで、全体の面積に対する割合を求めます。この割合はすなわち相対度数なので、イコールになるというわけです。

では、すべての棒の幅を10としましょう。度数の合計は30ですので、階級値355（度数は7）の場合は次のように計算できます。

$$10 \times \frac{7}{30 \times 10} = \frac{70}{300} = 0.223\cdots \quad \text{これは相対度数} \frac{7}{30} = 0.223\cdots \text{に等しい}$$

このように、「各階級の棒の面積は相対度数と等しい」ので、すべての棒の面積を合計すると1になります。相対度数は全体を1としたときの割合なので、考え方そのものは単純ですが、「相対度数を示す棒の面積の合計は必ず1になる」というのが重要なポイントです。このことは、あとで出てくる「正規分布」や「確率」のところで大きな意味を持ちます。

相対度数分布表を作成する関数を定義する

Rには、相対度数分布表を作成するための関数が用意されていません。プロジェクトにソースファイル「frequency-function.R」を追加して、相対度数分布表を作成する処理をfrequency()としてまとめておくことにしましょう。

プロジェクト	relative_func	RScriptファイル	frequency-function.R

▼相対度数分布表を作成する関数の定義（frequency-function.R）

```
frequency <- function(data) {
  # ヒストグラムを作成し、hist()の戻り値をhstに代入
  hst <- hist(data$アクセス数)

  # 度数分布表を作成
  freq <- data.frame(
    "階級値"=hst$mids,          # 階級値の列
    "度数"=hst$counts           # 度数の列
  )

  # 相対度数を求める
  rela_freq <- hst$counts / length(data$アクセス数)

  # 累積相対度数を求める
  cumu_freq <- cumsum(rela_freq)
  # 相対度数分布表を作成
  freqtable <- data.frame(
    freq,                       # 度数分布表
    "相対度数"=rela_freq,        # 階級ごとの相対度数
    "累積相対度数"=cumu_freq     # 階級ごとの累積相対度数
  )
  # 相対度数分布表を戻り値として返す
  return(freqtable)
}
```

frequency()関数が定義されている「frequency-function.R」を別のソースファイルから読み込むには、次のように記述します。

▼「frequency-function.R」を読み込む

```
source("frequency-function.R", encoding="UTF-8")
```

では、プロジェクトにソースファイル「script2.R」を作成して、次のコードを記述しましょう。

▼frequency()関数を実行して相対度数分布表を出力する

```
#「frequency-function.R」を読み込む
source("frequency-function.R", encoding="UTF-8")
# access.csvをデータフレームとしてdataに代入
df <- read.csv("access.csv", encoding="UTF-8")
# frequency()関数を実行して相対度数分布表を出力する
frq = frequency(df)
```

ソースコードを実行すると、[Plots] ビューにヒストグラムが出力されます。[Environment] ビューの「frq」をクリックすると、データフレームに格納された相対度数分布表が表示されます。

▼frqの中身を表示したところ

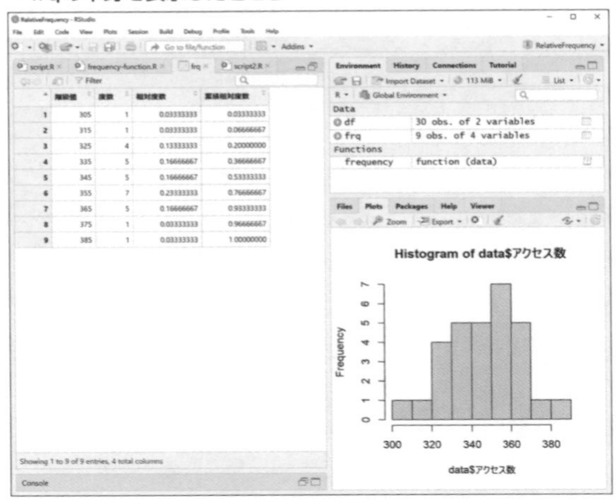

Section 3.5 平均の足を引っ張るデータを除外する（トリム平均）

Level ★★★ | Keyword 外れ値 トリム平均

平均は、バラツキのあるデータをひとことで表現できる代表値です。しかし、複数の値をならしただけの値なので、データ全体の真ん中辺りを示すとは限らず、また、平均値の周辺のデータの数が最も多いかといえばそうとも限りません。

「外れ値」を見付けて「トリム平均」を求める

右表は、とあるチェーン店の1か月間の売上データです。売上高が突出したデータ（外れ値）を除外して、より実情に近い平均値（トリム平均）を求めてみましょう。

●外れ値

データの中で他の値（変量）から大きく離れている値のことです。データの上限にある外れ値と、データの下限にある外れ値があります。

●トリム平均

外れ値を除外して求めた平均のことです。

●トリム平均を求める

mean()関数のtrimオプションにおいて、データの上側と下側から取り除く割合を指定します。

▼店舗別売上データ（店舗別売上.txt）

店舗名	売上高（千円）
初台店	2024
幡谷店	2164
吉祥寺店	6465
笹塚店	2186
明大前店	2348
下高井戸店	1981
桜上水店	2256
千歳烏山店	3177
仙川店	1861
下高井戸店	3249
つつじヶ丘店	2464
調布店	1975
聖蹟桜ヶ丘店	2496
高幡不動店	3246
八幡山店	2465
上北沢店	1654
下北沢店	2654
府中店	3321
新宿店	6612
永福町店	3189

▼mean()関数

```
mean(対象のデータ, trim = 除外する割合)
```

●本節のプロジェクト

プロジェクト	TrimMean
タブ区切りのテキストファイル	店舗別売上.txt
RScriptファイル	script.R

3.5.1 平均は真ん中くらいの値ではなかった

「平均は真ん中くらいの値」と考えがちですが、計算上の平均と直感的に「これくらいだろう」と思う平均には違いがあります。例えば、ある国の国民1人当たりの年収が300万円付近と800万円付近に集中している場合、「国民の平均年収は500万」と言っても、それは全体のことを正確に言い当てていることにはなりません。計算上は「平均」ですが、年収が500万の人なんてほとんどいません。やはりここでも一峰性がポイントです。山が2つあったのでは「本当の平均」にはならないのです。以上のことから、平均に関して次のことがいえます。

・平均は、データの真ん中の値ではない。
・平均は、データの数が最も多い値とは限らない。

売上の分布を確認して外れ値を見付ける

話を各店舗の売上データに戻しましょう。まずは、「店舗別売上.txt」を読み込んで平均を求めてみましょう。

▼データを読み込んで売上高の平均を求める（script.R）

```
# 店舗別売上.txtをデータフレームdataに代入
data <- read.table(
  "店舗別売上.txt",        # 対象のファイル
  header=TRUE,             # 1行目は見出し
  fileEncoding="UTF-8"     # 文字コードの変換方式
)
# 各店舗の売上高の平均を求める
average = mean(data$"売上高_千円")
# 出力
average
```

▼出力（コンソール）

```
> average
[1] 2889.35
```

今回のデータファイルはタブ区切りのテキストファイルなので、read.table()関数で読み込みました。

▼データフレームdataの内容を表示したところ

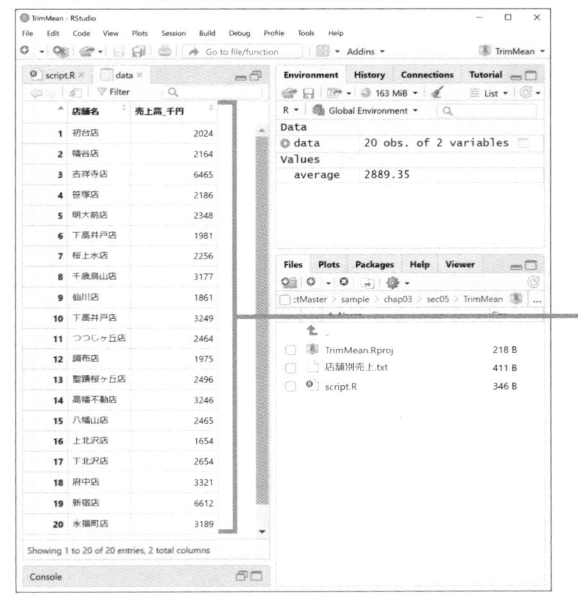

平均は「2889.35」になっています。では、ヒストグラムを作って、売上高の分布がどうなっているのか見てみましょう。

▼各店舗の売上高をヒストグラムにする

```
hist(data$"売上高_千円")
```

▼作成されたヒストグラム

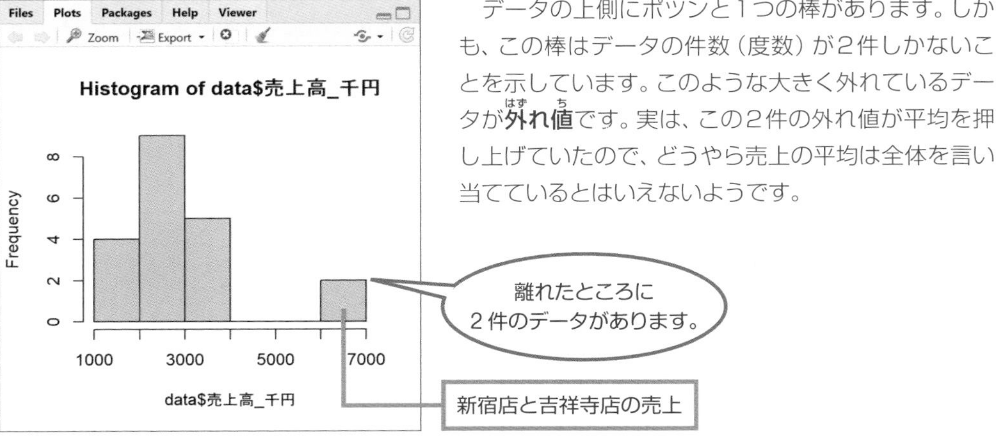

データの上側にポツンと1つの棒があります。しかも、この棒はデータの件数（度数）が2件しかないことを示しています。このような大きく外れているデータが**外れ値**（はずれち）です。実は、この2件の外れ値が平均を押し上げていたので、どうやら売上の平均は全体を言い当てているとはいえないようです。

mean()関数のオプションを使って「トリム平均」を求める

外れ値を除いてしまえば実情に近い平均になりそうです。平均には「他のデータから大きく外れた値に影響を受けやすい」という特性があります。データの中に外れ値があれば、その値に引っ張られて平均値が上下に動くので、このような場合は、データ全体の上限付近や下限付近のデータを除外した平均を求める**トリム平均**を用います。

mean()関数には、トリム平均を求めるためのtrimというオプション（名前付きパラメーター）があります。

●mean()関数のtrimオプション

データの上側と下側のデータを取り除く割合を指定します。

```
mean(対象のデータ, trim = 除外する割合)
```

パラメーター		
	trim	平均を求める対象から除外する割合を指定します。除外するデータの個数は、「データの個数×除外する割合×2」で決まります。

除外するデータの件数を全体に対する割合で指定します。除外する件数は、上側と下側からそれぞれ除外される数を表します。

▼上側と下側からそれぞれ除外する件数と割合の関係

$$\frac{\text{除外する件数}}{\text{データの個数}} = \text{除外するデータの割合}$$

例えば10個のデータを対象に上側と下側を1つずつ取り除く場合は、「1 ÷ 10=0.1」となるので、除外する割合を0.1に指定します。

▼10個のデータから上側と下側を1つずつ取り除く

$$\frac{1}{10} = 0.1\ (\text{除外する割合})$$

一方、11個のデータの上側と下側からそれぞれ2個ずつ除く場合は「2 ÷ 11=0.1818…」になりますが、この場合は小数第2位を切り上げて「0.2」を指定します。

今回は、20個のデータから上側と下側2個ずつのデータを除外しますので、「2 ÷ 20=0.1」で、除外する割合を0.1に指定します。

▼11個のデータの上側と下側から2つずつ取り除く

$\frac{2}{11}$ = 0.1818…（除外する場合）　➡小数第2位を切り上げて「0.2」とする

11×0.2＝2.2

小数が含まれていた場合は切り捨てられるので、上側と下側から2個ずつのデータが除かれる

ただし、上側のデータだけを除外したいので、下側用のダミーのデータとして、データフレームdataに"店舗名"が「dummy」、"売上高_千円"が「0」のデータを2個追加します。この状態でmean()関数を実行すれば、結果的に上側から2件のデータだけを除いたトリム平均になるというわけです。

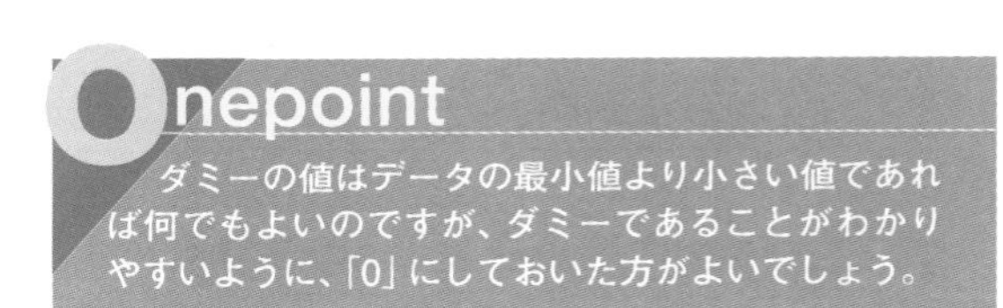

では、ダミーのデータを2件追加して、外れ値を除いたトリム平均を求めてみましょう。データフレームへの行データの追加は、rbind()関数で行います。

▼外れ値を除いたトリム平均を求める（script.R）

```
# 売上高が0のダミーデータを2件追加
data = rbind(
  data,
  data.frame(店舗名="dummy", 売上高_千円=0),
  data.frame(店舗名="dummy", 売上高_千円=0)
  )

# 上側と下側からそれぞれ2件の外れ値を除いた
# トリム平均を求める
trim_mean = mean(
  data$"売上高_千円",    # 集計の対象
  trim = 0.1            # 上側と下側の各10%を除外
)
# 出力
trim_mean
```

▼出力（コンソール）

```
> trim_mean
[1] 2483.889
```

トリム平均の値は「2483.889」になりました。

Section 3.6

しっくりこないならど真ん中の値を見付けよう（中央値）

Level ★★★ | Keyword | 中央値（メジアン）

データ全体の中心に存在する値のことを「中央値」と呼びます。データを順に並べて、ちょうど真ん中にあるデータのことです。中央値は、平均値と同様によく利用される代表値の１つです。

Theme 売上高の真ん中に位置する値を求める

前節の「店舗別売上」の売上額から「中央値」を求めましょう。

●中央値

データを大きさの順で並べたとき、中央に位置する値です。

●median()関数

データの中から中央値を求めます。

```
median（データ）
```

●本節のプロジェクト

プロジェクト	Median
タブ区切りのテキストファイル	店舗別売上.txt
RScriptファイル	script.R、script2.R

3.6.1 平均とは違う、データの「ど真ん中」の値

そもそも平均を知りたい理由が「全体の真ん中よりも上か下かを知りたい」ということであれば、平均にこだわることはなく、データを小さい順に並べたときの真ん中の値を求めてしまう方が確実です。これを**中央値**または**メジアン**と呼びます。

先の「店舗別売上」をヒストグラムにしたときに、外れ値以外の店舗の分布はきれいな一峰性の山になっていませんでした。このような場合の平均の信頼性は低くなります。そうであれば、中央値を基準にして売上が高いか低いかを判断した方がよいでしょう。

散らばったデータのど真ん中を指す中央値

中央値は「データの真ん中の値」のことなので、データを小さい順に並べたときに、ちょうど真ん中に位置するデータです。

次図は、9個のデータを値の小さい順に並べた例です。下限から数えても上限から数えても5番目、つまり中央に位置するのは「5」です。この値が9個のデータの中の中央値です。

▼データの個数が奇数の場合

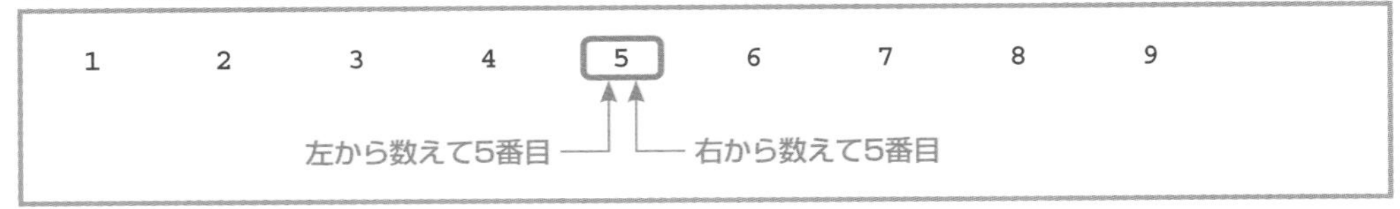

▼コンソールでmedian()関数を実行してみる

```
> m <- c(1,2,3,4,5,6,7,8,9)
> median(m)
[1] 5 ——— 中央値は「5」
```

データの個数が奇数だと簡単に見付けることができますが、データの数が偶数の場合は、ちょうど真ん中に位置するデータがありません。このような場合は、「データ全体の真ん中にある2つのデータの平均」を中央値とします。

次図は10個のデータを値の小さい順に並べたものです。データの数が偶数なので、ちょうど中央に位置するデータがありません。そこで、データの真ん中を挟む値を特定します。この場合は「40」と「50」です。

▼データの数が偶数の場合

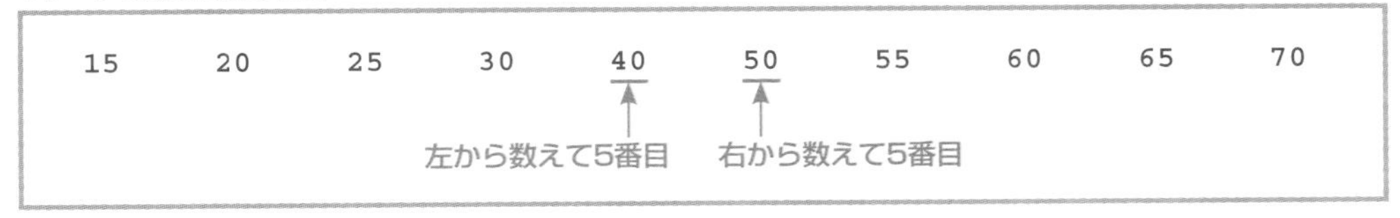

真ん中にある2つのデータは40と50なので、この2つの値の平均「45」((40+50)÷2) が中央値です。

▼median() 関数で中央値を求める

```
> mm <- c(15,20,25,30,40,50,55,60,65,70)
> median(mm)
[1] 45 ······························ 中央値は45
```

全体の売上高の真ん中に位置する店舗を見付ける

では、「店舗別売上.txt」を読み込んで中央値を見付けてみましょう。

▼「店舗別売上高.txt」から売上高の中央値を求める (script.R)

```
# 店舗別売上.txtをデータフレームに読み込む
data <- read.table(
  "店舗別売上.txt",         # ファイル名
  header=TRUE,              # 1行目は列名であることを指定
  fileEncoding="UTF-8"  # 文字コードの変換方式
)
# 中央値を求める
m <- median(data$売上高_千円)
# 出力
cat("中央値", m)
```

▼実行結果（コンソール）

```
"中央値 2464.5"
```

今回は、cat() 関数で文字列と値を連結して出力するようにしました。

中央値の使いどころ

中央値は「2464.5」となっています。データの件数は20件で偶数なので、真ん中にあるつつじヶ丘店の2464と八幡山店の2465の平均です。

▼「店舗別売上高.txt」からわかったこと

平均値	2889.35
上限から2件除外した平均	2483.889
中央値	2464.5

分析結果を見てみると、トリム平均と中央値の値が近いことがわかります。平均値と中央値にある程度の開きがある場合は、外れ値が存在する可能性が高いということですね。中央値は、たんに真ん中の値を知るだけでなく、外れ値の存在を知る手がかりにもなるという側面も持っています。

▼平均、中央値、トリム平均を使うときの目安

平均	データの分布が一峰性であれば有効。
中央値	データの分布が多峰性であり、極端な値が多い場合は、平均よりも安定した結果が得られる。
トリム平均	分布にかかわらず、最善ではないが妥当な代表値になり得る。

summary()関数で最大、最小、平均、中央値をまとめて調べる

summary()関数は、データの最大、最小、平均、中央値などの情報を、ラベル付きのベクトルとして返します。

●summary()関数

```
summary(対象のデータ)
```

戻り値のラベル		
	Min.	最小値。
	1st Qu.	第一四分位数。
	Median	中央値。
	Mean	平均値。
	3rd Qu.	第三四分位数。
	Max.	最大値。

これまでの「店舗別売上」の「売上高_千円」のデータをsummary()で調べると、次のようにラベル付きのベクトルが返ってきます。

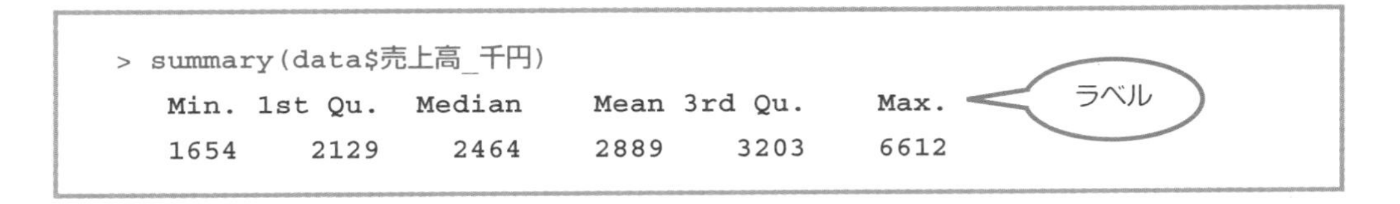

```
> summary(data$売上高_千円)
  Min. 1st Qu.  Median    Mean 3rd Qu.    Max.
  1654    2129    2464    2889    3203    6612
```


次は、summary()関数で調べた情報をわかりやすく表示する関数を作成する例です。

▼データのサマリを出力する関数を定義する（script2.R）

```
# データのサマリを出力する関数
showSummary <- function(data) {
  smm = summary(data)
  cat("最小値", smm["Min."] ,"\n")      ※"\n"は改行を示す
  cat("第一数", smm["1st Qu."],"\n")
  cat("中央値", smm["Median"],"\n")
  cat("平均値", smm["Mean"],"\n")
  cat("第三数", smm["3rd Qu."],"\n")
  cat("最大値", smm["Max."],"\n")
}

# 店舗別売上.txtをデータフレームに読み込む
data <- read.table(
  "店舗別売上.txt",
  header=TRUE,
  fileEncoding="UTF-8"
)

# データフレームの列を引数にしてshowSummary()関数を実行
showSummary(data$売上高_千円)
```

▼出力（コンソール）

```
最小値 1654
第一数 2129
中央値 2464.5
平均値 2889.35
第三数 3203.25
最大値 6612
```

Exercise

次は、ある歯科医院の来院者数を1週間調べた結果です。

1日目	2日目	3日目	4日目	5日目	6日目	7日目
47	27	25	22	18	19	20

①来院者数の平均を求めてください。
②中央値を求めてください。
③最多の来院者数を外れ値として、これを除いたトリム平均を求めてください。

Answer

①平均

$$\frac{47+27+25+22+18+19+20}{7}=25.42857$$

▼RStudioのコンソールで実行

```
> num = c(47, 27, 25, 22, 18, 19, 20)
> mean(num)
[1] 25.42857
```

②中央値

18　19　20　22　25　27　47

（22：中央値）

▼RStudioのコンソールで実行（上記の続きとして入力）

```
> median(num)
[1] 22
```

③トリム平均（上限1件のみ除外）

$$\frac{27+25+22+18+19+20}{6}=21.8333\cdots$$

▼RStudioのコンソールで実行（上記の続きとして入力）

```
> num = c(47, 27, 25, 22, 18, 19, 20, 0)  ダミーの下限値として0を追加
> mean(num, trim=0.2)  除外する割合を0.2にする
[1] 21.83333
```

除外する割合は、次のように求めます。

$\frac{1}{7}=0.14\cdots$ ➡小数第2位を切り上げて0.2とする

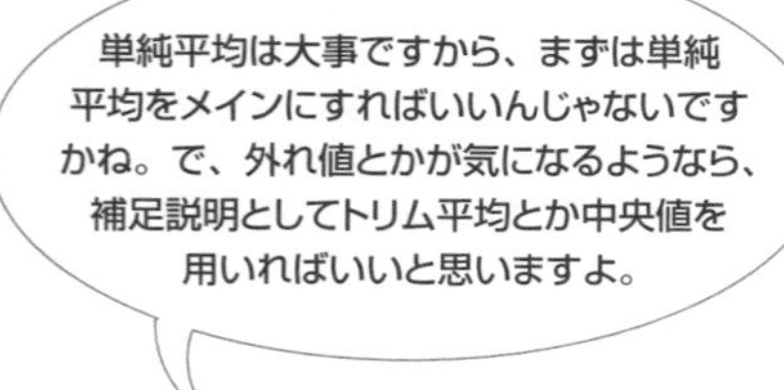

Perfect Master Series
Statistical Analysis with R

Chapter

データのバラツキ具合を知る（偏差、分散、標準偏差）

前章に引き続いて記述統計について見ていきます。本章で扱うのは、データのバラツキ具合、言い換えるとデータの分布状況を知るための偏差、分散、標準偏差です。これらは推測統計において重要な概念となるので、ここでしっかりマスターしておきましょう。

Section

4.1 データのバラツキ具合を数字で表す（偏差、分散）

Level ★★★

Keyword　偏差　偏差平方　分散

ヒストグラムはデータの出現回数（度数）や出現確率を山の形で表します。一方、統計には「山の勾配」を数値で表す分散というものがあります。

平均値のまわりのデータの散らばり具合を数値で表したのが、分散です。

Theme 大手チェーン店30店舗の商品AとBの売上にバラツキはあるのか

下図は、「大手チェーン店30店舗における商品AとBの販売数」をまとめたファイル（タブ区切りのテキストファイル）をデータフレームに読み込んで表示したものです。

商品Aと商品Bそれぞれの販売数の「偏差」を調べて「分散」を計算し、データの散らばり具合を調べてみましょう。

▼「販売数.txt」をデータフレームに読み込んで表示したところ

script.R*　data　Filter

	店舗	商品A	商品B
1	店舗1	51	82
2	店舗2	63	78
3	店舗3	63	80
4	店舗4	90	76
5	店舗5	48	82
6	店舗6	72	86
7	店舗7	48	80
8	店舗8	69	86
9	店舗9	87	80
10	店舗10	87	77
11	店舗11	84	82
12	店舗12	75	80
13	店舗13	78	74
14	店舗14	81	86
15	店舗15	57	70
		87	80

	店舗	商品A	商品B
15	店舗15		
16	店舗16	87	
17	店舗17	75	
18	店舗18	57	[illegible]
19	店舗19		76
20	店舗20	57	82
21	店舗21	69	74
22	店舗22	81	78
23	店舗23	54	78
24	店舗24	90	74
25	店舗25	78	82
26	店舗26	66	80
27	店舗27	66	80
28	店舗28	72	89
29	店舗29	78	78
30	店舗30	69	84

Showing 1 to 30 of 30 entries, 3 total columns

商品Aと商品Bの販売数の「偏差」「分散」を求めます。

●偏差

「データ － 平均」で求めた、データと平均との差です。平均よりも小さい値であればマイナス、大きい値であればプラスの値になります。

●偏差平方

偏差を2乗した値です。偏差の平均（分散）を求めるときに使います。

●分散（σ^2）

「偏差平方の総和÷データの個数」で求めた値です。この値がデータ全体の散らばり具合を示します。平均値のまわりにデータが集まっているほど小さい値になり、平均から離れているデータが多いほど大きい値になります。

●分散（σ^2）を求める式

n個のデータ：　$x_1,\ x_2,\ x_3,\ \cdots,\ x_n$

n個のデータ：　$\bar{x}$

$$\text{分散}(\sigma^2) = \frac{(x_1-\bar{x})^2+(x_2-\bar{x})^2+(x_3-\bar{x})^2+\cdots+(x_n-\bar{x})^2}{n\text{(データの個数)}}$$

●本節のプロジェクト

プロジェクト	DeviationDispersion
タブ区切りのテキストファイル	販売数.txt
RScriptファイル	script.R

Memo 分散と不偏分散

本節で紹介する分散は、厳密には「**標本分散**」と呼ばれ、計算のもとになる「母集団が既知である」ことを前提にしています。

これに対し、母集団のデータ数（n）が十分に大きくない場合や、母集団の全体を把握していない場合は、不偏推定量を用いた「不偏分散」が使われます。

▼不偏分散

$$\text{不偏分散}(u^2) = \frac{(x_1-\bar{x})^2+(x_2-\bar{x})^2+\cdots+(x_n-\bar{x})^2}{n-1}$$

4.1.1 個々のデータの平均との差を調べて全体の散らばり具合を知る

「販売数.txt」にまとめられた30店舗の商品Aと商品Bの売上数はどのくらい散らばっているのか、を調べるのがここでの課題です。平均を軸として、個々のデータと平均との差を調べ、最終的にデータ全体の広がり（散らばり）を数値で判断できるようにします。

まずは商品ごとにヒストグラムを作ってみましょう。

▼データを読み込んでヒストグラムを作成する（script.R）

```
data <- read.table(          # 販売数.txtをデータフレームとしてdataに代入
  "販売数.txt",
  header=T,                  # 1行目は列名であることを指定
  fileEncoding="CP932"       # 文字コードをShift_JISに指定
)
hist(data$商品A)              # 商品Aのヒストグラムを作成
hist(data$商品B)              # 商品Bのヒストグラムを作成
```

hist()関数にすべて「おまかせ」で作成したところ、区間を５刻みの階級に分けたヒストグラムが作成されました。

▼商品Aのヒストグラム

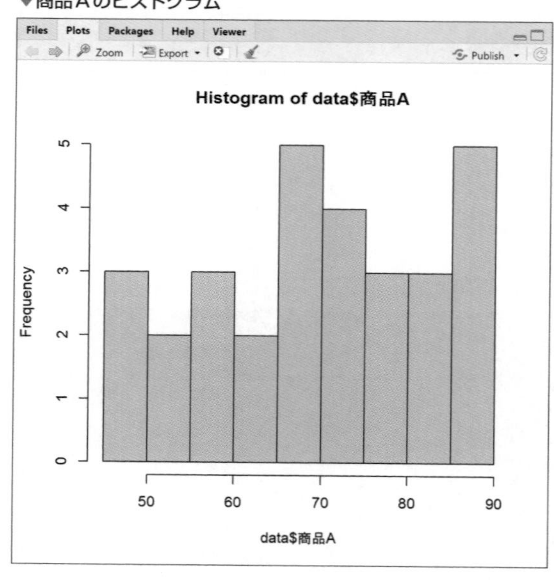

▼商品Bのヒストグラム

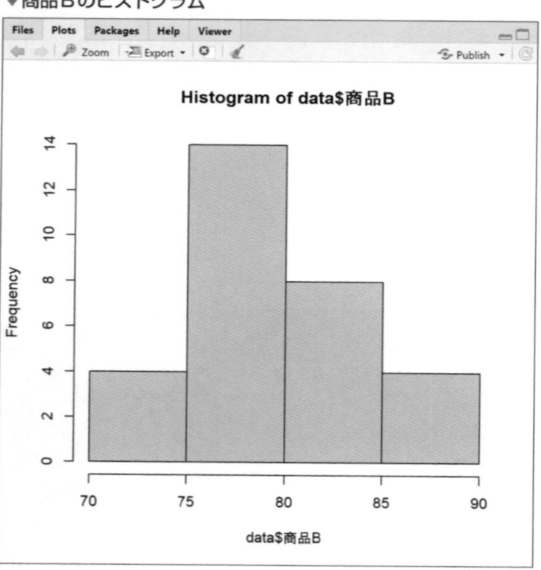

データのバラツキ具合を数値で表す、というのがここでの課題です。どちらのデータがバラついているかといえば、圧倒的に商品Aの販売数がバラついているように見えます。

平均からどのくらい離れているのかを表すのが「偏差」

ヒストグラムを見て「分布の山がなだらかで横に広がっている」のであれば、「バラツキが大きい」と見ることができますが、それ以上のことはわかりません。

そこで、「データ全体の中心から見てそのデータはどのくらい離れているものなのか」を知るために、**偏差**という数値を使います。ヒストグラムからは何となくバラついているのはわかりますが、個々のデータは全体の中心からどのくらい離れているのか、その差はいくつなのかを、具体的な数値で表したのが偏差です。

▼偏差を求める式

偏差 ＝ 対象の値 － 平均

データ全体の中心といいましたが、ここでのデータ全体の中心は「平均」です。今回のようにデータの散らばり具合を数値で表すのであれば、「山の中心」ではなく、誰もが納得できるような「中心」を決めることが重要なのですが、偏差を求める場合は「平均値が中心である」と考えます。

「統計学は基本的に一峰性のヒストグラムをもとにした学問」です。一峰性の山の頂上はだいたい平均値に一致しますので、「平均を中心とするのが妥当である」としているわけです。

偏差を求める

商品A、商品Bのそれぞれについて、偏差を求めてみましょう。

▼商品A、商品Bそれぞれの偏差を求める（script.R）

```
# 商品Aの平均を求める
mean_A = mean(data$商品A)
# 商品Aの販売数をベクトルに代入
num_A <- data$商品A
# 商品Aの偏差を求める
dev_A <- num_A - mean_A
# 出力
cat("商品Aの偏差：\n",dev_A, "\n")

# 商品Bの平均を求める
mean_B = mean(data$商品B)
# 商品Bの販売数をベクトルに代入
num_B <- data$商品B
# 商品Bの偏差を求める
dev_B <- num_B - mean_B
# 出力
cat("商品Bの偏差：\n",dev_B, "\n")
```

▼商品Aの偏差の出力（コンソール）

```
商品Aの偏差：
 -19 -7 -7 20 -22 2 -22 -1 17 17 14 5 8 11 -13 17 5 -13 -22 -13
 -1 11 -16 20 8 -4 -4 2 8 -1
```

▼商品Bの偏差の出力（コンソール）

```
商品Bの偏差：
 2 -2 0 -4 2 6 0 6 0 -3 2 0 -6 6 -10 0 4 2 -4 2 -6 -2 -2 -6 2 0 0 9 -2 4
```

商品Aについては偏差の絶対値が大きくなっていて、データが散らばっていることがわかります。これに対し、商品Bの絶対値は小さく、平均のまわりにデータが集まっているようです。

4.1.2　偏差を２乗した「偏差平方」を平均して「分散」を求める

商品Aの偏差の絶対値は大きめの値が多く、バラツキの小さい商品Bの偏差の絶対値は小さめの値が多くなっています。そこで、「販売数－平均値」で求めた偏差を平均するといくつになるかを計算してみましょう。

ただし、「販売数－平均値」で求めた偏差には正や負の値があるので、互いに打ち消し合ってしまい、すべてを合計すると0になってしまいます。そこで、「偏差の値を２乗してプラスの値にする」という方法をとります。「2乗するので値が変わってしまうのでは？」と心配になりますが、求めた値の大小で平均値に近いか離れているかがわかるので問題ありません。

偏差平方の平均が「分散」

偏差を２乗したものを「偏差平方」、これを足し上げたものを「偏差平方和」と呼びます。偏差平方和をデータの個数で割ると、偏差平方の平均になります。これが**分散**（σ^2）です。すなわち分散は、平均値からの離れ具合（偏差平方）を平均した値です。

▼分散（σ^2）を求める式

$$\text{分数〔}\sigma^2\text{〕} = \frac{\text{偏差平方の合計〔偏差平方和〕}}{\text{データの個数}}$$

▼分散（σ^2）を求める式（一般化した式として）

n個のデータ：x_1，x_2，x_3，…，x_n

n個のデータの平均：$\bar{x}$

$$\text{分数〔}\sigma^2\text{〕} = \frac{(x_1 - \bar{x})^2 + (x_2 - \bar{x})^2 + (x_3 - \bar{x})^2 + \cdots + (x_n - \bar{x})^2}{n\text{〔データの個数〕}}$$

▼分散を求める手順

①データの平均を求める。

②各データについて「値－平均」を求める（偏差を求める）。

③各データの偏差を２乗して総和を求める（偏差平方和を求める）。

④偏差平方和をデータの個数で割る（分散を求める）。

偏差をもとにして分散を求める

分散を求めれば、「データ全体が平均からどのくらいズレているものなのか」を数値で知ることができます。では、先ほど求めた偏差をもとにして分散を求めてみましょう。

▼商品A、商品Bそれぞれの分散を求める（script.R）

```
# 商品Aの分散を求める
dspr_A <- sum(dev_A^2) / length(data$商品A) ①
# 出力
cat("商品Aの分散：", dspr_A, "\n")

# 商品Bの分散を求める
dspr_B <- sum(dev_B^2) / length(data$商品B)
# 出力
cat("商品Bの分散：", dspr_B, "\n")
```

●①のソースコード

①で、商品Aの偏差平方の合計をデータ数で割って分散（σ^2）を求めています。

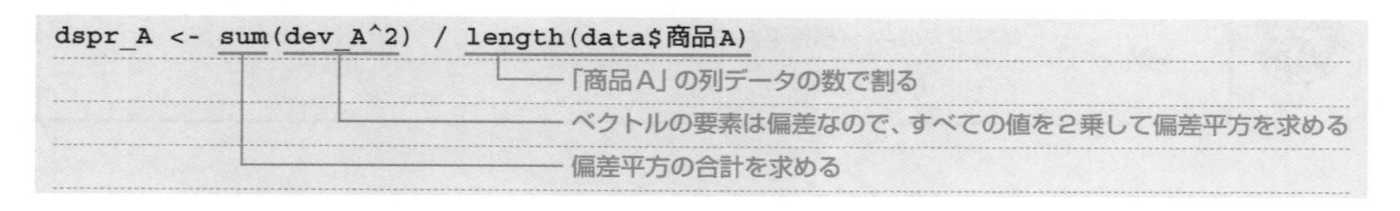

▼商品Aの分散の出力結果（コンソール）

```
商品Aの分散： 168.8
```

▼商品Bの分散の出力結果（コンソール）

```
商品Bの分散： 17
```

商品Aの分散は「168.8」、商品Bの分散はそれよりも小さい「17」となりました。商品Aの販売数の散らばり具合は大きく、商品Bの販売数は平均値のまわりに集まっていることが、数値（分散）から見て取れます。

すべての偏差を
2 乗してプラスの値にしてから、
その平均を求めたのが
分散ってことですね。
偏差の値はデータの数だけありますが、
分散の値は 1 つだけです。なので、分散
を見ればデータ全体の散らばり具合がわかり
ます。分散はデータ全体の散らばり具合
を示す指標なのです。

Hint データに手を加えると平均、分散はどうなる？

あるデータの平均が0.01だったとします。このとき、単純にすべてのデータを100倍すれば、平均は「1」になりそうです。今回は、データに一律で同じ値を加算したり同じ値を掛けたときに、平均や分散がどのように変化するのか、について見ていきたいと思います。

例題：すべてのデータに同じ値を加算すると、平均、分散はどう変わるか

あるクラスで20点満点のテストを行いました。得点を集計する際に次のことについて調べてみましょう。

- 各人の得点に一律で同じ値を加えたときに、平均や分散はどう変化するか。
- 各人の得点を2倍したときに、平均や分散はどう変化するか。

●すべてのデータに同じ値を加算すると、平均、分散はどう変わる？

以前の大学入試センター試験や現在の大学入学共通テストでは、科目ごとの平均点に大きな差が出た場合に、点数を調整することがあります（ただし2022年度の大学入学共通テストにおいては、このような「得点調整」は行われませんでした）。例えば、日本史の平均点が50点で世界史の平均点が75点、というような場合は、日本史の受験者に一律25点を与えたりします。

このように、データの値を一律に増やした場合、平均や分散はどのように変化するのか、というのが今回のテーマです。

例えば、クラス全員の点数にプラス4点すれば、平均点も4点多くなることは予想できます。一方、分散はどうでしょうか。まずは3人の得点が5点、2点、11点だとして考えてみましょう。

$$\bar{x} = \frac{5+2+11}{3} = 6\text{（点）}$$

一方、全員に4点与えた場合の平均点は次のようになります。

$$\bar{x}' = \frac{9+6+15}{3} = 10\text{（点）}$$

予想どおり、もとの平均点よりも4点高くなりました。これは、次のように証明できます。

もとの点数の平均を$\bar{x}$、分散をσ^2とし、一律に点数を与えたときの平均を$\bar{x}'$、分散を$\sigma^{2\prime}$（シグマ2乗＋シングルクォート）とします。4点を加えた点数の平均は次のようになります。

$$\bar{x}' = \frac{(5+4)+(2+4)+(11+4)}{3} = \frac{5+2+11+(4\times3)}{3}$$

$$= \frac{5+2+11}{3} + \frac{4\times3}{3} = \frac{5+2+11}{3} + 4 = 6\text{〔もとの平均}\bar{x}\text{〕}+4$$

次に分散σ^2です。3人の点数5、2、11点から平均の6を引いて偏差を求め、2乗して足し上げてから3で割ります。

$$\sigma^2 = \frac{(-1)^2 + (-4)^2 + 5^2}{3} = 14$$

全員に4点与えたときの分散$\sigma^{2\prime}$は、9、6、15点から平均の10を引いて偏差を求め、これを2乗した和を3で割ったものになります。

点数	9	6	15
偏差	−1	−4	5

$$\sigma^{2\prime} = \frac{(-1)^2 + (-4)^2 + 5^2}{3} = 14$$

分散は同じ値になりました。お気付きかと思いますが、偏差を計算した時点で、どちらも同じ値になっています。偏差は平均との差ですが、一律に4点プラスすると平均も4点プラスになるので、そのぶんが相殺されて偏差は同じ値になります。なので、そこから計算する分散も同じ値になったというわけです。

もとのデータに一律に同じ値をプラスすると、平均も同じぶんだけプラスされるので、分散は同じ値になります。

▼データに一律4を加算したときの平均と分散の関係

$$\bar{x}' = \bar{x} + 4 \quad \sigma^{2\prime} = \sigma^2$$

加算する値を一般化してαに置き換えると、次のようになります。

▼データに一律αを加算したときの平均と分散の関係

$$\bar{x}' = \bar{x} + \alpha \quad \sigma^{2\prime} = \sigma^2$$

●データを2倍すると平均、分散はどう変わる？

今度は、データを一律2倍にしたときに、平均、分散がどう変化するかについて見てみましょう。3人の点数が5、2、11点ですので、これを2倍した10、4、22点として考えます。まずは平均です。

$$\bar{x}' = \frac{10 + 4 + 22}{3} = 12\text{（点）}$$

2倍する前の平均は6点でしたので、平均も2倍された値になっています。これは、次のように証明できます。

$$\bar{x}' = \frac{(5 \times 2) + (2 \times 2) + (11 \times 2)}{3} = \frac{(5 + 2 + 11) \times 2}{3}$$
$$= \frac{5 + 2 + 11}{3} \times 2 = \frac{18}{3} \times 2 = 6\text{〔もとの平均}\bar{x}\text{〕} \times 2 = 2\bar{x}$$

次に分散です。10、4、22点から平均の12を引いて偏差を求め、これを2乗して足しあげてから平均を求めます。

点数	10	4	22
偏差	−2	−8	10

$$\sigma^{2\prime} = \frac{(-2)^2 + (-8)^2 + 10^2}{3} = 56$$

2倍する前の分散は14でした。ということは、データを2倍したことによって分散は4倍になったことになります。もとのデータを2倍したことで偏差が2倍になり、その偏差を2乗したことで分散は4倍になったのです。

$$\sigma^{2\prime} = \frac{(-2)^2 + (-8)^2 + 10^2}{3} = \frac{\{(-1)\times 2\}^2 + \{(-4)\times 2\}^2 + (5\times 2)^2}{3}$$
$$= \frac{(-1)^2\times 2^2 + (-4)^2\times 2^2 + 5^2\times 2^2}{3} = \frac{\{(-1)^2 + (-4)^2 + 5^2\}\times 2^2}{3}$$
$$= 4\times\sigma^2 \text{〔もとの分数〕}$$

▼データを2倍したときの平均と分散の関係

$$\bar{x}' = 2\bar{x} \quad \sigma^{2\prime} = 4\sigma^2$$

倍数をαに置き換えると次のようになります。

▼データを一律α倍したときの平均と分散の関係

$$\bar{x}' = \alpha\bar{x} \quad \sigma^{2\prime} = \alpha^2\sigma^2$$

Section

4.2 そのデータは「優秀」なのかそれとも「普通」？（標準偏差）

Level ★★★ | Keyword | 標準偏差

分散は、平均値からの離れ具合（偏差平方）を平均した値ですので、ある値の分散を調べれば、そのデータが「普通の値」なのか「ほかとは違う特殊な値」なのかわかりそうです。

本節では、「データの特殊性」を見分ける方法について見ていきます。

Theme 新規にオープンした店舗の売上数は他店舗と比べて優秀なのか

大手チェーン店30店舗における商品Aと商品Bの販売数をまとめたところ、新規にオープンした店舗では商品A、商品B共に販売数が「95」であることがわかりました。この販売数は集計済みの30店舗の販売数と比べて優秀なのかどうか、数値を用いて評価しましょう。

- 商品Aの販売数の平均：70
- 商品Aの販売数の分散：168.8
- 商品Bの販売数の平均：80
- 商品Bの販売数の分散：17

▼「販売数.txt」をデータフレームに読み込んで表示したところ（前節と同じデータです）

script.R* × | data ×

Filter

	店舗	商品A	商品B
1	店舗1	51	82
2	店舗2	63	78
3	店舗3	63	80
4	店舗4	90	76
5	店舗5	48	82
6	店舗6	72	86
7	店舗7	48	80
8	店舗8	69	86
9	店舗9	87	80
10	店舗10	87	77
11	店舗11	84	82
12	店舗12	75	80
13	店舗13	78	74
14	店舗14	81	86
15	店舗15	57	70
16	店舗16	87	80
17	店舗17	75	84
18	店舗18	57	82
19	店舗19	48	76
20	店舗20	57	82
21	店舗21	69	74
22	店舗22	81	78
23	店舗23	54	78
24	店舗24	90	74
25	店舗25	78	82
26	店舗26	66	80
27	店舗27	66	80
28	店舗28	72	[illegible]
29	店舗29	78	[illegible]
30	店舗30	69	[illegible]

Showing 1 to 30 of 30 entries, 3 total columns

新規オープンの店舗の
商品Aと商品Bの販売数「95」は、
既存店舗の販売数と比較して
「優秀」なものであると
いえるのでしょうか？

●**標準偏差**

平均値からの離れ具合（偏差平方）を平均した値（分散）の平方根を求めることで、単位をもとのデータと揃えます。あるデータが平均値からどのくらい離れているかを測る尺度として利用します。

$$\text{標準偏差}(\sigma) = \sqrt{\text{分散}}$$

●**標準化**

特定のデータの偏差が標準偏差の何個ぶんかを求めます。

$$\text{標準化} = \frac{\text{データ} - \text{平均値}}{\text{標準偏差}(\sigma)}$$

Memo　平均や分散、標準偏差の記号について

平均や分散、標準偏差を表す記号は、すべてのデータ（母集団）を対象にしたものか、それとも母集団から取り出したデータ（標本）を対象にしたのかによって、異なるものが使われます。けっこうまぎらわしいこともあるので、まだ出てきていない用語も含まれますが、ここで整理しておくことにしましょう。

●**すべてのデータ（母集団）が対象**

・母平均（μ）
　母集団の平均です。μという記号で表されます。

・母分散（σ^2）
　母集団の分散です。σ^2という記号で表されます。

・母標準偏差（σ）
　母集団の標準偏差です。分散σ^2の平方根をとった値なので、σという記号で表されます。

●**母集団から取り出した標本が対象**

・標本平均（$\bar{x}$など）
　サンプル（標本）の平均のことです。取り出したサンプルをxとすれば、$\bar{x}$のように平均を表す横棒を付けて表すことが多いです。

・標本分散（s^2）
　標本の分散です。偏差平方和をサンプル（標本）の数で割ることで求めます。

・不偏分散（u^2）
　「unbiased (sample) variance：不偏分散」の頭文字をとってu^2と表します。分散を計算するときに、「標本の数－1」で偏差平方和を割って求めた値です。母分散を推定するときに使われます。

・不偏分散から推定した母分散（$\hat{\sigma}^2$）
　不偏分散を母分散の推定に使う場合は、それが推定した値だとわかるように、母分散にハット記号「＾」を付けて$\hat{\sigma}^2$のように表します。

・標本標準偏差（s）
　サンプルの標準偏差です。標本分散s^2の平方根をとった$\sqrt{s^2}$なので、そのままsと表します。

・不偏分散から求めた標準偏差（u）
　不偏分散u^2の平方根をとって$\sqrt{u^2}$として求めた標準偏差をuと表します。

・母標準偏差の推定値（$\hat{\sigma}$）
　不偏分散u^2を用いて推定した母分散$\hat{\sigma}^2$の平方根をとった$\sqrt{\hat{\sigma}^2}$は、母標準偏差の推定値になります。$\hat{\sigma}$と表します。

4.2.1　新規オープン店の売上数は突出しているのか

ここでは、前節で使用した「大手チェーン店30店舗における商品AとBの販売数」をまとめたデータをもとに、商品A、商品B共に「95」売上げた店舗が現れたら、この95をどう評価すべきか、ということについて考えていきます。

▼95と販売数の平均との差

```
95－70〔商品Aの平均〕 ＝ 25
95－80〔商品Bの平均〕 ＝ 15
```


分散をデータの単位に戻して比較できるようにする

単純に考えると「商品Aの95の方がよく売った」ことになります。しかし、商品Aの方が販売数のバラツキが大きく、分散の値は168.8でした。これに対し商品Bの分散は17です。商品Aは店舗によって売上に大きな差が出る一方で、商品Bは「売れる数」がある程度固定されているようにも考えられます。実は「商品Aの95」は、うまくやれば「売ってしまえそうな数」ではないでしょうか。

一方、商品Bは70～89に集中しています。これだけの情報から、なぜそうなったのかを言い当てることは不可能ですが、「コンスタントに70以上売れるが90以上売るには大きな壁がある」場合に、このような分布になりそうです。購入者がある程度限定されるような商品なのかもしれません。まったく異なる例ですが、「全10問中8問が非常に簡単で、2問がとてつもなく難しいテスト」の結果が、このような分布になりがちです。

このことから、「商品Bの販売数が95」の方が「群を抜いた売上」だと評価できます。商品Aの95は頑張れば売れそうな数であるのに対し、商品Bの95は「普通では達成できない売上数」であることは、ほぼ間違いありません。

偏差の値の単位をもとのデータの単位に戻して「標準偏差」を求める

ある値の平均との差が、離れ具合の平均（分散）と比べてどうなのかを見れば、そのデータが「普通の値」なのか「突出した値」なのかがわかりそうです。

しかし、分散を求めるときに、偏差を2乗して偏差平方にしましたので、もとの単位は変わってしまっています。商品Aのデータの単位は「個」でしたが、平均からの差（偏差）を2乗したので、これをもとに計算した分散「168.8」の単位は「個」ではなくなっています。このままだと、単位が「個」である販売数の偏差と比較することはできません。また、偏差平方を用いたことで、実際の差よりも値が大きくなっています。

　ただし、この問題はいとも簡単に解決します。2つとも「データの平均との差（偏差）を2乗して」計算したために起こる現象ですから、分散にルート（$\sqrt{\ }$）を付けて平方根を求めます。偏差を2乗した偏差平方をもとに戻すというわけです。例えば、正方形の面積「4m×4m＝16㎡」の㎡は、$\sqrt{16}$とすることでもとのm単位に戻るので、それと同じようなことをします。
　このようにして求めた値を**標準偏差**と呼びます。標準偏差は「σ」（シグマの小文字）という文字で表します。

●標準偏差
　分散の平方根を求めることで、単位をもとのデータと揃えた値です。商品Aの分散168.8を$\sqrt{168.8}$とすれば、単位を、計算のもとになったデータの「個」に揃えることができます。Rでは、平方根はsqrt()関数で求めることができます。

▼標準偏差を求める式

標準偏差〔σ〕＝$\sqrt{分散〔\sigma^2〕}$

●sqrt()関数
　引数に指定した値の平方根を返します。

分散を求める関数を定義して標準偏差を求める

　標準偏差（σ）を求めるには分散の値が必要です。Rには分散を求める**var()関数**が用意されていますが、この関数が求めるのは、母集団の値を推定するときに使う**不偏分散**（u^2）です。ここで扱っているのは、厳密にいうと母集団の**分散**（σ^2）です。

　分散（σ^2）を求めるには、偏差平方の合計をデータの個数で割りますが、不偏分散（u^2）は「データの個数－1」で割ります。同じ分散でも違いがあるのは、手元にすべてのデータが揃っている場合は母集団の分散（σ^2）、手元のデータがすべてではない（データの集団の一部である）場合に不偏分散（u^2）を使うためです。統計では、よほどのことがない限り不偏分散しか使いません。「すべてのデータを一つ残らず集めているわけではない」ことを前提にしているためです。ただし、ここでは、すべてのデータが揃っていると仮定して、母集団の分散（σ^2）を求める関数を自作してから、商品AとBの標準偏差を求めることにしましょう。

プロジェクト	StandardDeviation		
タブ区切りのテキストファイル	販売数.txt	RScriptファイル	script.R

▼分散を求める関数を定義し、商品AとBの標準偏差を求める（script.R）

```
# 分散を求める関数
getDisper <- function(x) {
  # 偏差を求める
  dev <- x - mean(x)
  # 偏差平方和をデータ数で割った分散を返す
```

```
  return(sum(dev^2) / length(x))
}

# 販売数.txtをデータフレームに読み込む
data <- read.table(
  "販売数.txt",
  header=TRUE,          # 1行目は列名
  fileEncoding="UTF-8" # 文字コードの変換方式
)
summary(data)


# 商品Aのデータをベクトルに代入
num_A  <- data$商品A
# 商品Aの分散を求める
dspr_A <- getDisper(num_A)
# 平方根をとって標準偏差を求める
sd_A   <- sqrt(dspr_A)
# 出力
cat("商品Aの標準偏差：", sd_A, "\n")

# 商品Bのデータをベクトルに代入
num_B  <- data$商品B
# 商品Bの分散を求める
dspr_B <- getDisper(num_B)
# 平方根をとって標準偏差を求める
sd_B   <- sqrt(dspr_B)
# 出力
cat("商品Bの標準偏差：", sd_B, "\n")
```

では、[Source] をクリックして、まとめて実行してみましょう。

▼出力（コンソール）

```
商品Aの標準偏差： 12.99231 ………… 商品A（√168.8）
商品Bの標準偏差： 4.123106 ………… 商品B（√17）
```

分散（σ^2）と同じように、平均値のまわりにデータが集まっている場合は標準偏差（σ）の値が小さく、データが散らばっている場合は値が大きくなります。標準偏差を求めたことによって、分散の値がもとのデータの単位に換算されました。商品Aの標準偏差は「約13」、商品Bは「約4」です。これを「平均からの離れ具合を測るものさし」として使うことができそうです。

直接、標準偏差を求める関数を定義する

Rには標準偏差を求めるsd()関数がありますが、この関数は不偏分散（u^2）をもとにして標準偏差の推定値（$\hat{\sigma}$）を求めるようになっています。大きなデータを扱うようになってくると、不偏分散を用いることになりますが、いまのところ必要なのは、すべてのデータから求めた分散（σ^2）をもとにした標準偏差（σ）です。そこで、これを直接求める関数も作成しておくことにしましょう。

分散を求める式に√を付ければ、標準偏差を求める式になります。

$$\text{標準偏差}(\sigma) = \sqrt{\frac{(x_1-\bar{x})^2+(x_2-\bar{x})^2+(x_3-\bar{x})^2+\cdots+(x_n-\bar{x})^2}{n(\text{データの個数})}}$$

この式を関数に埋め込んで、標準偏差を計算する関数getSD()を定義してみましょう。

▼分散をもとに標準偏差を計算する関数を定義する（script2.R）

```
# 標準偏差を求める関数
getSD <- function(x) {
  # 分散の平方根をとった値（標準偏差）を返す
  return(
    sqrt(sum((x - mean(x))^2) / length(x)))
}

# 販売数.txtをデータフレームに読み込む
data <- read.table(
  "販売数.txt",
  header=TRUE,           # 1行目は列名
  fileEncoding="UTF-8" # 文字コードの変換方式
)

# 商品Aのデータをベクトルに代入
num_A  <- data$商品A
# 商品Aの標準偏差を求める
sd_A <- getSD(num_A)
# 出力
cat("商品Aの標準偏差：", sd_A, "\n")

# 商品Bのデータをベクトルに代入
num_B  <- data$商品B
# 商品Bの標準偏差を求める
sd_B   <- getSD(num_B)
# 出力
cat("商品Bの標準偏差：", sd_B, "\n")
```

▼出力（コンソール）

```
商品Aの標準偏差： 12.99231
商品Bの標準偏差： 4.123106
```

4.2.2　データの特殊性を「標準化」した数値で表す

今度は、新規オープン店の「95」という販売数が、30店舗の販売数に比べてどのような意味を持つのかを考えていくことにしましょう。これには、「そのデータの偏差を標準偏差（σ）で割る」ということを行います。そうすると、対象のデータの偏差が標準偏差に対してどのくらいの割合なのかがわかります。このことを**標準化**と呼びます。

●標準化
特定のデータの偏差が標準偏差の何個ぶんかを求めます。

▼標準化を行う式

$$\text{標準化係数} = \frac{\text{データ} - \text{平均〔偏差を求める〕}}{\text{標準偏差〔}\sigma\text{〕}}$$

特定のデータから平均値を引いて偏差を求め、それを標準偏差で割ることで、標準化することができます。標準偏差（σ）で割るので、標準偏差を「1」とした割合がわかります。つまり、平均から標準偏差何個ぶん離れているのかを知ることができます。

前に「標準偏差は平均からどのくらい離れているかを測るものさしとして使えそうだ」と述べたのは、このことなのです。このようにして求めた値は**標準化データ**、または**標準化係数**と呼ばれます。

商品Aと商品Bの販売数をすべて標準化する

それでは、商品Aと商品Bの販売数をすべて標準化してみましょう。

▼商品Aと商品Bの売上数を標準化する（script3.R）

```
# 標準偏差を求める関数
getSD <- function(x) {
  # 分散の平方根をとった値（標準偏差）を返す
  return(
    sqrt(sum((x - mean(x))^2) / length(x)))
}

# 販売数.txtをデータフレームに読み込む
data <- read.table(
  "販売数.txt",
  header=T,              # 1行目は列名
  fileEncoding="UTF-8" # 文字コードの変換方式
)
```

```
# 商品Aのデータをベクトルに代入
num_A  <- data$商品A
# 商品Aの平均を求める
mean_A  <- mean(num_A)
# 商品Aの標準偏差を求める
sd_A <- getSD(num_A)
# 商品Aの売上数を標準化
standardize_A <- (num_A - mean_A)/sd_A
# 出力
standardize_A

# 商品Bのデータをベクトルに代入
num_B  <- data$商品B
# 商品Bの平均を求める
mean_B  <- mean(num_B)
# 商品Bの標準偏差を求める
sd_B   <- getSD(num_B)
# 商品Bの売上数を標準化
standardize_B <- (num_B - mean_B)/sd_B
# 出力
standardize_B
```

▼出力（コンソール）

```
> standardize_A
 [1] -1.46240405 -0.53878044 -0.53878044  1.53937268 -1.69330995
 [6]  0.15393727 -1.69330995 -0.07696863  1.30846678  1.30846678
[11]  1.07756088  0.38484317  0.61574907  0.84665497 -1.00059224
[16]  1.30846678  0.38484317 -1.00059224 -1.69330995 -1.00059224
[21] -0.07696863  0.84665497 -1.23149814  1.53937268  0.61574907
[26] -0.30787454 -0.30787454  0.15393727  0.61574907 -0.07696863

> standardize_B
 [1]  0.4850713 -0.4850713  0.0000000 -0.9701425  0.4850713
 [6]  1.4552138  0.0000000  1.4552138  0.0000000 -0.7276069
[11]  0.4850713  0.0000000 -1.4552138  1.4552138 -2.4253563
[16]  0.0000000  0.9701425  0.4850713 -0.9701425  0.4850713
[21] -1.4552138 -0.4850713 -0.4850713 -1.4552138  0.4850713
[26]  0.0000000  0.0000000  2.1828206 -0.4850713  0.9701425
```

では、新規オープン店の売上数「95」を、商品Aと商品Bでそれぞれ標準化してみましょう。

▼新規オープン店の売上数（95）を商品Aと商品Bのデータでそれぞれ標準化する（script3.R）

```
# 売上数（95）を商品Aの標準偏差で標準化して出力
(95 - mean_A)/sd_A
# 売上数（95）を商品Bの標準偏差で標準化して出力
(95 - mean_B)/sd_B
```

▼出力（コンソール）

```
> (95 - mean_A)/sd_A
[1] 1.924216
> (95 - mean_B)/sd_B
[1] 3.638034
```


「95」という販売数は、商品Aの標準偏差（σ）の約1.92個ぶん離れた値で、商品Bにおいては約3.64個ぶん離れた値であることがわかりました。このような標準化係数は、Standard Deviation（標準偏差）を略した「S.D.」を使って「+1.92S.D.」（プラスいってんきゅうにエスディー）のような言い方をします。または、標準偏差の文字「σ」を使って「商品Aの売上は+1.92σ（プラスいってんきゅうにシグマ）」という言い方をします。

いずれにしても、商品Bにおける「95」という販売数は、平均から標準偏差3.64個ぶん（+3.64σ）、商品Aの場合よりもおよそ2倍も離れている特別な値、つまり「なかなか達成できない売上数」であることがわかりました。

標準化した値の平均は「0」、標準偏差は「1」になる

そもそも標準化係数というのは、標準偏差（σ）に対する変量の偏差の割合です。なので、標準化係数の平均を求めると「0」になり、標準化係数の標準偏差は「1」になるという特性があります。逆にいえば、平均0、標準偏差1になるように変換したものが標準化係数だということです。

では、本当に平均が0になるのか、確認してみましょう。

▼商品Aと商品Bの標準化係数それぞれの平均を求める（script3.R）

```
> mean(standardize_A)
[1] 2.823353e-17
> mean(standardize_B)
[1] -3.715199e-18
```

商品Aの「2.823353e − 17」は2.823353×10^{-17}、すなわち、0.00000000000000002823353なので、実質0と考えてかまいません。これは商品Bにおいても同じです。

Onepoint

このようなわかりにくい表記になるのは、コンピューター独自の**丸め誤差**の影響です。丸め誤差とは、桁数の多い数値をどこかの桁で端数処理（切り上げ／切り捨て／四捨五入など）したときに生じる誤差のことです。標準化係数を求める割り算の途中で丸め誤差が生じており、それが「標準化係数の平均がきっちり0にならない」という現象を生んでいます。

Memo 平方根について

標準偏差は、データを本格的に分析するためになくてはならない重要な指標です。

標準偏差を根本から理解して使いこなすためには、**平方根**（$\sqrt{\ }$）の知識が必要になります。

●平方根の定義

2乗するとaになる数のことをaの平方根といいます。

「平方」は2乗のことで、「根」はそのもとになる数のことです。2乗した値（平方）の2乗する前の値（根）なので平方根、というわけです。

aという数の平方根について考えてみましょう。これは次の式を使って表せます。

$$x^2 = a$$

xを2乗した値がaなので、xがaの平方根です。では、$a=4$であった場合の平方根xを求めてみましょう。

$$x^2 = 4$$

ですので、xは次のようになります。

$$2^2 = 4 \quad \text{あるいは} \quad -2^2 = 4$$

4の平方根は、2と−2です。このように、aが正の数であれば平方根には正と負の2つがあります。これをまとめて、4の平方根は「±2」と書くこともあります。

●ルート（根号）

4の平方根が2と−2であることは比較的簡単にわかりますが、5の平方根はどうでしょうか。2乗して5になる数です。

$$2^2 = 4$$
$$3^2 = 9$$

ですので、5の平方根（正の方）は2と3の間の数です。2と3の中央の値は2.5。この数と、近い数（4の平方根）の2との中央の値を求めると2.25になります。

$$(2+3) \div 2 = 2.5$$
$$(2.5+2) \div 2 = 2.25$$

2.25の2乗は5.0625です。ということは、5の平方根は2.25よりも小さい数です。2.25と2の中央の値を求めます。

$$(2.25+2) \div 2 = 2.125$$

2.125の2乗は4.515625です。ということは、5の平方根は2.125よりも大きく、2.25よりも小さいことになるので、2.125と2.25の中央の値を求めます。

$$(2.125 + 2.25) \div 2 = 2.1875$$

このような計算方法を**二分法**と呼びます。どんどん繰り返すことで、5の平方根を見付けるわけですが、実は2乗したときにぴったり5になる数は見付かっていません。2乗して5になる数は確実にこの世に存在しますが、4や9や16のように「ある整数の2乗になっている数（平方数と呼びます）以外の平方根は、有限の小数や分数では表せない」ことがわかっています。

実際、5の平方根は「2.2360679774997896964091736687313…」のように、小数点以下が無限に続いていく数になります。しかし、これでは都合が悪いので、計算に使うときは「5の平方根は2.237」のように、実用に差し支えない範囲の桁で丸めます。実際、Rが扱える値の範囲も決まっているので、内部的にどこかの桁で丸めて計算しています。

```
2.236067977499790000…
```

このように、電卓やコンピューターで計算するときは、ぴったりの値ではなく平方根に近い値（近似値）が使われるのですが、有限の小数や分数では表せなくても、確かに存在する平方数以外の平方根を表すために作られた記号が$\sqrt{}$（ルート）です。$\sqrt{}$を使うと、平方根は次のように表せます。

▼平方根の表し方

$$\alpha\text{の平方根は } \sqrt{\alpha} \text{ と } -\sqrt{\alpha} \ (\pm\sqrt{\alpha})$$

というわけで、5の平方根は$\pm\sqrt{5}$です。一方、4のような平方数の場合は、次のように2種類の表し方になります。

$$4\text{の平方根} = \pm\sqrt{4} = \pm 2$$

このように、ルートの中が平方数になっているときは、次のようにしてルートを外すことができます。

▼ルートの外し方

$$\alpha > 0\text{のとき } \sqrt{\alpha^2} = \alpha$$

ただし、$\sqrt{}$を外せるようになるためには、次のような平方数がわかっていると便利です。

▼平方数

1 (=1^2)	4 (=2^2)	9 (=3^2)	16 (=4^2)	25 (=5^2)
36 (=6^2)	49 (=7^2)	64 (=8^2)	81 (=9^2)	100 (=10^2)
121 (=11^2)	144 (=12^2)	169 (=13^2)	196 (=14^2)	225 (=15^2)

▼例

$$\sqrt{9} = \sqrt{3^2} = 3$$
$$\sqrt{144} = \sqrt{12^2} = 12$$
$$\sqrt{\frac{9}{4}} = \left(\sqrt{\frac{3}{2}}\right)^2 = \frac{3}{2}$$

$\sqrt{0.25}$は$\sqrt{(0.5)^2}$なので0.5になります。

4 データのバラツキ具合を知る

Section 4.3

来客数が平均より多いのは「繁盛」しているといえるか

Level ★★★ Keyword 標準偏差 標準化 標準化係数 標準正規分布

標準偏差を利用することで、そのデータはよくありがちな「平凡なデータ」なのか、それともめったにない「特殊なデータ」なのかを判断することができます。

Theme データが平均からどのくらい離れているのかを標準偏差で知る

ある店舗の来客数を30日間、毎日カウントしたデータがあります。このデータをもとに、「客の入りがよかった日」と「客の入りが悪かった日」、さらに「客の入りは普通だった日」のように判定してみましょう。

●本節のプロジェクト

プロジェクト	StoreTraffic
タブ区切りのテキストファイル	来店者数.txt
RScriptファイル	script.R

▼30日間の来客数

	日	来店者数
1	1	46
2	2	57
3	3	61
4	4	67
5	5	56
6	6	74
7	7	41
8	8	43
9	9	64
10	10	54
11	11	46
12	12	51
13	13	64
14	14	31
15	15	42
16	16	57
17	17	56
18	18	68
19	19	43
20	20	59
21	21	48
22	22	61
23	23	43
24	24	48
25	25	51
26	26	62
27	27	69
28	28	49
29	29	58
30	30	42

Showing 1 to 30 of 30 entries, 2 total

4.3.1 標準偏差を「尺度」にする

1日当たりの来客数がどのくらいの範囲で上下しているのかを調べれば、その日は普通よりも多かったのか、それとも少なかったのかを判断できそうです。

標準偏差は、「すべてのデータの偏差平方の平均」として求めた分散の平方根を求めることで、もとのデータと単位を揃えたものです。そうすると、「平均値+標準偏差」と「平均値−標準偏差」の範囲に多くのデータが集中していると予想できます。実は、この範囲の中に「データ全体の68%が含まれる」という法則があります。これは統計的な裏付けがなされていて、このことを「**データの中心の傾向**」と呼びます。

来客数の標準偏差と標準化係数を求める

では、来客数のデータから標準偏差(σ)を求め、これをもとにすべてのデータを標準化してみることにしましょう。

▼標準偏差を求めて、すべてのデータを標準化する(script.R)

```
# 標準偏差を返す関数
# x: データを格納したベクトル
getSD <- function(x) {
  return(
    # 分散の平方根を求める
    sqrt(sum((x - mean(x))^2) / length(x))
  )
}

# 「来店者数.txt」をデータフレームに格納
data <- read.table(
  "来店者数.txt",
  header=TRUE,           # 1行目は列名
  fileEncoding="UTF-8" # 文字コードの変換方式
)

# 来店者数のデータをベクトルに代入
num <- data$来店者数
# 来店者数の標準偏差を求める
sd <- getSD(num)
# 来店者数の平均を求める
mean <- mean(num)

# すべてのデータについて標準化係数を求めてデータフレームに格納
```

```
# 列名は"標準化係数"
std_fact <- data.frame(
  "標準化係数"=((num - mean)/sd))
# 列名を設定
colnames(std_fact) <- c("標準化係数")

# データフレームdataにstd_factを結合する
new_data <- cbind(data,      # 結合されるデータフレーム
                  std_fact) # 結合するデータフレーム
```

標準化係数のデータフレームを作成し、これをもとのデータフレームにcbind()関数でバインド（結合）しました。

●cbind()関数

2つのデータフレームを並べた状態で結合します。第1引数で指定したデータフレームの右端の列の次に、第2引数で指定したデータフレームの列が結合されます。

```
cbind(結合されるデータフレーム, 結合するデータフレーム)
```

ソースコードを実行してみましょう。標準偏差（σ）はsdに格納されているので、[Environment]ビューで確認すると「10.0138237784907」、平均のmeanには「53.7」と表示されています。

標準化（Standardization）とは、データの平均が0、標準偏差が1になるように変換することです。データを標準化すると、平均と分散を考慮した数字の大きさを得ることができることから、数字の散らばり具合を考える場合にデータを標準化します。

標準化は、統計の分野で用いられるほか、機械学習における「スケーリング」にも利用されています。

▼ [Environment] ビュー

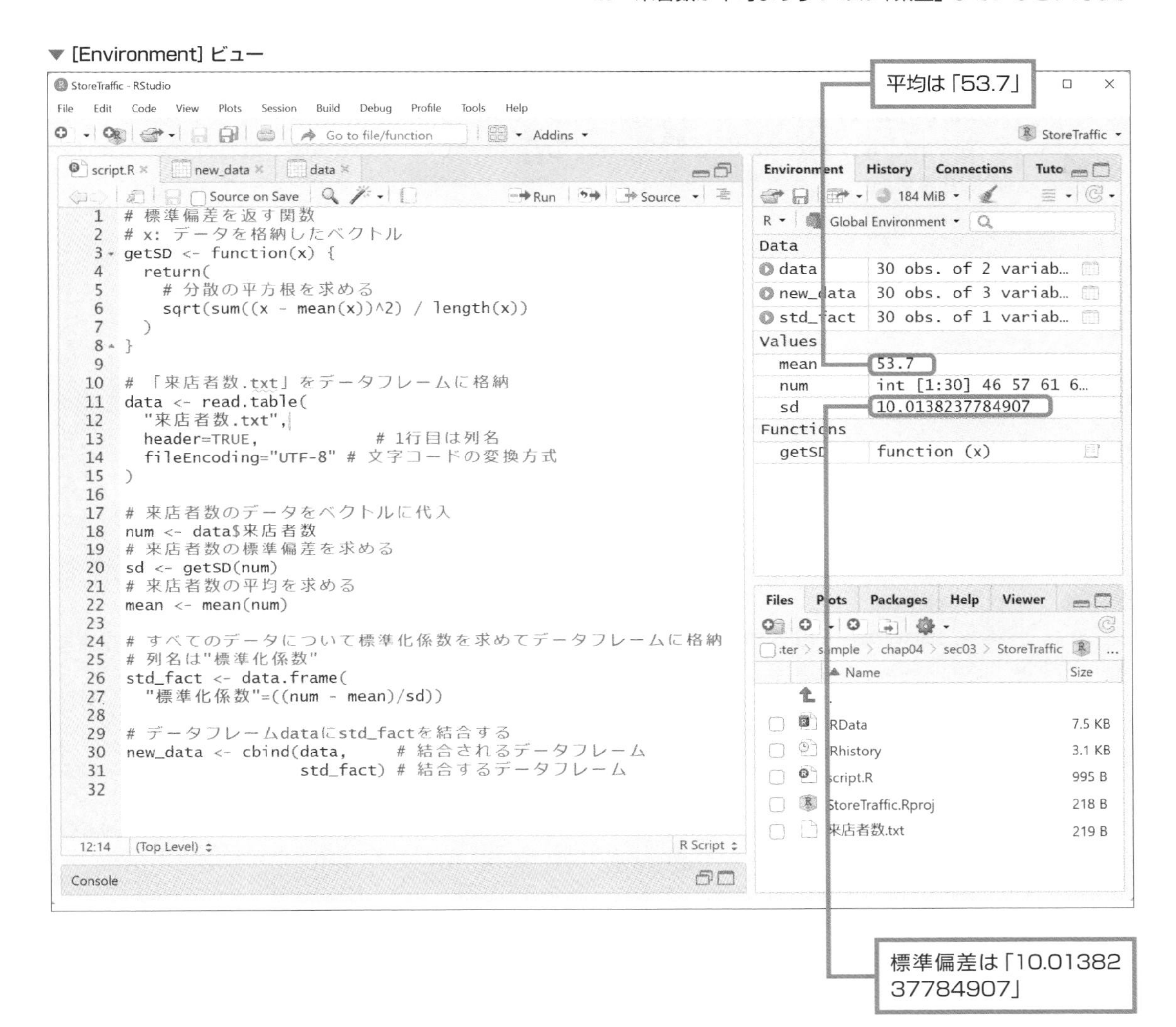

小数点以下を四捨五入して平均（μ）を54、標準偏差（σ）を10としましょう。そうすると、30日の68%は約20日ですので、この日数は平均値の54±10人の範囲である44〜64人の間で推移することになります。このあと、この「±10人」という数がどういうものなのかについて見ていくことにします。

1日目の来客数は46人です。これは数として見れば、平均よりも8人少ないことになりますが、標準偏差と照らし合わせることで、そのデータはふつうなのか、それとも特殊なのかが判断できそうです。ここで使用しているデータの場合は、平均値から標準偏差を引いた44と、平均値に標準偏差を足した64という値が目安になります。

来客数を標準偏差と比較する

1日目の来客数は「46人」です。平均値54から8人下回っていますが、平均（μ）から標準偏差（σ）を引いた44人をわずかに上回っていますので、46という値は「平均的な離れ方をしている」と判断できます。

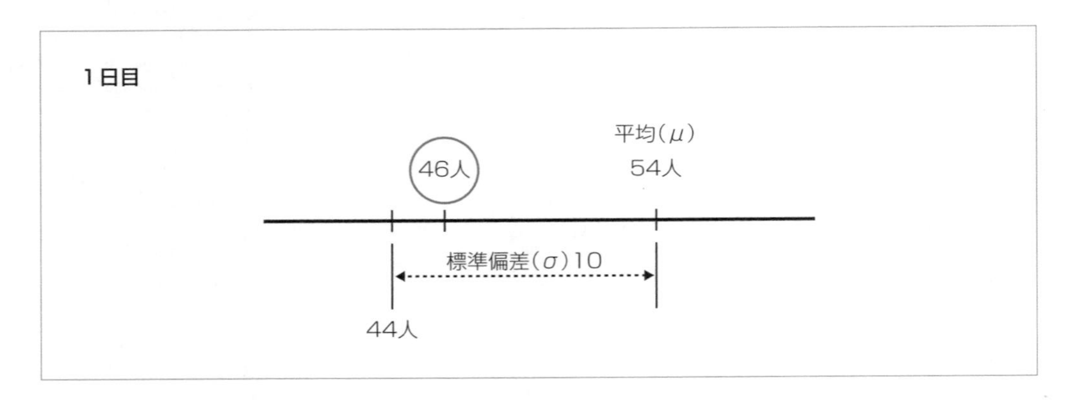

一方、4日目の67人は、平均値（μ）に標準偏差（σ）を足した64人を上回っていますので、来客数が多かったと判断できます。

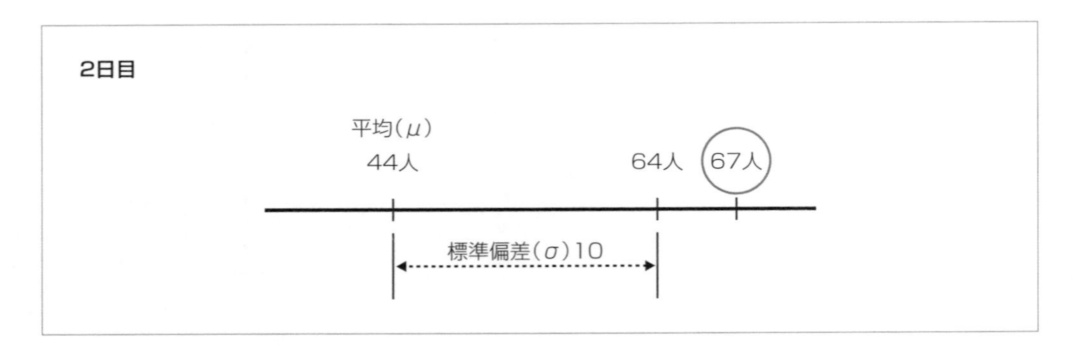

7日目の「41人」は、平均値（μ）から標準偏差（σ）を引いた44人を少し下回っていますので、来客数が少ないと判断できます。

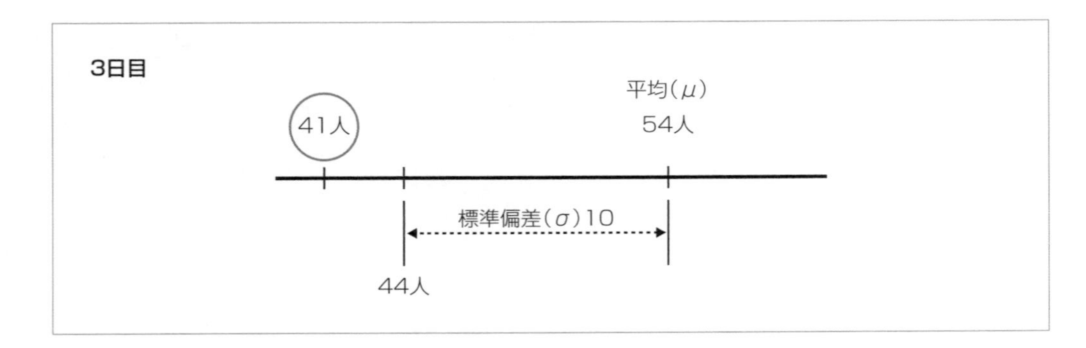

4.3.2　データの偏差が標準偏差の±1個ぶんの範囲内であれば平凡なデータだと判断できる

統計を行う際は、「データの偏差が標準偏差（σ）の±１個程度の範囲内に収まるデータであれば、特殊なデータではない（普通のデータ）」と判断し、「標準偏差（σ）の±２個程度以上になると特殊なデータである」と判断する方法が広く使われています。

- **データの偏差（データと平均値の差）が標準偏差（σ）の±１個の範囲内に収まっていれば、平凡なデータである。**
- **データの偏差が標準偏差（σ）の±２個の範囲を超えていれば、そのデータは特殊なデータである。**

このようなことがいえるのは、「平均マイナス標準偏差（σ）1個ぶん」から「平均プラス標準偏差（σ）1個ぶん」までの範囲に、全体の約68%のデータが存在することが、確率的に証明されているからです。また、「平均のマイナス側とプラス側に標準偏差（σ）2個ぶん」の範囲には、全体の約96%のデータが存在するとされているので、この範囲を超えるデータは特殊である、つまり、例えばプラス側に標準偏差2個ぶんの範囲を超えていれば、2%しか存在しない希少なものであると判断します。

標準化係数でデータの特殊性を知る

さて、個々のデータについて、標準偏差何個ぶんの偏差を持つデータであるかは、標準化係数を見ればわかります。[Environment] ビューで「new_data」をクリックすると、来店者数に標準化係数がバインドされたデータフレームが表示されます。

▼来店者数に標準化係数がバインドされたデータフレーム

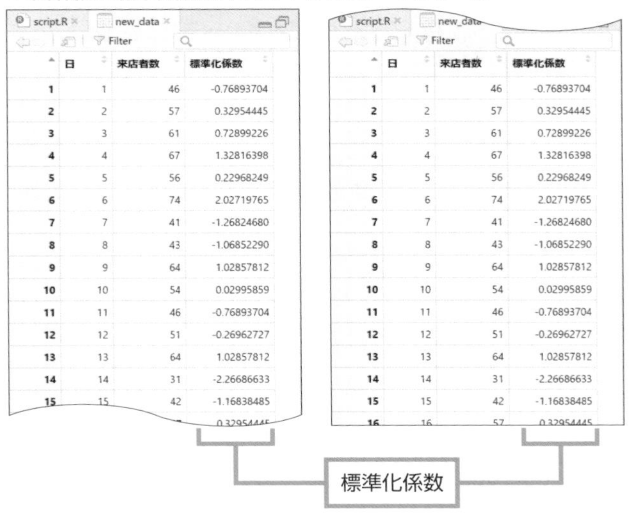

	日	来店者数	標準化係数
1	1	46	-0.76893704
2	2	57	0.32954445
3	3	61	0.72899226
4	4	67	1.32816398
5	5	56	0.22968249
6	6	74	2.02719765
7	7	41	-1.26824680
8	8	43	-1.06852290
9	9	64	1.02857812
10	10	54	0.02995859
11	11	46	-0.76893704
12	12	51	-0.26962727
13	13	64	1.02857812
14	14	31	-2.26686633
15	15	42	-1.16838485
16	16	57	0.32954445

これを見れば、個々のデータが「突出している」のか、それとも「普通」なのかがひと目でわかりますね。

▼標準化係数でデータの特殊性を見る

±1以内	全体の約68%に含まれる平凡な値。
+1 < 標準化係数 < +2	全体の約14%((96%−68%)÷2)に含まれる値。
−2 < 標準化係数 < −1	全体の約14%((96%−68%)÷2)に含まれる値。
+2 < 標準化係数	全体の約2%((100%−96%)÷2)に含まれる特殊な値。
標準化係数 < −2	全体の約2%((100%−96%)÷2)に含まれる特殊な値。

標準化した値の平均は0で標準偏差は1

すでに述べてきたように、標準化したデータは、平均値(μ)が0、標準偏差(σ)が1になります。このようなデータの分布形態を**標準正規分布**と呼びます。

▼標準化の法則

データをxとする

データをすべて $\frac{x-\mu〔平均〕}{\sigma〔標準偏差〕}$ にすると、平均(μ)が0、標準偏差(σ)が1になる

そもそも、標準化を行ったのは、いうまでもなく標準偏差(σ)を「ものさし」にしたいからです。すべてのデータを標準化すれば、平均は0、標準偏差は1になりますから、平均の0を中心として標準偏差+1個ぶん、あるいは−1個ぶんのようにデータを見ることができるようになり、相対度数の分布図(ヒストグラム)を見るときに役立ちます。

次のように平均も分散も異なっていても、標準化を行うことで、標準化したグラフ(標準正規分布のグラフ)に一致します。グラフの形までがそっくり一致するわけではありませんが、一峰性の分布であれば、形までがほぼ一致します。

- 国内の成人男子の身長データで、平均がμ、標準偏差がσとした場合、無作為に選んだ人の身長Xを標準化した、$(X-\mu)\div\sigma$の相対度数の分布グラフ。
- アイスコーヒーの1カップ当たりの容量を調べたデータで、平均がμ、標準偏差がσとした場合、無作為に選んだ1カップ当たりの容量Xに対して、Xを標準化した、$(X-\mu)\div\sigma$の相対度数の分布グラフ。

標準化によって描かれるグラフこそが、統計学のキモともなる重要な分布である標準正規分布のグラフです。次項でさらに詳しく見ていくことにしましょう。

Section 4.4

来店者の数が上位5%に入る日を調べる

Level ★★★ Keyword 標準正規分布 確率密度関数

データを標準化する前の相対度数の分布を「**正規分布**」と呼びます。世の中で起こるあらゆる現象の多くは、意図的に手を加えたものでなければ、正規分布に従った分布になります。例えば、コップにぴったり200cc入れたつもりでも、わずかな誤差は出てしまいます。何度も繰り返し注いでみて、その結果をヒストグラムにすると、平均値に近い階級の度数が多く、そこから離れるに従って度数が徐々に減っていくグラフが描かれます。これが正規分布のグラフです。

Theme 上位5%に入る来店者数は何人以上か

前節で使用した来客数の調査結果から、上位5%に入る日を特定してみましょう。

▼30日間の来客数

script.R × data × Filter

	日	来店者数
1	1	46
2	2	57
3	3	61
4	4	67
5	5	56
6	6	74
7	7	41
8	8	43
9	9	64
10	10	54
11	11	46
12	12	51
13	13	64
14	14	31
15	15	42
16	16	57
17	17	56
18	18	68
19	19	43
20	20	59
21	21	48
22	22	61
23	23	43
24	24	48
25	25	51
26	26	62
27	27	69
28	28	49
29	29	58
30	30	42

Showing 1 to 30 of 30 entries, 2 total

この中から、来店者の数が上位5%に入る日を特定してください。

●標準正規分布のグラフの曲線$f(x)$を求める式

$$f(x) = \frac{1}{\sqrt{2\pi}} \exp\left(-\frac{x^2}{2}\right)$$

●curve()関数

xを含んだ関数式のグラフを、fromからtoまでの区間だけ表示します。

●dnorm()関数

平均m、標準偏差nの正規分布における確率密度関数を求めます。

4.4.1　正規分布のグラフの形は平均と標準偏差で決まる

統計学では、分析の対象になるデータをヒストグラムにした場合に、一峰性（山が1つ）になることを大前提としています。もし、山が2つとか3つの多峰性のヒストグラムになるのであれば、「何かほかの要素が重なっている」可能性があり、そういうデータをそのまま解析したところで必ずおかしな結果になります。例えば、園児を対象にしたイベントの参加者全員の身長を測ったら、二峰性のヒストグラムになるのはほぼ間違いありません。園児と大人が一緒くたになっていますので、そこからは意味のない結果しか出てきません。

さて、前節で、30日間にわたるすべての来客数を標準化（平均値0、標準偏差1）しました。標準化されたデータの分布が**標準正規分布**です。

標準正規分布のグラフ

統計学では、これまで見てきたように平均をμ（ミュー）、標準偏差をσ（シグマ）で表します。「$\mu=0$」「$\sigma=1$」のデータ分布が標準正規分布です。グラフの横軸をデータの大きさ（元のデータではなく標準化されたデータ）、縦軸をデータが存在する確率にして、曲線を描画したものが標準正規分布のグラフです。

標準正規分布のグラフは、次のコードを実行することで作成できます。

▼標準正規分布のグラフを作成する

```
curve(dnorm(x, mean=0, sd=1), from=-4, to=4)
```

● curve()関数

xを含んだ関数または関数式のグラフを、fromからtoまでの区間だけ表示します。

```
curve(xを含んだ関数または関数式, from=左端の値, to=右端の値)
```

● dnorm()関数

平均mean、標準偏差sdの正規分布における確率密度関数を求めます。

```
dnorm(x, mean=0, sd=1)
```

パラメーター		
	x	確率密度を求める対象。
	mean	平均（デフォルトは0）。
	sd	標準偏差（デフォルトは1）。

▼「μ=0」「σ=1」の標準正規分布のグラフ

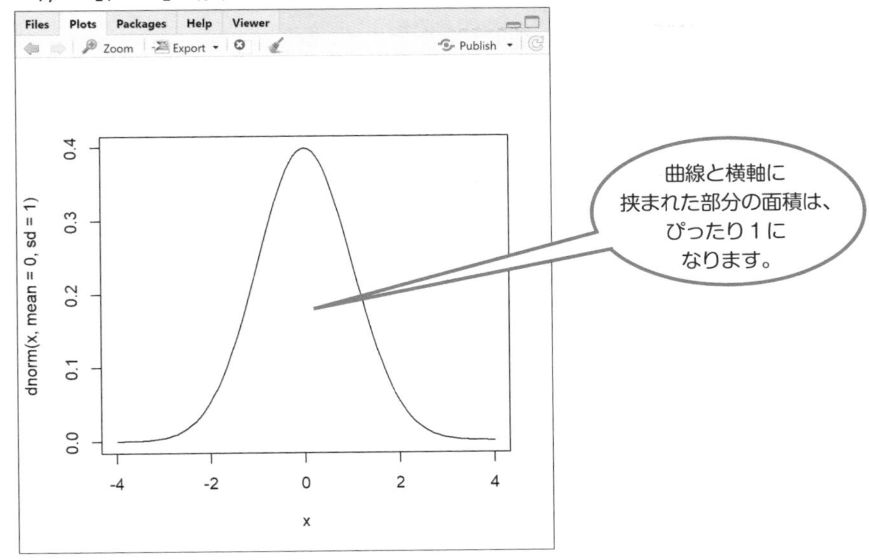

グラフは横軸の0の位置を頂点とする左右対称の形になり、山を形作る左右の曲線は、横軸が−1と1の「変曲点」のところで、曲がり方が「上に凸」から「下に凸」に入れ替わっています。標準偏差の2倍を上回ったり−2倍を下回ったりすると、データの数が急激に少なくなることが見て取れます。

確率密度関数

このグラフを描くためには、曲線を描くときの高さの部分を求めなくてはなりません。グラフを描くときにdnorm()という関数を使いましたが、この関数は次の式の計算を行います。

▼標準正規分布のグラフの曲線$f(x)$を求める式（確率密度関数）

$$f(x) = \frac{1}{\sqrt{2\pi}} \exp\left(-\frac{x^2}{2}\right)$$

ここで$\exp\left(-\frac{x^2}{2}\right)$は、$e^{-\frac{x^2}{2}}$のことです。指数の肩の部分が複雑な数式になると、$e^x$の形では見にくくなってしまうので、このような場合はexpを使うと見やすく表記できます。

指数関数e^xのeは「自然対数の底」のことで、ネイピア数ともいいます。このeを底とする指数関数e^xは、微分をしても形が変わりません。また、積分は微分の逆演算なので、「e^x」を積分して得られるのも同じく「e^x」です。e^x以外の関数は、微分したり積分するたびに形を変えるのに対し、この「e^x」だけは何度微分しても、あるいは何度積分しても同じ形のまま残り続けます。このことから、正規分布をはじめ、自然科学の方程式の多くにネイピア数eが用いられます。

とても複雑な式ですが、これが標準正規分布の曲線（の高さ）を求める式（関数）になります。

なお、この確率密度関数は、標準化されているデータに適用されるものなので注意してください。標準化していないデータの確率密度関数については次の章で紹介します。

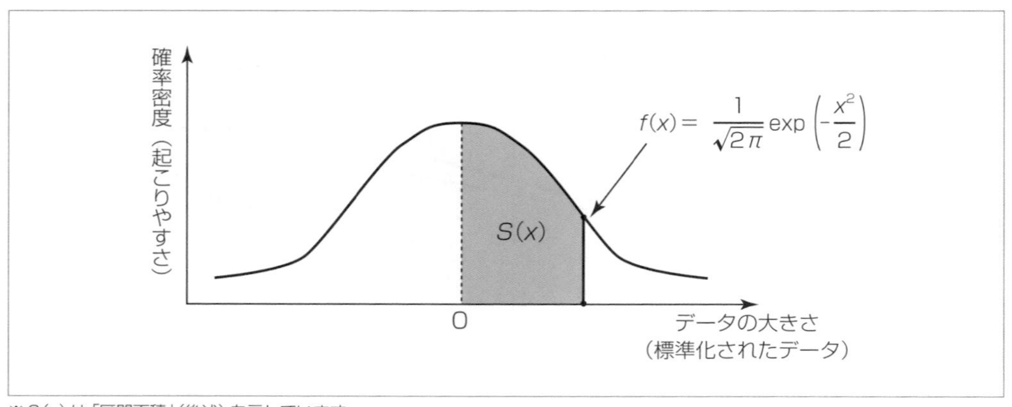

※S(x) は「区間面積」（後述）を示しています。

標準化されたデータをxに代入することで、曲線の高さ$f(x)$がわかります。高さ$f(x)$というのは確率密度です。xに1を代入して計算すると、平均から標準偏差1つぶん離れたデータの確率である「0.241…」という値が出てきます。具体的な計算はこのあとやってみますが、標準偏差から確率がわかるというのが、この式のすごいところです。この式を使って横軸の標準偏差を1.01、1.02、…のように0.01刻みにして、対する高さ$f(x)$を求めまくることで、グラフの曲線を割り出したのが先の標準正規分布のグラフです。

確率密度関数の曲線の面積は「1」

グラフの曲線はデータが存在する確率（確率密度）を表すので、曲線と横軸に挟まれた部分の面積はぴったり1になります。なので、平均から標準偏差1つぶん離れた範囲の面積を求めれば、そこには全体の何割（何%）のデータが存在するかがわかります。すると、「売上の平均が30万のとき、何%の確率で40万以上の売上が見込めるか」といったことがわかるようになります。

▼標準正規分布のポイント

- 式が与えられているので、xの値を定めるとグラフの高さ$f(x)$の値が定まります。つまり、グラフの形がきっちりと決まっています。
- 左右対称で、$x=0$のところで$f(x)$の値が最大になります。
- $x=1$、$x=-1$のところでグラフの曲がり方が変わります。
  - ・$x=-1$よりも左では「下に凸」
  - ・$x=-1$から$x=1$までは「上に凸」
  - ・$x=1$よりも右では「下に凸」
- 相対度数分布のグラフなので、曲線内部の面積は1になります。
- グラフの両端はどこまで行っても横軸と交わりません。xが0になることはないので、面積を計算すると無限大になりそうですが、面積はちょうど1になります。

4.4.2 標準正規分布のグラフ中の区切られた領域がデータの出現率を表す

標準正規分布は、−∞から+∞（∞は「無限大」を表す記号）までのすべての数値に対応しなければなりません。データの個数が無限個なので、どの階級にも無限個のデータが入ることになり、各階級の度数が無限です。

これではグラフにできないので、度数そのものは無視して、階級に収まるデータ数の割合を示す値が使われます。例えば、標準化されたデータの値が1のときの曲線上の位置から、値が2のときの曲線上の位置までと、横軸で挟まれた部分の面積を求めれば、それが標準偏差の1倍から2倍までの間に入るデータの割合を意味します。グラフの曲線と横軸にはさまれた全体の面積は1なので、求めた面積は、すなわち確率を示すことになります。

標準正規分布の数表をRで作成してみる

標準正規分布のグラフを作るときに、最も重要なのが縦軸の高さです。確率密度関数$f(x)$で縦軸の高さを求め、さらに面積（確率）を求めることで、標準正規分布の数表を作成してみることにしましょう。数表については、すでにたくさんの人によって計算されていて、統計学の本であれば山の面積を0.01刻みにした標準正規分布表が必ず載っているほどです。

Rには、指定した区間の面積（確率）を一発で求めるpnorm()関数、さらには指定した確率に対するx（横軸の値）を一発で求めるqnorm()関数が用意されています。ここでは、これらの関数が何をするのかを知るために、古典的な手法で標準正規分布の数表を手作りすることにしましょう。

区間面積の求め方

標準正規分布のグラフの高さ$f(x)$を求める式は、標準正規分布の横軸（標準化されたデータ）がxのときの高さを求めます。グラフの横軸を0.01刻みに区切る場合は、まずxを0に置き換えて計算すると横軸が0のときの高さがわかるので、続いてxを0.01として計算して、横軸が0.01のときの高さを求めます。本来であれば定積分の計算を行うところですが、台形の面積を求める式に当てはめて、台形の面積の合計で近似できるので、この方法を使うことにしましょう。

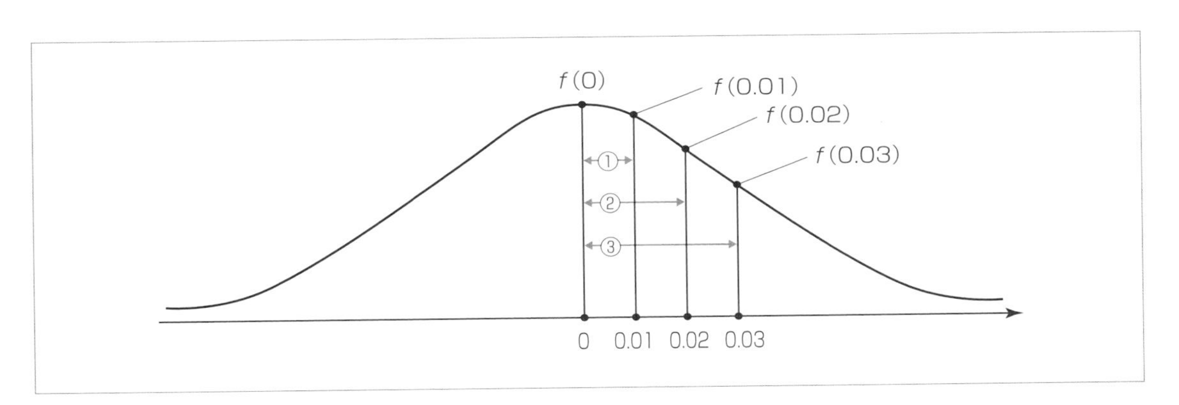

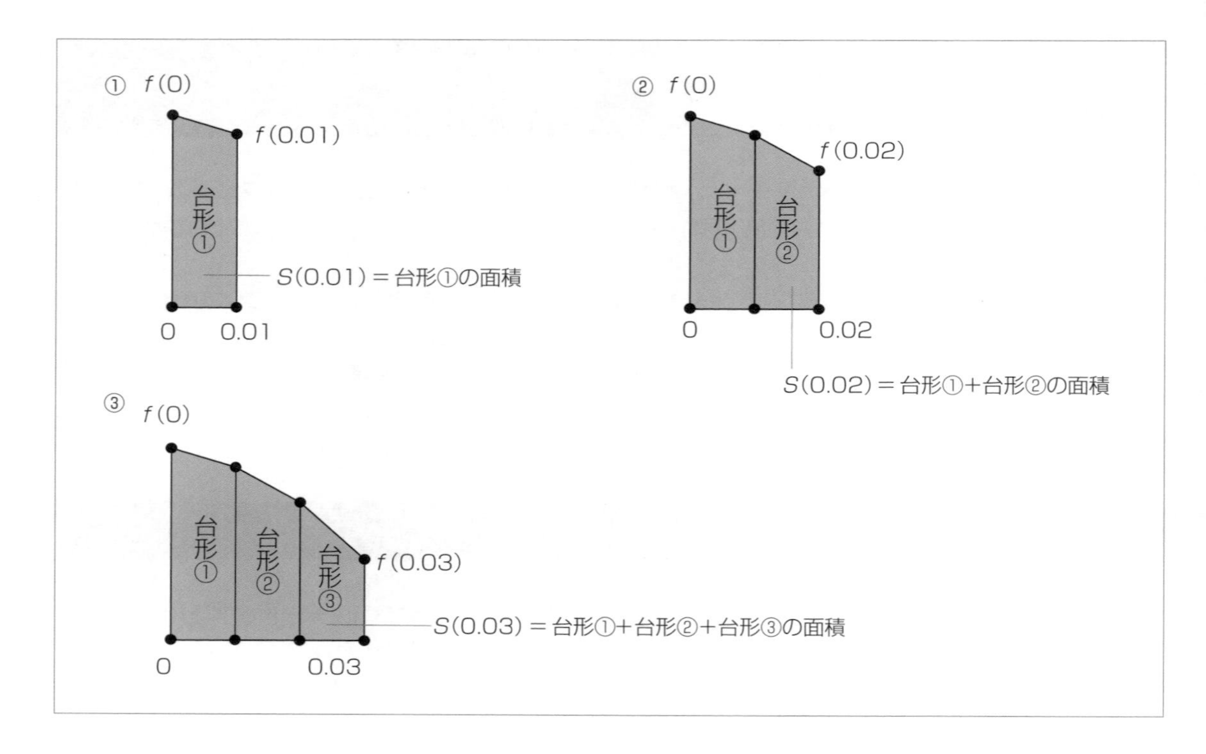
① f(0)
f(0.01)
台形①
S(0.01)＝台形①の面積
0
0.01
② f(0)
f(0.02)
台形①
台形②
0
0.02
S(0.02)＝台形①＋台形②の面積
③ f(0)
台形①
台形②
台形③
f(0.03)
S(0.03)＝台形①＋台形②＋台形③の面積
0
0.03

▼区間の面積を求める

公式

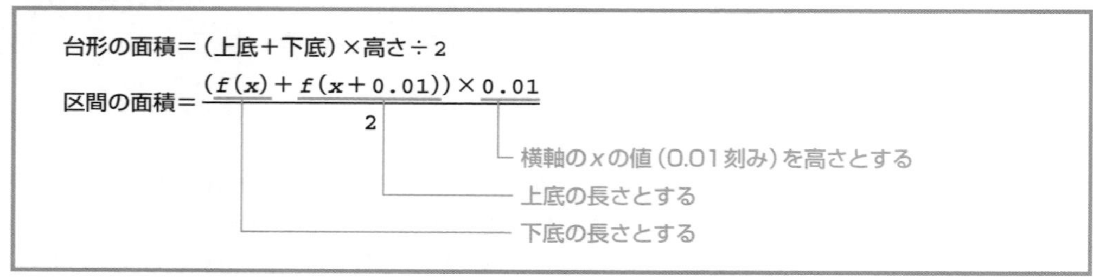
台形の面積＝（上底＋下底）×高さ÷2
区間の面積＝(f(x)＋f(x＋0.01))×0.01 / 2
横軸のxの値（0.01刻み）を高さとする
上底の長さとする
下底の長さとする

Rで標準正規分布の数表を作成する

変量xの値として0から0.01刻みで2までの値（シーケンス）を作り、これをもとにdnorm()関数で確率を求め、0から0.01刻みで求めた区間面積と累計面積の表を作成してみましょう。

プロジェクト	NormalDistributionTable	RScriptファイル	script.R

▼標準正規分布の数表を作成（script.R）

```
# 0〜2を0.01刻みにしたシーケンス(数列)を生成
n <- seq(0, 2, by = 0.01) ······························ ①
# 標準正規分布の確率密度関数で確率密度を求める
dn <- dnorm(n, mean=0, sd=1) ··························· ②

# 区間面積用の空の数値ベクトルを作る
s_area <- as.numeric(NULL) ····························· ③
# 累計面積用の空の数値ベクトルを作る
t_area <- as.numeric(NULL) ····························· ④

# 区間面積と累計面積を計算
# カウンター変数
i <- 0 ················································· ⑤
# nの要素の数だけ繰り返す
for (value in n){ ······································ ⑥
  # valueが0のときの初期化処理
  if(value == 0){ ······································ ⑦
    s_area <- 0  # 区間面積を0とする
    t_area <- 0  # 累計面積を0とする
    i <- i + 1   # カウンターの値を1増やす
  } else { ············································· ⑧
    # valueが0以外(2回目以降)の処理
    # 区間面積のベクトルに現在の区間面積を追加
    s_area <- c(
      # s_areaの末尾に連結する
      s_area,
      # 現在の区間面積を台形の面積で近似する
      # 0.01区切りなので台形の高さは0.01
      (dn[i] + dn[i+1]) * 0.01 / 2
    )
    # 累計面積のベクトルに現在の累計面積を追加
    t_area <- c(
```

4

データのバラツキ具合を知る

```
        # t_areaの末尾に連結する
        t_area,
        # 累計面積に現在の区間面積を加算する
        t_area[i] + s_area[i+1]
      )
    # カウンター変数に1を加算
    i <- i + 1
    }
}

# 標準正規分布の数表としてデータフレームを作成
dframe <- data.frame( ······························ ⑨
  x_value = n,             # x_value列は0～2の連続値
  section_area = s_area, # section_area列は区間面積
  total_area   = t_area  # total_area列は累計面積
)
```

●①のソースコード

```
n <- seq(0, 2, by = 0.01)
```

0から2までを0.01刻みにして0、0.01、0.02、…、2のように連続した値を生成してnに代入します。

●seq()関数

指定した範囲の数値のシーケンス（数列）を生成します。

```
seq( 開始する値 , 終了する値 , by = 間隔 )
```

●②のソースコード

```
dn <- dnorm(n, mean=0, sd=1)
```

標準正規分布の確率密度関数dnorm()で、nに代入された0から2までの0.01刻みのすべての値の確率密度を求めます。結果として、次のように0から2までの確率密度がdnの要素として代入されます。

▼dnに代入された確率密度

```
  [1] 0.39894228 0.39892233 0.39886250 0.39876280 0.39862325 0.39844391
  [7] 0.39822483 0.39796607 0.39766771 0.39732983 0.39695255 0.39653597
......省略......
[193] 0.06315656 0.06195242 0.06076517 0.05959471 0.05844094 0.05730379
[199] 0.05618314 0.05507890 0.05399097
```

●③④のソースコード

```
s_area <- as.numeric(NULL)
t_area <- as.numeric(NULL)
```

区間面積と累計面積を代入する数値ベクトルを生成します。ここではNULLを代入して、中身を空にしておきます。

●as.numeric()関数

引数に指定したオブジェクトの数値ベクトルを生成します。

●⑤のソースコード

```
i <- 0
```

処理回数を数えるカウンター変数iを用意します。初期値として0を代入し、forによる繰り返しを行うたびに1を加算します。この値をインデックスとして、区間ごとの確率が格納されたdnから要素を取り出します。

●⑥のソースコード

```
for (value in n){ ... }
```

forループの繰り返しとして(value in n)を設定しているので、n(0〜2を0.01刻みにしたシーケンス)から要素を1つずつ取り出して変数valueに代入し、最後の要素になるまで処理を繰り返します。

●⑦のソースコード

```
if(value == 0){
  s_area <- 0 # 区間面積を0とする
  t_area <- 0 # 累計面積を0とする
  i <- i + 1  # カウンターの値を1増やす
}
```

nから取り出されたvalueの値が0であった場合は、区間面積s_areaの要素として0を代入し、累計面積t_areaの要素として同じく0を代入します。この処理によって、s_areaとt_areaの先頭の要素は0になります。forループの1回目の処理は、このif文の最後にカウンター変数iの値を1増やして終了します。

●⑧のソースコード

```
else {
  # valueが0以外(2回目以降)の処理
  # 区間面積のベクトルに現在の区間面積を追加
  s_area <- c(
    # s_areaの末尾に連結する
    s_area,
    # 現在の区間面積を台形の面積で近似する
    # 0.01区切りなので台形の高さは0.01
    (dn[i] + dn[i+1]) * 0.01 / 2
    )
  # 累計面積のベクトルに現在の累計面積を追加
  t_area <- c(
    # t_areaの末尾に連結する
    t_area,
    # 累計面積に現在の区間面積を加算する
    t_area[i] + s_area[i+1]
  )
  # カウンター変数に1を加算
  i <- i + 1
  }
```

forループの2回目以降の処理では、以下の2つの処理：

- 区間面積のベクトルs_areaの末尾に現在の区間面積を追加
- 累計面積のベクトルt_areaの末尾にこれまでの累計面積に現在の区間面積を足した値を追加

を行ったあと、カウンター変数に1を加算します。区間面積の計算と累計面積の計算については、このあとで詳しく見ていきます。

●⑨のソースコード

```
dframe <- data.frame(
  x_value = n,              # x_value列は0～2までの連続値
  section_area = s_area, # section_area列は区間面積
  total_area   = t_area  # total_area列は累計面積
)
```

最後に標準正規分布の数表をデータフレームとして作成します。

▼データフレームの作成

```
data.frame(列名 = ベクトル, 列名 = ベクトル, …)
```

このように書くことで、任意の列名の列データとしてベクトルを配置して、データフレームを作成できます。

Attention

列データのベクトルは、長さが同じである必要があります。1つでも異なる長さのベクトルがあるとデータフレームにできないので、注意してください。

●区間面積の計算

前出のif文に続くelse文では、nから取り出されたvalueの値が0でなければ、else以下の処理を実行します。つまり、forループの2回目以降では、すべてこのelse以下の処理が行われます。シーケンスnから取り出したvalueには0に続いて0.01、0.02、…、2までが順次、格納されているので、それぞれの区間ごとの面積と、その区間までの累計の面積を求めます。

まずは、先に用意しておいたベクトルs_areaに区間面積を追加します。

```
(dn[i] + dn[i+1]) * 0.01 / 2
```

- dn[i+1]：iの値に1を足した値をインデックスにしてdnの要素を取り出す
- dn[i]：iの値をインデックスにしてdnの要素を取り出す

1回目の処理が終わったところでs_areaには0が格納され、カウンター変数iの値は1になっています。これを利用してdn[i]とすれば、dn[1]となってdnの先頭要素の「0.39894228」が取得されます。

一方、dn[i+1]とすればdn[2]となるので、dnの2番目の要素「0.39892233」が取得できます。これらをそれぞれ下底と上底とし、0.01を高さとすると、次のように、区間面積を近似した台形の面積が求められます。

```
(0.39894228 + 0.39892233) * 0.01 / 2
```

以降は、これを繰り返すことで、各区間の面積を求め、s_areaにすべての区間の面積を追加します。

▼最終的にs_areaに格納される各区間の面積

```
  [1] 0.0000000000 0.0039893231 0.0039889242 0.0039881265 0.0039869303
  [6] 0.0039853358 0.0039833437 0.0039809545 0.0039781689 0.0039749877
......省略......
[196] 0.0006017994 0.0005901783 0.0005787237 0.0005674347 0.0005563102
[201] 0.0005453493
```

●累計面積の計算

先に用意しておいたベクトルt_areaに累計面積を追加します。

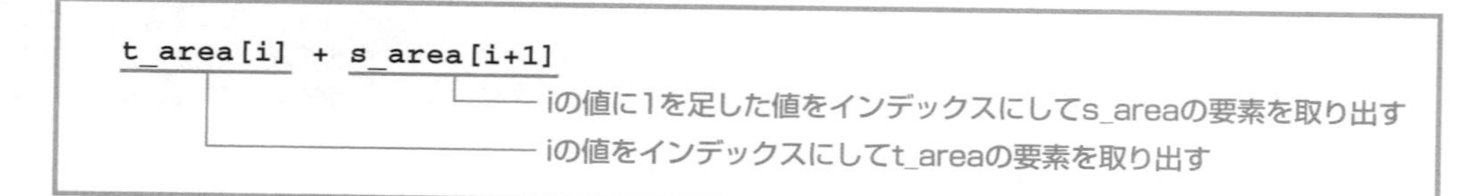

t_area[i]で前回、計算した累計面積を取得します。一方、直前に計算した現在の区間面積がs_areaに代入され、要素が1つ増えていますので、s_area[i+1]で現在の区間面積を取得します。forループ2回目の処理では、t_area[1]となり、値は「0」、s_area[i+1]はs_area[2]なので値は「0.0039893231」です。これらを合計したものを累計面積としてt_areaに追加します。

これを繰り返すことで、区間ごとの累計面積をすべてt_areaに追加します。

▼最終的にt_areaに格納される各区間の累計面積

```
  [1] 0.000000000 0.003989323 0.007978247 0.011966374 0.015953304
  [6] 0.019938640 0.023921984 0.027902938 0.031881107 0.035856095
......省略......
[196] 0.474410972 0.475001150 0.475579874 0.476147309 0.476703619
[201] 0.477248968
```

ソースコードを実行して数表を出力する

では、[Source] をクリックしてプログラムを実行してみましょう。

実行後、[Environment] ビューでdframeをクリックすると、データフレームに格納された標準正規分布の数表が表示されます。

▼標準正規分布の数表を表示する

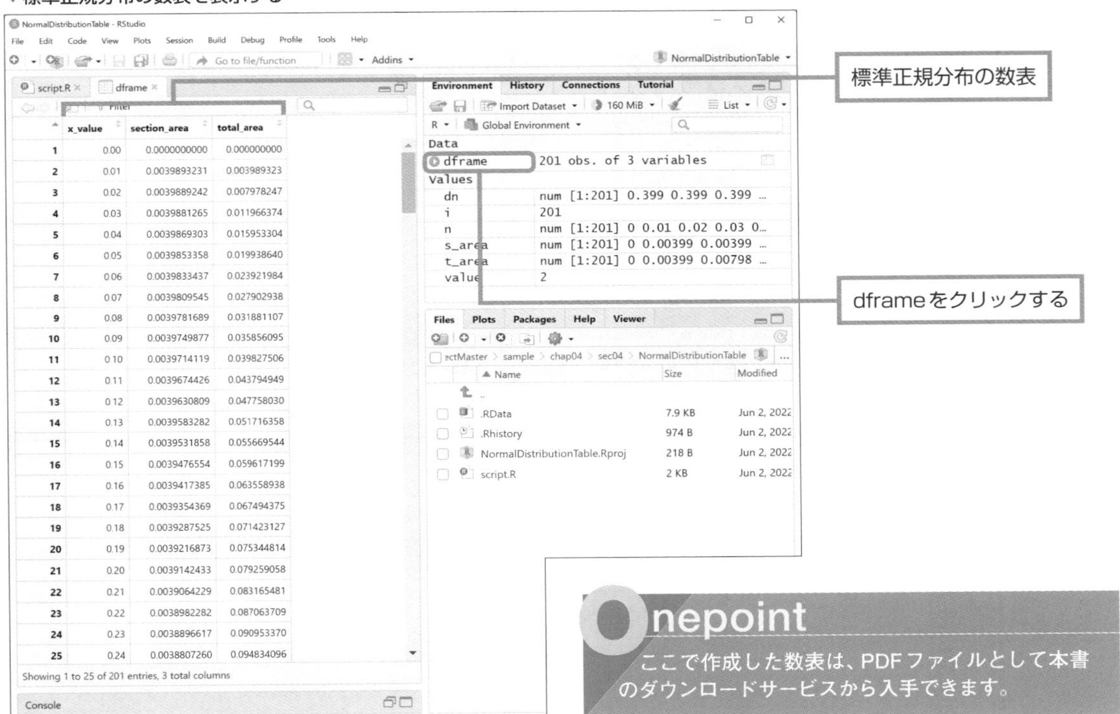

Onepoint

ここで作成した数表は、PDFファイルとして本書のダウンロードサービスから入手できます。

作成した数表をファイルに出力する

あとで使えるように、作成した数表をファイルに出力しておきましょう。カンマ区切りのCSVファイルだと非常に見にくいので、タブ区切りのテキストファイルとして保存することにします。

コンソールに次のように入力すると、データフレームの行番号なしで保存することができます。

▼データフレームをタブ区切りのテキストファイルとして保存 (script.R)

```
# 数表をテキストファイルに保存
write.table(
  dframe,                      # 書き出すデータフレーム
  file="std-distribution.txt", # ファイル名
  sep="\t",                    # 区切り文字
  row.names = FALSE)           # 設定されている行番号は書き込みしない
```

●write.table()関数

引数に指定したオブジェクトをファイルに書き出します。データフレームでなければ、強制的にデータフレームに変換したあとでファイルに書き出します。各行（レコード）のデータはsepの値で切り分けられます。

```
write.table(
            x,
            file = "",
            append = FALSE,
            quote = FALSE,
            sep = " ",
            eol = "\n",
            na = "NA",
            dec = ".",
            row.names = TRUE,
            col.names = TRUE,
            qmethod = c("escape", "double")
)
```

パラメーター

x	書き出されるオブジェクト（データフレーム）。
file	データを書き出すファイル名。
append	TRUEを指定すると、既存のファイルが存在する場合は、ファイルの内容に追加される。FALSEを指定すると上書きモードになり、既存のファイルがある場合は、内容がすべて上書きされる。デフォルトはFALSE。
quote	TRUEを指定すると、列名がダブルクォート（"）で囲まれる。FALSEを指定するとダブルクォートで囲まれない。デフォルトはFALSE。
sep	区切り文字を指定する。タブ区切りのときは"\t"、カンマ区切りのときは","。
eol	各行の最後に出力される文字を指定する。デフォルトは"\n"（改行）。
na	データ中の欠損値に使われる文字列を指定する。デフォルトは"NA"。
dec	小数点に使われる文字列を指定する。デフォルトは"."（ピリオド）。
row.names	TRUEを指定するとデータフレームの行名を書き込み、FALSEを指定すると書き込みを行わない。デフォルトはTRUE。
col.names	TRUEを指定するとデータフレームの列名を書き込み、FALSEを指定すると書き込みを行わない。デフォルトはTRUE。

標準正規分布の数表の見方

本項で作成した標準正規分布の数表の範囲における確率密度をグラフにすると、次のようになります。

▼x=0からx=2までの区間の確率密度をグラフにする (script.R)

```
curve(dnorm(x, mean=0, sd=1), from=0, to=2)
```


▼標準正規分布の確率のグラフ

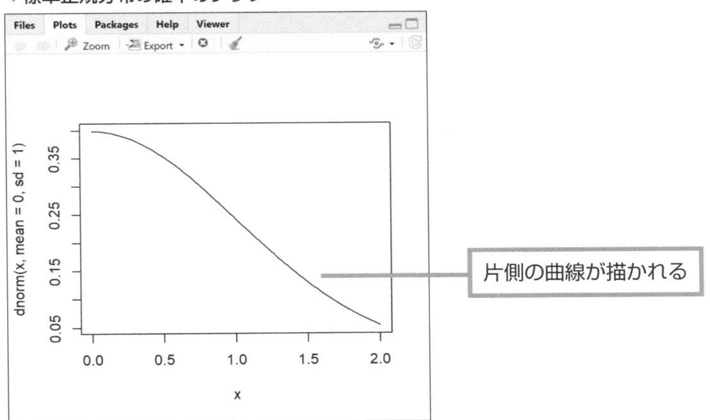

数表にしたのは、標準化されたデータxが0から2までの区間だったので、標準正規分布の右半分のグラフになります。

数表において、例えばxが1のときの面積を見るときは、「1.00」の行の累計面積を見ます。

▼標準化されたデータが1のときの面積

1のときは「0.34134273」になっています。これは、xが0〜1(標準偏差1個ぶん)のときの面積です。平均を中心としてプラスマイナス標準偏差(σ)1個ぶんの面積を知りたいときは、xが−1〜0のときのものとして同じ値を足して「0.68268546」とします。これが、平均±標準偏差(σ)1個ぶんの面積(確率)になります。前に、平均±標準偏差(σ)1個ぶんの範囲に「データ全体の約68%が存在する」とお話ししましたが、その根拠はこれだったのです。

同じように、2のところは「0.4772490」なので、これを2倍した「0.954498」、つまり、平均±標準偏差(σ)2個ぶんの範囲には「データ全体の約95%が存在する」ことがわかります。

4.4.3 上位5%に入る来店者数を見付けよう

では、来店者数の一覧に戻って、上位5%に入る来客数を調べることにしましょう。まずは標準正規分布の上位5%の面積の区切りになる値を探します。

▼上位5%の面積の区切りになる値を見付ける

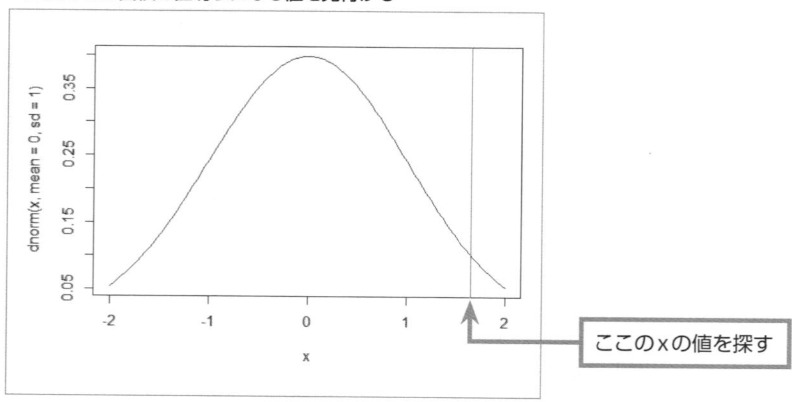

標準正規分布の数表を使って上位5%の区間面積に対するxの値を求めよう

今回作成した数表は、グラフの真ん中から（0から）の面積を載せているので、左半分の面積は0.5です。

上位5%ということは95%のところ、面積が0.95になるところを探せばよいのですが、前述のようにグラフの真ん中（xが0、つまり平均）の位置からの面積を示しているので、全体の0.95から左半分の面積0.5を引いた0.45のところのxの値を探します。

▼面積が0.45となるところを表から探します。

```
1.64   0.0010481796   0.4494960 ………… ここです
1.65   0.0010311301   0.4505271 ………… ここです
```

表の中で0.45に最も近いのは0.4494960と0.4505271です。そうすると、xの値は「1.64」と「1.65」の間であることがわかりましたので、真ん中をとって「1.645」とします。この、標準偏差（σ）1.645個ぶんの位置（平均μから+1.645σ）を上位5%の面積の区切りとしましょう。

「+1.645σ」ですので、来店者数の標準化前の標準偏差10を用いて「10×1.645＝16.45」とすれば、「平均54（人）+16.45＝70.45」となるので、70人より多い（71人以上）来客があれば上位5%に入ることになります。

標準化を行う式 $\dfrac{\text{データ} - \text{平均値}}{\text{標準偏差}(\sigma)}$ に当てはめると

$$1.645 = \frac{x - 54}{10}$$ となるので、

$$x - 54 = 1.645 \times 10 \Rightarrow x = 16.45 + 54$$

となり、データxの値は70.45になります。これは、70.45を標準化することで確認できます。

$$\frac{70.45 - 54}{10} = 1.645$$

来客数調査の表を見ると、6日目の来店者数が「74」人です。この日が30日間の上位5%に入る唯一の日であることになります。

qnorm()関数で上位5%に入る来店者数を一発で見付ける

前項の冒頭付近で少し触れましたが、Rには、面積（確率）を指定すれば面積の区切りになる値を返してくれるqnorm()という関数があります。

次のように入力すると、確率の区切りになる値を直接、求めることができます。

▼qnorm()関数で上位5%に入る来店者数を求める（script2.R）

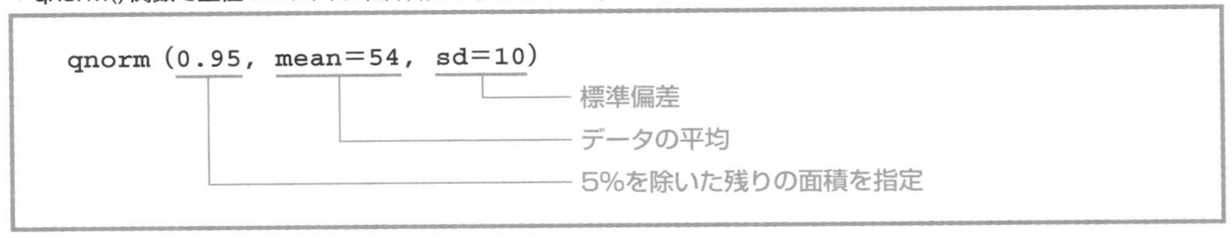


```
[1] 70.44854
```

「70.44854」以上が上位5%なので、「71人以上」となります。数表も何も使わず、平均と標準偏差から一瞬で計算してしまいます。あっけないほどですが、これまでのことを振り返れば、この関数がどれだけすごいのかがよくわかります。もちろん、この関数には次章でしっかり活躍してもらうことにします。

Exercise

標準正規分布の数表を用いて、標準正規分布のグラフで、以下の面積になるxの値を求めてみましょう。

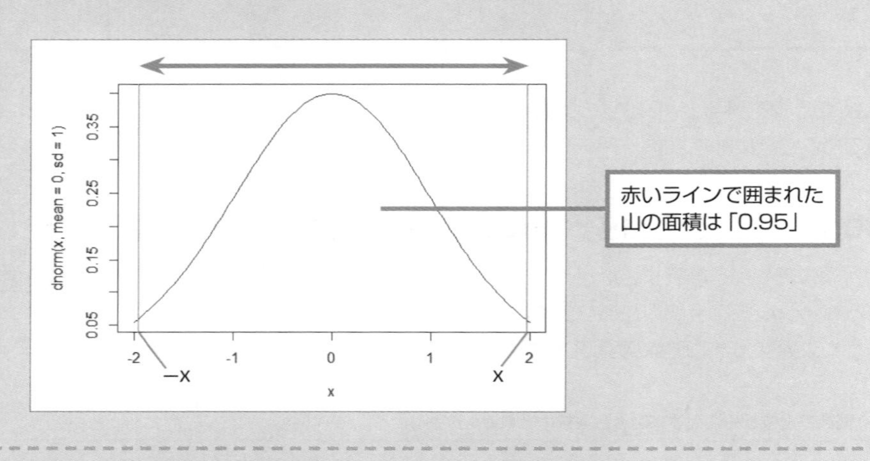

Answer

標準正規分布の数表は中心（0）からの面積を載せているので、面積の0.95を半分にした0.475の面積になるxの値を探します。

```
面積0.95÷2=0.475
```

▼標準正規分布の数表から0.475に近い面積を見付ける

```
1.96   0.0005901783   0.4750012
                      └── この面積です
```

「x＝1.96」です。

Perfect Master Series
Statistical Analysis with R

Chapter 5

正規分布するデータを解析する

前章までは記述統計についてのお話でした。本章から推測統計の分野に進みます。

推測統計では、採取したデータ（サンプル）から母集団（全体のデータ）の性質を確率統計的に推測します。通常、時間やコストの関係で母集団のことをすべて調べ上げるのは無理なことが多いので、推測統計を使って母集団のことを推測するのです。

Section 5.1 売上の平均が38万円のとき45万円以上売上げる確率は？

Level ★★★ Keyword 正規分布（一般正規分布）

標準正規分布は、「μ〔平均値〕＝0，σ〔標準偏差〕＝1」のデータです。当然ですが、世の中のデータには様々なパターンのデータがありますので、分布状況も異なります。

このような、世の中によくあるデータの分布を、正規分布または一般正規分布と呼びます。

Theme 1日平均38万円の売上を40万円以上にするのは無謀？

ある店舗の30日間における1日当たりの売上額のデータがあります。これをもとにして、1日当たりの売上目標として、最低ラインを40万円に設定した場合、これをクリアできる確率を求めてみましょう。

▼30日間の売上データ

data ×　Filter

	日	売上額
1	1	55
2	2	54
3	3	56
4	4	57
5	5	44
6	6	33
7	7	34
8	8	41
9	9	49
10	10	44
11	11	52
12	12	60
13	13	20
14	14	38
15	15	20
16	16	31
17	17	27
18	18	24
19	19	39
20	20	26
21	21	28
22	22	27
23	23	23
24	24	29
25	25	45
26	26	48
27	27	31
28	28	34
29	29	51
30	30	27

Showing 1 to 30 of 30 entries, 2

平均は
約38.23

●一般正規分布

世の中によくあるデータの分布を、「正規分布」または「一般正規分布」と呼びます。「μ＝0，σ＝1」の標準正規分布とは異なり、平均値や標準偏差は様々な値になります。

●一般正規分布の確率密度関数

一般正規分布の確率密度は、次の式で求めます。

$$f(x)=\frac{1}{\sqrt{2\pi\sigma^2}}\exp\left(-\frac{(x-\mu)^2}{2\sigma^2}\right)$$

●pnorm()関数

指定した平均と標準偏差に対する確率密度関数$f(x)$の累積確率を求めます。

●本節のプロジェクト

プロジェクト	Probability
タブ区切りのテキストファイル	売上状況.txt
RScriptファイル	script.R

Hint 数学定数の「ネイピア数」

ネイピア数は、円周率のπと双璧をなす、極めて重要な数学定数です。標準正規分布や正規分布の確率密度関数で使われているように、ネイピア数(e)は自然科学のいろいろな場面に登場します。

これは、「eを底とする指数関数e^xは、微分や積分の計算をしても、関数自体が変わらない」ということに理由があります。

数学の微分方程式は「世の中という大きなところで起こっている多くの現象を、より局所的な場面として表すもの」なので、世の中の現象を「関係性の中身がより具体的なもの」として表します。

このことから、ある現象を解明しようとするときなどは、様々な関数を微分したり積分したりして微分方程式を立て、これを積分して「解」を求める、ということをします。そのような計算の途中で、e^x以外の関数が微分や積分するたびに形を変えるのに対し、e^xだけは何度微分しても、あるいは何度積分しても同じ形のまま残り続けます。

このことが、世の中の現象を解き明かすための「解」やその方程式の多くに「e」が含まれる理由です。

まずは、次の式で表される数列を考えてみましょう。

$$b_n = \left(1+\frac{1}{n}\right)^n$$

$\left(1+\frac{1}{n}\right)$の部分は$n$が大きくなればなるほど「1」に近づきますが、$b_n$はその数を$n$乗した数です。ということは、$n$を限りなく大きくすると、$b_n$は「限りなく1に近い数を何回も掛け合わせた数」になります。そうすると、b_nはやがて何かの値に近づきそうな気がしませんか？

では実際に計算してみましょう。次は、nに10、100、10000、…と代入して計算してみた結果です。

n	10	100	1000	10000	100000
b_n	2.59374…	2.70481…	2.71692…	2.71814…	2.71826…

nが∞(∞は無限を表す記号)のとき、b_nはある一定の値(2.718…)に近づくみたいです。

実は、nを限りなく大きくするとb_nは「ある定数」に限りなく近づくことがわかっています。この定数を「e」で表すと次のようになります。

▼ネイピア数の式

$$\lim_{n\to\infty} b_n = \lim_{n\to\infty}\left(1+\frac{1}{n}\right)^n = e$$

eのことを**ネイピア数**、または**自然対数の底**と呼びます。eは円周率のπや$\sqrt{5}$などと同じように、分数で表すことができない数(無理数)であり、その値は

```
2.718281828459045235 36…
```

であることが知られています。

5.1.1 標準正規分布ではないふつうの分布は「一般正規分布」

標準正規分布は、「μ〔平均値〕＝0，σ〔標準偏差〕＝1」のデータです。当然ですが、世の中のデータにはいろんなパターンがあり、データの分布状況も異なります。

このような、世の中によくあるデータの分布を、**正規分布**または**一般正規分布**と呼びます。ただし、「$\mu=0$，$\sigma=1$」の標準正規分布とは異なり、平均値や標準偏差は様々な値になりますので、このままでは標準正規分布表を使うことができません。

正規分布をσ=1、μ=0に換算して標準正規分布にする

正規分布のデータXが、標準正規分布の標準偏差である「1」のいくつぶんに相当するのかを知るのがここでの目的です。そうすれば、標準正規分布の数表に照らし合わせることで、Xが存在する確率（面積）がわかります。データXを標準正規分布のσに換算するわけですが、これは前章で扱った標準化係数を求めることで行えます。このことから、標準化係数を求めることを「データの標準化」または「標準化」と呼ぶのが一般的です。では、標準化について、改めて詳しく見ていくことにしましょう。

例として平均μが4、標準偏差σが3の正規分布の場合を考えてみましょう。データに含まれる値Xからμの「4」をマイナスすると、このようにして求めた値の平均μは0になります。Xから4をマイナスした値を、さらにσの値「3」で割ると、σ1個ぶんの範囲が3分の1に縮まって、標準正規分布のグラフにぴったり重なります。

①データxから平均を引く。これによって正規分布の平均は0になる。

②$\frac{1}{\sigma}$して、標準正規分布の$\sigma=1$に対する割合を求める。

「標準化」で標準偏差$\sigma=1$に対する割合を求める

以上のことをすれば、正規分布するデータを標準正規分布に対応させることができます。Xから平均μを引いて、これを正規分布のσで割ることで、データXを「平均0、標準偏差1」の標準正規分布に対応させるというわけです。

正規分布のデータをX、標準正規分布においてXに対応する位置をzとすると、Xとzの関係は次のようになります。

▼データXを標準正規分布上の位置zに換算する式（標準化）

$$z=\frac{X-\mu}{\sigma}$$

①正規分布のμとの偏差を求める

②正規分布のσで割って$\frac{1}{\sigma}$に縮める

データXを標準化すれば、それは標準正規分布のσいくつぶんかがわかるので、そのまま数表に当てはめて確率（面積）を見ることができる、というわけです。データの値は変わりますが、データの分布は標準化前とまったく一緒です。このことから、標準化は機械学習における「データの前処理」として用いられることが多いです。

正規分布のxを求める確率密度関数$f(x)$

標準化されたデータ（標準正規分布）のデータの確率密度関数は、次のようなものでした。

▼標準正規分布の確率密度関数

$$f(x)=\frac{1}{\sqrt{2\pi}}\exp\left(-\frac{x^2}{2}\right)$$

これに対して、一般正規分布の確率密度関数は次のようになります。

▼一般正規分布の確率密度関数

$$f(x)=\frac{1}{\sqrt{2\pi\sigma^2}}\exp\left(-\frac{(x-\mu)^2}{2\sigma^2}\right)$$

標準化の式が組み込まれていますね。どんな計算が行われているのか、ざっと眺めておきましょう。

①グラフの山

「グラフの山の頂点はゼロ、正の領域と負の領域で対称である」と考えて、平均値を平行移動します。$x-\mu$の箇所です。

②グラフの山は左右対称

「グラフの山の正の領域と負の領域で対称になればよい」ので、関数でいうところのxはxを2乗したx^2で考えます。$(x-\mu)^2$の箇所です。

③山の頂点から端へ行くほどゼロに近づく

山の頂点から端へ行くほどゼロに近づきます（決してゼロにはならない）。このときの山の傾斜は急です。これを指数関数の形式で表します。

$$e^{-(x-\mu)^2}$$

eはネイピア数の定数e（$e=2.71828182845904\cdots$）です。

④「正規分布から計算された平均と分散」と「この$f(x)$から計算された平均と分散」が一致するようにする

ふつうの正規分布の平均μと分散σ^2が$f(x)$関数から出てくるように、次の式が埋め込まれます。

$$分散=\frac{1}{2\sigma^2}$$

これで次の式が完成です。

$$\exp\left(-\frac{(x-\mu)^2}{2\sigma^2}\right)$$

⑤グラフの面積が「1」になるようにする

確率なので、正規分布のグラフ（山）の面積が「1」になるようにします。このためには、①～④で作った式を「$\sqrt{2\pi\sigma^2}$」で割ります。

$$f(x)=\frac{1}{\sqrt{2\pi\sigma^2}}\exp\left(-\frac{(x-\mu)^2}{2\sigma^2}\right)$$

この式を使って求めた$f(x)$は、正規分布のデータXの確率密度です。式の中に標準化のための式が埋め込まれていますので、データXを変数変換（標準化）してから標準正規分布表に当てはめて確率や累積確率を調べる、という手間が不要になります。

××万円以上○○万円以下の売上が発生する確率は？

「売上の額が40万～45万円となる確率」のように、範囲を限定して確率を求めたいときは、累計確率の差を計算します。この例であれば、45万円に対する累積確率から40万円の累積確率を引けば、この範囲の確率を求めることができます。

▼売上が40万～45万円の範囲になる確率

```
〔45万円の累積確率〕0.7131 - 〔40万円の累積確率〕0.5584 = 0.1547 ➡ 約15%
```

5.1.2 売上が40万以上になる確率を求めてみよう

では、30日間の売上データをもとに、40万円以上を売上げる確率を求めてみましょう。

pnorm()関数は、指定した地点までの確率を累計した値（**累積確率**）を求めます。対象の値と平均、標準偏差の値を与えるだけで、即座に累積確率を計算します。

●pnorm()関数

指定した平均と標準偏差に対する確率密度関数*f*(*x*)の累積確率を求めます。

```
pnorm(
        q,
        mean = 0,
        sd = 1,
        lower.tail = TRUE,
        log.p = FALSE
        )
```

パラメーター		
	q	累積確率を求める値。
	mean	平均。
	sd	標準偏差。
	lower.tail	TRUEの場合は下側の確率 P[X <= x]（累積確率）を求め、FALSEの場合は上側確率 P[X > x]を求める。デフォルトはTRUE（累積確率を求める）。
	log.p	TRUEの場合は確率は対数値になる。デフォルトはFALSE。

この関数は、任意の正規分布において、qまでの区間を積分区間として面積を求めます。

パラメーターqが正規分布する任意のデータで、2つ目の引数が正規分布の平均値、3つ目が標準偏差です。前章では、確率密度関数で求めた*f*(*x*)までの面積を台形の面積で近似していましたが、pnorm()は数学の積分を使って面積を求めます。

pnorm()関数のlower.tailオプションがデフォルトのTRUEの場合は、計算される面積（累積確率）は、正規分布のグラフにおける左端からの面積になります。標準正規分布の数表のように平均よりも右側の面積を求める場合は、計算された面積（累積確率）から左半分の面積（0.5）を差し引くことが必要です。

30万〜60万円を5万円刻みにして、それぞれの累積確率を求める

ここでの課題は「40万以上になる確率」ですが、ついでにその付近の累積確率もまとめて求めてみましょう。30万円から60万円までを5万円刻みにして、それぞれの累積確率を計算してみます。

▼売上状況をもとに30万〜60万円の累積確率を求める（script.R）

```
# 売上状況.txtをデータフレームに格納
data <- read.table(
  "売上状況.txt",          # ファイル名
  header=TRUE,             # 1行目は列名であることを指定
  fileEncoding="UTF-8"     # 文字コードの変換方式
)

# 標準偏差を返す関数
getSD <- function(x) {
  return(sqrt(                                # 分散の平方根
    sum((x - mean(x))^2) / length(x)))       # 分散の計算式
  }

# 売上額のデータをベクトルに格納
num <- data$売上額
# 売上額の標準偏差を求める
sales_sd <- getSD(num)
# 30〜60の5刻みのシーケンスを生成
seq <- seq(30, 60, by=5)

# 累積確率を求める
cmp <- pnorm(
  seq,                          # 累積確率を求めるデータ
  mean = mean(data$売上額),     # 売上額の平均
  sd = sales_sd,                # 売上額の標準偏差
  lower.tail = TRUE             # 下側の累積確率を求める
)

# 30万〜60万円の5万円刻みの売上額と累積確率をデータフレームに格納
prob <- data.frame(
  "売上額"=seq,
  "累積確率"=cmp
)
```

[Source]をクリックしてプログラムを実行したあと、[Environment] ビューでprobをクリックして表示してみましょう。

▼probを表示

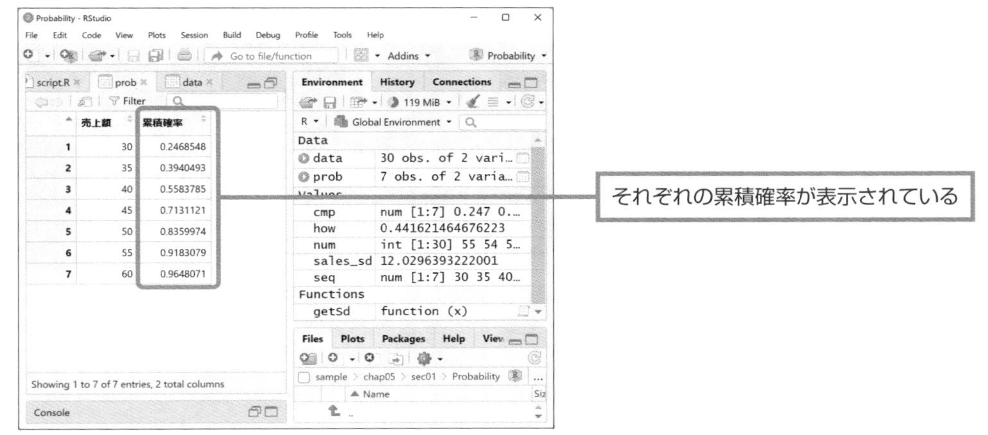

目標額を超える確率を求める

結果を見ると、売上が目標額の40万円になる累積確率は0.5583785です。一方、知りたいのは「40万円をクリアできる確率」なので、売上が40万円になる確率ではなく、40万円を超える確率を求めます。確率全体の1から「40万円に対する累積確率の値」を引けば、残りの確率、つまり「40万を超える確率」を求めることができます。

▼売上が40万円以上になる確率を求める (script.R)

```
1 - prob[3,2]
```

▼出力 (コンソール)

```
[1] 0.4416215
```

prob[3, 2]で40万円の累積確率を取得し、これを1から引き算します。

売上が40万円を上回る確率は「約44%」であることがわかりました。すべての日を40万円以上にするというのは、目標として無理な数字ではないでしょう。しかし、現実には40万円を大きく超えている日もあれば、大きく下回っている日も多くあるので、その辺りをどのように対策するかがポイントになるでしょう。

Section

5.2 偏差値の仕組み

Level ★★★ Keyword 偏差値

模擬試験などでよく使われる偏差値は、その人の点数が受検者全体の中でどのくらいの位置にいるかを表した数値です。

テストの得点からそれぞれの偏差値を求める

下図は、あるクラスにおいて実施したテストの結果です。それぞれの得点をもとに偏差値を計算してみましょう。

▼あるクラスのテスト結果

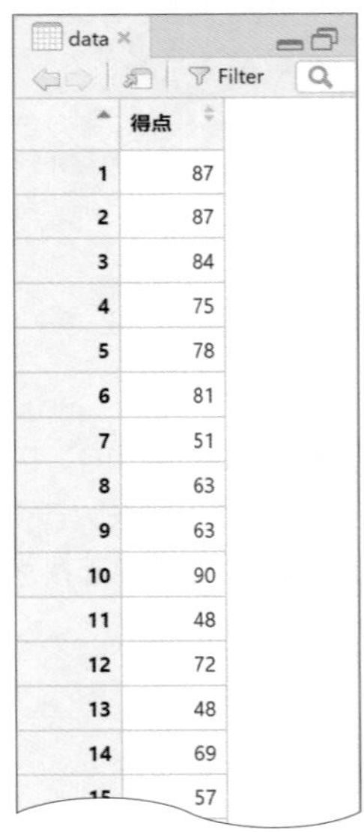

	得点
1	87
2	87
3	84
4	75
5	78
6	81
7	51
8	63
9	63
10	90
11	48
12	72
13	48
14	69
15	57
16	87
17	54
18	90
19	78
20	66
21	66
22	72
23	78
24	75
25	57
26	48
27	57
28	69
29	81
30	69

Showing 1 to 30 of 30 entries, 1

●本節のプロジェクト

プロジェクト	DeviationValue
タブ区切りのテキストファイル	テスト結果.txt
RScriptファイル	script.R

●偏差値

偏差値の計算は、テストを受けた全員の平均点と標準偏差をもとに、各人の得点を標準化したあと、これを10倍して50を足す、という手順を踏みます。

▼偏差値の求め方

$$偏差値 = \frac{得点 - 平均点(\mu)}{標準偏差(\sigma)} \times 10 + 50$$

5.2.1 標準化した値を10倍して50を足すのは何のためか

冒頭で偏差値の計算式を紹介しましたが、標準化した値を10倍するのは、たんにわかりやすいからです。

$(X-\mu)/\sigma$の結果の1.2とか−0.8よりは、それらを10倍した12や−8の方がわかりやすい、ということです。

また、最後に50を足すのは、偏差値の値をマイナスにしないためです。

例えば10倍する前の値が「−1.5」の場合、これは「標準偏差×1.5だけ劣っている」ということになり、10倍すると「−15」になります。でも、マイナスはいかにも「劣っている」という印象ですし、テストの点数に見えません。そこで、50を足すことで「35」にします。そうすれば100点満点のテストの得点に見えますし、平均値ぴったりの点数なら偏差値「50」です。

偏差値を求めてみる

では、「テスト結果.txt」を読み込んで、すべての得点について偏差値を求めてみましょう。

▼偏差値を求める（script.R）

```
# テスト結果.txtをデータフレームに格納
data <- read.table(
  "テスト結果.txt",         # ファイル名
  header=T,                 # 1行目は列名
  fileEncoding="UTF-8" # 文字コードの変換方式
)

# 標準偏差を返す関数
getSD <- function(x) {
  return(sqrt(                               # 分散の平方根
    sum((x - mean(x))^2) / length(x))) # 分散の計算式
}

# 得点をベクトルに代入
score <- data$得点
# 得点の標準偏差を求める
score_sd <- getSD(score)
# 得点の平均
men <- mean(score)
# 全員の偏差値を求める
dev <- (data$得点 - men)/score_sd*10 + 50

# 偏差値をデータフレームに追加
data <- cbind(
```

```
  data,                        # もとのデータフレーム
  data.frame("偏差値" = dev) # 偏差値のデータフレームを作成
  )
```

[Source] をクリックしてプログラムを実行したあと、[Environment] ビューのdataをクリックしてみましょう。

▼データフレームdataに追加された偏差値

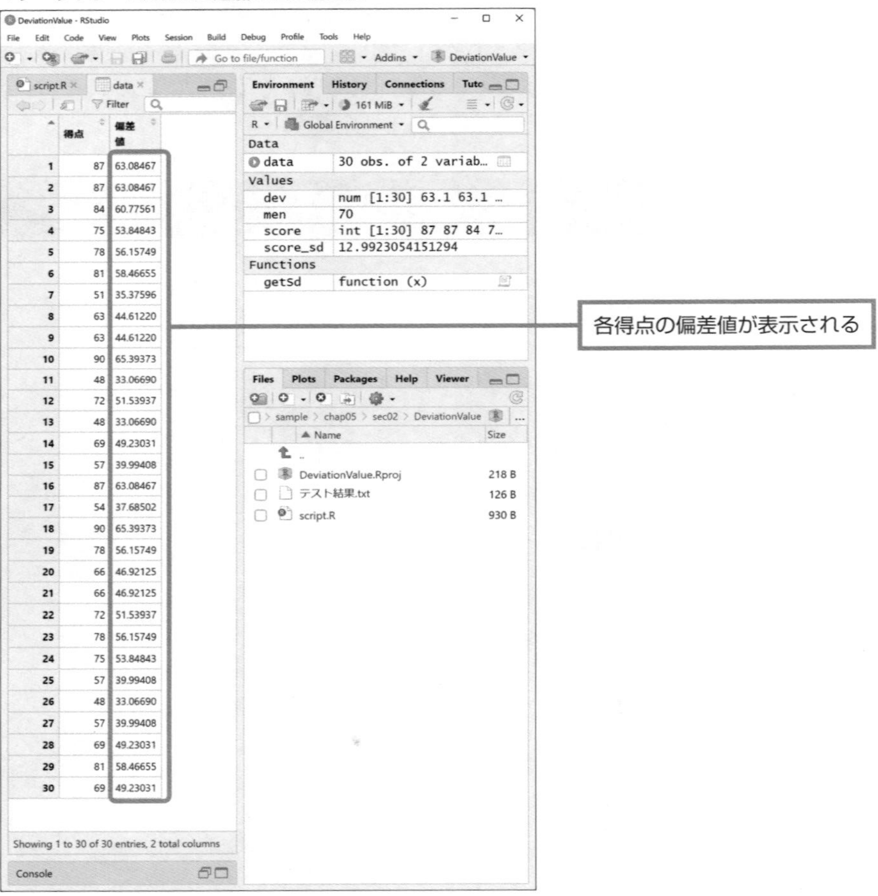

Exercise

テストの点数の分布が正規分布に近似できる（真の状態と大差がない結果になる）、つまり一峰性の分布であるときに、偏差値が70以上の人は全体の何%いるでしょうか。

Answer

相対度数分布グラフは、次のようになります。

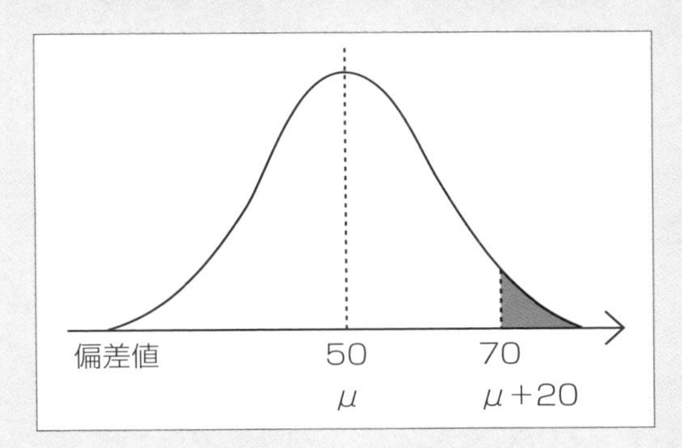

$70 = 50 + \frac{X-\mu}{\sigma} \times 10$より、$\frac{X-\mu}{\sigma} = 2$となるので、$X = \mu + 2\sigma$

2σを標準正規分布の数表に当てはめると、

```
2          0.000545349344426569          0.477248968203879
```

累積確率です（0.477248968203879）

なので、グラフ中の色の付いた部分の面積は、0.5－0.477248968203879＝0.022751031796121であり、偏差値が70以上の人は受験者全体の約2.3%です。ちなみに受験者数が10000人だとしたら、偏差値70以上の人は順位が230位以上である230人となります。

なお、標準正規分布における2σの累積確率は、pnorm()関数で簡単に求めることができます。

▼コンソールに入力

```
> pnorm(2, mean=0, sd=1)-0.5
[1] 0.4772499
```

平均0、標準偏差1の標準正規分布で2σの累積確率を求め、0.5を引く（平均より左側の確率を除く）

5.2.2 標準偏差を用いた合格判定の仕組み

進学塾が実施する模擬試験では、志望大学に合格する可能性を上から順にA、B、Cなどを使って判定することがあります。中にはA−（マイナス）とかB+（プラス）などの細かい判定まで行われることもありますが、このような合否の判定には標準偏差が用いられています。

ここでは、次の例題について考えてみましょう。

難関といわれているある大学の人気学部の定員は10名で、毎年100人程度が受験するといわれています。ある予備校が、その学部を対象とした模擬試験を行ったところ、受験者1000人の平均は60点、標準偏差は10点でした。試験を受けたA君が自己採点をしたところ、80点だったことがわかりました。A君がこの学部に合格する可能性はあるのでしょうか。

平均と標準偏差、あとはデータの数で合否を推測する

例題では、標準偏差がすでにわかっています。大手進学塾の模擬試験では、その日のうちに集計して結果を出しているところがよくあります。このような場合、分析するデータは一峰性に分布するものでなくてはなりません。ここでは、受験者の得点が一峰性に分布することを前提に考えていきます（各人の得点に偏りが出ない問題であったものとします）。

全受験者中何位なのかを見極めて合格基準の材料にする

さて、合格の可能性を考えるにあたり、「A君は受験者全体の中で何位くらいなのか」を考えてみたいと思います。正規分布の全体の面積は1ですので、80点のところまでの面積（累積確率）がわかれば全体における割合がわかり、さらには受験者の数をもとにして順位までわかりそうです。

A君の80点は、平均点μを基準にすると「+20点」です。一方、標準偏差σが10点ですので、これを「ものさし」にしましょう。そうするとA君の点数は「$+2\sigma$」です。正規分布の「$+2\sigma$」を標準正規分布に対応させると「+2」です。これを標準正規分布の数表に当てはめてみましょう。

▼「+2」を標準正規分布の数表に当てはめる

真ん中（平均）からの累計の面積（確率）ですから、左半分の面積0.5を足して、0.977248968203879です。ということは、A君の下には全体の約97.77%の受験者がいることになります。一方、pnorm()関数なら、数表に当てはめなくても一発で答えがわかります。こちらの方が簡単ですね。

▼コンソールに入力

```
> pnorm(80, mean=60, sd=10)     平均60点、標準偏差10の正規分布で80点の累積確率を求める
[1] 0.9772499 ・・・・・・ 80点の累積確率
```

```
> 1 - 0.9772499     上からのことを知りたいので、全体の1から0.9772499を引く
[1] 0.0227501
```

A君は上位約2.28%に含まれるということですから、模試の受験者1000人のうち22.8位に相当します。本番の受験者が100人ならば2位か3位に相当するので、定員が10名であれば十分に合格圏内であるという計算です。

模試と本番の試験では問題も受験者も異なりますが、模試の結果から「統計的には合格の可能性は1000人中23位相当である」といえます。「絶対に合格する」といった断言はできませんが、全体のこの辺りの位置にいるということは言い当てることができます。

Exercise

模擬試験の受験者は10000人で、平均点は56点、標準偏差は8点でした。この試験で得点が80点の人は何位くらいの位置にいるでしょう。

Answer

pnorm()関数で求めた値を1から引くと0.0013499になります。得点が80点の人は上位0.13%の位置にいることになるので、10000人の受験者中13位相当の優秀な点数です。

▼コンソールに入力

```
> pnorm(80, mean=56, sd=8)     平均56点、標準偏差8の正規分布で80点の累積確率を求める
[1] 0.9986501 ・・・・・ 80点の累積確率
```

Section

5.3 バラバラに分布するデータを正規分布に近似する（大数の法則）

Level ★★★ | Keyword 非復元抽出　復元抽出　大数の法則

データの中から、特定のデータをサンプルとしていくつか取り出したとします。取り出すサンプルの数が多ければ多いほど、サンプルをもとにして描いた相対度数分布グラフが、もとのデータ全体のグラフと同じような形になります。

Theme 10万人の中から取り出した1000人のデータのグラフはどんな形？

満20歳の男性10万人について身長を調査したところ、右図のような相対度数分布グラフ（ヒストグラム）になりました。この10万人のデータからサンプルとして1000人のデータを抽出したときに、どのようなグラフになるかを予想してください。

▼10万人の身長のヒストグラム

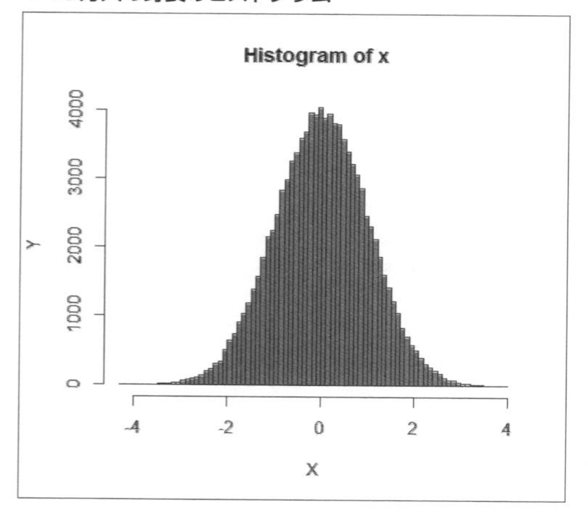

5.3.1 1000人ぶんのサンプルで10万人ぶんの相対度数分布グラフが描かれる

10万人の中に、身長158cm以上160cm未満の人が3000人いるとします。3000人は10万人に対して「3000÷100000＝0.03」なので3%の割合です。これをもとにすると、1000人の中にもほぼ同じ割合で存在すると考えられます。1000人のうちの3%は「1000×0.03＝30」なので、158cm以上160cm未満の人は1000人中30人だと考えられます。

集計のもとになるすべてのデータのことを**母集団**と呼びます。身長が158cm以上160cm未満の人が、10万人の母集団でも1000人のサンプルでもほぼ同じ割合だけ存在するということは、この階級の相対度数がほぼ等しいことを意味します。このことから、10万人のデータであっても1000人のデータであっても、ほぼ同じ相対度数分布グラフが描かれることになります。

なお、「ほぼ同じ」としたのは、身長158cm以上160cm未満の人が計算上では1000人中30人であっても、実際にサンプルとして抽出した中に31人いたり、あるいは29人だったりすることがあり、多少の誤差が生じるためです。

一方、サンプルの平均（標本平均）と母集団の平均との関係には、「大数の法則」が成り立ちます。これは、サンプルのサイズ（数）を大きくしていくと、標本平均が母集団の平均に限りなく近づくという法則です。

10万人の中から1人ずつ選んで1000回計測したらどうなる？（復元抽出）

上述したのは、10万人のデータの中から1000人のデータを「一度に取り出した」場合でしたが、今度は集計のやり方を変えてみましょう。母集団の10万人の中から無作為に1人選んで身長を調べ、階級に記録することにします。この人にはまた10万人の中に戻ってもらい、改めて10万人の中から無作為に1人選んで身長を調べて階級に記録します。こうして、「10万人の集団の中から無作為に1人ずつ来てもらって身長を調べる」ことを1000回繰り返します。

このようにして作った相対度数分布グラフは、やはり10万人の相対度数分布グラフとほぼ同じ形になります。今回も「ほぼ同じ」としていますが、158cm以上160cm未満の人が3%といっても、そのときどきの取り出し方によって多少の誤差が生じるためです。

非復元抽出と復元抽出

以上見てきたように、データの取り出し方には2つの方法があります。どちらの場合ももとのデータとほぼ同じ相対度数分布グラフになりますが、データを抽出する方法が異なるので、それぞれを区別するための名前が付けられています。

●非復元抽出

一度に1000人のサンプルをとるときのように、データを取り出したあとでもとに戻さない取り出し方（抽出の仕方）を**非復元抽出**と呼びます。10万人の中にAさんという人がいて、抽出された中にこの人が含まれていれば、その人のデータは1回だけ使用されることになります。

●復元抽出

1人ずつ抽出してもとに戻すことを1000回繰り返す、といった場合を**復元抽出**と呼びます。10万人の中にAさんという人がいれば、Aさんのデータは複数回使われる可能性があります。

非復元抽出と復元抽出のどちらを使うか

非復元抽出と復元抽出には、同じサンプルを繰り返し抽出する可能性があるかどうかの違いがありますが、いずれの方法を使っても、10万人から抽出した1000人ぶんの相対度数分布グラフは、10万人の相対度数分布グラフにほぼ等しくなります。

厳密には、双方の結果に違いがある場合がありますが、10万人に対して1000人が十分小さいので、非復元抽出と復元抽出でそれほど違いはありません。

復元抽出では同じサンプルを重複して取り出す可能性がありますが、標本抽出のすべての可能性を調べることができるので、理論的には標本平均の平均値をさらに正確に求めることが可能です。

例えば、50個のデータからデータを5回取り出して標本（サンプル）の平均を求める場合、標本として抽出されるすべての可能性は次のようになります。1つのデータを選んだら、そのデータをもとの母集団に戻して次のデータを選ぶので、同じデータが5回選ばれる可能性もあります。

1個目のデータ【50個の中から1個抽出する】	➡	50通りのデータ
2個目のデータ【50個の中から1個抽出する】	➡	50通りのデータ
3個目のデータ【50個の中から1個抽出する】	➡	50通りのデータ
4個目のデータ【50個の中から1個抽出する】	➡	50通りのデータ
5個目のデータ【50個の中から1個抽出する】	➡	50通りのデータ

ということは、「50×50×50×50×50 ＝ 312,500,000通り」の組み合わせができることになり、復元抽出を3億回（！）以上繰り返せば、厳密な標本平均を求めることができますし、母集団の平均（μ）とぴったり一致する標本平均（$\bar{x}$）を求めることが理屈（大数の法則）の上では可能です。とはいえ、これは現実的に無理です。

母集団が大きく、取り出される標本の大きさ（サンプルサイズ）が母集団に比べて十分小さければ、非復元抽出と復元抽出のどちらの方法で抽出しても同じであるとされています。ただし、これはサンプルサイズと比較して母集団が十分に大きい場合に限ります。また、標本調査では「偏りがなく全体からまんべんなく選ぶ」ことが大事です。

ちなみに、母集団が小さく、サンプルサイズが母集団に比べて十分小さくないという場合は、非復元抽出を行う方がよいとされています。

Hint 相対度数分布グラフはなぜ曲線の山の形をしている？

相対度数分布グラフは、もともとは棒グラフを用いたヒストグラムです。ヒストグラムは縦棒が並んで山形を形成するグラフですが、これを「曲線化」し、データの推移を見やすくしています。

●近似タイプの相対度数分布グラフ

本節のここまでの例では、データの数（データサイズ）が10万でした。この10万に対して階級を設定し、相対度数分布グラフを描くと、その形は棒グラフが階段状に並んだものになります。

このグラフに描かれた棒の上の部分（上底）の中心を滑らかな曲線でつないでいくと、きれいな山の形が描かれます。棒の上底とのつなぎ方には厳密な決まりはないので、線の描き方によっては微妙なズレが生じても良しとしますが、グラフの曲線と横軸で囲まれた面積が1になるように描きます。これが**近似タイプ**の相対度数分布グラフです。

▼近似タイプの相対度数分布グラフ

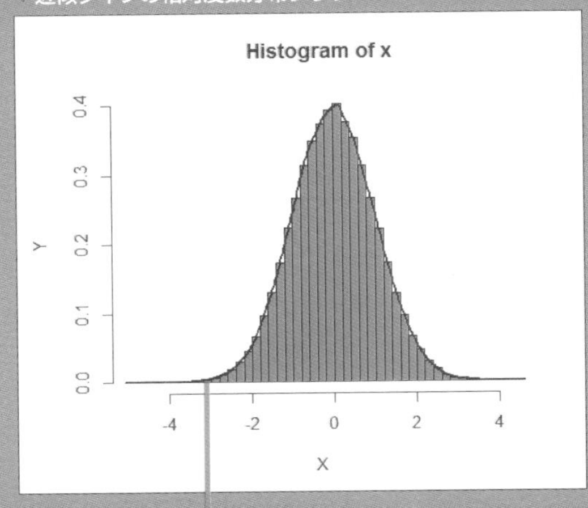

●極限タイプの相対度数分布グラフ

近似タイプでは、データの数が10万と有限でしたが、データの数が無限であれば、もっと厳密に「曲線化」できます。

例えば、何かの実験をしていて、その結果を測定していたとしましょう。何度か実験を繰り返し、測定結果を相対度数分布グラフにするとします。実際には実験回数は有限回ですが、繰り返す気力があれば何度でも繰り返すことは可能です。

つまり、理論上では何回でも実験できる、言い換えると無限に実験回数を増やすことができます。そうすると、階級の幅をどんどん小さくしていっても、階級に含まれるデータの個数、すなわち度数が0になることはないので、棒と棒の隙間がない、きちんとしたグラフが描けます。

一方、階級の幅をどんどん小さくしていくので、棒の幅は極限まで狭くなり、階段状に並んでいた棒が次第に棒の上底をつなぐ曲線を形成していきます。このようにして極限まで曲線に近づけていったものが、**極限タイプ**の相対度数分布グラフです。

▼極限タイプの相対度数分布グラフ

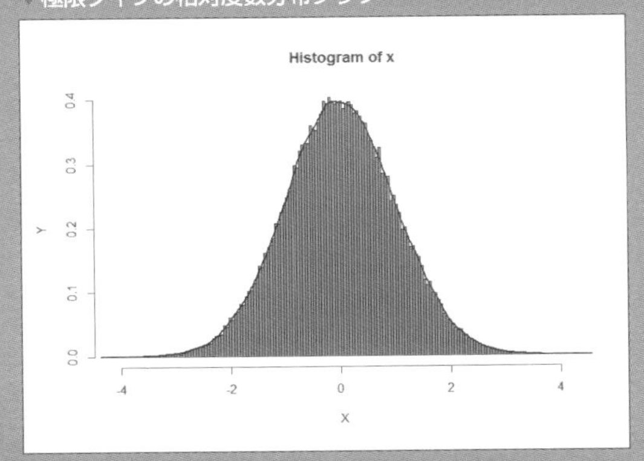

なお、曲線化の過程は異なりますが、近似タイプの曲線のグラフでも、極限タイプの曲線のグラフでも、母集団から取り出したサンプルXの相対度数分布グラフは、母集団の相対度数分布グラフと同じ曲線になります。

Section 5.4

正規分布の再生性

Level ★★★ | Keyword 正規分布の再生性

正規分布する2つのデータを重ねてみた場合、そこから描かれる相対度数分布グラフは正規分布に従ったグラフになります。

Theme 2つのデータを重ね合わせるとどんな分布になる？

1000人の学生を対象に英語と数学のテストを実施しました。英語は平均45点、標準偏差6、一方の数学は平均65点、標準偏差8でした。双方の試験結果が正規分布に従うとして、50位の人の合計点はおよそ何点になるでしょう。

●正規分布の再生性

前節では、正規分布するデータ（母集団）からサンプルを取り出したとき、サンプルXの相対度数分布のグラフがほぼ同じになることを紹介しました。本節では、2つのデータからサンプルをとってくる場合のことを考えてみたいと思います。

解説に入る前に、標準正規分布を表す式を紹介しておきましょう。標準正規分布の平均μは0で、標準偏差σは1、また分散はσを2乗したものなのでσ^2は1^2です。このことから、標準正規分布を次のように表す式がよく用いられます。大文字のNは、「normal distribution（正規分布）」の頭文字をとったものです。

▼標準正規分布を表す式

$$N(0,\ 1^2)$$

一方、一般的な正規分布は平均がμ、標準偏差がσですので、次のように表します。

▼正規分布を表す式

$$N(\mu,\ \sigma^2)$$

5.4.1 正規分布は2つを重ねても分布の形が保存される

AとBの2つのグループの身長のデータがあるとしましょう。グループAの身長のデータは正規分布$N(\mu_1, \sigma_1^2)$に従い、グループBの身長は正規分布$N(\mu_2, \sigma_2^2)$に従っていることを前提にします。

Aから1個取り出したサンプルをX、Bから1個取り出したサンプルをYとし、$X+Y$の度数を1とします。つまり、取り出したサンプル2つを合わせて度数1とするのです。そうしてAから1個、Bから1個取り出し、XとYの値（変量）の和を記録して、度数分布表を作ります。

このようにして作成した度数分布表から相対度数分布グラフを描くと、正規分布に従ったグラフになります。$N(\mu_1+\mu_2, \sigma_1^2+\sigma_2^2)$に従うのです。

つまり、$X+Y$の度数を調べて描く相対度数分布の平均は、AとBの2つのグループの平均の和になり、分散もAとBの2つのグループの分散の和になります。

正規分布の再生性

正規分布$N(\mu_1, \sigma_1^2)$に従うXと、正規分布$N(\mu_2, \sigma_2^2)$に従うYを足して作った、$X+Y$の相対度数分布グラフは、

$$N(\mu_1+\mu_2, \sigma_1^2+\sigma_2^2)$$

に従います。なお、標準偏差は分散の平方根ですので、

$$\sqrt{\sigma_1^2+\sigma_2^2}$$

になります。

正規分布は2つを重ね合わせても、分布の形が保存されるのです。このことを**正規分布の再生性**と呼びます。ただし、このようにして作成されたグラフは、たんに2つの正規分布のグラフを足し算したものではないので注意してください。

なお、正規分布の再生性の考え方を用いれば、グループCを加えてデータの数が3つ以上になっても、その重ね合わせは正規分布になります。

正規分布$N(\mu_1, \sigma_1^2)$に従うX、正規分布$N(\mu_2, \sigma_2^2)$に従うY、正規分布$N(\mu_3, \sigma_3^2)$に従うZを足して作った$X+Y+Z$の相対度数分布グラフは、

$$N(\mu_1+\mu_2+\mu_3, \sigma_1^2+\sigma_2^2+\sigma_3^2)$$

に従います。

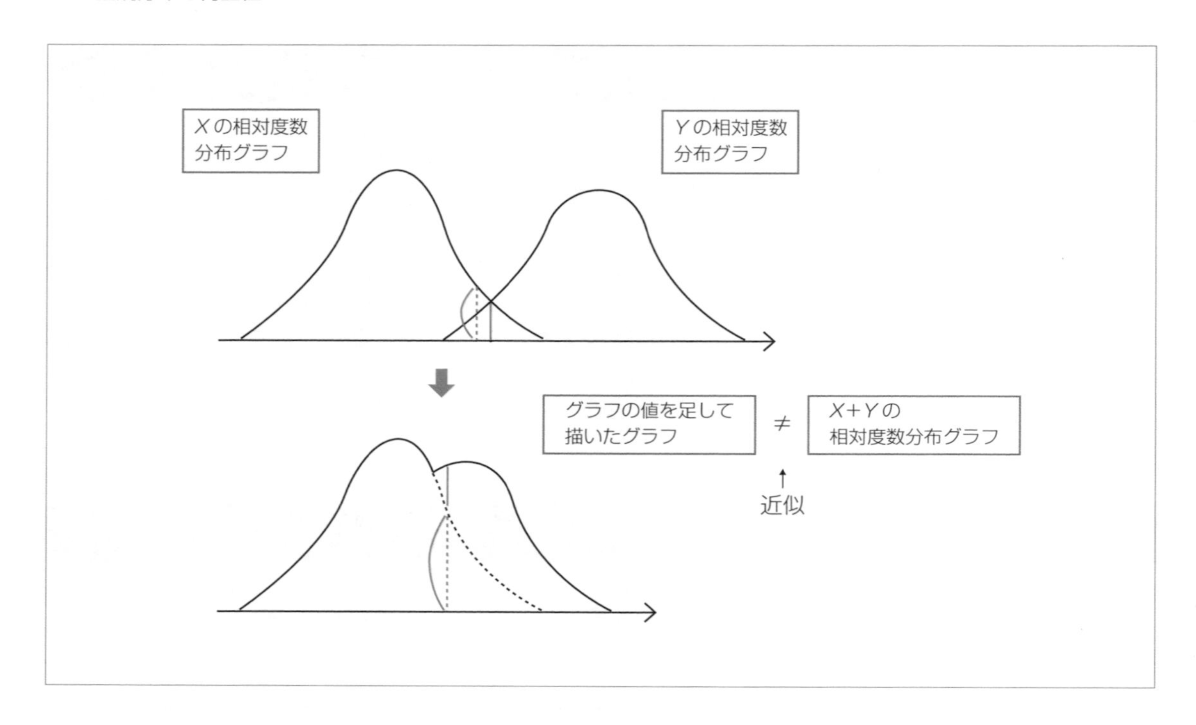
Xの相対度数
分布グラフ
Yの相対度数
分布グラフ
グラフの値を足して
描いたグラフ
≠
X+Yの
相対度数分布グラフ
近似

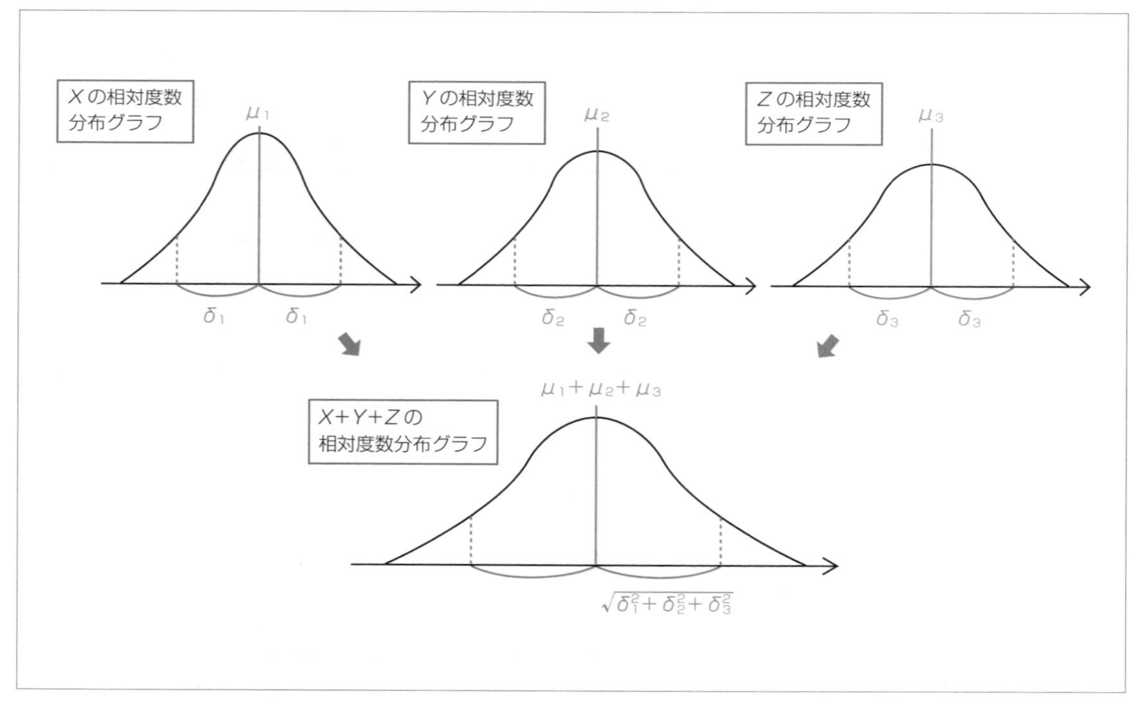
Xの相対度数
分布グラフ
Yの相対度数
分布グラフ
Zの相対度数
分布グラフ
μ_1
μ_2
μ_3
δ_1
δ_1
δ_2
δ_2
δ_3
δ_3
$\mu_1+\mu_2+\mu_3$
X+Y+Zの
相対度数分布グラフ
$\sqrt{\delta_1^2+\delta_2^2+\delta_3^2}$

2つのテストの平均と標準偏差をもとに、50位の人の合計得点を推測する

さて、例題の英語の点数を変量X、数学の点数を変量Yとすると、

> Xは正規分布$N(45,\ 6^2)$
> Yは正規分布$N(65,\ 8^2)$

に従います。そうすると、英語と数学の合計点$X+Y$は、

> 正規分布$N(45+65,\ 6^2+8^2)\ =\ N(110,\ 10^2)$

に従います。一方、1000人中50位の人は上位5%です。標準正規分布の相対度数分布グラフにおける面積は、0.5〔平均0の右側の面積〕－0.05＝0.45となるので、標準正規分布の数表から、面積が0.45になる値（σのいくつかぶんか）を見付けます。

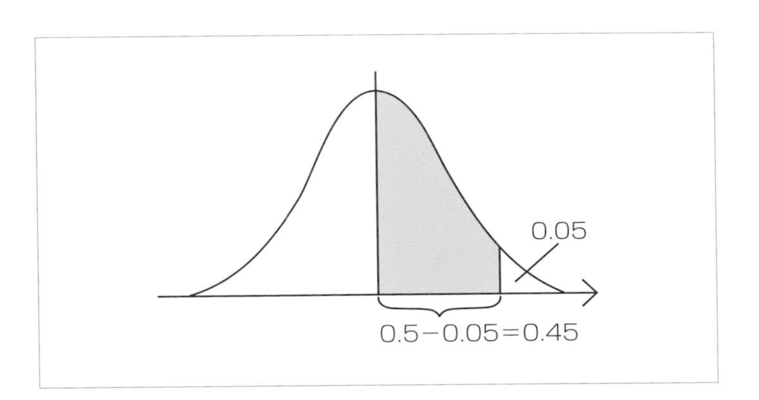

qnorm()関数を使うと、面積から逆算した値（σのいくつかぶんか）を求めることができます。

●qnorm()関数
面積（累積確率）を指定すると、面積の区切りになる値（σのいくつかぶんか）を求めます。

```
qnorm(
      q,
      mean = 0,
      sd = 1,
      lower.tail = TRUE,
      log.p = FALSE
      )
```

パラメーター		
	q	累積確率を表す面積。
	mean	平均。
	sd	標準偏差。
	lower.tail	TRUEの場合はqの面積（累積確率）を下側確率 P[X <= x]として扱う。FALSEの場合は上側確率 P[X > x]とする。デフォルトはTRUE（下側からの累積確率として扱う）。
	log.p	TRUEの場合は確率は対数値になる。デフォルトはFALSE。

コンソールに次のように入力すると、確率の区切りになる値を直接、求めることができます。

```
> qnorm(0.5+0.45, mean=0, sd=1)
[1] 1.644854
```

そうすると、$N(110,\ 10^2)$のσ^2は平均からの右半分でよいのでσとなり、次のようになります。よって50位の人の英語と数学の合計点は126点くらいだと考えられます。

```
110点 ＋ 10点 × 1.64 ＝ 126.4点
```

Memo 「大数の法則」でサンプルの相対度数分布が母集団のデータとぴったり一致！

相対度数分布グラフ作成時の母集団（10万人）のデータから無作為にサンプルを取り出し、その値をXとしましょう。Xの値がどの階級に含まれているかを調べて記録し、サンプルをもとに戻します。復元抽出です。この作業を繰り返して相対度数分布表を作り、そこから相対度数分布グラフを描きます。取り出す回数を1000回、1万回、…と、限りなく大きくしていくと、そこで描かれる相対度数分布グラフは理論上、もとのデータ（母集団）のグラフと同じになります。

10万人から1000個のサンプルをとった場合は「ほぼ同じ」という曖昧な表現でしたが、今度は「同じグラフになる」と表現しています。このように言い切れたのは、「極限の回数までサンプルをとる」ことに期待しているからです。

実は、Xを取り出す回数が限りなく大きい回数であれば、そこで描かれるグラフがもとのデータの相対度数分布のグラフと同じになることは、数学的にも証明されていて、**大数の法則**と呼ばれています。

Memo 中心極限定理

「もとのデータの分布の形によらず、十分な個数のサンプルの平均の相対度数分布は正規分布に従う」という、**中心極限定理**と呼ばれるものがあります。バラバラに分布しているデータであっても、サンプルの平均をとることを繰り返せば、平均の分布は次第に正規分布するようになります。

●正規分布していないデータのサンプル平均を繰り返しとると、どんな分布になる？

母集団から決まった数のサンプルを取り出し、これらの平均を求めます。これを何度も繰り返して毎回の平均を度数分布表にまとめると、相対度数分布グラフはどんな形になるのか、見ていきましょう。

母集団からサンプルを取り出し、これをXとして記録します。これを繰り返して、Xの相対度数分布グラフを描くと、もとのデータの相対度数分布グラフと同じになります。

では、データからサンプルを5個取り出して、その平均を求めて記録してみることにします。

▼サンプルの平均を求める

$$\bar{x} = \frac{x_1 + x_2 + x_3 + x_4 + x_5}{5}$$

同じようにデータからサンプルを5個取り出して平均$\bar{X}$を記録することを繰り返していきます。

そうやって記録した$\bar{X}$の相対度数分布グラフを描きます。

▼$\bar{X}$の相対度数分布グラフ

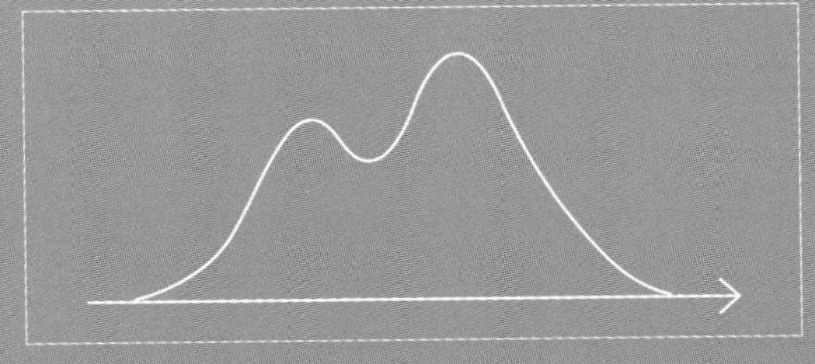

サンプルの数が5個のときは、もとの相対度数分布グラフの形をとどめていますが、サンプルの数を10個、50個と増やしていくと、$\bar{X}$の相対度数分布グラフは、正規分布に近づいていきます。これを**中心極限定理**と呼びます。

▼サンプルサイズ（n）が5のとき

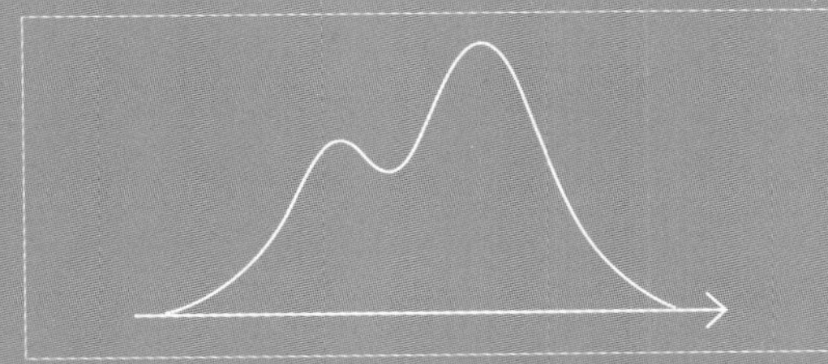

▼サンプルサイズ（n）が10のとき

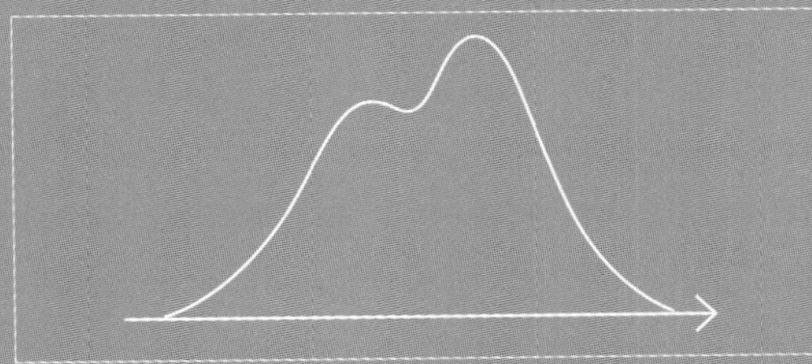

▼サンプルサイズ（n）が50のとき

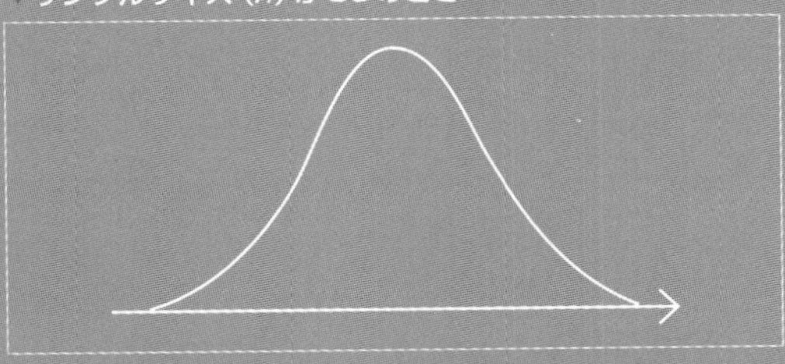

標本平均は母集団の平均μ、標準偏差は母集団の標準偏差σとサンプルサイズnを用いて$\sigma / \sqrt{n}$で表されます。このことから、標本平均が母集団の平均μを中心とし、$\sigma / \sqrt{n}$の幅で広がって分布することがわかります。サンプルサイズnを大きくすると$\sigma / \sqrt{n}$が小さくなり、標本平均と母集団の平均μとのズレが平均的に小さくなる、というのが中心極限定理の考え方です。

●1と3と6の目しか出ない変なサイコロで考えてみる

例として、サイコロを振ったときの目が出る確率について考えてみましょう。サイコロを「10万回振って出た目の和を求める」ということを1000回繰り返すとしましょう。とてつもないたとえですが、10万個のサイコロを一斉にばらまいて出た目の和を求め、これを1000回繰り返す、と考えてもよいでしょう。

1〜10万回目のサイコロの目の和を10万で割れば、出た目の平均になります。サイコロには1〜6の目があるので、それぞれの目が出る確率は1/6であり、平均は、

$$\frac{1+2+3+4+5+6}{6}=3.5$$

より3.5になるので、「10万回振って出た目の和」はだいたい35万くらいになるはずです。これを1000回繰り返すと、きれいな正規分布の相対度数分布グラフになります。

一方、仕掛けが施されたサイコロがあって、このサイコロの各目が出る確率が次のとおりだとします。

▼仕掛けを施したサイコロ

目	1	2	3	4	5	6
確率	$\frac{1}{2}$	0	$\frac{1}{4}$	0	0	$\frac{1}{4}$

このサイコロを繰り返し振って、出た目を足していきます。2回振った段階で和が1になる確率は当然0です。2になるのは「1の目が2回連続して出る場合」であり、1の目は1/2の確率で出るので、2回振って和が2になる確率は1/4です。

この調子で順次、調べていくと、「サイコロを2回振ったときの確率分布」を出すことができますが、何の仕掛けもないサイコロとの差は歴然です。ただ、これは「2回振った和」だからです。もしも、10万回振った和だとどうなるでしょう。

2回振って和が7になるのは、仕掛けなしのサイコロでは

$$6通り\times\frac{1}{6}\times\frac{1}{6}$$

で、仕掛けを施したサイコロでは

$$2通り\times\frac{1}{2}\times\frac{1}{4}$$

です。

●組み合わせ爆発

注目すべきは、どちらも「組み合わせ×○○」というかたちになっていることです。もちろん、10万回振ったときも「組み合わせ×○○」のかたちは変わりませんが、組み合わせというものは「平均を求めるときの分母nが大きくなると急速に大きくなる」という特性があります。組み合わせだけがどんどん大きくなり、ほかの要素はついてこられません。これを数学では「組み合わせ爆発」と表現します。

つまるところ10万回も振ってしまえば、分布は「組み合わせ」の方をほとんど反映したものになります。もともとの確率の差があるので、まっとうなサイコロの場合は35万付近が頂点になり、仕掛けを施したサイコロの場合は27.5万付近が頂点になるという違いとして現れますが、いずれにしても、もとの分布がいびつな形をしていても、サンプルの平均をとることを何度も繰り返していけば、分布が正規分布に近づいていきます。

このように「組み合わせ爆発」は、「組み合わせの影響には、ほかの要素は勝てない」ことを示しています。

●中心極限定理

中心極限定理は、「もとのデータの分布の形によらず、十分な個数のサンプルの平均の相対度数分布は正規分布に従う」という定理です。「もとの分布の形によらず」というのがポイントです。バラバラに分布しているデータであっても、サンプルの平均をとることを繰り返せば、平均の分布は次第に正規分布するようになるのです。これは、「正規分布しない分布を正規分布で近似できる」ことの根拠になるものであり、次節からの推定における重要なポイントになります。

Section 5.5 ピンポイントでズバリ当てる（点推定）

Level ★★★ | Keyword 母集団　サンプル　最尤法　不偏推定量　不偏分散

統計分析で扱う調査の対象になるデータには、「すべてのデータ」と「一部のデータ」の2種類があります。もちろん、データはすべて揃っていた方が精度の高い結果を得ることができますが、「すべてのデータを調べるのは不可能」ということもよくあります。

そうであれば、調べるだけ調べて、あとは調べた結果をもとに全体のことを予想しよう、というのが推定です。

取り出したサンプルで全体の平均と分散を予想する

下図は、あるクラス（33人）における英語のテスト結果です。クラスの代表として5人の得点をランダムに取り出して、全体の平均と分散を予想してみましょう。

これまでは、データを整理してその特徴を捉える「記述統計」について見てきました。ここからは、未知の値を予測する「推測統計」に入っていきます。

▼英語の試験結果

75	68	96	76	84
74	64	94	77	82
86	56	82	69	59
81	61	85	64	63
68	79	61	57	63
89	74	63	71	69
95	84	76		

▼母集団と標本に関する用語

用語	意味
母集団	調査の対象となるすべてのデータ
サンプリング（抽出）	母集団から一部のデータを抽出すること
サンプル（標本）	抽出したデータ
サンプルサイズ（標本の大きさ）	標本の数

▼平均、分散、標準偏差に関する用語

用語	意味
母平均 μ	母集団の平均
母分散 σ^2	母集団の分散
母標準偏差 σ	母集団の標準偏差
標本平均 $\bar{x}$	標本の平均
標本分散 s^2	標本の分散
標本標準偏差 s	標本の標準偏差
不偏分散 u^2	標本の不偏分散
不偏分散から求めた標準偏差 u	母集団の σ の推定値

●最尤法（さいゆうほう）による推定

標本平均と標本分散を計算して推定します。

●不偏推定量による推定

母平均μを標本平均$\bar{x}$によって推定するのは最尤法と同じですが、母分散は「不偏分散u^2」で推定します。

●var()関数

不偏分散u^2を求めます。

●本節のプロジェクト

プロジェクト	PointEstimation
RScriptファイル	script.R

5.5.1 母集団と標本

推測といえば、思い浮かぶのが「選挙の開票速報」です。開票が始まった直後から「当選確実！」の報道が飛び交います。なぜ開票もほとんど進んでいないのに当選確実なのか不思議ですが、開票開始の時点で「確実」といえるのは、推測統計のおかげです。

報道機関は、選挙前の事前調査に加えて選挙当日の出口調査を実施しています。投票を終えた人をランダムに選んで誰に投票したのかを調べるのですが、このようにして集めたデータは「投票者全員を母集団としたサンプル」になります。これをもとに、母集団である投票者全員のことを、推測統計を使って割り出しているのです。

統計学では、調査の対象となるすべてのデータのことを**母集団**と呼びます。選挙の例だと、有効票全体が母集団です。そこから一部のデータを取り出すことを**抽出**（または**サンプリング**）と呼び、抽出したデータのことを**標本**（または**サンプル**）、標本の数を**標本の大きさ**（または**サンプルサイズ**）と呼びます。

全数調査と標本調査

分析の対象になるデータには、「すべてのデータ」と「一部のデータ」があります。すべての有効票を調べる場合のように、母集団すべてについて調査することを**全数調査**と呼びます。これに対して、母集団から取り出した一部の標本について調査することを**標本調査**と呼びます。

全数調査

調査対象の全体を調べるので、調査の対象によっては時間がかかり、場合によっては費用もかかることになります。調査の準備をしてデータを集め、解析結果をまとめるまでに長い期間と多額の費用がかかっても差し支えないのであれば、全数調査を行ってきっちり調べます。

例としては、5年に一度の国勢調査があります。また、データそのものの数はそれほど大量にあるというわけではありませんが、学校のクラスや学年の成績、社員の営業成績など、きっちりとした数字が求められる場合も全数調査を行うことになります。

標本調査

調査対象のすべてのデータを集めるのが困難な場合に行います。データの収集に、時間や費用がかけられない場合、調査対象の一部のデータを用いて分析を行います。先述の選挙の出口調査がこれに当たります。

ほかには、アンケート調査や製品の抜き取り検査などがあります。アンケートの場合は、対象となり得る人全員に実施すると時間も費用もかかりすぎるので、ランダムに選んだ地域や店舗を対象にして分析を行い、その結果から全体の傾向を推定する、という方法がよく使われます。

製品の抜き取り検査についても、すべての製品を調査していたのでは時間も手間もかかり、製造の妨げにもなるので、ランダムに抽出したデータを分析して全体を推定する「製品の抜き取り検査」が一般的です。

無作為抽出（ランダムサンプリング）

選挙の出口調査や製品の抜き取り検査のように、母集団から無作為に標本を取り出すような抽出方法を**無作為抽出**（**ランダムサンプリング**）と呼びます。出口調査であっても製品の抜き取り検査であっても、そもそも母集団の数が多すぎて全部を調べることが不可能なので、母集団の中から限られた数の標本を無作為抽出し、抽出した標本を使って全体を推定する方法が使われます。

▼母集団から無作為にデータを取り出す（ランダムサンプリング）

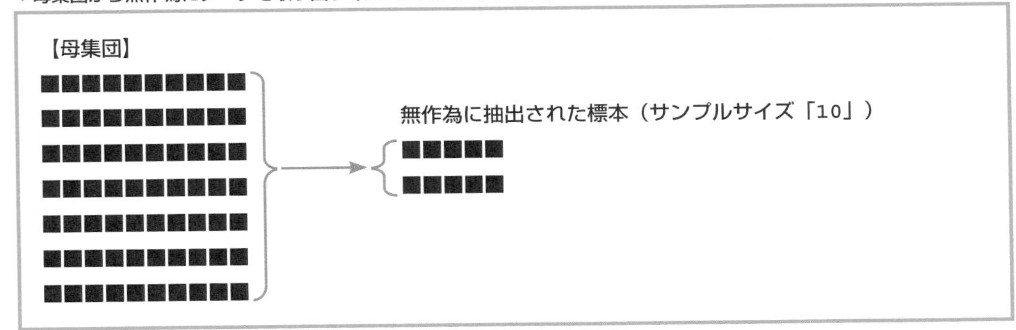

なお、無作為抽出には非復元抽出と復元抽出の２種類がありますが、母集団の数に対して標本の数が十分に小さければ、どちらの方法でも違いはほとんど出ない、ということは前にお話ししたとおりです。

推定を行うために必要な情報

標本から母集団の平均、分散、比率（特定のものが占める割合）などの指標となる値を予想するのが**推定**です。母集団の平均μ、分散σ^2、標準偏差σをそれぞれ**母平均**、**母分散**、**母標準偏差**と呼びます。一方、標本の平均$\bar{x}$、分散s^2、標準偏差sをそれぞれ**標本平均**、**標本分散**、**標本標準偏差**と呼びます。これらの情報に加えて、ぜひとも参考にしたいのが、「母集団の相対度数分布グラフとそこから取り出したサンプルXの相対度数分布グラフは同じである」という事実です。

5.5.2 ピンポイントで推定する

母集団からいくつか標本を取り出し、これらの平均$\bar{x}$と分散s^2を求めることで、母集団の平均μと分散σ^2を推定するのが今回のテーマです。

クラス全員（33人）の平均点を求めたところ約74点になりました。5人の得点をもとにしてクラス全員の平均点を予想するということでしたので、仮にテストの結果を5人に聞いて回り、そこからクラス全員の平均点を予想します。

このように、母集団から抽出した標本をもとにして、母集団の平均や分散、あるいはデータが占める比率を推測するのが**推定**です。推定には、母集団が持つ性質をピンポイントで言い当てる**点推定**と、母集団の性質を大まかに言い当てる**区間推定**があります。ここで扱うのは点推定です。

最尤法による推定

点推定における母平均μと母分散σ^2ですが、これは標本平均$\bar{x}$と標本分散s^2を計算して推定します。ランダムに、とありますが、手間を省いて先頭の5人の得点を使ってみましょうか。

まずは5人の平均を求めます。

$$\text{標本平均}(\bar{x}) = \frac{75+68+96+76+84}{5} = 79.8$$

次に分散を求めます。

$$\text{標本分散}(s^2) = \frac{(75-79.8)^2+(68-79.8)^2+(96-79.8)^2+(76-79.8)^2+(84-79.8)^2}{5} = 91.36$$

▼英語のテスト結果から標本平均と標本分散を求める（script.R）

```
# 英語のテスト結果
test <- c(
  75, 68, 96, 76, 84, 74, 64, 94, 77, 82,
  86, 56, 82, 69, 59, 81, 61, 85, 64, 63,
  68, 79, 61, 57, 63, 89, 74, 63, 71, 69,
  95, 84, 76
)

# 分散を返す関数
getDisper <- function(x) {
  # すべてのデータについて偏差を求める
  dev <- x - mean(x)
```

```
  # 分散を返す
  return(sum(dev^2) / length(x))
}

# 先頭から5人の平均点を求める
cat("標本平均：", mean(test[1:5]))
# 先頭から5人の分散を求める
cat("標本分散：", getDisper(test[1:5]))
```

▼出力（コンソール）

```
標本平均： 79.8
標本分散： 91.36
```

標本平均は79.8点、標本分散は91.36となりましたので、これをそのまま母平均と母分散として推定します。このように、母分散の推定に標本分散s^2をそのまま用いる点推定を**最尤法**（さいゆうほう）**による推定**と呼びます。

不偏推定量による推定

次に、「不偏推定量による推定」で点推定してみましょう。母平均を標本平均によって推定するのは同じですが、母分散の推定には**不偏分散**を使います。

▼不偏分散を求める式

$$不偏分散(u^2) = \frac{(x_1 - 標本平均)^2 + \cdots + (x_n - 標本平均)^2}{n(サンプルサイズ) - 1}$$

標本分散の平均s^2は母分散よりも小さな値になるという特性があります。そこで、標本分散の平均と母分散のズレをなくすために、標本分散に代わる値として用いられるのが「不偏分散（u^2）」です。

では、不偏推定量による推定で母分散を推定してみましょう。

$$不偏分散(u^2) = \frac{(75-79.8)^2+(68-79.8)^2+(96-79.8)^2+(76-79.8)^2+(84-79.8)^2}{5-1} = 114.2$$

Rには不偏分散を求めるvar()関数がありますので、これを使ってみましょう。

●var()関数

不偏分散を求めます。

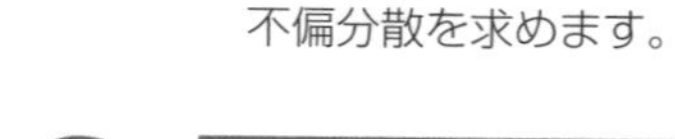

```
var( 不偏分散を求めるデータ )
```

▼先頭から5人の不偏分散を求める（script.R）

```
cat("不偏分散：", var(test[1:5]))
```

▼出力（コンソール）

```
不偏分散： 114.2
```

不偏推定量による推定では、母平均は79.8で変わらず、母分散は114.2と推定します。

点推定の結果を見る

母平均μと母分散σ^2の点推定に、どの値を用いるかをまとめました。

	最尤法による推定	不偏推定量による推定
母平均μの推定	標本平均 $\bar{x}$	標本平均 $\bar{x}$
母分散σ^2の推定	標本分散s^2	不偏分散u^2

今回の点推定の結果です（小数点以下2桁まで表示）。

```
母平均 74.09
母分散 124.39
```

●最尤法による点推定（サンプルサイズ5）

```
母平均 79.80
母分散 91.36
```

●不偏推定量による点推定（サンプルサイズ5）

```
母平均 79.80
母分散 114.20
```

最尤法だと母分散σ^2の推定値が低めに出る傾向があります。解析を行う場合、すべてのデータが揃っている場合は最尤法による標本分散s^2、手元のデータが母集団の一部、すなわちサンプル（標本）である場合は不偏推定量による不偏分散u^2、のように使い分けることになります。

もっとも、手元にあるサンプルの背後に母集団を想定し、母集団の値を推測する場合がほとんどですので、不偏分散u^2を使うのが一般的です。このようなことから、Rはもちろん、統計解析ソフトの多くは、分散を求める場合に不偏分散u^2を使うようになっています。

Exercise

500人の生徒に対して10点満点のテストを実施したところ、10人の生徒の点数は次のようになりました。不偏推定量を用いて、母平均μと母分散σ^2を推定してください。

3	3	4	4	5	5	5	6	7	8

Answer

平均$\bar{x}$と不偏分散u^2を求めます。

▼コードの入力例

```
# 10人の得点
test <- c(3, 3, 4, 4, 5, 5, 5, 6, 7, 8)
# 標本平均
mean(test)
# 不偏分散
var(test)
```

▼出力（コンソール）

```
[1] 5
[1] 2.666667
```

母集団の平均μを標本平均$\bar{x}$から、分散σ^2を不偏分散u^2から推定すると、平均は5、分散は2.666667になります。

Section 5.6

サイコロを振ると1の目が出る確率は？

Level ★★★ Keyword 確率変数 試行 事象 標本空間

ここで確率について改めて触れておきたいと思います。これまでにも正規分布を用いた確率について扱ってきましたが、サイコロの1の目が出る確率は6分の1だ、という程度の話です。一息つくような感じで読み進めてください。

Theme サイコロの偶数の目が出る確率は？

サイコロを投げたとき、偶数の目が出る確率を求めてみましょう。

統計学や数学では、「サイコロを振る」という行為を**試行**、サイコロの出る目のすべて（1〜6）を**標本空間**、「目が出ること」を**事象**と呼びます。

● 試行（trial）

何度でも繰り返すことができて、なおかつその結果が偶然に左右される行為のことです。

例）サイコロを振る、コインを投げる

● 標本空間（sample space）

試行の際に起こり得るすべての結果を集めた集合のことです。サイコロの目{1, 2, 3, 4, 5, 6}は、標本空間に含まれる要素を数学の「集合」の書き方で表したものです。要素を書き並べる場合は{ }（中カッコ）を使います。

例）「サイコロを振る」という試行の標本空間は{1, 2, 3, 4, 5, 6}

例）「コインを投げる」という試行の標本空間は{表, 裏}

● 事象（event）

標本空間の一部（標本空間の部分集合）のことです。

例）「サイコロを振る」という試行の場合、「偶数の目が出る」「奇数の目が出る」など

例）「コインを投げる」という試行の場合、「表が出る」または「裏が出る」が事象

● 本節のプロジェクト

プロジェクト	Dice
RScriptファイル	script.R script2.R script3.R

5.6.1 確率変数とその定義

統計的に確率とはどういうものなのか、サイコロを振る例で見ていきましょう。

サイコロを振ると、1から6までのいずれかの目が出ます。ということは、サイコロの出る目は1〜6の6通りで、それぞれの目は6つに1つの割合で出ることになります。この割合のことが**確率**です。サイコロのそれぞれの目が出る確率は1/6です。

▼サイコロを振ったときに各目が出る確率

試行の結果（X）	1	2	3	4	5	6
確率（P）	$\frac{1}{6}$	$\frac{1}{6}$	$\frac{1}{6}$	$\frac{1}{6}$	$\frac{1}{6}$	$\frac{1}{6}$

偶数の目が出る確率は

サイコロを振るときの確率変数において偶数の目Xは、2、4、6ですので、

$$\frac{1}{6}+\frac{1}{6}+\frac{1}{6}+\frac{3}{6}=\frac{1}{2}$$

です。

確率変数の定義

$X=1$のときの確率は$\frac{1}{6}$になる、ということを記号を用いて、

$$P(X=1)=\frac{1}{6}$$

と表します。Pは確率（Probability）を表し、$P(E)$でEの確率という意味です。

このように、Xの値を定めると、それに対応する確率が定まるものを**確率変数**と呼びます。変数といっても値は1個だけではなく、「$X=1$に対して$\frac{1}{6}$」、「$X=2$に対して$\frac{1}{6}$」、…のように複数の要素からなります。

一方、確率変数Xに具体的な値を代入すると、それに対応する確率Pが決まるのは関数の仕組みと同じですが、1次関数$f(x)$の場合はその関係が式で表されていました。

$P(X=□)$（□に数字が入ると値が決まる）の方は、式でなく表によってその関係が示されている、という違いがあります。

●確率変数の定義

確率変数Xは、次の表で与えられる「Xと確率（P）の対応の決まり」のことです。

X	x_1	x_2	…	x_n
P	p_1	p_2	…	p_n

※ただし、p_1、p_2、…、p_nはすべて0以上で、$p_1+p_2+\cdots+p_n=1$となります。

確率変数では、表に書かれているすべての確率を合計すると1になります。これは、相対度数分布表のすべての相対度数を合計すると1になることと同じです。

相対度数と階級値の関係は、確率変数の「Xと確率（P）の対応の決まり」として置き換えられることがポイントです。

▼確率変数

X	x_1	x_2	…	x_n
P	p_1	p_2	…	p_n

和が1

▼相対度数分布表

階級値	x_1	x_2	…	x_n
P	$\frac{階級の度数}{度数計}$	$\frac{階級の度数}{度数計}$	…	$\frac{階級の度数}{度数計}$

和が1

Hint 離散と連続の違いは？

離散とは「離れ離れになる」という意味です。具体的な例として、サイコロの目や人の数、車の台数などがあります。1.5人とか3.9台という数は実際上あり得ませんので、「離散しているデータ」です。

一方、連続とは「続いていること」という意味です。身長や体重、温度、速度などは「連続的なデータ」といえます。例えば身長は、厳密に測ろうとすればcmの単位ではなくmm、あるいはnm（ナノメートル）のように、小さい単位を用いて、理論的にはいくらでも細かく測定できます。

このことから、判断するときの目安として、整数で表すことができるものは**離散量**（離散しているデータ）、小数で表すことができるものは**連続量**（連続しているデータ）とするとよいでしょう。

確率の定義

確率の定義

確率は次のように定義されます。

●確率の定義

ある試行の標本空間Uを

$U=\{e_1, e_2, \cdots, e_n\}$

とし、標本空間の要素の数をn、事象Eに含まれる要素の数をmとしたとき、

$$P(E)=\frac{m}{n}$$

を事象Eの確率という。

Pは確率（Probability）を表し、$P(E)$でEの確率という意味です。

この定義式は次のようにも書けます。

$$P(E)=\frac{m}{n}=\frac{\text{事象Eに含まれる起こり得る可能性の数}}{\text{起こり得るすべての可能性の数}}$$

離散型一様分布の確率質量関数

数学の１次関数において、

$$f(x)=3x+4$$

のように１次式で表された式のxに具体的な数値を代入すると、$f(x)$の値が決まります。例えば、$x=2$を代入すると、

$$f(2)=3\cdot 2+4$$

となり、$f(x)$の値が１つに決まります。このように、xの具体的な値に対して、$f(x)$の具体的な値が決まります。この決まりのことを関数というのでした。

サイコロを振ったときの出る目の確率の分布に対応する$f(x)$を式で表すと、次のようになります。

▼離散型一様分布の確率質量関数の式

$$f(x) = \frac{1}{n}$$

離散型一様分布と確率質量関数

離散型一様分布の確率質量関数の分母（母数）は、確率変数Xのとり得る最大の値*n*です。このように、確率を求める関数が常に一定の値を与える確率分布を**一様分布**と呼び、特に確率変数*X*が「離散確率変数」であるとき、その分布を**離散型一様分布**と呼びます。

サイコロの目は、1、2、3、4、5、6のように、1と2の間には値がないので「離散型」の確率変数、確率を求める関数は常に1/*n*の値を与えるので「一様分布」となります。

このように、確率変数*X*が離散的な値をとる離散確率変数であるときの、確率を与える関数*f*(*x*)を、特に**確率質量関数**と呼びます。確率質量関数で求めた確率をグラフにする場合、例えば、サイコロの目は一つひとつが区分できるので棒グラフで表すことができます。

連続分布と確率密度関数

データの分布は、サイコロの目のように出る目の数が決まっているものばかりではありません。「清涼飲料水の容量の測定値」とか「ミリ単位の降雨量」などのように、ml単位やミリ単位などで連続した値をとるものがたくさんあります。このような場合は、一つひとつの値ごとに確率を求めるのは不可能です。そういったときに用いられるのが、正規分布に代表される確率分布です。

正規分布の確率は連続しているので、棒グラフではなく、滑らかな曲線で描かれ、曲線と横軸で囲まれた面積（累積確率）をもって確率を調べます。それで**確率密度**という呼び方をしています。

これまでに何度も出てきたように、連続分布のグラフは面積が確率を示していますので、全体の面積は1になります。これは、離散型一様分布の棒の面積を足すと1になることと同じです。

正規分布の確率を求める関数*f*(*x*)は、*x*の値が「0.000」「0.001」「0.002」…のように無限に続く連続した確率分布の面積、すなわち確率密度を与えるので、**確率密度関数**です。

サイコロを振ると本当に6分の1の確率で各目が出るのか

理論上はわかっていても、本当に6分の1の確率で各目が出るのでしょうか。6回振ったら1の目は必ず1回は出る、ということですね。では、実際にRを使ってシミュレートしてみましょう。Rには、離散型一様分布の乱数を発生させる関数runif()があります。

●runif()関数

離散型一様分布の乱数を発生します。

```
runif(n, min, max)
```

パラメーター		
	n	試行の回数。
	min	出力する乱数の最小値。
	max	出力する乱数の最大値。ただし、出力される乱数には引数の最大値は含まない。

6回、1000回、500万回（！）、サイコロを振ってみる

まずは6回から始めて、1000回、500万回とサイコロを振るシミュレーションを行ってみましょう。

▼サイコロを6回振るシミュレーション（script.R）

```
# 1～6の範囲の値を6回、ランダムに生成する
# runif()の出力は小数を含むのでfloor()で切り捨てる
temp<-floor(runif(6, # 試行回数
                  1, # 出力する乱数の最小値
                  7) # 出力する乱数の最大値の次の値
)

# ヒストグラムを作成
hist(temp,
     breaks = seq(0, # 下限
                  6, # 上限
                  1  # 階級の幅
     ),
     freq = TRUE, # 度数を表示
     col="red"    # 棒の色は赤
)
```

▼実行結果

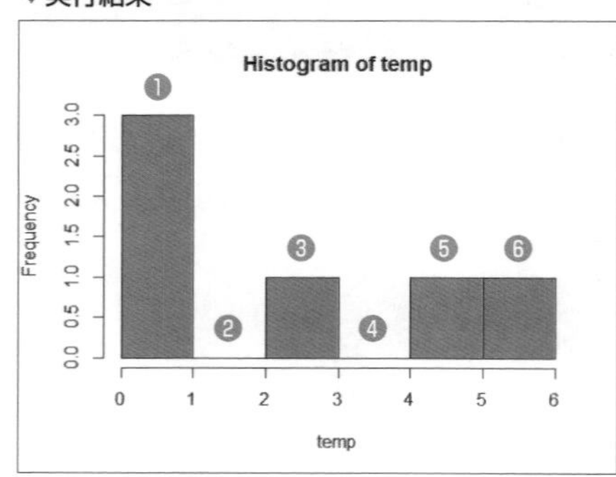

❶1の目は3回

❷2の目は0回

❸3の目は1回

❹4の目は0回

❺5の目は1回

❻6の目は1回

1の目は3回出ましたが、その代わり2と4の目は0回、そして3、5、6の目は1回ずつ出ています。1回振ったときの各目が出る確率は6分の1、つまり、6回振るという行為のそれぞれは連続していない**離散型**の確率なので、このような結果になりました。では、サイコロを振る回数を増やすとどうなるでしょう。

▼サイコロを100回振るシミュレーション（script2.R）

```
temp<-floor(runif(1000, # 試行回数を1000にする
                  1,     # 出力する乱数の最小値
                  7)     # 出力する乱数の最大値の次の値
)

# ヒストグラムを作成
hist(temp,
     breaks = seq(0, # 下限
                  6, # 上限
                  1  # 階級の幅
     ),
     freq = FALSE, # 相対度数を表示
     col="red"     # 棒の色は赤
)
```

▼実行結果

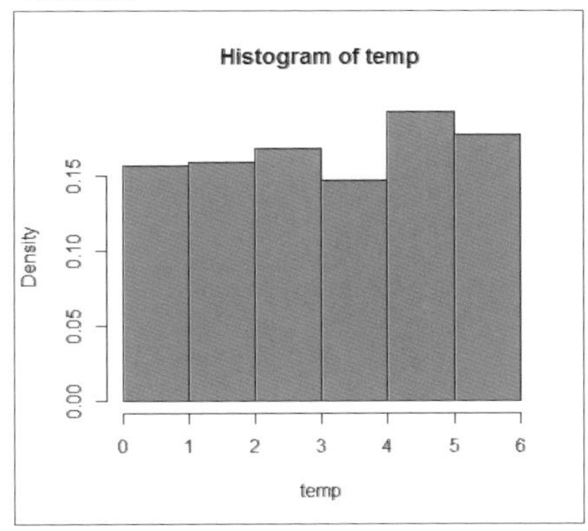

それぞれの目が出る確率が揃ってきた

今回は、各目が出た度数ではなく相対度数、つまり確率で表示しました。6分の1は0.16666…ですので、まだバラツキがあるとはいえ、各目が出る確率が揃いつつあります。では、試行回数を一気に500万回まで上げてみましょう。

▼サイコロを500万回振るシミュレーション（script3.R）

```
temp<-floor(runif(5000000, # 試行回数を500万にする
                  1,       # 出力する乱数の最小値
                  7)       # 出力する乱数の最大値の次の値
)

# ヒストグラムを作成
hist(temp, breaks = seq(0, 6, 1), freq = FALSE, col="red")
```

▼実行結果

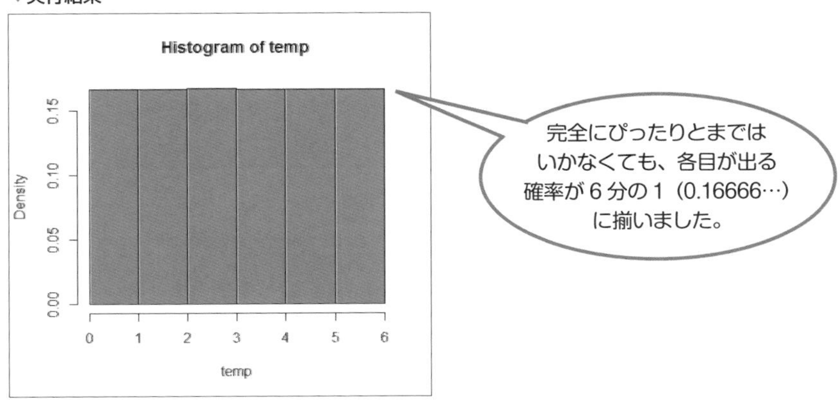

「ある決められた範囲内のどんな値も平等に得られる確率分布である」という一様分布の性質が確認できました。

Exercise

2つのサイコロを同時に投げて、出る目の和が9になる確率を求めてください。

まず、サイコロの目の出方から考えましょう。今回はサイコロが2つですので、全部で、

$6 \times 6 = 36$ [36通り]

です。このうち、出る目の和が「9」になるのは、

(3,6)　(4,5)　(5,4)　(6,3)

のいずれかで4通りです。そうすると、求める確率は、

$$\frac{4}{36} = \frac{1}{9}$$

となります。

Section

5.7 「標本平均の平均」をとると母平均にかなり近くなる

Level ★★★ Keyword 標本平均 標本平均の平均

母集団からランダムサンプリングを何度も繰り返し、標本の相対度数分布グラフを描くと、取り出す回数が限りなく大きい回数であれば、そこで描かれるグラフがもとのデータの相対度数分布のグラフと同じになる、という「大数の法則」がありました。

また、「もとのデータの分布の形によらず、十分な個数の標本の平均の相対度数分布は正規分布に従う」という**中心極限定理**がありました。

Theme ランダムに抽出したサンプルの平均を母集団の平均と比べてみる

その日に製造した手作りジュース50本の容量を計測したデータがあります。このデータからサンプルとして5本の容量を抽出して平均を求める、ということを繰り返します。最後に標本平均の平均を求めて、データ全体の平均をどの程度推測できているのかを確かめてみましょう。

無作為に抽出した標本の平均をとることを何度か繰り返し、その平均をとると、母平均との間に「不偏性の関係」が生まれます。

母集団が大きくて母平均を求めることができなくても、標本平均を何度か調べれば、母平均にかなり近い値がわかります。

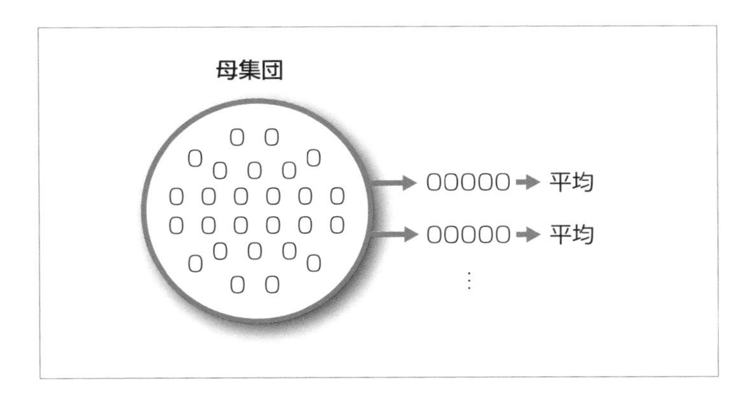

▼ある1日の手作りジュースの容量(データフレームに読み込んだところ)

	No	容量
1	1	185
2	2	182
3	3	193
4	4	198
5	5	190
6	6	175
7	7	196
8	8	192
9	9	179
10	10	187
11	11	171
12	12	167
13	13	174
14	14	163
15	15	195
16	16	176
17	17	197
18	18	159
19	19	190
20	20	189
21	21	167
22	22	171
23	23	179
24	24	187
25	25	196
26	26	195
27	27	190
28	28	180
29	29	165
30	30	193
31	31	187
32	32	180
33	33	161
34	34	198
35	35	164
36	36	184
37	37	176
38	38	161
39	39	191
40	40	171
41	41	197
42	42	174
43	43	196
44	44	190
45	45	180
46	46	168
47	47	169
48	48	186
49	49	179
50	50	175

●sample()関数

指定したデータからランダムにサンプリングします。

●標本平均を求める式

$$\text{標本平均} = \frac{\text{標本1} + \text{標本2} + \cdots + \text{標本}n}{n\text{〔標本の数〕}}$$

●標本平均の平均を求める式

$$\text{標本平均の平均} = \frac{\text{標本平均1} + \text{標本平均2} + \cdots + \text{標本平均}n}{n\text{〔標本平均の数〕}}$$

●本節のプロジェクト

プロジェクト	SampleMean
タブ区切りのテキストファイル	計測結果.txt
RScriptファイル	script.R

5.7.1 母集団から5個のサンプルをランダムに抽出する

「5個のデータをランダムに取り出して標本平均を求める」ということを何度か繰り返し、最後に標本平均の平均を求めたとき、もとのデータ全体の平均をどの程度言い当てられるのか、を調べるのが本節のテーマです。

全体の中から一部をとってきて標本調査を行う際は、「偏りがなく全体からまんべんなく選ぶ」ことが大前提になります。もし、何らかの理由でサンプリングに偏りが出てしまうと、標本調査の精度が低くなるので注意しなければなりません。

sample()関数によるランダムサンプリング

データの量が少なければ、手作業で無作為に抽出することもできますが、Rにはランダムサンプリングを行うためのsample()関数が用意されていますので、これを利用しましょう。

●sample()関数

指定したデータからランダムにサンプリングします。

```
sample(
  x,
  size,
  replace = FALSE,
  prob = NULL
)
```

パラメーター		
	x	サンプリングするデータ。
	size	サンプルのサイズ（数）。
	replace	復元抽出を行うかどうか。デフォルトはFALSE（復元抽出は行わない）。
	prob	データxの要素を抽出する際に適用する重み（確率）のベクトル。デフォルトはNULL（要素は重みなしにランダムにサンプリングされる）。

抽出元のデータを指定し、抽出する個数（サンプルサイズ）を指定するだけで、サンプリングの結果をベクトルで返します。デフォルトでreplace＝FALSEが設定されていて復元抽出は行われません。復元抽出を行う場合はreplace＝TRUEを設定します。

5個のサンプルの平均をとることを15回繰り返し、その平均で推定する

ここでは、次の手順で標本平均の平均を求めることにします。

① 50本の容量を計測したデータをデータフレームに読み込みます。
② 5個のサンプルをランダムに抽出し、平均を求めます。
③ ②を15回繰り返します。
④ ③で求めた平均（標本平均）の平均を求めます。

▼ランダムサンプリングを15回行ってその平均を求める（script.R）

```
# 計測結果.txtをデータフレームに読み込む
data <- read.table(
  "計測結果.txt",
  header=T,              # 1行目は列名であることを指定
  fileEncoding="UTF-8" # 文字コードの変換方式
)

# 5個のサンプルの平均を保持するベクトルを用意
sample_mean <- as.numeric(NULL)

# 処理を15回繰り返す
for (i in 1:15){
  # サンプリングを行う
  sample <- sample(data$容量,          # 抽出元のデータ
                   5,                  # サンプルサイズ
                   replace = FALSE # 復元抽出は行わない
                   )
  # 標本平均を求めてsample_meanに追加
  sample_mean <- c(sample_mean, mean(sample))
}

# 標本平均の平均を求める
s_mean <- mean(sample_mean)
# データ全体の平均を求める
p_mean <- mean(data$容量)
```

母集団の平均と標本の平均

標本平均は、実際に標本を取り出してみるまではわかりません。どのデータを取り出すかによって、標本平均の値は毎回、変化します。なので、標本平均がすなわち母平均であるということにはなりませんが、そもそも標本は、母集団から取り出したものなので、標本と母集団には何らかの関係があるはずです。ここで、標本平均について確認しておきましょう。標本平均は、次の式で表されます。

▼標本平均を求める式

$$\text{標本平均} = \frac{\text{標本}1 + \text{標本}2 + \cdots + \text{標本}n}{n\text{〔標本の数〕}}$$

さらに、標本平均の平均は、次のようになります。

▼標本平均の平均を求める式

$$\text{標本平均の平均} = \frac{\text{標本平均}1 + \text{標本平均}2 + \cdots + \text{標本平均}n}{n\text{〔標本平均の数〕}}$$

母平均と標本平均との不偏性の関係

先ほどの結果を見てみましょう。

▼実行結果（[Environment]ビュー）

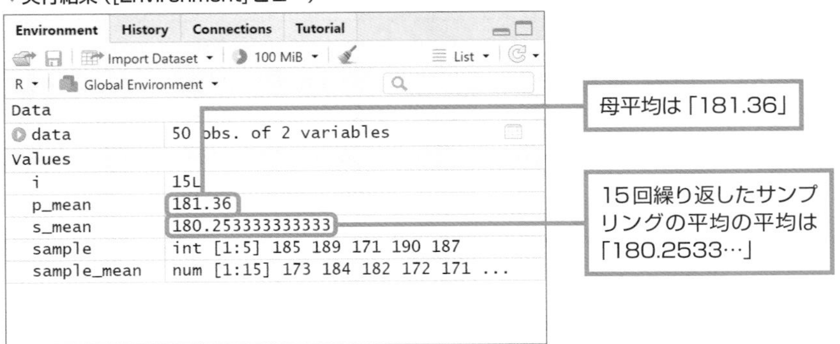

コンソールにすべての標本平均を出力してみます。

▼コンソールに標本平均を出力してみる

```
> sample_mean
 [1] 173.0 184.0 182.4 172.4 170.6 185.6 182.6 183.4 177.4 174.4
[11] 189.0 187.0 177.2 180.4 184.4
```

15通りのサンプルの平均の最小値は170.6、最大値は189で、その平均は180.2533…です。母平均「181.36」とかなり近い値になりました。

▼母平均μと標本平均との不偏性

母平均〔μ〕 ≒ 標本平均の平均

統計では、このような性質を持つ標本のことを「不偏性がある」といいます。ここでは、標本平均と母平均の関係について調べてきたわけですが、「標本平均と母平均の関係には不偏性がある」ことがわかりました。何通りかの標本を採取してその都度標本平均を求め、その平均を求めることは、母平均を求めていることとほぼ同じということになります。

母集団が大きくて母平均を求めることができなくても、標本を調べれば母平均にかなり近い値がわかる、というわけです。

標本分布で推定するときのポイント2つ

今回の標本平均の平均のように、標本分布からの推定を行う際は、標本の分布について次の2つのポイントをチェックすることにより、どの程度あてになる推定値が得られるかを知ることができます。

●標本分布からの推定値がどの程度あてになるかを知るポイント

①標本分布が母集団の本当の値を中心として分布しているか?
②標本分布が横に大きく広がっていないか?

①が満たされていないと、推定値が本当の値よりも小さめ、または大きめの値になりやすくなります。②は、推定値にどの程度の誤差が生じるかを調べるものです。

①については、今回の標本平均の平均を調べることでわかります。②については、標本分布の標準偏差を調べることでわかります。

5.7.2 標本分布が母集団の本当の値を中心として分布しているか

ここでは、前ページの「標本分布からの推定値がどの程度あてになるかを知るポイント」の①について調べます。不偏性があるといっても、プログラムを実行するタイミングによっては、標本平均の平均は母平均μに近い場合もありますし、179や184など、離れた値になることもあります。まずは、先ほど求めた標本をヒストグラムにしてみましょう。

▼ランダムサンプリングを15回行って求めた標本平均を、ヒストグラムにする（script.R）

```
hist(sample_mean,    # 標本平均
     freq = FALSE,   # 相対度数を表示
     col="red"       # 棒の色は赤
     )
```

▼サンプルサイズ5の平均を15回求めたヒストグラム

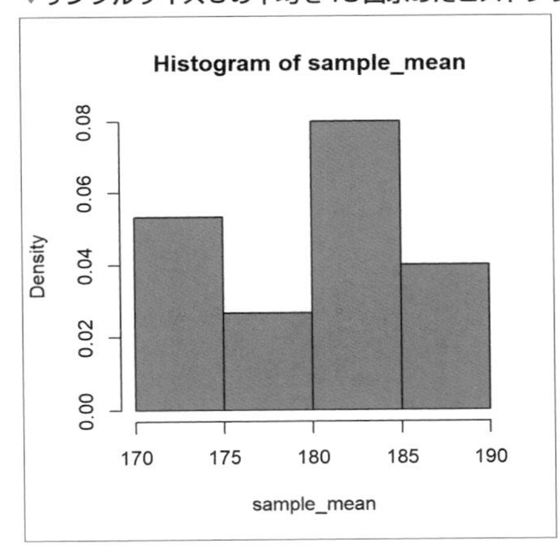

分布状況はいまひとつわからない

標本平均の数が大きくなると標本分布が正規分布に近くなっていく

不偏性はあってもバラツキがあるので、ヒストグラムを見ても何も読み取れません。では、試行回数を一気に1000回まで引き上げるとどうなるか試してみましょう。forループの条件をfor (i in 1:1000)に書き換えて実行してみましょう。

▼ランダムサンプリングを1000回行って標本平均を求める（script2.R）

```
# 計測結果.txtをデータフレームに読み込む
data <- read.table(
  "計測結果.txt",
  header=T,                # 1行目は列名であることを指定
  fileEncoding="UTF-8"     # 文字コードの変換方式
)
```

5 正規分布するデータを解析する

```
# 標本平均を保持するベクトル
sample_mean <- as.numeric(NULL)
# 繰り返す回数をベクトルに代入
rp <- c(1:1000) ………………………………………………………………………… ①
# サンプルサイズをオブジェクトに代入
size <- 5 ……………………………………………………………………………… ②

# 処理を1000回繰り返す
for (i in rp){
  # サンプリングを行う
  sample <- sample(data$容量,         # 抽出元のデータ
                   size,              # サンプルサイズ
                   replace = FALSE  # 復元抽出は行わない
                   )
  # 標本平均を求めてsample_meanに追加
  sample_mean <- c(sample_mean, mean(sample))
}

# 標本平均の平均を求める
s_mean <- mean(sample_mean)
# データ全体の平均を求める
p_mean <- mean(data$容量)

# すべての標本平均をヒストグラムにする
hist(sample_mean,  # 標本平均
     freq = FALSE, # 相対度数を表示
     col="red"     # 棒の色は赤
)

# 確率密度の近似値をラインで描画
lines(density(sample_mean)) ……………………………………………………… ③

# 分散を求める関数
getDisper <- function(x) {
  dev <- x - mean(x)                  # 偏差を求める
  return(sum(dev^2) / length(x)) # 分散を返す
}

# 標準偏差を返す関数
getSD <- function(x) {
  # 分散の平方根を返す
  return(
```

```
    sqrt(sum((x - mean(x))^2) / length(x))
    )
}

# 標本平均の分散を求める
sample_mean_disper <- getDisper(sample_mean) ………④
# 母集団から標本平均の分散を推定
estimate_disper <- getDisper(data$容量)/size ………⑤
# 標本平均の分散から標準誤差を求める
error_disp <- sqrt(sample_mean_disper) ………⑥
# 母集団の標準偏差をサンプルサイズの平方根で割って
# 標準誤差を求める
error_sd <-getSD(data$容量)/sqrt(size) ………⑦
```


●①〜②のソースコード

①で1〜1000の数値のシーケンス（数列）を生成し、これをfor文の処理回数として使用するようにしています。②ではサンプルサイズを代入したオブジェクトを用意しています。

●③のソースコード

```
lines(density(sample_mean))
```

今回は、ヒストグラムに確率密度の近似値であるαラインを描画しました。

●density()関数

確率密度を推定します。

```
density( 確率密度を推定するデータ )
```

●lines()関数

出力済みのグラフに、指定した地点を結ぶ線（ライン）を描画します。

```
lines( 地点1, 地点2[, …])
```

▼実行結果

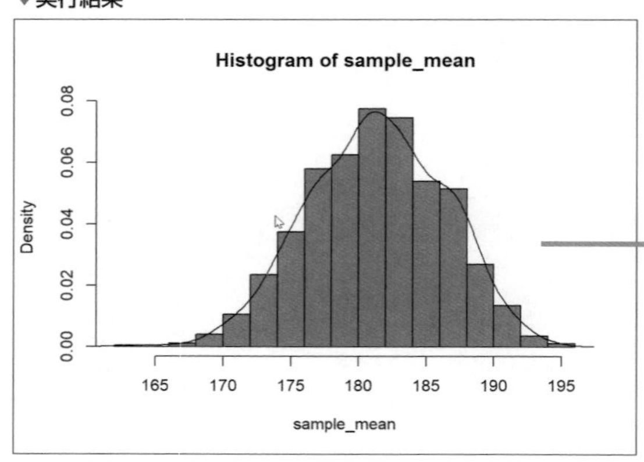

正規分布のグラフになった

lines()関数の引数にdensity()で求めた確率密度を設定すると、確率密度を示す曲線が描画されます。では、プログラムの実行結果を見てみましょう。

このように、標本平均の数が大きくなると、左右対称の正規分布の形になってきます。

標本分布の法則

今回は、④〜⑦のコードも追加になっています。

●④のソースコード

```
sample_mean_disper <- getDisper(sample_mean)
```

標本平均の分散を求めています。

●⑤のソースコード

```
estimate_disper <- getDisper(data$容量)/size
```

「母分散÷サンプルサイズ」の計算を行っています。

●標本平均の分布の法則

平均μ、分散σ^2の正規分布に従う母集団からサンプルサイズn個の標本を抽出したとき、その標本平均の分布は次のようになります。

$$N(\mu, \frac{\sigma^2}{n})$$

この考え方に従って、母集団から標本平均の分散を推定しているのが、⑤のコードです。

●⑥のソースコード

```
error_disp <- sqrt(sample_mean_disper)
```

標本平均の分散の平方根を求めています。

• 標本平均の標準誤差

母集団が$N(\mu, \sigma^2)$の分布であるとき、標本平均の標準誤差は、

$$\sqrt{標本平均の分散s^2}$$

になります。

標準誤差は「標本平均の平均値からの距離」なので、運がよければ0に近く、運が悪ければかなり大きな誤差になることもありますが、平均的には$\sqrt{\sigma^2}$くらいの誤差が生じるだろう、という考え方です。一般的に平均μ、分散σ^2の正規分布$N(\mu, \sigma^2)$に従う母集団からサンプルサイズn個の標本を抽出したとき、その標本平均の標本分布は、

$$N(\mu, \frac{\sigma^2}{n})$$

に従うことから、このときの標準誤差は、

$$\frac{\sigma}{\sqrt{n}}$$

となります。このことから、標準誤差については次のことがいえます。

・母集団の分散（標準偏差）が大きいほど、標本平均の標準誤差が大きくなります。このことは、「母分散が大きいと、そこからサンプリングした標本の平均値は、平均から外れた値をとりやすくなる」ことを意味します。
・サンプルサイズが大きいほど、標本平均の標準誤差が小さくなります。このことは、「サンプルサイズを大きくすれば、そこからランダムサンプリングした標本の平均は、母平均に近い値をとりやすくなる」ことを意味します。

標準誤差は小さいに越したことはありませんので、サンプルサイズをできるだけ大きくするのが誤差を小さくする最良の方法です。

●⑦のソースコードの説明

```
error_sd <-getSD(data$容量)/sqrt(size)
```

母標準偏差〔σ〕÷$\sqrt{サンプルサイズ}$ で、母集団側から標本平均の標準誤差を求めています。

標本平均の分散と標準誤差を確認する

プログラムを実行したところで、ソースコード④～⑦の結果も出ています。[Environment] ビューで確認してみましょう。

▼ [Environment] ビュー

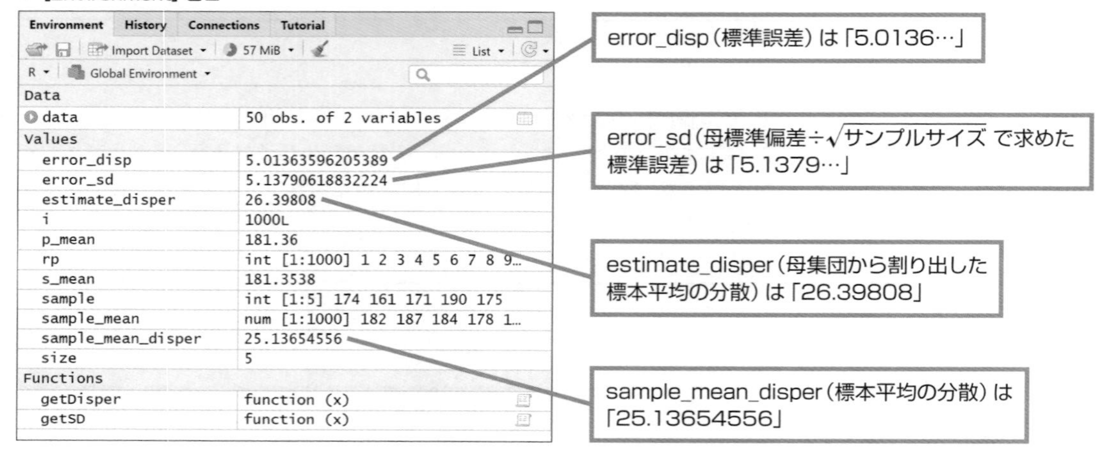

母集団の平均p_meanの値は「181.36」、標本平均の平均s_meanは「181.3538」で、ほぼ同じ値になっています。

次に分散です。

▼標本平均の分散と母集団から割り出した標本平均の分散

sample_mean_disper(標本平均の分散)	25.13654556
estimate_disper(母集団から割り出した標本平均の分散)	26.39808

母集団から割り出した標本平均の分散は、実際の標本平均の分散に近い値になっています。標本平均の分布の法則どおりの結果といってよいでしょう。

次に、標準誤差です。

▼サンプルから求めた標準誤差と母集団から求めた標準誤差

error_disp(標準誤差)	5.01363596205389
error_sd(標準偏差÷√ サンプルサイズ)	5.13790618832224

標本平均の分散から求めた標準誤差と、母集団の$\sigma \div \sqrt{サンプルサイズ}$で求めた標準誤差はほぼ同じ値になっています。

ランダムサンプリングですので、プログラムを実行するタイミングによって、ほぼ一致することもあれば、若干離れた値になることもあります。

5.7.3 サンプルサイズを大きくすると標準誤差は本当に小さくなるのか

「サンプルサイズが大きいほど、標本平均の標準誤差が小さくなる」とお話ししましたが、はたして本当にそうなのか、sizeに20を代入して試してみましょう。

▼サンプルサイズを5➡20に増やしてみる（script3.R）

```
size <- 20
```


サンプルサイズを5から20にする

▼［Environment］ビュー

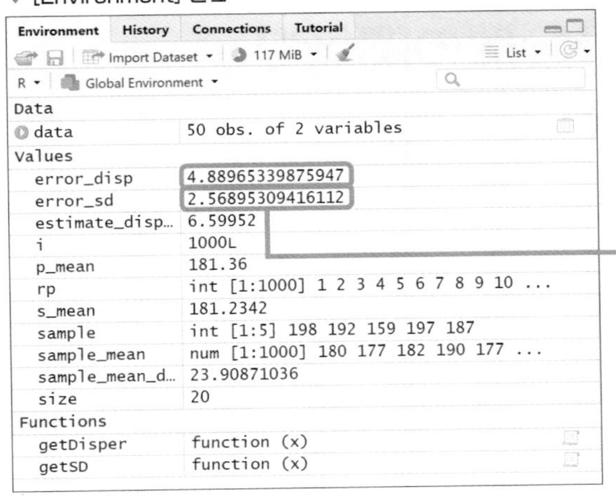

サンプルサイズ「5」のときよりも標準誤差が下がっている

サンプルサイズを「5」から「20」に変更しただけで、プログラムの中身は先ほどのものと同じです。プログラムを実行して、［Environment］ビューで標準誤差を確認してみましょう。

標本平均の分散から求めた標準誤差error_dispは「4.889653…」、母集団の標準偏差をサンプルサイズの平方根で割って求めた標準誤差error_sdは「2.568953…」のように、サンプルサイズが5のときよりも下がっています。このように、サンプルサイズが大きいときには、たとえ母集団が正規分布でなくても、標本平均の分布はほぼ正規分布になります。これは先に紹介した「中心極限定理」によって証明されています。

error_dispとerror_sdの値に開きがあるのが気になるところですが、標準誤差$\sigma / \sqrt{n}$は、標本平均の平均的な誤差であり、運がよければ0に近くなるかもしれない、というものです。

Section 5.8

データ全体の散らばりと標本平均の散らばり

Level ★★★　Keyword　標本平均の分散

標本調査を行う理由は、母集団が大きすぎてすべてを調べること（全数調査）ができないためです。「母平均」を調べることは不可能であっても、値そのものは存在します。

それと同じように、母集団のデータの散らばり（分散）を調べることは不可能ですが、母集団の分散を示す「母分散」は必ず存在します。

Theme 標本平均の分散と母分散の関係を調べる

前節で使用した手作りジュースの容量の測定結果から、5個ずつサンプルを取り出し、標本平均を求めることを15回繰り返します。

そこから得られた15個の標本平均の分散を求め、母集団の分散を予測してみましょう。

●分散は、データのバラツキ具合を評価するための統計量

▼分散を求める式

$$分散 = \frac{偏差平方和}{データの個数}$$

▼標本平均の分散を求める式

標本平均の分散

$$= \frac{\{(標本平均1 - 標本平均の平均)^2 + \cdots + (標本平均n - 標本平均の平均)^2\}}{n〔標本抽出回数〕}$$

▼母分散σ^2と標本平均の分散の関係式

母分散〔σ^2〕＝サンプルサイズ×標本平均の分散

▼母分散を求める式をもとにした、標本平均の分散を求める式

$$標本平均の分散 = \frac{1}{サンプルサイズ} \times 母分散$$

●本節のプロジェクト

プロジェクト	SampleMeanDispersion
タブ区切りのテキストファイル	計測結果.txt
RScriptファイル	script.R

5.8.1 標本平均の分散を調べる

何通りかの標本を抽出したときの標本平均の分散は、標本平均の値を1つのデータと考えれば、分散を求める式に当てはめて、次のように求めることができます。

▼標本平均の分散を求める式

$$標本平均の分散 = \frac{\{(標本平均1 - 標本平均の平均)^2 + \cdots + (標本平均n - 標本平均の平均)^2\}}{n〔標本抽出回数〕}$$

標本抽出回数とは「標本のセットを取り出した回数」のことで、母集団から5個のデータを取り出して標本平均を求めた場合は、標本抽出回数は1となります。これを10回繰り返せば、標本抽出回数は10になります。

標本平均の分散と母分散の関係を調べる

母分散と標本平均の分散との関係を調べてみましょう。

「標本抽出➡標本平均の記録」を15回繰り返し、標本平均の分散を求めて、母分散σ^2と比較してみます。

▼標本平均の分散と母分散を求める(script.R)

```
# 計測結果.txtをデータフレームに読み込む
data <- read.table(
  "計測結果.txt",
  header=TRUE,            # 1行目は列名
  fileEncoding="UTF-8" # 文字コードの変換方式
```

```
)

# 標本平均を保持するベクトルを用意
sample_mean <- as.numeric(NULL)

# 処理を15回繰り返す
for(i in 1:15){
  # サンプリングを行う
  sample   <- sample(
    data$容量,        # 抽出元のデータ
    5,                # サンプルサイズ
    replace = FALSE # 復元抽出は行わない
  )
  # 標本平均を求めてsample_meanに追加
  sample_mean <- c(sample_mean, mean(sample))
}

# 分散を求める関数
getDisper <- function(x) {
  dev <- x - mean(x)                   # 偏差を求める
  return(sum(dev^2) / length(x)) # 分散を返す
}

# 標本平均の平均を求める
s_mean <- mean(sample_mean)
# 標本平均の分散を求める
s_var  <- getDisper(sample_mean)
# 母集団の平均を求める
p_mean <- mean(data$容量)
# 母集団の分散を求める
p_var  <- getDisper(data$容量)
```

母分散は「標本の大きさ × 標本平均の分散」と等しい

結果を見てみると、母分散σ^2が「131.9904」、標本平均の分散が「25.4606…」となり、かなりの差があります。

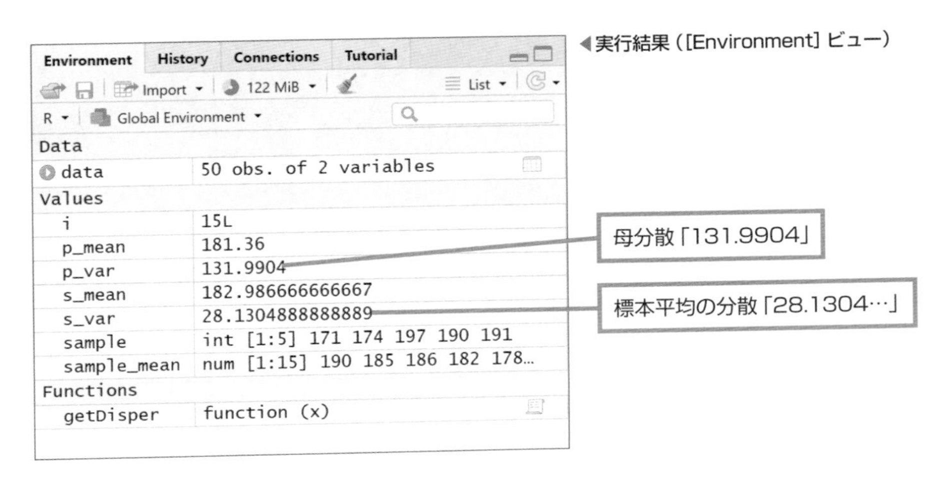

◀実行結果（[Environment] ビュー）

母集団の分散σ^2は標本平均の分散よりもかなり大きく、広い範囲にデータが散らばっていることがわかります。値の上では、母分散は標本平均の分散の約4.69…倍です。サンプルサイズの5に近い値です。

5個の標本について、可能性があるすべての組み合わせのぶんだけ用意したとします。とてつもなく多くの「5個で一組の標本」を用意することになりますが、それらすべての標本平均の分散を求めると、母分散は標本平均のぴったり5倍になります。実は、この5という値は、標本の大きさ（サンプルサイズ）と同じです。このような、母分散σ^2の推定値$\hat{\sigma}^2$と標本平均の分散との関係は、次の式で表すことができます。

▼母分散σ^2の推定値$\hat{\sigma}^2$と標本平均の分散との関係式

$$\text{母分散の推定値}\hat{\sigma}^2 = \text{サンプルサイズ} \times \text{標本平均の分散}$$

この式を、標本平均の分散を求める式に書き換えると、次のようになります。

▼標本平均の分散を求める式

$$\text{標本平均の分散} = \frac{1}{\text{サンプルサイズ}} \times \text{母分散の推定値}\hat{\sigma}^2$$

ここでは、サンプルサイズ5、抽出回数15回として、それぞれ標本平均を求め、さらに標本平均の分散を求めました。しかし、標本の数が少ないため、標本分散を5倍しても母分散σ^2から離れた値になることがあります。理論上は5倍ですが、標本の数が少ないと誤差が大きくなってしまうのは、やむを得ないところです。

Section 5.9

標本分散の平均

Level ★★★ Keyword 標本分散の平均

これまで、「標本平均の平均と母平均には不偏性の関係がある」ことや、「標本平均の分散にサンプルサイズを掛けると母分散になる」関係について見てきました。

本節では、標本分散の平均をいくつか求めることで、母集団の分散を推定してみたいと思います。

標本分散の平均を求め、母集団の分散を推定する

前節でも使用したデータをもとに、標本分散の平均を求め、母集団の分散を推定してください。

▼標本分散を求める式

$$\text{標本分散}(s^2) = \frac{(x_1 - \text{標本平均})^2 + (x_2 - \text{標本平均})^2 + \cdots + (x_n - \text{標本平均})^2}{n(\text{標本の大きさ})}$$

▼標本分散の平均を求める式

$$\text{標本分散の平均} = \frac{\text{標本1の標本分散} + \text{標本2の標本分散} + \cdots + \text{標本}n\text{の標本分散}}{n(\text{標本分散を求めた回数})}$$

▼標本の不偏分散u^2を求める式

$$\text{標本の不偏分散}(u^2) = \frac{(x_1 - \text{標本平均})^2 + (x_2 - \text{標本平均})^2 + \cdots + (x_n - \text{標本平均})^2}{n(\text{標本の大きさ}) - 1}$$

▼標本の不偏分散u^2の平均を求める式

$$標本の不偏分散〔u^2〕の平均 = \frac{標本1の不偏分散+標本2の不偏分散+ \cdots +標本nの不偏分散}{n〔不偏分散を求めた回数〕}$$

▼母分散σ^2を推定する式（上の式と同じ）

$$母分散の推定値〔\hat{\sigma}^2〕 = \frac{標本1の不偏分散+標本2の不偏分散+ \cdots +標本nの不偏分散}{n〔不偏分散を求めた回数〕}$$

●本節のプロジェクト

プロジェクト	SampleDispersionMean
タブ区切りのテキストファイル	計測結果.txt
RScriptファイル	script.R

5.9.1 標本分散の代わりに不偏分散を推定値として使う

標本分散s^2の平均は、母分散よりも小さな値になります。そこで、標本分散の平均と母分散のズレをなくすために、標本分散に代わって使われるのが**不偏分散**です。不偏分散は「点推定」のところで出てきました。もう一度、定義式を見てみましょう。

▼標本の不偏分散u^2を求める式

$$標本の不偏分散〔u^2〕 = \frac{(x_1 -標本平均)^2 + (x_2 -標本平均)^2 + \cdots + (x_n -標本平均)^2}{n〔標本の大きさ〕- 1}$$

不偏分散u^2の平均は母分散σ^2に等しくなります。これを式で表すと、次のようになります。

▼標本の不偏分散u^2の平均で母分散σ^2を推定する式

$$母分散の推定値〔\hat{\sigma}^2〕 = \frac{標本1の不偏分散+標本2の不偏分散+ \cdots +標本nの不偏分散}{n〔不偏分散を求めた回数〕}$$

標本分散と不偏分散のそれぞれの平均を母分散と比較する

標本分散s^2と不偏分散u^2、それぞれの平均を求め、母分散と比較してみることにしましょう。

今回は10個のサンプルをランダムに抽出し、標本分散s^2と標本の不偏分散u^2を求める処理を15回繰り返し、標本分散の平均と不偏分散の平均をそれぞれ求めます。

▼標本分散s^2と標本の不偏分散u^2の平均を求める (script.R)

```
# 計測結果.txtをデータフレームに読み込む
data <- read.table(
  "計測結果.txt",
  header=TRUE,           # 1行目は列名
  fileEncoding="UTF-8" # 文字コードの変換方式
)

# 分散を求める関数
getDisper <- function(x) {
  dev <- x - mean(x)                  # 偏差を求める
  return(sum(dev^2) / length(x)) # 分散を返す
}

# 標本平均を保持するベクトル
sample_mean <- as.numeric(NULL)
# 標本分散を格納するベクトル
sample_disper <- as.numeric(NULL)
# 標本の不偏分散を格納するベクトル
sample_undisper <- as.numeric(NULL)

# 処理を15回繰り返す
for(i in 1:15){
  # サンプリングを行う
  sample <- sample(
    data$容量,        # 抽出元のデータ
    10,               # サンプルサイズ
    replace = FALSE # 復元抽出は行わない
  )
  # サンプルの平均をベクトルに追加
  sample_mean  <- c(sample_mean, mean(sample))
  # 標本分散をベクトルに追加
  sample_disper  <- c(sample_disper, getDisper(sample))
  # 標本の不偏分散をベクトルに追加
  sample_undisper <- c(sample_undisper, var(sample))
```

```
}

# 標本平均の平均
ps_mean_mean <- mean(sample_mean)
# 標本分散の平均
s_disper_mean <- mean(sample_disper)
# 標本の不偏分散の平均
s_undisper_mean <- mean(sample_undisper)
# 母集団の平均
p_mean <- mean(data$容量)
# 母集団の分散
p_disper <- getDisper(data$容量)
```


プログラムを実行して推定値と母分散を比較する

プログラムを実行して、[Environment] ビューに表示された各変数の値を見てみましょう。

▼ [Environment] ビュー

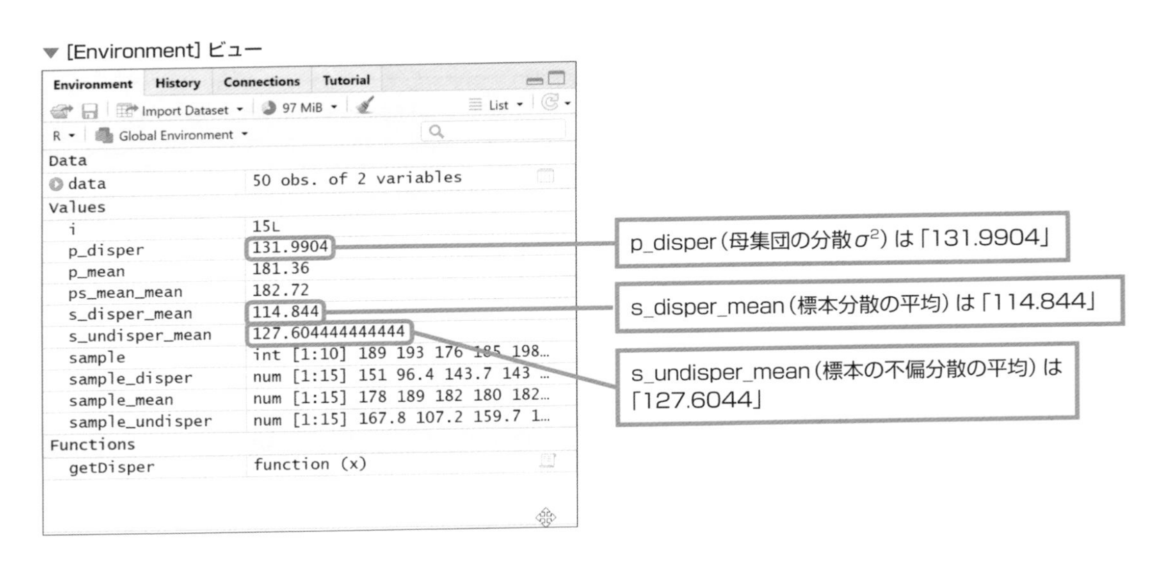

結果を見てみると、標本分散s^2の平均が「114.844…」、不偏分散u^2の平均が「127.6044…」となりました。不偏分散u^2の平均の方が、母分散σ^2の「131.9904」にかなり近いです。一方、標本分散s^2の平均をもとにして、次のように計算すると、不偏分散u^2の平均と同じ値になることが確認できます。

$$114.844 \times \frac{10}{9} = 127.6044$$

これは、

$$\frac{サンプルサイズ}{サンプルサイズ-1}$$

を標本分散s^2の平均値に掛けたことで、結果として不偏分散u^2の値を求めたことになります。
　以上で、「不偏分散u^2の平均は母分散σ^2に等しくなる」ことが確認できました。

母集団と標本の関係のまとめ

　母集団と標本（サンプル）の関係についてまとめておきましょう。

①「母平均μ」と「標本平均$\bar{x}$の平均」

　標本平均$\bar{x}$をいくつもとってさらに平均すると、母集団の平均である「母平均μ」にほぼ等しくなります。標本の数が多いほど、母平均μとの誤差は小さくなります。

母平均μ≒標本平均$\bar{x}$の平均

②「母集団の散らばり」と「標本平均の散らばり」

　母分散σ^2と「標本平均の分散」との間には、右の式の関係があります。

母分散σ^2≒標本の大きさ×標本平均の分散

　標本平均の分散値に標本の中のデータ数（標本の大きさ）を掛けると、母分散σ^2をある程度まで推測できますが、標本の数が少ないと精度が下がります。なお、可能性のあるすべての組み合わせを対象にした標本平均をとることができれば、そこから求めた分散に標本の大きさを掛けた値は、母分散σ^2と等しくなります。

③「母分散σ^2」と「不偏分散u^2の平均」

　標本分散s^2は、母分散σ^2の値よりも小さい値になります。このズレをなくすために考えられた不偏分散u^2を使うと、母分散の値を推定することができます。この場合、いくつかの標本を抽出し、それぞれの不偏分散u^2の平均を求めます。②に比べて精度の高い推定が行えます。

母分散σ^2≒不偏分散u^2の平均

　やはり、標本の数が多ければ多いほど、母集団とのズレが小さくなります。できれば、何通りかのランダムサンプリングを行って平均を求めることが望ましいといえるでしょう。
　このようにして割り出した結果がどの程度、母集団のことを言い当てているのかは、確率を用いた推定や、検定と呼ばれる統計手法で調べることができます。これについては、引き続き次章で見ていくことにしましょう。

Perfect Master Series
Statistical Analysis with R

Chapter 6

手持ちのデータで全体を知る（標本と母集団）

統計をとる場合、すべての対象について調査を行う**全数調査**がありますが、多くの場合、時間やコストの関係から全数調査は望めません。

「全体（母集団）から取り出した一部のデータ（サンプル）で全体のことを推定する」、これが本章のテーマです。

Section 6.1

大標本を使って全体の平均を予測する（z値を用いた区間推定）

Level★★★　Keyword　大標本　区間推定　信頼区間

前章では、ランダムに標本を抽出し、ピンポイントで母集団の平均や分散を推定（点推定）し、さらに標本平均の平均や標本平均の分散、標本分散と母集団の関係について見てきました。

また、標本平均の分散から計算した不偏分散は、これを平均すると母分散とほぼ等しくなることについても確認しました。これらの結果を踏まえて、本章からは本格的な推定へと入っていきます。

Theme 大標本を用いて母平均を区間推定する

右図のデータは、フレッシュジュース1本当たりの容量を測定した結果です。手作業で瓶詰めしているため容量にバラツキがありますが、この測定結果をもとに、この作業所で製造される平均の容量を予測してみましょう。

▼フレッシュジュース1本当たりの容量を50本分測定した結果（容量検査.txt）

	No	容量
1	1	187
2	2	171
3	3	167
4	4	174
5	5	163
6	6	175
7	7	196
8	8	192
9	9	179
10	10	185
11	11	182
12	12	193
13	13	198
14	14	190
15	15	195
	16	176
34		
35	35	164
36	36	184
37	37	176
38	38	161
39	39	191
40	40	171
41	41	197
42	42	174
43	43	196
44	44	190
45	45	180
46	46	168
47	47	169
48	48	186
49	49	179
50	50	175

●区間推定

点推定が母集団の持つ性質をピンポイントで言い当てるのに対し、**区間推定**は母集団の性質を大まかに言い当てます。だいたい、「母集団の□□は○○から××までの範囲に入っている」のような推定を行います。

●本節のプロジェクト

プロジェクト	IntervalEstimation
タブ区切りのテキストファイル	容量検査.txt
RScriptファイル	script.R

6.1.1　降水確率に見る区間推定の考え方

天気予報では、「今日の降水確率は40%」などと雨の降る確率が示されます。雨は「降るか、降らないか」の二者択一なのに、「40%の確率で降りますよ」といわれても、傘を持っていくべきかどうか悩ましいところです。せめて60%なら持っていこうと判断できるのに、といったところでしょうか。

この「降水確率40%」、実は過去のデータを調べて「今日のような気象条件の日に雨が降ったのは全体の何割になるのか」を割り出したものです。予報したい日の気象データと同じ気象条件が過去に仮に100件あったとします。そのうち雨が降った件数が40件であれば、「今日の降水確率は40%です」と予測します。

区間推定の考え方

天気予報を降水確率で表現するようになったのは1980（昭和55）年頃からで、それ以前は「晴れ」「雨」「曇り」といったそのものズバリの天気を、過去のデータをもとに予想していました。

現在の天気予報においては、予想ではなく、過去のデータで40%が雨になっているという「事実」を発表しています。

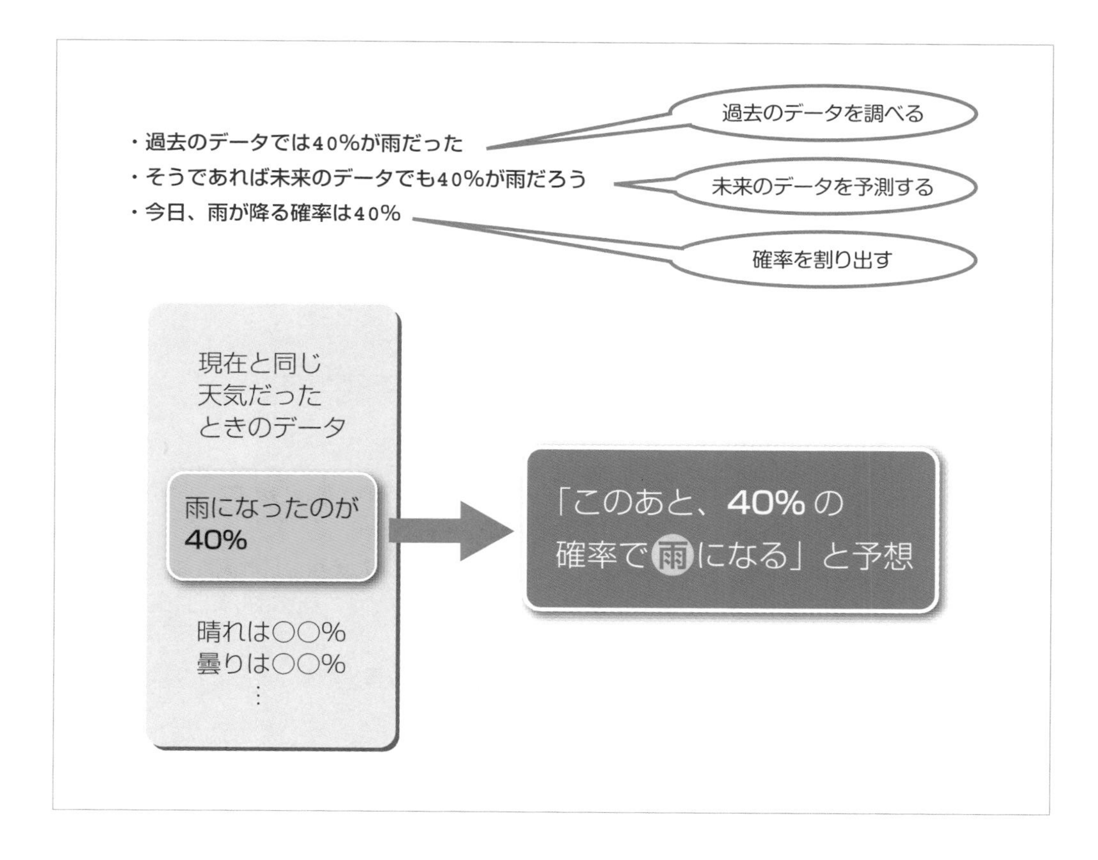

区間推定で母集団の平均を予測する

区間推定の「区間」は、データ全体の分布の中の一定の範囲のことを示します。10万人の身長のデータを集めた母集団の中からサンプルを1個ずつ取り出し、相対度数分布グラフを描いてみるとします。このとき相対度数分布グラフは、「大数の法則」によって、母集団の相対度数分布グラフに等しくなります。

母集団の10万人のうち160cm以上162cm未満の人が4000人いたとすると、母集団の相対度数分布グラフにおいて、160以上162未満の面積が「4000÷100000＝0.04」になります。これは、「降水確率」の考え方における「過去のデータ」に相当します。

そうすると、サンプルの相対度数分布グラフでも、160以上162未満の面積が0.04、つまり、確率が0.04であることになります。

しかし、降水確率を割り出すときの過去のデータはすべて揃っていますが、統計において「過去のデータ」に相当するものは、ずばり「母集団」です。母集団のすべてのデータを調べるのは不可能である、という前提のもとにいくつかのサンプルを抽出し、その相対度数分布グラフから「160以上162未満になる確率は4%」などといった確率を引き出すのが、「区間推定」の考え方です。「160以上162未満になるだろう」だけでは説得力がないので、当たる可能性も一緒に示します。母集団の平均を推定する場合は、「母集団の平均は95%の確率で○○～××の範囲（区間）にある」のようになります。

信頼区間と信頼度

区間推定では、母集団の性質を表す平均や分散などの値の範囲を求めます。この範囲のことを**信頼区間**と呼びます。さらに、信頼区間がどの程度の確率で母集団を言い当てているのかを**信頼度**（信頼係数）で示します。

●信頼区間
区間推定の対象となる、母集団の平均や分散などの値の範囲です。

●信頼度
信頼区間がどの程度の確率で母集団を言い当てているのかを示します。

当然のことですが、信頼区間を広げれば広げるほど、当たる可能性は高くなります。しかし、値の範囲が広すぎては、データ自体が曖昧なものになってしまい、これでは母集団を言い当てているとはいえなくなってしまいます。

一方で、信頼区間の範囲を狭くすれば、より具体的に母集団を示すことになるのですが、この場合は当たる可能性が低くなってしまいます。

そこで、区間推定を行う場合は「信頼度95%」がよく使われます。「信頼度は高く、なおかつ信頼区間の範囲はできるだけ狭く」という観点で見た場合、95%が最もバランスのとれた信頼度であるというのが、多く使われる理由です。

▼信頼区間の範囲が広い場合

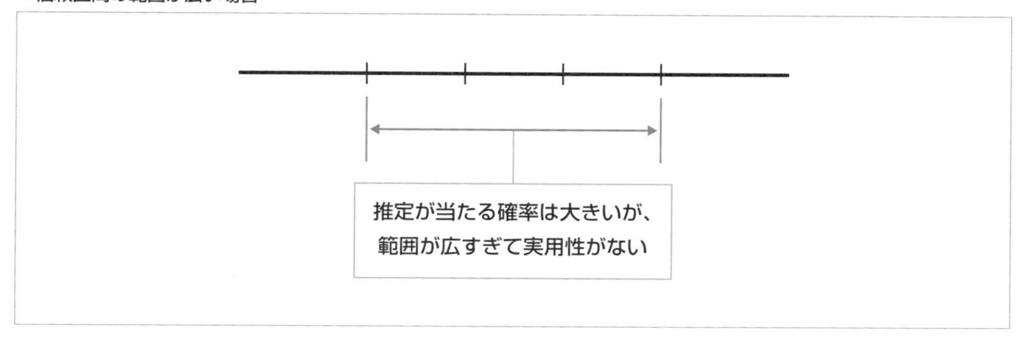

▼信頼区間の範囲が狭い場合

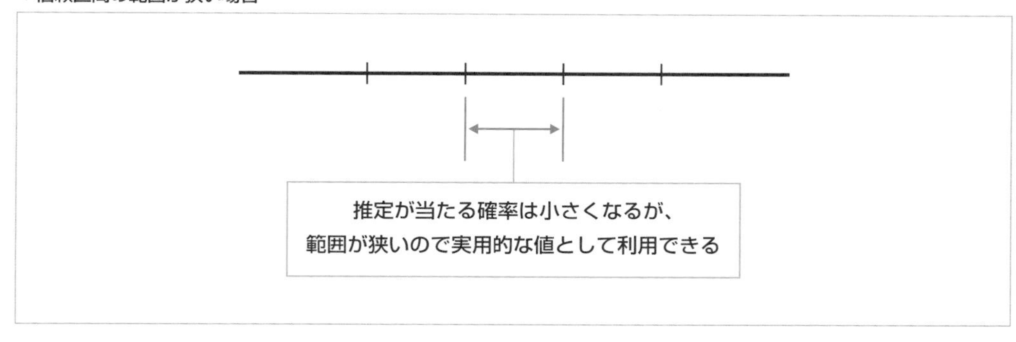

Memo 信頼度95%の区間推定

「信頼度95%」とは、当たる可能性が95%であることを示していますが、これは言い換えれば、外れる可能性が5%ということでもあります。このような外れる可能性のことを**危険率**と呼びます。信頼度95%の区間推定は、常に推定が5%の確率で外れることを前提にしています。

6.1.2 信頼度95%で母平均を区間推定する

信頼区間は、設定する信頼度によって異なります。母平均の信頼区間は、信頼度に基づいた累積確率の範囲ですので、範囲の両端、つまり範囲の下限と上限の境界の累積確率に対する確率変数の値で示されます。

Onepoint

「確率変数」は、確率密度の横軸の値で、データに相当します。ここで説明しているデータは「確率的に変動する」ことからこのように呼ばれますが、連続型の値をとり得ることから、特に「連続型確率変数」と呼ぶこともあります。一方、コインの裏と表やサイコロの目は離散型の値をとるので、「離散型確率変数」になります。

▼信頼度に対応する信頼区間

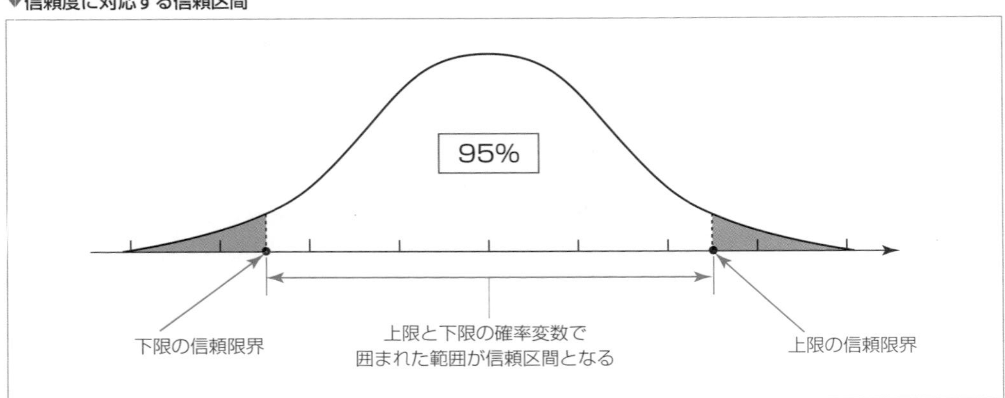

大標本（サンプルサイズ30以上）の信頼区間

本文242ページ「標本分布の法則」で、次の「標本平均の分布の法則」を紹介しました。

●標本平均の分布の法則

平均μ、分散σ^2の正規分布に従う母集団からサンプルサイズn個の標本を抽出したとき、その標本平均の分布は

$$N\left(\mu,\ \frac{\sigma^2}{n}\right)$$

となります。標本平均の分散は「母分散/n」なので「σ^2/n」としています。この法則を用いると、標準化したzは、標準正規分布に従うことが導かれます。標準化した値について「z値」という呼び方をします。式では複数のz値を示すことから大文字の「Z」で表記しています。

母集団の平均は？

プログラムを実行して、[Environment] ビューで結果を確認してみましょう。

▼ [Environment] ビュー

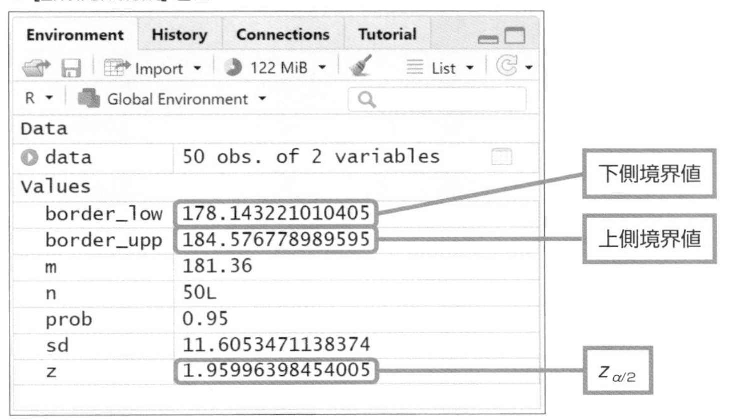

「下側境界値」と「上側境界値」から、母集団の平均を次のように推定することができます。

▼95%の信頼度における母平均の区間推定結果

```
178.14 ≦ 母平均〔μ〕 ≦ 184.58
```

※小数点以下３桁で四捨五入

50個のサンプルを分析に使用した結果、「1本当たりの容量の平均は95%の確率で178.14mlから184.58mlまでの間に存在する」ことがわかりました。

▼信頼度95%のときの信頼区間

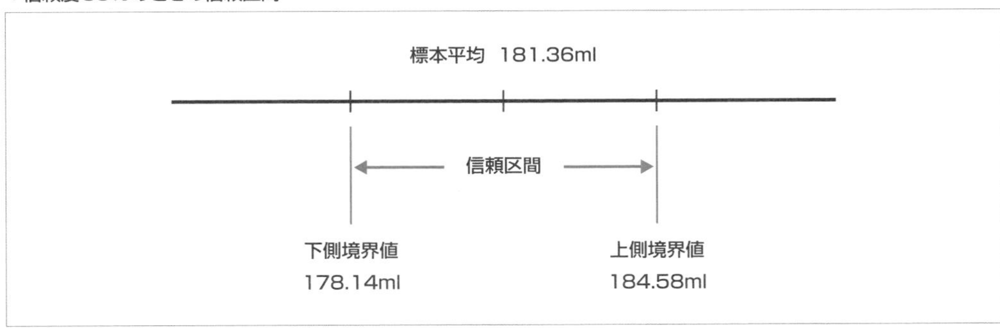

Exercise

本節の例題において、信頼度を99%にした場合の下側境界値と上側境界値を求めてください。

Answer

信頼度を99%にするには、プログラムの以下の部分を「0.99」に書き換えればOKです。

```
prob <- 0.99 ——— 信頼度を設定
```

プログラムを実行すると、下限信頼限界は約「177.1324…」、上限信頼限界は「185.5875…」になります。推定が当たる確率は高くなりますが、そのぶん信頼区間が広がります。

▼信頼度99%のときの信頼区間

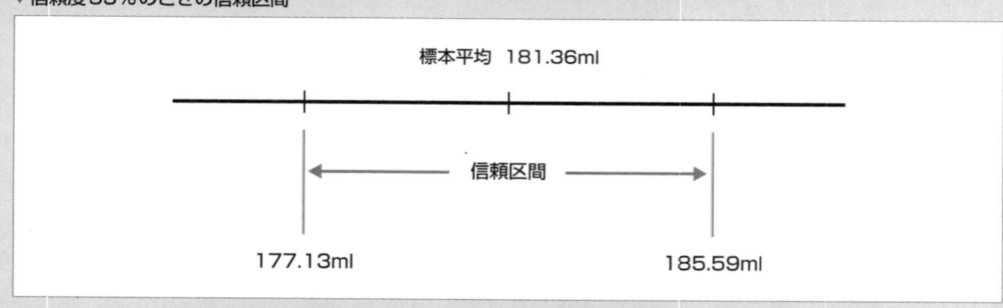

Section

6.2 小標本を使って全体の平均を予測する（t値を用いた区間推定）

Level ★★★　Keyword　小標本　t値　t分布　自由度

前節では、サンプルサイズが30以上の大標本を用いた母平均の区間推定について見てきました。本節では、サンプルサイズが30より小さい場合の母平均の区間推定を行います。

Theme 小標本を用いて母平均を区間推定する

右図のデータは、フレッシュジュース1本当たりの容量を10回、測定した結果です。

容量にバラツキがありますが、この結果をもとに、作業所で製造されるすべてのフレッシュジュースについて平均の容量を予測してみましょう。

●本節のプロジェクト

プロジェクト	IntervalEestimation-t
タブ区切りのテキストファイル	容量検査10.txt
RScriptファイル	script.R

▼フレッシュジュース1本当たりの容量を10本分測定した結果（容量検査10.txt）

data × Filter

	No	容量
1	1	167
2	2	171
3	3	169
4	4	170
5	5	169
6	6	166
7	7	171
8	8	168
9	9	172
10	10	169

6.2.1 小標本による平均値の推定

標本サイズが小さい（おおむね30より小さい）場合は、母分散σ^2の代わりに標本の不偏分散u^2を用いると、確率変数は自由度$n-1$のt分布に従うことが知られています。

▼母分散が未知の場合、母平均の区間推定で用いる標本統計量T

$$T=\frac{\text{標本平均}-\text{母平均}}{\frac{\text{標本標準偏差}}{\sqrt{n}}}$$

標本標準偏差は、不偏分散（u^2）から求めた標準偏差（u）のことです。一般化した式にすると、次のようになります。

▼標本統計量T

$$T=\frac{\bar{x}-\mu}{\frac{u}{\sqrt{n}}}\sim t(n-1)$$

小標本の平均と分散を用いて母平均の信頼区間を求める

有意水準をαとしたとき、母平均が信頼区間に現れる確率は$(1-\alpha)$で表されるので、標本統計量Tが区間$-t_{\alpha/2}$と$t_{\alpha/2}$の間に現れる確率Pは$(1-\alpha)$と等しくなります。αは上側確率と下側確率の合計なので、上側確率と下側確率をそれぞれ$\alpha/2$としています。

Onepoint 自由度

自由度とは、「自由に動ける変数の数」のことです。例えば、サンプルサイズが10（$n=10$）のときの自由度は10ですが、標本平均を計算したあとは9になります。標本平均が確定しているので、9個のデータがあれば残り1個のデータが確定してしまうためです。少々わかりにくい概念ですが、自由度は計算の途中で用いられる値であり、結果の解釈に用いられることはありません。用語の意味さえ理解しておけば、特に問題になることはないと思います。

▼標本統計量Tが区間$-t_{\alpha/2}$と$t_{\alpha/2}$の間に現れる確率Pは$(1-\alpha)$と等しくなる

$$P\left(-t_{\alpha/2} \leq \frac{\text{標本平均}-\text{母平均}\mu}{\frac{\text{標本標準偏差}}{\sqrt{n}}} \leq t_{\alpha/2}\right)=1-\alpha$$

これを母平均μについて整理すると、次のようになります。

▼標本統計量Tが区間$-t_{\alpha/2}$と$t_{\alpha/2}$の間に現れる確率Pは$(1-\alpha)$と等しい

$$P\left(\text{標本平均}-t_{\alpha/2}\times\frac{\text{標本標準偏差}}{\sqrt{n}} \leq \text{母平均}\mu \leq \text{標本平均}+t_{\alpha/2}\times\frac{\text{標本標準偏差}}{\sqrt{n}}\right)=1-\alpha$$

t分布は自由度$n-1$の分布に従うので$t(\alpha/2, n-1)$として、一般化した式にしましょう。

▼標本統計量Tが区間$-t(\alpha/2, n-1)$と$t(\alpha/2, n-1)$の間に現れる確率Pは$(1-\alpha)$と等しい

$$P\left(\bar{x}-t\left(\frac{\alpha}{2}, n-1\right)\frac{u}{\sqrt{n}} \leq \mu \leq \bar{x}+t\left(\frac{\alpha}{2}, n-1\right)\frac{u}{\sqrt{n}}\right)=1-\alpha$$

信頼区間の下側の境界値（下限信頼限界）と上側の境界値（上限信頼限界）は、次のように表せます。

▼下限信頼限界

$$\bar{x}-t\left(\frac{\alpha}{2}, n-1\right)\frac{u}{\sqrt{n}}$$

▼上限信頼限界

$$\bar{x}+t\left(\frac{\alpha}{2}, n-1\right)\frac{u}{\sqrt{n}}$$

$t(\frac{\alpha}{2}, n-1)$はt分布の分位点関数qt()を用いて求めることができます。

有意水準$\alpha=0.05$、サンプルサイズ$n=10$の$t(\frac{0.05}{2}, 10-1)$は次のように求めます。

▼qt()関数で$t(\frac{0.05}{2}, 10-1)$を求める（コンソール上で実行）

```
> qt(0.05/2, 10-1)
[1] -2.262157
```

このようにして求めた$t(\frac{\alpha}{2}, n-1)$には正負の符号が付いているので、信頼区間の境界値（下限信頼限界と上限信頼限界）を計算する際には絶対値を用いるようにします。

6.2.2 信頼度95%で母平均を区間推定する

では、サンプルサイズ10の小標本で、母平均を95%の信頼度で区間推定してみましょう。

▼t値を用いて母平均を95%の信頼度で区間推定する（script.R）

```
# 容量検査10.txtをデータフレームに格納
data <- read.table(
  "容量検査10.txt",
  header=TRUE,          # 1行目は列名
  fileEncoding="UTF-8" # 文字コードの変換方式
)

# 信頼度を設定
prob <- 0.95
# サンプルサイズを求める
n <- length(data$容量)
# 標本平均を求める
m <- mean(data$容量)
# 標本の不偏分散を求める
vr <- var(data$容量)

# t(α/2, n-1)の絶対値を求める
t <- abs(qt((1 - prob)/2, # α/2を求める
            n - 1)        # サンプルサイズ - 1
        )
# 下限信頼限界
border_low <- m - t*sqrt(vr/n)
# 上限信頼限界
border_upp <- m + t*sqrt(vr/n)
```

標本標準偏差（u）の代わりに不偏分散（u^2）を用いています。下限信頼限界と上限信頼限界を求める計算が次のようになっているので注意してください。

$$t\left(\frac{\alpha}{2}, n-1\right)\frac{u}{\sqrt{n}} \Rightarrow t\left(\frac{\alpha}{2}, n-1\right)\sqrt{\frac{u^2}{n}}$$

小標本による区間推定の結果

プログラムの実行結果は、次のようになりました。

▼信頼度95％の母平均の区間推定（[Environment] ビュー）

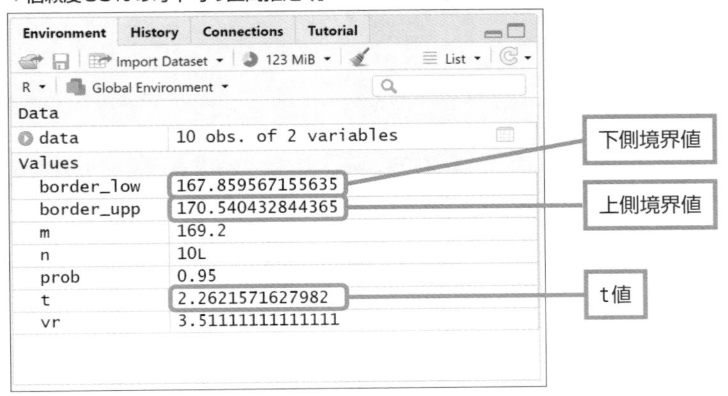

下側境界値と上側境界値から、母集団の平均を次のように推定することができます。

▼95％の信頼度における母平均の区間推定結果

167.86 ≦ 母平均〔μ〕 ≦ 170.54　（小数点以下3桁で四捨五入）

10個のサンプルを分析に使用した結果、「1本当たりの容量の平均は、95％の確率で167.86ml から170.54mlまでの間に存在する」ことがわかりました。

▼信頼度95％のときの信頼区間

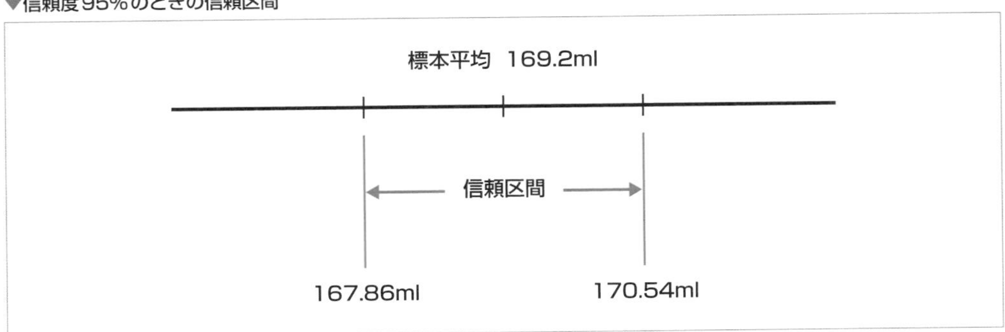

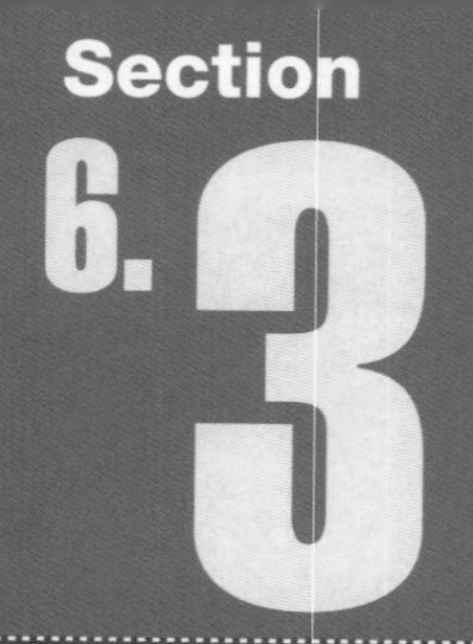

母集団のデータの比率を区間推定する

Level ★★★ Keyword 離散型 二項分布

これまで母平均の区間推定について見てきました。本節では、「母集団に含まれるデータの比率」についての区間推定を行います。「このデータは全体の50%を占める」といった場合、標本を採取する側からこれを推定してみよう、というものです。そうすることで、「全体の50%を占める」と言える確率は95%信頼できるか、というお話です。

母集団のデータの比率を信頼度95%で言い当てる

ある調査機関が有権者1000人に対して現政権を支持するかどうかを調査した結果、支持率が45%でした。数週間後に改めて調査した結果、支持率が47%であることが判明しました。

この場合、統計的な観点から、支持率がアップしたといえるでしょうか。

プロジェクト	RatioEstimation
RScriptファイル	script.R

●「母集団の比率」についての区間推定

$$1-\alpha = P(-z_{\alpha/2} \leq Z \leq z_{\alpha/2})$$
$$= P\left(-z_{\alpha/2} \leq \frac{X-np}{\sqrt{np(1-p)}} \leq z_{\alpha/2}\right)$$

6.3.1 二項分布の確率理論を用いて母集団の割合を推定する

1000人の現政権支持率が45%、これを標本を抽出する側から推定した場合、はたして推定したとおりのものであるのか、を検証するのが本節のテーマです。これは「母集団の比率」についての区間推定になります。

その前に、母集団の比率についての区間推定と関係の深い二項分布から見ていきましょう。

離散型の代表的かつ重要な確率分布である「二項分布」

離散型のデータの確率分布に**二項分布**があります。二項分布の例として、次の例題を見てみましょう。

AとBが3回対戦します。Aが1回の対戦で勝つ確率が$\frac{2}{3}$のとき、Aが3回戦のうち1勝する確率分布を求めてください。

AとBが3回対戦し、Aが1勝するパターンは次のようになります。

▼3回対戦してAが1勝するつパターン

1回戦	2回戦	3回戦
○	×	×
×	○	×
×	×	○

Aが1回の対戦で勝つ確率は$\frac{2}{3}$です。この場合、Aが勝つ回数は確率変数Xになります。

では、その分布はどうなるかというと、Aが勝つ回数をXとした場合、Xは0、1、2、3のいずれかです。それぞれの確率は、**反復試行**の確率で求めることができます。サイコロを振るような場合、1回ずつの試行は他の試行に影響を与えないので、それぞれの試行は独立です。このような独立な試行の繰り返しが反復試行です。

●反復試行とその確率

ある試行で事象Aが起こる確率Pが、

$$P(A)=(0 \leq p \leq 1)$$

であるとします。この試行をn回繰り返す反復試行で、事象Aがちょうどk回だけ起こる確率は次のとおりです。

$${}_nC_k p^k (1-p)^{n-k} (0 \leqq k \leqq 1)$$ （CはCombination〈組み合わせ〉のこと）

（${}_nC_k$は組み合わせを示している。異なる5つから3つを選ぶ場合は${}_5C_3$と表す）

●組み合わせの一般式

異なるn個からr個を選ぶ組み合わせは、

$${}_nC_r = \frac{{}_nP_r}{r!} = \frac{n \times (n-1) \times (n-2) \times \cdots \times (n-r+1)}{r \times (r-1) \times (r-2) \times \cdots \times 1}$$

となります（${}_nP_r$〈順列〉については272ページのMemoを参照）。これを一般化すると次のようになります。

▼異なるn個からr個を選ぶ組み合わせを一般化した式

$${}_nC_r = {}_nC_{n-r}$$

●Aが勝つ回数Xを0、1、2、3としてそれぞれの確率を求める

では、Aが勝つ回数Xを0、1、2、3として、それぞれの確率を、反復試行の確率を使って求めていきましょう。

①$X=0$のとき➡Aが3連敗

$${}_nC_0 = {}_nC_{n-0} = {}_nC_n = \frac{{}_nP_n}{n!} = \frac{n \times (n-1) \times (n-2) \times \cdots \times 1}{n \times (n-1) \times (n-2) \times \cdots \times 1} = 1$$

$$\left(\frac{2}{3}\right)^0 = 1$$

$${}_3C_0 \left(\frac{2}{3}\right)^0 \left(1-\frac{2}{3}\right)^{3-0} = 1 \times 1 \times \left(\frac{1}{3}\right)^3 = 1 \times 1 \times \frac{1}{27} = \frac{1}{27}$$

②X＝1のとき➡Aが1勝2敗

$$ {}_3C_1 = {}_3C_{3-1} = {}_3C_2 = \frac{{}_3P_2}{2!} = \frac{3\times2}{2\times1} = \frac{6}{2} = 3 $$

$$ {}_3C_2\left(\frac{2}{3}\right)^1\left(1-\frac{2}{3}\right)^{3-1} = 3\times\frac{2}{3}\times\left(\frac{1}{3}\right)^2 = 3\times\frac{2}{3}\times\frac{1}{9} = \frac{2}{9} $$

③X＝2のとき➡Aが2勝1敗

$$ {}_3C_2 = {}_3C_{3-2} = {}_3C_1 = \frac{{}_3P_1}{1!} = \frac{3}{1} = 3 $$

$$ {}_3C_2\left(\frac{2}{3}\right)^2\left(1-\frac{2}{3}\right)^{3-2} = 3\times\frac{4}{9}\times\frac{1}{3} = \frac{12}{27} $$

④X＝3のとき➡Aが3連勝

$$ {}_3C_3 = {}_3C_{3-3} = {}_3C_0 = 1 $$

$$ {}_3C_3\left(\frac{2}{3}\right)^3\left(1-\frac{2}{3}\right)^{3-3} = 1\times\frac{8}{27}\times\left(\frac{1}{3}\right)^0 = \frac{12}{27}\times1 = \frac{8}{27} $$

●二項分布における確率

以上の結果からXの確率分布を求めると、次のようになります。

X	0	1	2	3
確率	$\frac{1}{27}$	$\frac{2}{9}$	$\frac{12}{27}$	$\frac{8}{27}$

これが二項分布の代表的な例です。

●二項分布

一般に成功確率がpの試行を独立にn回繰り返したときの成功回数Xの確率分布を、確率pに対する次数nの二項分布といいます。

このとき$X=k$（$k=0, 1, 2, \cdots, n$）となる確率は、n回中k回は成功（確率p）し、$n-k$回は失敗（確率$1-p$）する反復試行の確率になるので、次のように表せます。

$$ {}_nC_k p^k (1-p)^{n-k} $$

これをまとめると次のようになります。

●二項分布

X	0	1	2	…	n
確率	${}_nC_0(1-p)^n$	${}_nC_1p(1-p)^{n-1}$	${}_nC_2p^2(1-p)^{n-2}$	…	${}_nC_np^n$

※ただし、pは$0<p<1$を満たす定数

この確率分布のことを「確率pに対する次数nの二項分布」といい、$B(n,p)$と表します。

●二項分布に従う確率変数Xの平均や分散、標準偏差

二項分布に従う確率変数Xの期待値（平均）や分散、標準偏差は、次のようになることがわかっています。

▼二項分布における平均、分散、標準偏差

平均（期待値）	$E(X)=np$
分散	$V(X)=np(1-p)$
標準偏差	$S(X)=\sqrt{np(1-p)}$

二項分布の試行回数を無限大にすると正規分布になる

Xが二項分布 $B(n,p)$に従うとき、次のことが成り立ちます。

●二項分布

二項分布の試行回数を無限大にすると正規分布になる。

nが大きいとき、

$\dfrac{X-np}{\sqrt{np(1-p)}}$は$N(0,1^2)$に従うと見なせる。

npは二項分布の平均、$np(1-p)$は二項分布の分散ですので、$\sqrt{np(1-p)}$が二項分布の標準偏差になります。確率変数Xが二項分布に従うとき、Xを標準化（平均を引いて、標準偏差で割る）する式は、

$$\frac{X-np}{\sqrt{np(1-p)}}$$

となります。

二項分布に従うXを標準化した確率変数は、nを大きくしていくと、標準正規分布$N(0, 1^2)$に近づいていきます。これは、

> 二項分布の試行回数を無限大にすると正規分布になる。

ということです。このことを**ラプラスの定理**といい、母比率の推定検定や適合度検査に応用されています。

Memo 順序を考慮する場合の数は「順列」

サイコロを振ったときの目の出方などのように、ある事柄の起こり方を総称して「**場合の数**」と呼びます。ここで重要なのは、順序を考慮するべきなのか、考慮しなくてもよいかを見極めることです。ここでは、順序を考慮すべき場合について見ていきましょう。

5人の中から委員長、副委員長、会計の3人を選ぶ場合は、選ぶ順序を考慮する必要があります。

委員長➡副委員長➡会計の順に選ぶことにすると、「委員長をA君、副委員長をB君、会計をC君」、あるいは「委員長C君、副委員長A君、会計をB君」のように選ぶことになります。

委員長➡副委員長➡会計の順に選ぶとき、委員長はA君～E君の5人から選ぶので5通り、副委員長は委員長に選ばれなかった残り4人から選ぶので4通り、会計は委員長にも副委員長にも選ばれなかった残りの3人から選ぶので3通りです。

そうすると、場合の数は次のように計算できます。

$$5 \times 4 \times 3 = 60 \text{［通り］}$$

このように、順序を考慮する場合の数のことを**順列**と呼びます。「異なる5つの要素から順序を考慮して3つを選ぶ場合の数」は、順列を意味する「permutation」の頭文字をとって「${}_5P_3$」と表します。

$${}_5P_3 = \underline{5 \times 4 \times 3}$$

└ 3つを順列で選ぶ場合は3個の積

●0!の特別な意味

「${}_nP_r = n \times (n-1) \times \cdots \times (n-r+1)$」の場合、$r=n$とすると

$$\begin{aligned} {}_nP_r &= n \times (n-1) \times \cdots \times (n-r+1) \\ &= n \times (n-1) \times \cdots \times 1 \\ &= n! \end{aligned}$$

ですが、${}_nP_r = \dfrac{n!}{(n-r)!}$のときに$n=r$とすると、

$${}_nP_r = \frac{n!}{(n-n)!} = \frac{n!}{0!}$$

となってしまいます。「0」というのは階乗の定義からするとあり得ない数のように思えます。ですが、「0」については階乗の定義が破綻しないように次のように定められています。

▼階乗における0の定義

$$0! = 1$$

6.3.2 母集団の「比率」を区間推定する

ラプラスの定理では、Xが二項分布$B(n, p)$に従うとき、nが十分に大きいと、

$$\frac{X-np}{\sqrt{np(1-p)}}$$

の分布は$N(0, 1^2)$に従うというものでした。

このことを用いると、次の式で母集団にあるデータが含まれる「比率」の区間推定を行うことができます。

▼二項分布$B(n, p)$による区間推定

$$1-\alpha=P(-z_{\alpha/2} \leq Z \leq z_{\alpha/2})$$
$$=P\left(-z_{\alpha/2} \leq \frac{X-np}{\sqrt{np(1-p)}} \leq z_{\alpha/2}\right)$$

式の中の不等式を次のように整理することができます。式の中のp_αは母比率で、$\hat{p}$は標本の比率$\frac{X}{n}$です。

$$\hat{p}-z_{\alpha/2}\sqrt{\frac{\hat{p}(1-\hat{p})}{n}} \leq p_\alpha \leq +z_{\alpha/2}\sqrt{\frac{\hat{p}(1-\hat{p})}{n}}$$

母比率を95%の信頼度で区間推定する

今回の例は、1000人に対して調査を行った結果、現政権に対する支持率が45%なので、推定に用いる比率は「0.45」です。

▼支持率45%を区間推定する(script.R)

```
# 信頼度
prob <- 0.95
# z値を求める
z <- abs(qnorm((1 - prob)/2))
# 比率
p <- 0.45
# 母集団のサイズ
n <- 1000
```

```
# 下限信頼限界
border_low <- p - z*sqrt(p*(1 - p)/n)
# 上限信頼限界
border_upp <- p + z*sqrt(p*(1 - p)/n)
```

▼実行結果（[Environment] ビュー）

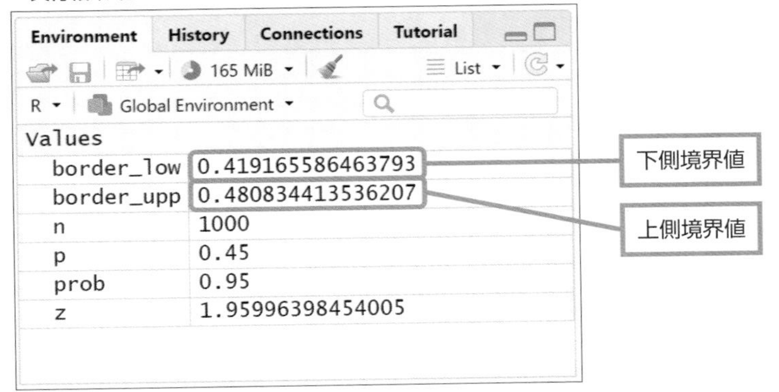

支持率45%と47%に「差はある」のか

得られた結果を小数点以下4桁までで丸めると、母比率の推定区間は、

$$0.4192 \leqq p_\alpha \leqq 0.4808$$

となります。この推定区間は、今回の調査で支持率が45%という結果が得られているものの、母集団の支持率はおよそ42%〜48%であると推測されることを意味します。

数週間あるいは数か月後に新たに1000人に対し調査を行い、その支持率が47%になったとすると、前回の調査結果45%より明らかに支持率がアップしたといえるでしょうか？

47%は信頼区間0.4192 $\leqq p_\alpha \leqq$ 0.4808内に入るので、「この程度の差では、有意水準5%で支持率がアップしたとは統計的にはいえない」という結果になります。つまり、この程度の差であれば、誤差の範囲内であり、明確な違いは見いだせないということになります。

以上、母集団の割合を区間推定することで、現政権支持率調査の2回ぶんのデータに差があるのかどうかを見てきました。このことは**帰無仮説検定**の考え方に結び付いていきます。

Hint 自由度が30を超えると標準正規分布とほぼ同じになる

t値は小標本で母平均を推定するために使うものなので、分布のバラツキが大きいことは、ある意味仕方のないことです。

しかし、自由度が大きくなる、つまり標本のサイズを大きくすれば、分布のバラツキは小さくなります。実は、自由度が30に達すると、平均値0、分散1の標準正規分布にほぼ一致することがわかっています。

自由度が30ですので、正確には標本の大きさは31になるのですが、「標本の大きさがおおむね30以上」であれば、標準正規分布における区間推定を行い、「標本の大きさが30より小さい」のであれば、t分布における区間推定を行うのがよいとされています。

Memo 階乗

階乗は、階段を下りていくように数字を1つずつ減らしながら掛けていくことから、このような呼び方をしています。階乗の記号はビックリマークの「!」です。

5の階乗「5!」は

$$5 \times 4 \times 3 \times 2 \times 1 = 120$$

です。階乗は次のように定義されます。

●**階乗の定義**

自然数（正の整数）をnとしたとき、

$$n! = n \times (n-1) \times (n-2) \times \cdots \times 3 \times 2 \times 1$$

をnの階乗といいます。

Perfect Master Series
Statistical Analysis with R

Chapter 7

独立性の検定と2つの平均の比較（χ^2検定、t検定）

２つのデータを比較するとき、統計では「この２つのデータの分布状況はほぼ同じである」とか「２つのデータの平均には差がない」といった観点から分析を行います。「95%の確率で○○である」のように判断するので、このような分析手法を検定と呼びます。

検定を行うにあたり、χ^2（カイ二乗）分布やｔ分布などの新たな分布が登場します。

Section 7.1

2つのデータの独立性の検定（カイ二乗検定）

Level ★★★ | Keyword カイ二乗分布　カイ二乗検定　期待値

本節から「検定」について見ていきます。検定とは、あるデータの集まり（母集団）について仮説を立て、その仮説が正しいかどうかを標本から推測することです。

Theme 2つのデータの分布は同じかどうかを判断する

ある外食チェーンでは、期間限定メニューとセットで提供するセカンドメニューを展開し、集客アップを図っています。

期間中に何食ぶんの注文があったかを調査したところ、比較的規模が大きいA店では、メインメニューの売上に対してセカンドメニューの注文数が少ないようです。

一方、隣町にある中規模のB店では、メインメニューを注文した人の約半数がセカンドメニューも注文しています。

この場合、規模が大きいA店のセカンドメニューの注文数は、中規模のB店に比べて劣っているのかどうか、統計的な観点から判断してみましょう。

▼A店とB店におけるメインメニューとセカンドメニューの注文数

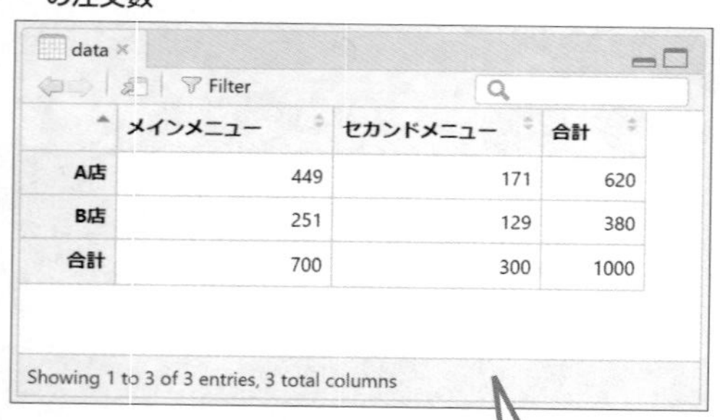

	メインメニュー	セカンドメニュー	合計
A店	449	171	620
B店	251	129	380
合計	700	300	1000

タブ区切りのＡ店Ｂ店.txtをデータフレームに読み込んだところです。

・A店のメインメニューに対するセカンドメニューの注文割合は38%
・B店のメインメニューに対するセカンドメニューの注文割合は51%

7.1.1　データの分布を検証するカイ二乗検定

「誤差の範囲内のもの」なのか、それとも「誤差とはいえない誤差以上のもの」なのかを決めるための検定が **χ^2検定**（**カイ二乗検定**）です。ここではサイコロ投げを例に、カイ二乗検定がどういうものなのか見ていくことにしましょう。

サイコロを投げて1から6までの目が出る確率

サイコロの目は1から6までありますので、サイコロを投げたときにそれぞれの目が出る確率は「1/6」です。これをもとにして、サイコロを12回投げたときに1から6までのそれぞれの目が何回出るのかを考えてみましょう。それぞれの目が出る確率は1/6ですので、

$$\frac{1}{6} \times 12 = 2$$

で、確率的に2回は出るだろうと予想できます。

このように、「確率が1/6だから12回投げたらそれぞれの目が2回ずつ出るだろう」という考えをもとにして求めた値を、**期待値**または**期待度数**と呼びます。サイコロを12回投げたときの1から6までの目が出る期待値はそれぞれ「2」です。

サイコロ投げの結果と期待度数を表にする

実際にサイコロを12回投げてみることにしました。次の表がその結果です。各目ごとに出た回数と、その合計が記録されています。

▼サイコロを12回投げた結果

	サイコロの目	観測度数
1	1	3
2	2	1
3	3	0
4	4	2
5	5	4
6	6	2
7	合計	12

タブ区切りの「サイコロ.txt」をデータフレームに読み込んだところです。

サイコロを12回投げたときの、1から6までのそれぞれの目が出た回数のことを「観測度数」と呼びます。一方、確率から求めた期待値は、すべて「2」です。

サイコロ投げの結果をカイ二乗検定で調べる

サイコロを投げたときの目の出方には差がないので、それぞれの目が出た結果（観測度数）は、すべてがおおむね同じ度数になるはずです。ちなみに、どの値も同じ度数となる分布のことを**一様分布**と呼ぶのでした。ところが結果を見てみると、5の目が4回も出ているのに、3の目は0回です。期待値どおりの結果になっていません。

そこで、このような場合は、「サイコロの目の出方には差があるかどうか」を調べます。これが「カイ二乗検定」です。サイコロ投げの場合は、「サイコロ投げの目の出方は一様分布に従っているかどうか」を判断します。

具体的には、観測度数と期待度数のズレを数値にして、この数値が許容範囲にあるかどうかを調べることになります。

検定に使用する検定統計量を求める式

カイ二乗検定では、まず、検定に使用する**検定統計量**を求めます。検定統計量とは、仮説検定においてサンプルデータから標準化された値を導く式のことです。カイ二乗検定における検定統計量は、次のようになります。

▼カイ二乗検定における検定統計量の式

$$検定統計量 = \frac{(観測度数 - 期待値)^2}{期待値} の総和$$

観測度数をO、期待値をEに置き換えると、次のように表されます。

$$検定統計量 = \frac{(O_1 - E)^2}{E} + \frac{(O_2 - E)^2}{E} + \cdots + \frac{(O_k - E)^2}{E}$$

検定統計量を求める際は、サイコロの1から6までのそれぞれの目が出た回数と、期待値との差を調べます。さらに、検定に使う値は1個にしたいので、これを合計します。しかし、たんに差を合計すると「0」になってしまうので、サイコロの目が出た回数（観測度数）と期待値の差を2乗します。これを期待値で割ります。考え方としては偏差平方を平均で割る標準化の式と同じです。

最後にそれぞれ求めた値を合計することで、カイ二乗検定における検定統計量を求めます。ここで求めた実現値は、自由度1（自由度についてはこのあと説明します）のカイ二乗分布に従います。

●カイ二乗検定における検定統計量の特徴

カイ二乗検定の検定統計量には、次のような特徴があります。

- 期待度数と観測度数が完全に一致すれば、検定統計量の値は0になる。
- 期待度数と観測度数の差が大きくなると、検定統計量の値も大きくなる。

検定統計量の大きさで、起こる確率が高いのか低いのかを判断する

検定に使う検定統計量は、実際の測定した値（観測度数）と、確率をもとにして「これくらいの値にはなるだろう」と予測した期待度数とのズレを数値化します。なので、ズレが小さければ、それだけ検定統計量の値は小さくなります。「ズレが小さい＝期待度数に近い」ということになりますので、検定統計量が小さいほど「起こる確率が高い」ことになります。

反対にズレが大きいほど検定統計量は大きくなりますので、この場合は「起こる確率が低い」ことになります。

検定統計量の値が大きいのかどうかの基準になるのが「カイ二乗分布」です。カイ二乗分布は、χ^2値と確率の関係を示すもので、この分布のある地点のχ^2値を比較の基準にします。この地点のχ^2値よりも検定統計量の実現値が大きいのか、それとも小さいのかによって、「起こる確率が低い」のかそれとも「起こる確率が高い」のかを判断します。

なお、検定統計量を求める式からもわかるように、実現値は正の値しかとりません。標準正規分布のような、0を中心とした左右対称の分布にはならないので、カイ二乗検定は、0から上側の片側検定になります。

ここで、カイ二乗分布の定理と、カイ二乗分布の定義について確認しておきましょう。

▼カイ二乗分布のための定理

N個の確率変数x_1、x_2、…、x_Nが互いに独立に、同一の平均μ、分散σ^2の正規分布$N(\mu, \sigma^2)$に従うとき、統計量

$$\chi^2 = \frac{(x_1 - \bar{x})^2 + (x_2 - \bar{x})^2 + \cdots + (x_N - \bar{x})^2}{\sigma^2}$$

の分布は、自由度N-1のカイ二乗（χ^2）分布になります。このとき、

$$\bar{x} = \frac{x_1 + x_2 + \cdots + x_N}{N}$$

とします。

▼カイ二乗分布の定義

確率変数χの確率密度関数$f(x)$が$x \geq 0$に対して

$$f(x) = \frac{1}{2^{m/2}\Gamma\left(\frac{m}{2}\right)} x^{m/2-1} e^{-x/2}$$

で表されるとき、この分布を「自由度mのカイ二乗（χ^2）分布」といいます。

※カイ二乗分布の確率密度関数$f(x)$のΓはガンマ関数を表します。

検定に使用するχ^2値を求める

では、先ほどのサイコロの表を使ってχ^2値を求めてみることにしましょう。

プロジェクト	dies		
タブ区切りのテキストファイル	サイコロ.txt	RScriptファイル	script.R

▼サイコロ投げ12回の試行結果をカイ二乗検定する（script.R）

```
# サイコロ.txtをデータフレームに格納
data <- read.table(
  "サイコロ.txt",
  header=TRUE,           # 1行目は列名
  fileEncoding="UTF-8"  # 文字コードの変換方式
)


# 観測度数をベクトルに格納
freq <- c(
  data[1,2], # 1の目の観測度数
  data[2,2], # 2の目の観測度数
  data[3,2], # 3の目の観測度数
  data[4,2], # 4の目の観測度数
  data[5,2], # 5の目の観測度数
  data[6,2]) # 6の目の観測度数


# それぞれの観測度数について「(観測度数 - 期待値)の2乗÷期待値」を求める
element <- (freq - 2)^2/2 ………………………………………………………… ①
# 検定統計量を求める
elm_val <- sum(element) ………………………………………………………… ②
# 有意水準5%のχ2値(棄却域)を求める
chi_val <- qchisq(0.05,              # 有意水準5%
```

```
                    5,                    # 自由度
                    lower.tail=FALSE # 上側確率を求める
                    ) ·············································· ③
```

●①のソースコード

```
element <- (freq - 2)^2/2
```

ここでは

$$\frac{(O_1 - E)^2}{E} + \frac{(O_2 - E)^2}{E} + \cdots + \frac{(O_k - E)^2}{E}$$

の計算をしています。

●②のソースコード

```
elm_val <- sum(element)
```

sum()関数を使って「観測度数と期待値の差の2乗÷期待値」の合計を求めます。ここで求めた値が検定統計量になります。

●③のソースコード

```
chi_val <- qchisq(0.05,               # 有意水準5%
                  5,                  # 自由度
                  lower.tail=FALSE # 上側確率を求める
                  )
```

有意水準5%のχ^2値（棄却域）を求めています。ここでの**有意水準**とは、「めったに起こらないか、そうでないか」を決めるための基準となる確率のことです。

有意水準を5%とした場合は、χ^2分布の棄却域の確率を0.05とし、これに対応する（上側確率0.05の境界を示す）χ^2値を求めます。これは、棄却域より下側の確率（面積）が0.95になるときのχ^2値と同じです。カイ二乗分布に基づいたχ^2値は、qchisq()関数で求めます。

●qchisq()関数(有意水準5%〈確率0.05〉のχ^2値を求める場合)

```
chi_val <- qchisq(
                有意水準〔上側の確率〕, ……… 5%の場合は0.05を指定
                自由度,
                lower.tail=FALSE ……… 上側確率のχ²値を求めるためのオプション
                )
```

●qchisq()関数(下側確率のχ^2値を求める場合)

```
chi_val <- qchisq(
                棄却域より下側の確率, ……… 5%の場合は1−0.05=0.95を指定
                自由度
                )
```

有意水準5%の棄却域(上側確率0.05)のχ^2値を求める場合は、第1引数を0.05にして「lower.tail=FALSE」を設定します。逆に、有意水準5%の棄却域より下側の確率は「1 − 0.05」で0.95なので、これを指定して下側の確率に対するχ^2値を求めても同じ結果になります。この場合は「lower.tail=FALSE」の設定は不要です。

自由度

qchisq()関数でχ^2値を求める際に**自由度**を指定しました。自由度とは、名前のとおり自由に選べる値のことです。具体的には、有意水準5%のχ^2値を求める際の確率変数の数になります。

サイコロ投げの場合は、サイコロの目が1から6までありますが、サイコロ投げの回数は12回と決まっていますから、1の目から5の目までが出た回数がわかれば、6の目が出る回数は必然的にわかります。表に記録されているサイコロ投げの結果は、次のとおりです。

```
1の目  3回
2の目  1回
3の目  0回
4の目  2回
5の目  4回
──────────
合計   10回
```

このことから、6の目が出る回数は「12−10=2」で必然的に2回になります。これを整理すると、6通りの目の出方のうち、5通りは自由ですが、最後の1通りはサイコロ投げの回数という条件に縛られたことで自動的に決まってしまいます。1から6まですべての目の観測度数が必要なわけではなく、1〜5の目のものがあればよいということになります。このことから、自由度は6より1つ少ない

5になります。

したがって、サイコロ投げ12回の試行では、自由度5のχ^2分布を使用して検定を行うことになります。この分布の上側の確率（または下側の確率）のχ^2値を求め、このχ^2値よりも検定に使用するχ^2が大きいのか、それとも小さいのかによって、「起こる確率が低い」のかそれとも「起こる確率が高い」のかを判断します。

サイコロ投げ12回の試行結果をχ^2検定する

では、プログラムの実行結果を見てみましょう。

▼実行結果（[Environment] ビュー）

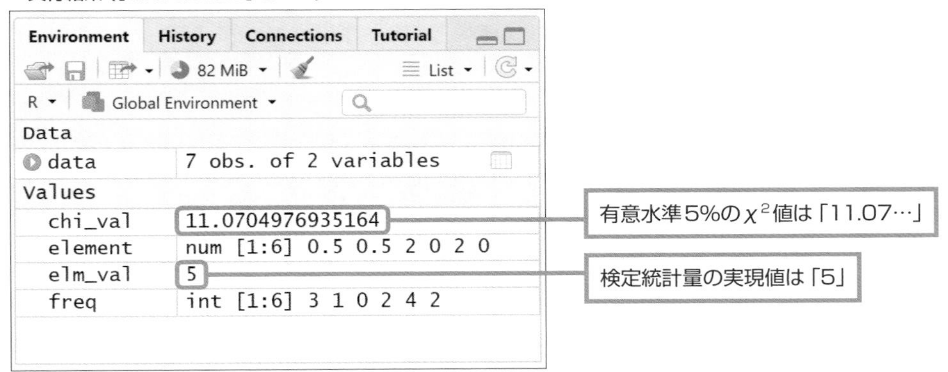

サイコロ投げ12回の試行結果から求めた検定統計量は「5」、有意水準5%のχ^2値は「11.07…」になりました。実現値の5は棄却域の境目である「11.07…」を超えてはいません。

このことから、サイコロ投げ12回の目の出方は偶然起こり得る範囲内であり、サイコロ自体には問題はない、と判断することができます。

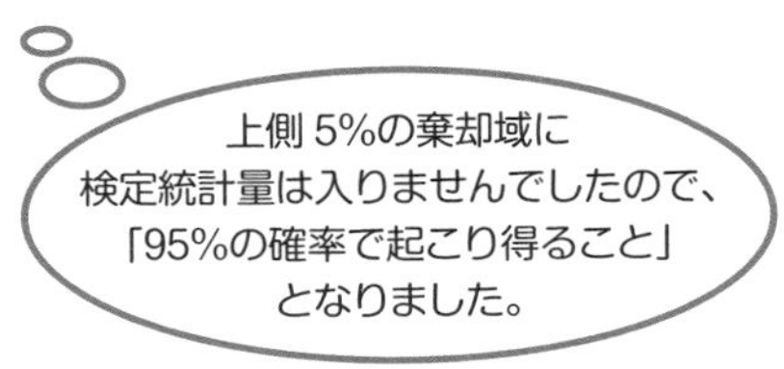

χ^2検定を行う手順

ここで、χ^2検定の手順について整理しておきましょう。

①対立仮説と帰無仮説を立てる

ある出来事について、その起こり方に「差がある」という仮説と、「差がない」という仮説を立てます。前者を**対立仮説**、後者を**帰無仮説**といいます。

●対立仮説

対立仮説は、「ある出来事の起こり方に差がある」とする仮説です。例えば、サイコロの目の出方は一様分布ではなく、偏りがあると仮定します。サイコロは何らかの原因で特定の目が出やすくなっているとして、「サイコロの目が出るパターンには差がある」とする対立仮説を立てます。

●帰無仮説

対立仮説を証明するために、あえて「出来事の起こり方には差はない」とする仮説を立てます。カイ二乗検定では、この帰無仮説を採択するかどうかを判定します。「サイコロの目が出るパターンには差がなく、一様分布になる」とするのが帰無仮説です。帰無仮説を採択するか棄却するかを決めるために、②以下を実施します。

②検定統計量の実現値を求める

カイ二乗検定を行うための検定統計量の実現値を求めます。検定統計量は、自由度1のχ^2分布に従います。

③有意水準を決めてχ^2値を求める

有意水準は、めったに起こらないとする棄却域の割合のことを指し、これが、帰無仮説を棄却するかどうかを判定する基準になります。有意水準を5%とした場合は、棄却域の確率（面積）として0.05を指定してχ^2値を求めます。

④検定統計量とχ^2値を比較する

②で求めた検定統計量と③で求めたχ^2値を比較します。検定統計量がχ^2値を超えない場合は、有意水準で指定した棄却域には入らないので、当然起こり得ると判断し、「差がない」とした帰無仮説を採択します。逆に、検定統計量がχ^2値を超えている場合は棄却域に入るので、「差がないとはいえない」と判定し、帰無仮説を棄却して対立仮説を採択します。

Memo

対立仮説と帰無仮説

統計的な検定を行うときは、まず「仮説」を立てることから始めます。「○○は××である」という仮の考えを決め、この仮説が正しいのか、そうでないかを調べていきます。

カイ二乗検定では、「○○には差がない」という仮説を立てます。「○○には差がある」という仮説の方が自然ですが、これには次のような理由があるからです。

「差がある」という仮説を立てることを考えた場合、「○○には大きな差がある」とか「小さな差がある」のように「○○には△△の差がある」という仮説がほぼ無限に立てられます。しかし、仮説が無限にあったのでは、すべての仮説を検討するのは無理です。

一方、「○○には差がない」という仮説には、これ以上のパターンはありません。なので、この仮説を肯定するのか、否定するのかだけを決めればよいことになります。このような、検定の対象となる仮説のことを**帰無仮説**と呼びます。なぜ、このような呼び方をするのかというと、本来であれば立てたい仮説は「○○には差がある」の方であり、「○○には差がない」という仮説は、捨てたい仮説（無に帰することを期待する仮説）にすぎないからです。

●仮説の採択と棄却

仮説を「正しい」と肯定することを**採択**と呼びます。逆に、仮説を否定することを**棄却**と呼びます。もし、帰無仮説が採択されたら「差はない」と結論付けます。反対に、帰無仮説が棄却されたら「差はないとはいえない」➡「差はある」と結論付けることになります。

●本当に立てたい仮説は対立仮説

帰無仮説の反対の仮説が**対立仮説**です。「差はある」という仮説ですね。帰無仮説が棄却され、「差はないとはいえない」ということになれば、「差はある」という対立仮説が採択されることになります。

Memo

有意水準

検定における**有意水準**とは、帰無仮説を棄却するかどうかを判定する基準のことで、5%や1%がよく使用されます。検定統計量の期待値を有意水準を5%としたχ^2値と比較することで、期待値を求めるもとになった観測結果が、「めったに起こらない」ことなのか、それとも「めったに起こらないとはいえない」ことなのかを判定します。

ちなみに、有意水準の「有意」は、「意味のある、偶然ではない差がある」ことを意味しています。有意水準5%のχ^2値は、偶然ではない差があるとする棄却域の確率（面積0.05）の境界を示す値です。

7.1.2 A店とB店のデータ分布は同じかどうかを判断する

では、本題の「A店とB店のデータ分布は同じかどうか」をカイ二乗検定で判定することにしましょう。

「差はない」という帰無仮説を立ててχ^2検定を実施

セカンドメニューのメインメニューに対する売上の割合を見てみましょう。

●A店

```
〔セカンドメニュー〕171 ÷ 〔メインメニュー〕449 ≒ 0.38
```

●B店

```
〔セカンドメニュー〕129 ÷ 〔メインメニュー〕251 ≒ 0.51
```

帰無仮説と対立仮説を立ててカイ二乗検定を実施

A店のセカンドメニューの注文割合はメインメニューの約0.38、B店の注文割合は約0.51となりました。これだけ見れば、A店はB店よりもセカンドメニューの注文数が少ないように思えますが、統計的な観点で少ないといえるのか、仮説を立てて検証していくことにします。

次のように帰無仮説と対立仮説を立てます。

●帰無仮説

A店とB店では、メインメニューとセカンドメニューの注文数の割合に差はない。

●対立仮説

A店とB店では、メインメニューとセカンドメニューの注文数の割合に差がある。

仮説を立てたところで、カイ二乗検定を使って仮説を検証しましょう。

プロジェクト	Chi-SquareTest		
タブ区切りのテキストファイル	A店B店.txt	RScriptファイル	script.R

▼注文数に差はないのかをカイ二乗検定する（script.R）

```
# A店B店.txtをデータフレームに格納
data <- read.table(
  "A店B店.txt",
  header=TRUE,          # 1行目は列名
```

```
  fileEncoding="UTF-8" # 文字コードの変換方式
)

# A店の注文数の合計
A_sum     <- data[1,3]
# B店の注文数の合計
B_sum     <- data[2,3]
# A店とB店の注文数の合計
AB_sum    <- data[3,3]
# メインメニューの注文数の合計
menu1_sum <- data[3,1]
# セカンドメニューの注文数の合計
menu2_sum <- data[3,2]
# 店舗ごとの注文数をベクトルに格納
menu_sales <- c(data[1,1], # A店のメインメニューの注文数
                data[1,2], # A店のセカンドメニューの注文数
                data[2,1], # B店のメインメニューの注文数
                data[2,2]) # B店のセカンドメニューの注文数

# A店のメインメニューの期待値
exp_A_m1  <- menu1_sum * A_sum / AB_sum ······························ ①
# A店のセカンドメニューの期待値
exp_A_m2  <- menu2_sum * A_sum / AB_sum ······························ ②
# B店のメインメニューの期待値
exp_B_m1  <- menu1_sum * B_sum / AB_sum ······························ ③
# B店のセカンドメニューの期待値
exp_B_m2  <- menu2_sum * B_sum / AB_sum ······························ ④


# すべての期待値をベクトルに格納
exp_freq <- c(exp_A_m1, exp_A_m2, exp_B_m1, exp_B_m2)

# それぞれの売上について「(観測度数 - 期待値)の2乗÷期待値」を求める
t_element <- (menu_sales - exp_freq)^2/exp_freq ······················ ⑤
# 検定統計量を求める
val_t <- sum(t_element) ············································· ⑥
# 自由度1、有意水準5%のχ2値を求める
val_chi <- qchisq(0.05, # 有意水準 ··································· ⑦
                  1,    # 自由度
                  lower.tail=FALSE) # 上側確率のχ2値
```

●①②③④のソースコード

```
exp_A_m1  <- menu1_sum * A_sum / AB_sum
exp_A_m2  <- menu2_sum * A_sum / AB_sum
exp_B_m1  <- menu1_sum * B_sum / AB_sum
exp_B_m2  <- menu2_sum * B_sum / AB_sum
```

A店とB店のメインメニュー、セカンドメニューそれぞれの期待値を求めます。「このくらいの値にはなるだろう」と予測するのが期待値です。前に例として挙げたサイコロ投げでは、サイコロを12回投げたときに1から6までのそれぞれの目が出る確率が1/6なので、

$$\frac{1}{6} \times 12 = 2$$

として、1から6までの目が出る期待値を「2」としました。

そのときと同じように、メインメニューとセカンドメニューの注文数の期待値を求めます。表を見てみると、2店舗のメインメニューの注文数の合計は「700」、セカンドメニューの合計は「300」、これを合計した総数が「1000」となっています。

そこで、メインメニューの合計とセカンドメニューの合計を1000で割り、注文数全体に対するそれぞれの期待値を求めます。

●注文総数に対するメインメニューの期待値

$$\frac{700}{1000} = 0.7$$

●注文総数に対するセカンドメニューの期待値

$$\frac{300}{1000} = 0.3$$

それぞれの期待値は0.7と0.3になりました。この値をもとにして、それぞれの店舗ごとに、メインメニューとセカンドメニューの注文数の期待値を求めます。

A店における2品目の注文合計は「620」です。それぞれの期待値を掛けて、A店におけるメインメニューとセカンドメニューの期待値を求めます。

●A店のメインメニューの期待値

$$620 \times \frac{700}{1000} = 434$$

●A店のセカンドメニューの期待値

$$620 \times \frac{300}{1000} = 186$$

B店における2品目の売上の合計は「380」です。これに、注文総数に対するメインメニュー、セカンドメニューの期待値をそれぞれ掛けて、B店におけるメインメニューとセカンドメニューの期待値を求めます。

●B店のメインメニューの期待値

$$380 \times \frac{700}{1000} = 266$$

●B店のセカンドメニューの期待値

$$380 \times \frac{300}{1000} = 114$$

●⑤のソースコード

```
t_element <- (menu_sales - exp_freq)^2/exp_freq
```

χ^2検定に使用する検定統計量は、実際に観測した値と期待値との差を求め、これを2乗した値を期待値で割ることで求めます。

●⑥のソースコード

```
val_t <- sum(t_element)
```

⑤で求めた値を合計して検定統計量を求めます。この値を用いて、χ^2値と比較することで検定を行います。

●⑦のソースコード

```
val_chi <- qchisq(0.05, 1, lower.tail=FALSE)
```

自由度1、有意水準5%のχ^2値を求めます。

今回のケースでは、検定の対象が2店舗の2品目のデータなので、行と列がある2次元の表になっています。このような場合は、一般的に次の式を使って自由度を求めます。

自由度＝（行の数－1）×（列の数－1）

今回は、2行、2列の表なので、次のようになります。

自由度＝（2－1）×（2－1）＝1

A店とB店の売上に差はあるのか

プログラムを実行した結果、次のようになりました。

▼実行結果（[Environment] ビュー）

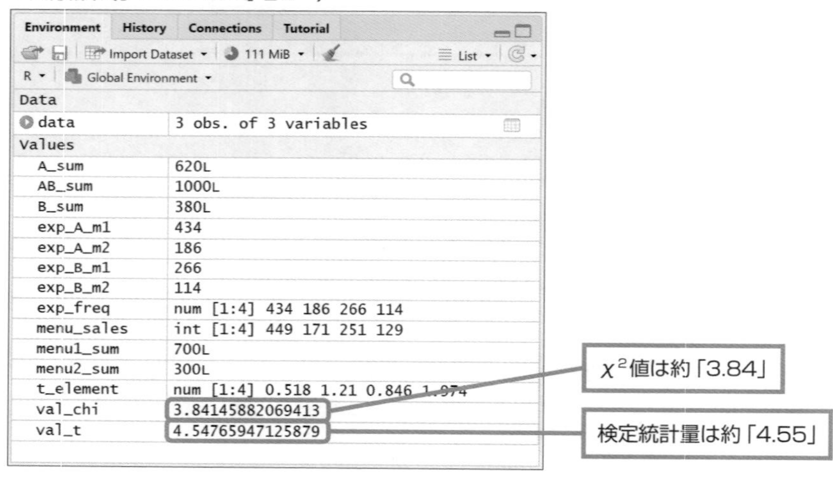

「差はない」という帰無仮説の採択または棄却を結論付ける

検定に使用する検定統計量および自由度1、有意水準5%の χ^2 値は、それぞれ次の値になりました。

検定統計量	4.55
自由度1、有意5%の χ^2 値	3.84

これらの値について、自由度1の χ^2 分布のグラフを見ながら検証していきましょう。自由度1の χ^2 分布は次のように入力することで描けます。

▼自由度1の χ^2 分布のグラフを描く

```
curve(dchisq(x, 1), 0, 6) ········· 横軸が0から6までの確率密度のグラフを描画する
abline(v=qchisq(0.05, 1, lower.tail=FALSE)) ·· 棄却域の境界にラインを引く
```

● dchisq()関数

χ^2分布の確率密度関数における確率密度を求めます。

```
dchisq(χ, 自由度)
```

▼自由度1のχ^2分布

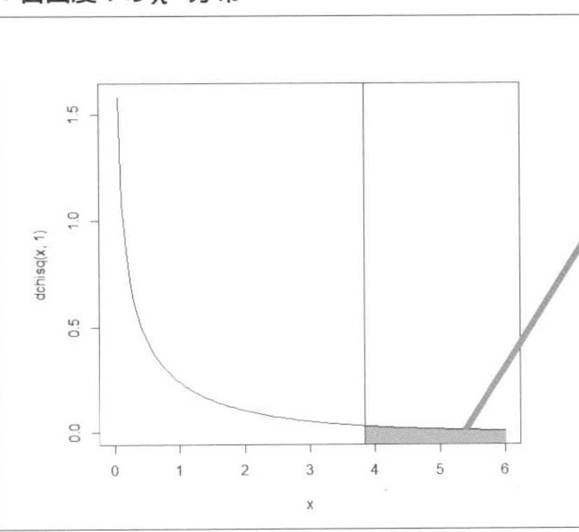

χ^2値3.84のところでグラフを区切ると、その地点から左側の面積が0.95（95%）、右側の面積が0.05（5%）になります。

面積は確率を示すので、検定統計量の値が3.84よりも小さい値であれば、それは95%の確率で起こることを意味します。逆に3.84よりも大きい値であれば、5%の確率でしか起こらないということになります。

2店舗の注文数に差はあるのか

検定に使用した検定統計量の値は4.55で、有意水準5%のχ^2値の3.84を超えています。なので、5%よりも小さい確率で起こる、言い換えると「めったに起こらない」ことだと判断できます。

では、最初の仮説を立てる段階から検証していくことにしましょう。

①「A店とB店の間では、メインとサブメニューの注文数の割合に差はない」という帰無仮説を立てました。

②それぞれの店舗の注文数から検定統計量を求めたところ、「4.55」となりました。

③自由度1、有意水準5%のχ^2値を求めたところ、「3.84」となりました。

④検定統計量は有意水準5%のχ^2値より大きいので、帰無仮説を棄却します。

⑤対立仮説の「A店とB店では、メインとサブメニューの注文数の割合に差がある」を採択します。

カイ二乗検定の結果、A店とB店の注文数の割合に差があるという結論になりました。やはり、B店のサブメニュー注文数の割合よりも、A店の注文数の割合が小さいということです。

これは、A店のサブメニューの注文数の割合は、B店よりも明らかに低いということです。

Section 7.2

独立した2群の差のt検定①（分散が等質と仮定できる場合のt検定）

Level ★★★ Keyword t分布 t検定 検定統計量 検定統計量の実現値

「○○の平均と□□の平均」について、2つの平均の間には「差がある」のか「差はない」のかを検定するには、「母平均の検定」を行います。

ここでは、独立した2群の分散が等質と仮定できる場合の「スチューデントのt検定」について紹介します。

Theme 分散が等質と仮定される2つのデータの平均に差はあるのか

ある外食チェーンでは、主力メニューを10人のテスターに試食してもらい、基準値を50点とする100点満点で採点してもらいました。一方、別の8人のテスターには、ライバル店の主力メニューを実際に食べてもらい、採点してもらいました。主力メニューの平均が77.5点、ライバル店の平均が82.5点で、5点の差があります。この平均には明らかに差があるのか、あるいは誤差の範囲内なのかを判定してみましょう。

●2つの平均値を比較するケース

・男女で心理学テストの平均値に差があるかを検討したい。

・数学が好き・嫌いで、テスト平均値に差があるかを検討したい。

・学習指導を受ける前のテストの平均値と受けたあとの平均値には差があるか（学習指導の効果はあったのか）を検討したい。

▼主力メニューとライバル店の主力メニューの評価（タブ区切りの「採点.txt」をデータフレームに読み込んだところ）

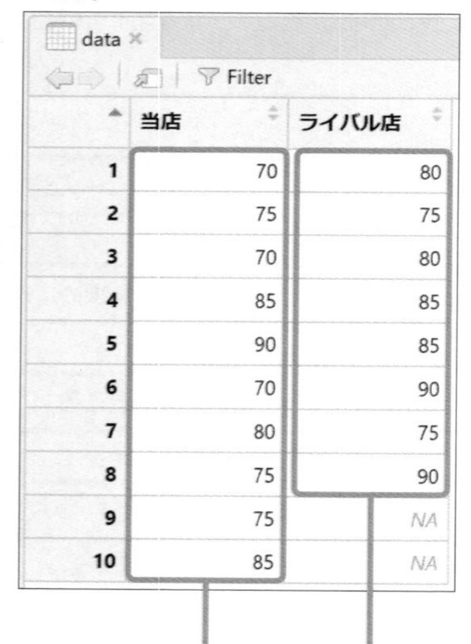

data ×

Filter

	当店	ライバル店
1	70	80
2	75	75
3	70	80
4	85	85
5	90	85
6	70	90
7	80	75
8	75	90
9	75	NA
10	85	NA

7.2.1　独立した２群における３つのｔ検定

本節のテーマは、「独立した２群の平均の間に差があるかどうかを判定する」です。「独立した２群」ですから２つの母集団の平均を扱うのですが、統計では「本当の母集団はデータの背後にある」という考え方をしますので、今回の２つの採点結果は標本（サンプル）として考えます。また、２つの標本からそれぞれ得られた平均は標本の平均なので、「標本平均」となります。

主力メニューとライバル店の主力メニューの平均点には、５点の差があります。そこで、次の２つの考え方があり得ます。

●平均点の差には意味がない

５点の差は、たまたま出たものであって、この程度の点差は意味のないものだと考える。

帰無仮説　$\mu_1 = \mu_2$

●平均点の差には意味がある

ライバル店の主力メニューの平均点が高いのだから、当然、そちらの方がおいしいと考える。

対立仮説　$\mu_1 \neq \mu_2$

独立した２群のｔ検定

２つの母集団の平均の検定には、次の３つが使われます。

●独立した２群のｔ検定

・**対応のない２群のｔ検定（スチューデントのｔ検定）**

２つの集団が独立したものであり、分散が等質であると仮定できる場合。

・**対応のない２群のｔ検定（ウェルチのｔ検定）**

２つの集団が独立したものであり、分散が異なる場合。

●対応のある２群のｔ検定

２つの母集団が同じものであり、それぞれ異なる測定が行われた場合。例えば、同じ被験者に対して異なる測定が行われた場合が該当する。

今回のケースでは、異なる被験者が別々の測定を行っています。同じ被験者についての測定ではないので、「独立した２群のｔ検定」のうち、母分散が等質であると仮定できる「**スチューデントのｔ検定**」を行います。「等質」という言葉を用いたのは、「完全に等しくなくても同じ特徴がある」ことを伝えたかったからです。今回のデータは、「基準点を50とする100点満点で採点」という制約があるので、２つの標本平均は等質であると仮定します。

一方、独立した２群のｔ検定にはウェルチのｔ検定があり、母分散が異なる場合にはこれを採用することが推奨されています。Rのｔ検定を行うt.test()関数ではウェルチのｔ検定がデフォルトになっていることから、分散が等質あるいは等しい場合であっても常にウェルチのｔ検定を採用するのが妥当との見方もあります。しかし、今回のケースでは「基準点を50とする100点満点の採点」という前提がありますので、「母分散が等質である」と仮定してスチューデントのｔ検定を採用します。

7.2.2 スチューデントのt検定で母平均を検定する

対応のない2群のt検定のうち「スチューデントのt検定」を行って、2つのデータの平均に差があるかどうかを調べます。

検定に使用する検定統計量tの求め方

検定の対象にするデータは、次の3つの要件を満たしているものとします。

・標本抽出が無作為に行われていること
・母集団の分布が正規分布に従っていること
・2つの母集団の分散が等質であると仮定できること

標本平均$\bar{x}$は正規分布に従いますが、「2つの標本平均の差や和も正規分布に従う」という事実があります。さらに、平均μ_1、分散$\sigma^2_{\bar{x}_1}$の正規分布に従う$\bar{x}_1$と、平均μ_2、分散$\sigma^2_{\bar{x}_2}$の正規分布に従う$\bar{x}_2$との差は、$N(\mu_1 - \mu_2,\ \sigma^2_{\bar{x}_1} + \sigma^2_{\bar{x}_2})$の正規分布に従うことが知られています。同じように、$\bar{x}_1$と$\bar{x}_2$との和は$N(\mu_1 + \mu_2,\ \sigma^2_{\bar{x}_1} + \sigma^2_{\bar{x}_2})$の正規分布に従います。標本平均の差や和も$\sigma^2_{\bar{x}_1} + \sigma^2_{\bar{x}_2}$となっていますが、バラツキに関しては2つの分布のバラツキがそのまま残るので、分散は足し算になります。

一方、標本平均の差の分散$\sigma^2_{\bar{x}_1 - \bar{x}_2}$については、先の正規分布の法則から$\sigma^2_{\bar{x}_1} + \sigma^2_{\bar{x}_2}$となります。抽出もとの母集団の分散は同じという前提では、母分散σ^2は「$\sigma^2_{\bar{x}_1} = \sigma^2_{\bar{x}_2} = \sigma^2$」になるので、平均の差の分散$\sigma^2_{\bar{x}_1 - \bar{x}_2}$は、次のように表すことができます。ここで$n_1$と$n_2$は2つの標本の大きさ（サンプルサイズ）です。

$$\sigma^2_{\bar{x}_1 - \bar{x}_2} = \sigma^2_{\bar{x}_1} + \sigma^2_{\bar{x}_2} = \frac{\sigma^2_1}{n_1} + \frac{\sigma^2_2}{n_2} = \sigma^2\left(\frac{1}{n_1} + \frac{1}{n_2}\right)$$

これを踏まえると、独立した2群の標本平均の差の分布は、

$$\bar{x}_1 - \bar{x}_2 \sim N\left(\mu_1 - \mu_2,\ \sigma^2\left(\frac{1}{n_1} + \frac{1}{n_2}\right)\right)$$

となります。

ここで、2群の標本平均について、同じ正規分布として扱えるように、標準化することを考えます。標準化の式は

$$z_i=\frac{x_i-\mu}{\sigma}$$

でしたので、標準化の式のx_iを$\bar{x}_1-\bar{x}_2$に、μを$\mu_1-\mu_2$に、σを$\sqrt{\sigma^2\left(\frac{1}{n_1}+\frac{1}{n_2}\right)}$にそれぞれ置き換えると、独立した２群の標本平均の差の分布は、

$$\frac{(\bar{x}_1-\bar{x}_2)-(\mu_1-\mu_2)}{\sqrt{\sigma^2\left(\frac{1}{n_1}+\frac{1}{n_2}\right)}}\sim N(0,1^2)$$

となります。なお、母分散σ^2がわかっていることは滅多にありませんので、不偏分散$\hat{\sigma}^2$で推定します。これまで不偏分散をu^2としていましたが、ここでは母分散の推定値という意味でハット記号を付けて$\hat{\sigma}^2$としました。ただし、２群の標本なので、分散が等質だと仮定したとしても、標本サイズが異なる場合は不偏分散$\hat{\sigma}_1^2$と$\hat{\sigma}_2^2$が存在することになります。

そこで、$\hat{\sigma}^2$は、次の式を使って推定します。この式については302ページのHintで取り上げていますので、そちらも併せて参照してください。

$$\hat{\sigma}^2=\frac{(n_1-1)\hat{\sigma}_1^2+(n_2-1)\hat{\sigma}_2^2}{(n_1-1)+(n_2-1)}$$

これを先の独立した２群の標本平均の差の分布における未知のσ^2と置き換えると、検定統計量tの式になります。

▼独立した２群（分散が等質と仮定）の検定統計量t

$$t=\frac{(\bar{x}_1-\bar{x}_2)}{\sqrt{\frac{(n_1-1)\sigma_1^2+(n_2-1)\sigma_2^2}{(n_1-1)+(n_2-1)}\left(\frac{1}{n_1}+\frac{1}{n_2}\right)}}$$

検定統計量tの式の分子が、$(\bar{x}_1-\bar{x}_2)-(\mu_1-\mu_2)$ではなく、$(\bar{x}_1-\bar{x}_2)$となっていることに注目してください。帰無仮説が「２つの母平均は等しい（$\mu_1=\mu_2$）」となるため、帰無仮説のもとでは

$$\mu_1-\mu_2=0$$

です。このことから$(\bar{x}_1-\bar{x}_2)-(\mu_1-\mu_2)$は$(\bar{x}_1-\bar{x}_2)$となります。

7
独立性の検定と2つの平均の比較

　このようにして求めた検定統計量tの標本分布は、自由度n_1+n_2-2のt分布に従うことが知られています。

　ところで、そもそも10人のテスターと８人のテスターの採点の平均のことを考えているのに、なぜ母分散や母標準偏差が出てきたのか？　と疑問に思う人もいることでしょう。

　テスターというのは、いうなれば、顧客になり得る人たちの代表だと見なすことができます。よくある「街頭で50人の方にご意見を伺いました」ということと同じなのです。今回の場合は、駅前を歩いている人を無作為に選んで、味を評価してもらったと考えることができます。テスターを、顧客という母集団からサンプリングした標本と見なして、その背後にある母集団のことを推定しているというわけです。

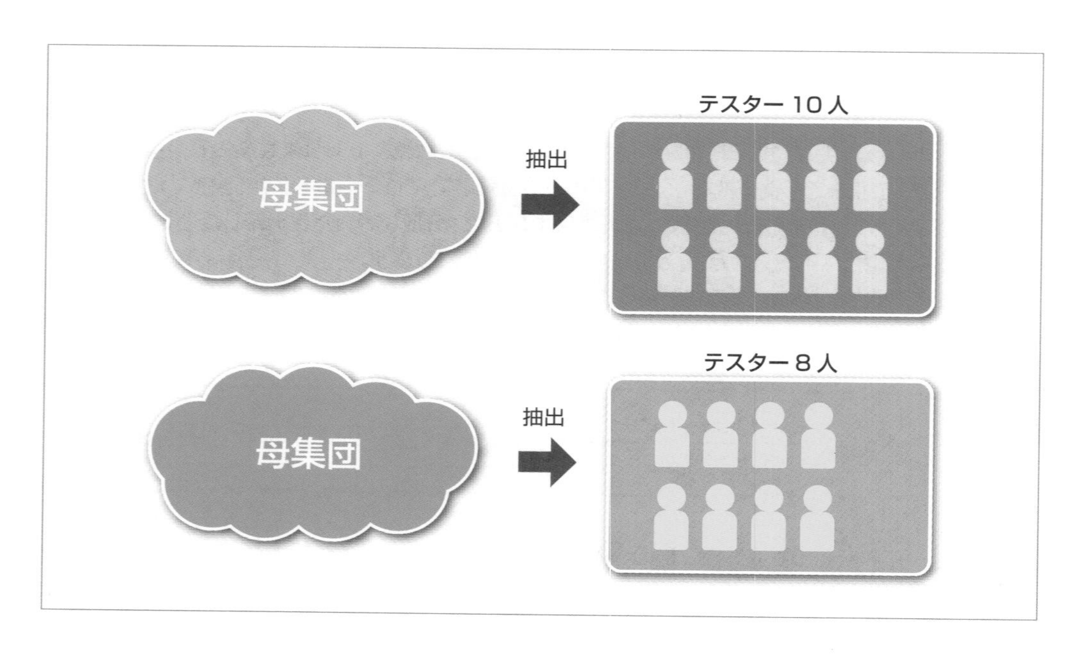

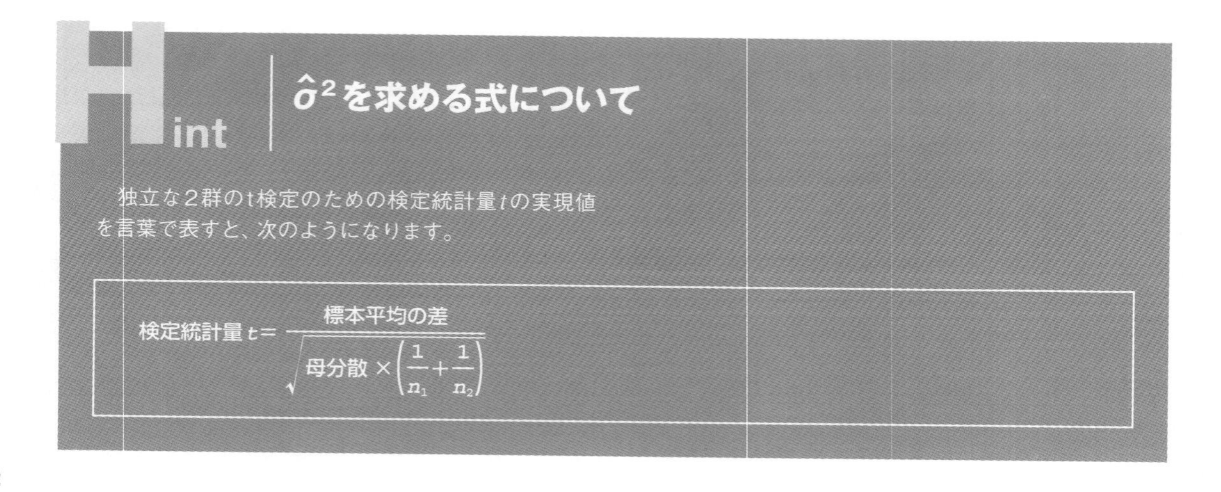

Hint　$\hat{\sigma}^2$を求める式について

　独立な２群のt検定のための検定統計量tの実現値を言葉で表すと、次のようになります。

$$\text{検定統計量 } t=\frac{\text{標本平均の差}}{\sqrt{\text{母分散}\times\left(\frac{1}{n_1}+\frac{1}{n_2}\right)}}$$

●「母分散の推定値」を求めるには

母分散の推定値という表現を使いましたが、この値は、Ａの不偏分散とＢの不偏分散で推定します。不偏分散は、次の式で求めるのでした。

▼不偏分散を求める式

$$\text{不偏分散}(u^2) = \frac{(\text{データ} - \text{平均値})^2\text{の総和}}{\text{サンプルサイズ} - 1}$$

したがって、次の計算を行うことで、２群に共通の母分散σ^2の推定値を求めることができます。

$$\text{2群の共通の母分散}\hat{\sigma}^2 = \frac{((\text{データ} - \text{標本Aの平均値})^2\text{の総和}) + ((\text{データ} - \text{標本Bの平均値})^2\text{の総和})}{(\text{Aのサンプルサイズ} - 1) + (\text{Bのサンプルサイズ} - 1)}$$

上記の式の分子は、標本Ａの偏差の平方和と標本Ｂの偏差の平方和を足したものですので、次のように書くことができます。

$$\text{2群の共通の母分散}\hat{\sigma}^2 = \frac{\text{標本Aの偏差平方和} + \text{標本Bの偏差平方和}}{(\text{Aのサンプルサイズ} - 1) + (\text{Bのサンプルサイズ} - 1)}$$

ここで、標本の偏差の平方和を求める１つの方法があります。不偏分散は、平均偏差の平方和を「サンプルサイズ−1」で割ったものです。ということは、不偏分散にこの値を掛ければ、偏差の平方和が求まります。

$$\text{2群の共通の母分散}\hat{\sigma}^2 = \frac{(\text{Aの不偏分散} \times (\text{サンプルサイズ} - 1)) + (\text{Bの不偏分散} \times (\text{サンプルサイズ} - 1))}{(\text{Aのサンプルサイズ} - 1) + (\text{Bのサンプルサイズ} - 1)}$$

これを当てはめたのが次の式です。

▼2群に共通の母分散を推定する

$$\hat{\sigma}^2 = \frac{(n_1 - 1)\hat{\sigma}_1^2 + (n_2 - 1)\hat{\sigma}_2^2}{(n_1 - 1) + (n_2 - 1)}$$

7.2.3　検定統計量と有意水準5%のt値を求める

検定統計量tを求めて、有意水準5%、両側検定のときの棄却域を求めます。

● 帰無仮説

2つの平均点は等しい（2つの母平均は等しい）。

● 対立仮説

2つの平均点は等しくない（2つの母平均は等しくない）。

プロジェクト	Student-t-test		
タブ区切りのテキストファイル	採点.txt	RScriptファイル	script.R

▼検定統計量tと有意水準5%のt値を求める（script.R）

```
# 採点.txtをデータフレームに格納
data <- read.delim(
  "採点.txt",
  header=TRUE,          # 1行目は列名
  fileEncoding="UTF-8" # 文字コードの変換方式
)

# 主力メニューの点数をベクトルに代入
menu1 <- data$当店
# 欠損値を除いてライバル店の点数をベクトルに代入
menu2 <- data$ライバル店[!is.na(data$ライバル店)] ……………… ①
# 主力メニューの平均点
mean_m1 <- mean(menu1)
# ライバル店の平均点
mean_m2 <- mean(menu2)

# 母分散を推定する
pool <- sqrt( # 平方根を求める
  # (主力メニューの不偏分散×(サイズー1))
  #    + (ライバル店の標本分散×(サイズー1))
  ((length(menu1) - 1)*var(menu1) + (length(menu2) - 1)*var(menu2))
  # サンプルサイズの合計ー2で割る
  /(length(menu1) + length(menu2) - 2)
  )

# 検定統計量tの分母の計算
```

```
dn <- pool*sqrt(1/length(menu1) + 1/length(menu2))
# 検定統計量tを求める
st <- (mean_m1 - mean_m2)/dn

# 自由度を求める
dof <- length(menu1) + length(menu2) - 2

# 自由度を指定して下限信頼限界0.025のt値を求める
t_low <- qt(0.025, dof)

# 自由度を指定して上限信頼限界0.025のt値を求める
t_upp <- qt(0.025, dof, lower.tail=FALSE)

# 自由度(18-2=16)のt分布のグラフを描く
curve(dt(x, dof), -3, 3)
# 下側確率0.025のt値のところにラインを引く
abline(v=qt(0.025, dof))
# 上側確率0.975のt値のところにラインを引く
abline(v=qt(0.975, dof))
```

●①のソースコード

```
menu2 <- data$ライバル店[!is.na(data$ライバル店)]
```

ライバル店の採点を行ったのは8人なので、データフレームの「ライバル店」の列に2つの欠損値(NA)があります。欠損値を含んだままだとこのあとの計算に支障が出るので、欠損値を取り除いてからベクトルに格納します。

▼データフレームdataの中身

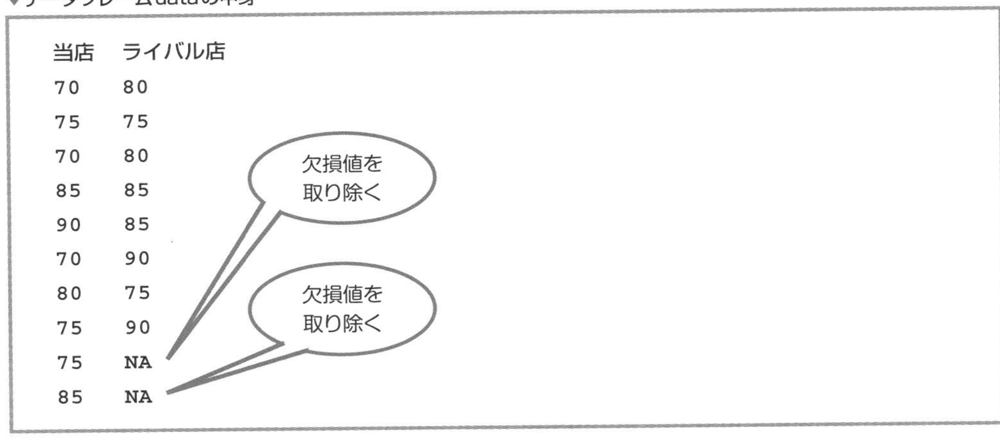

●is.na()関数

引数に指定したベクトルの欠損値のインデックスを返します。

```
data$ライバル店[!is.na(data$ライバル店)]
```
否定の論理演算子「!」で欠損値以外のインデックスを取得する

ライバル店の平均点との差はあるのか

▼実行結果([Environment] ビュー)

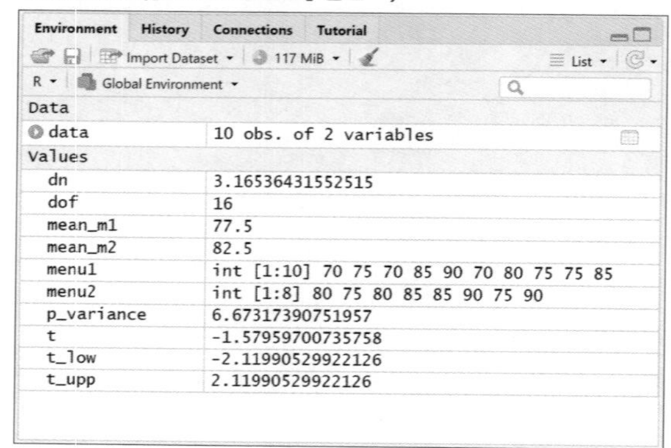

では、プログラムを実行して結果を見てみましょう。t分布のグラフも描くようにしたので、併せて確認しておきましょう。

▼自由度16のt分布

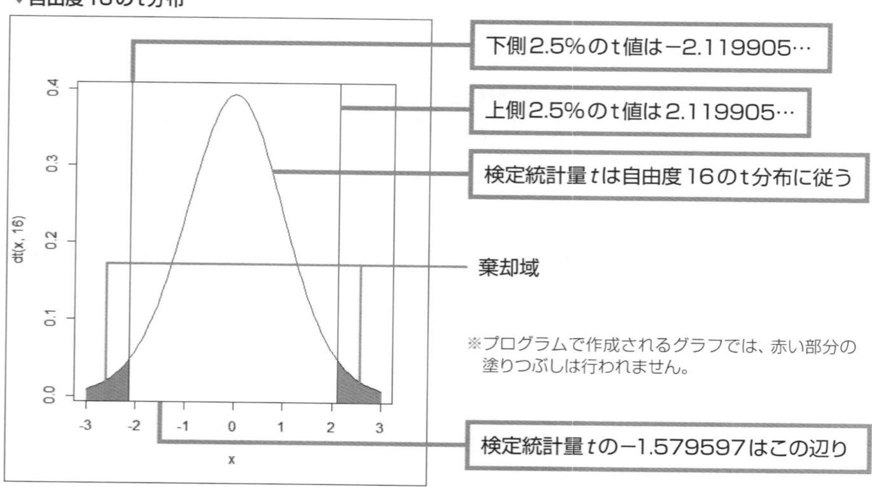

検定統計量tと、自由度16、有意水準5%のt値は、それぞれ次の値になりました。

検定統計量t	−1.579597…
上側2.5%のt値	2.119905…
下側2.5%のt値	−2.119905…

主力メニューの平均	77.5
ライバル店の平均	82.5

検定統計量tは−2.119905から2.1199054までの範囲に収まっていますので、帰無仮説を棄却できないことになります。よって、帰無仮説の「2つの平均点は等しい」を採択します。

主力メニューとライバル店のメニューの平均には5点の差がありましたが、検定の結果、この程度の差が生じることは十分にあり得ることで、明確な差は認められない、という結論が導かれました。

p値を求めてt検定を行う

p値とは、帰無仮説が正しいという仮定のもとで、「標本から計算した検定統計量の値以上の値が得られる確率」のことです。このあとで紹介する「t.test()」のように、統計的仮説検定のための関数では、検定統計量の実現値と共にp値が出力されます。p値が有意水準αより小さい（$p<\alpha$）ときに、帰無仮説を棄却します。

自由度dfのt分布において、検定統計量の期待値qに対する下側確率P(t＜q)は、pt()関数で求めることができます。この関数は、「lower.tail=FALSE」のオプションを指定することで、上側の確率P(t＞q) を求めることもできます。

●pt()関数

自由度dfのt分布において、検定統計量の期待値qに対する下側確率（t＜q)、期待値qに対する上側確率（t＞q）を求めます。

```
pt(q, df[, lower.tail=TRUE])
```

パラメーター		
	q	検定統計量の期待値。
	df	自由度。
	lower.tail=TRUE	期待値qに対する上側確率（t＞q）を求める場合はFALSEを指定。

今回のt検定は両側検定なので、pt()関数で求めた下側確率（t＜q）を2倍します。次のコードを、先ほど作成したプログラムの末尾に追加しましょう。

▼両側検定におけるp値を求める（script.R）

```
p <- 2*pt(t, dof)
```


ソースコードを実行すると、p値は0.13376331…となり、有意水準5%よりも大きいので帰無仮説を棄却できません。ここでも、主力メニューとライバル店の評価の平均に有意な差があるとはいえない、ということが判明しました。

▼両側検定におけるｐ値の値

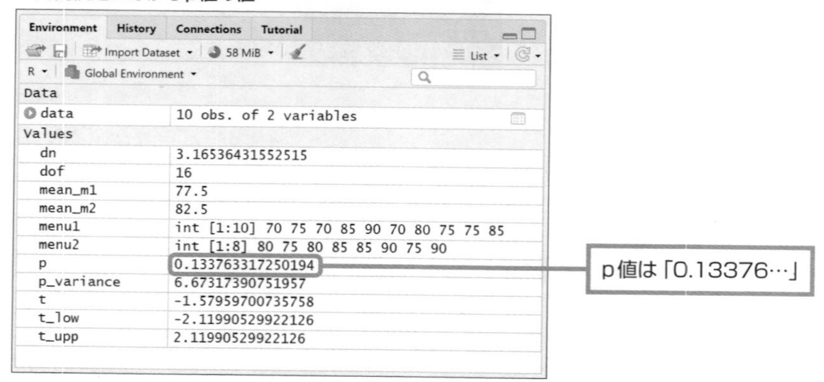

t.test()関数で検定統計量ｔを求める

　これまでに行った独立な２群のｔ検定（スチューデントのｔ検定）は、t.test()関数で行うことができます。「t.test()」では、検定統計量*t*をもとにｐ値が計算されますので、これを有意水準と比較することで検定します。

●t.test()関数

　独立な２群のｔ検定（スチューデントのｔ検定、ウェルチのｔ検定）を行います。デフォルトはウェルチのｔ検定です。

```
t.test(データ1, データ2[, var.equal=T])
```

パラメーター		
	データ１	独立した２群のうちの１つのデータ。
	データ２	独立した２群のもう１つのデータ。
	var.equal=T	スチューデントのｔ検定を行うためのオプション。これを設定しない場合は、ウェルチのｔ検定になる。

ソースファイルに次のように入力して実行します。コンソールに直接入力して実行してもOKです。

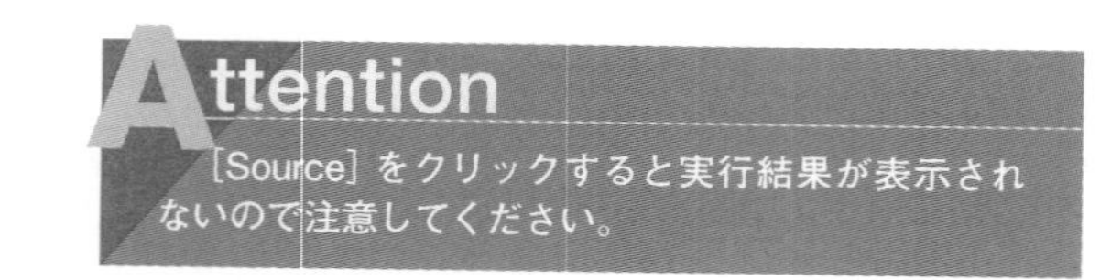

▼t.test()関数でスチューデントのｔ検定を実施する（script.R）

```
t.test(
  menu1,                 # 独立した2群のデータ1
  menu2,                 # 独立した2群のデータ2
  var.equal = TRUE       # スチューデントのt検定を実施
```

```
)
```

▼実行結果（コンソール）

```
        Two Sample t-test

data:  menu1 and menu2
t = -1.5796, df = 16, p-value = 0.1338
alternative hypothesis: true difference in means is not equal to 0
95 percent confidence interval:
 -11.710273   1.710273
sample estimates:
mean of x mean of y
     77.5      82.5
```

検定統計量t、p値は先に求めた値と同じになっていますが、気を付けたいのが

```
alternative hypothesis: true difference in means is not equal to 0
95 percent confidence interval:
−11.710273   1.710273
```

と表示されている箇所です。英文の箇所は、

> 対立仮説：平均の真の差は0に等しくない
> 95%信頼区間：

とだけ表示されていますが、帰無仮説は「平均の真の差は0に等しい」ということです。信頼区間として出力された

```
−11.710273   1.710273
```

を見ると、この範囲に「0」が含まれているので、帰無仮説の「平均の真の差は0に等しい」を採択します。つまり、本項の冒頭で立てた帰無仮説「2つの平均点は等しい」が採択されることになります。

ちなみに上記の信頼区間が「0」を含まない場合は、「平均の真の差は0に等しい」が棄却され、2群の平均は等しくないことになります。

Section

7.3 独立した2群の差のt検定②（分散が等しいと仮定できない場合のウェルチのt検定）

Level ★★★　Keyword　ウェルチのt検定

前節では、母分散が等しいと仮定できる場合のt検定を行いました。本節では「母分散が等しいと仮定できない」場合のt検定である「ウェルチのt検定」を実施します。

Theme 分散が等しいと仮定できない2つのデータの平均に差はあるのか

あるドラッグストアチェーンにおいて、新規にオープンしたA店での満足度調査を実施しました。一方、A店の近隣に既存のB店があり、この店舗について以前に実施した満足度調査の結果があります。どちらも来店者の中からランダムに選んで10点満点で採点してもらったのですが、点数の付け方にかなりの開きがあるようです。

A店とB店の顧客満足度の平均値について、

・平均値の差は大したものではなく、どちらも同じくらいの満足度である

または、

・平均値には差があり、両店舗の満足度は異なる

のどちらであるか、統計的に判定してください。

▼A店とB店の満足度調査の結果（10点満点）

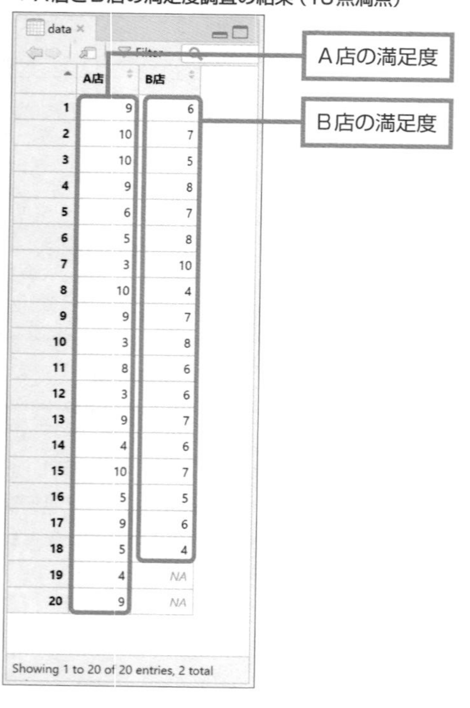

	A店	B店
1	9	6
2	10	7
3	10	5
4	9	8
5	6	7
6	5	8
7	3	10
8	10	4
9	9	7
10	3	8
11	8	6
12	3	6
13	9	7
14	4	6
15	10	7
16	5	5
17	9	6
18	5	4
19	4	NA
20	9	NA

7.3.1 ウェルチのｔ検定で、母分散が等しくない２群の平均を検定する

本節のデータはＡ店が20名の点数、Ｂ店が18名の点数となっていて、それぞれの平均は「7」と「6.5」で、新規オープンのＡ店の満足度が高いようです。ただし、今回のデータは、データの数が異なるのはもちろんですが、点数の付け方にかなり開きがあるようです。

Ａ店では、10点満点の人もいれば３点を付けている人もいます。また、満足度の基準点の設定や質問内容にもズレがありそうなので、それぞれの分散が等しいと仮定するには無理があると考えられます。「満足度調査.txt」をデータフレームに読み込んで、データのサマリを出力してみます。

プロジェクト	Welch-t-test		
タブ区切りのテキストファイル	満足度調査.txt	RScriptファイル	script.R

▼集計データをデータフレームに読み込んでデータのサマリを出力する（script.R）

```
# 満足度調査.txtをデータフレームに格納
data <- read.delim(
  "満足度調査.txt",
  header=TRUE,          # 1行目は列名
  fileEncoding="UTF-8" # 文字コードの変換方式
)

# A店の点数をベクトルに格納
a <- data$A店
# B店の点数を、欠損値を除いてからベクトルに格納
b <- data$B店[!is.na(data$B店)]
# サマリを出力
summary(a)
summary(b)
```

▼出力（コンソール）

```
> summary(a)
   Min. 1st Qu.  Median    Mean 3rd Qu.    Max.
   3.00    4.75    8.50    7.00    9.00   10.00

> summary(b)
   Min. 1st Qu.  Median    Mean 3rd Qu.    Max.
    4.0     6.0     6.5     6.5     7.0    10.0
```

Ａ店の満足度の平均は７、Ｂ店の満足度の平均は6.5となっています。

独立した2群の分散が等しいことを前提にしない ウェルチのt検定

今回は、独立した2群の平均値の検定として**ウェルチのt検定**を採用します。そもそも、一般的に検定の対象となる2群のデータは標本であり、その背後に母集団がある、というのがほとんどではないでしょうか。そうであれば、母分散そのものが不明なので、母分散が等しいかどうかも当然わかりません。

そこで「ウェルチのt検定」です。スチューデントのt検定は「分散が等しい」ことを前提にした検定でしたが、ウェルチのt検定は「分散が等しいことを前提にしていない」のが大きな違いです。ということは、「もしかして母分散が同じであっても使ってよい」ことになります。

先にお話ししたように、検定に使用するデータのほとんどは標本です。なので、「分散は同じである」と仮定できるのはレアケースであり、その場合にのみスチューデントのt検定を採用し、それ以外であればすべてウェルチのt検定を採用するのが妥当ではないでしょうか。

回りくどくなってしまいましたが、Rの「t.test()」もオプションで指定しない限り、デフォルトでウェルチのt検定になっていますので、このように考えても問題はないでしょう。

ウェルチのt検定で使用するt値を求める式

ウェルチのt検定では、検定統計量tを次の式で求めます。

▼ウェルチのt検定における検定統計量tの式

$$t=\frac{(\bar{x}_1-\bar{x}_2)}{\sqrt{\frac{u_1^2}{n_1}+\frac{u_2^2}{n_2}}}$$

$\bar{x}_1$、$\bar{x}_2$はグループ1と2の標本平均、n_1、n_2はグループ1と2のサンプルサイズ、u_1^2、u_2^2はそれぞれの不偏分散です。

ウェルチのt検定における自由度を求める式

ウェルチのt検定で使用する自由度は、次の式を使って求めます。

▼ウェルチのt検定における自由度vを求める式

$$v=\frac{\left(\frac{u_1^2}{n_1}+\frac{u_2^2}{n_2}\right)^2}{\frac{\left(\frac{u_1^2}{n_1}\right)^2}{n_1-1}+\frac{\left(\frac{u_2^2}{n_2}\right)^2}{n_2-1}}$$

7.3.2 ウェルチのt検定を実施する

ウェルチのt検定を実施して、独立した2群の平均に差はあるのか、調べてみましょう。先の「script.R」のコードの続きに次のように入力して実行しましょう。

▼ウェルチのt検定を実施する（script.Rのコードの続き）

```
# A店、B店のデータでウェルチのt検定を実施
t.test(a, b)
```

▼実行結果（コンソール）

```
Welch Two Sample t-test

data:  a and b
t = 0.71122, df = 30.25, p-value = 0.4824
alternative hypothesis: true difference in means is not equal to
0
95 percent confidence interval:
 -0.9352622  1.9352622
sample estimates:
mean of x mean of y
      7.0       6.5
```


独立した2群の平均に差はある？

ウェルチのt検定における検定統計量tは「t＝0.71122」、自由度vは「df＝30.25」となっています。

有意水準5%における検定では、p値が0.4824で有意水準5%（0.05）より大きいので、帰無仮説は棄却されず、平均に有意な差があるとはいえないということになります。

もちろん、事前に立てた帰無仮説「2つの平均点は等しい」は棄却できません。

また、

```
alternative hypothesis: true difference in means is not equal to 0
95 percent confidence interval:
-0.9352622  1.9352622
```

対立仮説：平均の真の差は0に等しくない
95%信頼区間：

では、信頼区間として出力された

```
-0.9352622  1.9352622
```

の範囲に「0」が含まれているので、帰無仮説の「平均の真の差は0に等しい」を採択します。ここでも、帰無仮説「2つの平均点は等しい」が採択されることになります。

結果、2店舗の平均点には差がないので、新規にオープンしたA店と既存のB店の「顧客満足度には差がない」ということになります。

一方で、A店の点数のバラツキが大きいので、「低い点数が付けられた理由を解明し、改善を行うことが、A店の満足度をアップさせる」という別のポイントが見えてきます。

Hint t検定のデフォルトはウェルチのt検定

Rには、等分散の検定であるF検定を実施するvar.test()関数があります。以前から、t検定を行う際の等分散の検定として「var.test()」を実行して、2群の分散に有意水準5%で差がないと判定された場合にはスチューデントのt検定、差があると判定された場合にはウェルチのt検定を行う、という2段階の検定手法が取り入れられていました。

しかし、F検定による等分散の検定で「5%の水準で有意な差が認められなかった」としても、それは「分散が等しい」ことを結論付けるのではなく、「分散が等しいという帰無仮説が棄却されなかった」ことを示しています。

実際、5%の水準で有意な差があれば等分散を仮定しないt検定（ウェルチ）、有意な差がなければ等分散を仮定したt検定（スチューデント）を実施し、有意水準の5%にp値が等しくなるかどうか実証する実験も行われており、そこでは等分散を仮定しないt検定の方がよい結果を出していることが確認されています。

このことから、F検定による等分散の検定は効果的なものではなく、「分散が等しい」かどうかは検定の実施者の判断に委ねられるのが実状ですので、明らかに2群の分散が等しいと判断できる場合にはスチューデントのt検定を実施し、それ以外はすべてウェルチのt検定を行うのがよいでしょう。

ただ、多くの場合は母分散が不明であり、「分散が等しい」と言い切れる場面はなかなかないでしょうから、t検定を行う際はt.test()のデフォルトであるウェルチのt検定を行うことになると考えます。

Section
7.4 対応のある２群の差のt検定

Level ★★★ | Keyword 対応のある２群

　これまで、独立した２群の平均の差について検定を行ってきました。本節は、独立でない2群、つまり対応のある２群の平均の差の検定です。

Theme 対応のある２群の平均の差を検定する

　ある食品メーカーでは、開発中のダイエットサプリを８人のテスターに試してもらい、一定期間の経過後に体重を測定してもらいました。その結果、右図のように、摂取前の平均体重81.875に対し、接種後の平均体重は76.875となりました。

　摂取前と摂取後の体重の平均に統計的な差が認められるかどうか、判定してみましょう。

▼同じ被験者によるサプリメント摂取前と摂取後の体重の変化（体重の変化.txtをデータフレームに読み込んだところ）

data

	被験者	摂取前	摂取後
1	A	95	90
2	B	80	75
3	C	80	75
4	D	85	75
5	E	75	80
6	F	75	65
7	G	80	75
8	H	85	80

Showing 1 to 8 of 8 entries, 3 total columns

摂取前の平均は81.875、
摂取後の平均は76.875

　確かに体重の平均は減ってはいますが、統計的に見て２つの平均には有意な差があるのでしょうか。

7.4.1 対応のある2群の差のt検定は変化量（変量の差）の平均値の検定になる

本節のデータは、同じ被験者による2つの測定結果です。このようなデータを「**対応のあるデータ**」といいます。例えば、数学の指導前と指導後に行われた「数学テスト1」と「数学テスト2」の得点は、同じ被験者について複数回の測定が行われているので、これも対応のあるデータとなります。

検定統計量tの式

今回は「母集団は1つである」と考えます。今回は同じテスターについて、サプリ摂取前および摂取を始めて一定期間経ったあとの体重をそれぞれ測定しています。そこで、各テスターの摂取前後の体重の差を母集団として考えます。このことを踏まえつつ、「対応のある2群の差の検定」における、検定統計量tの求め方について見ていきましょう。

対応のある2群のデータX_1、X_2において、その差（変化量）を

$$D=X_2-X_1$$

としたとき、X_1とX_2の標本平均$\bar{X}_1$、$\bar{X}_2$とDの平均$\bar{D}$の関係は、

$$\bar{D}=\bar{X}_2-\bar{X}_1$$

となります。X_1とX_2のすべての差Dを求めてこれを平均した$\bar{D}$は、$\bar{X}_2-\bar{X}_1$と同じ値になるということです。

変化量Dが平均μ_D、分散σ_D^2の正規分布、$N(\mu_D, \sigma_D^2)$に従うと仮定します。すると、標本平均から求めた変化量$\bar{D}$の分布も正規分布に従います。

$$\bar{D}\sim N\left(\mu_D, \frac{\sigma_D^2}{n}\right)$$

さらに、変化量$\bar{D}$を標準化する次の式

$$z_{\bar{D}}=\frac{\bar{D}-\mu}{\sigma_D/\sqrt{n}}$$

t.test() 関数で検定統計量tの実現値を求める

対応のあるt検定は、t.test()関数で行うことができます。この場合、t.test(変化量) で実行することもできますが、paired＝TRUEオプションを設定することで、検定を行う２つのデータを直接指定することが可能です。この方法の場合、変化量を計算する必要がないので、手間がかかりません。

ソースファイルに次のように入力して実行してみましょう。コンソールに直接入力して実行してもOKです。

▼摂取後のデータと摂取前のデータを指定してt.test() を実行

```
t.test(after, # 摂取後のデータ
  before,      # 摂取前のデータ
  paired=TRUE # 対応ありを指定
  )
```

▼実行結果 (コンソール)

```
        Paired t-test

data:  after and before
t = -3.0551, df = 7, p-value = 0.01845
alternative hypothesis: true mean difference is not equal to 0
95 percent confidence interval:
 -8.870025 -1.129975
sample estimates:
mean difference
             -5
```

結果を見ると、検定統計量 は「－3.0551」、値は「0.01845」です。実行結果の中で、

```
alternative hypothesis: true difference in means is not equal to 0
95 percent confidence interval:
 -8.870025 -1.129975
```

では、信頼区間として出力された

```
-8.870025 -1.129975
```

の範囲に「0」が含まれていないので、帰無仮説の「平均の真の差は0に等しい」が棄却されます。

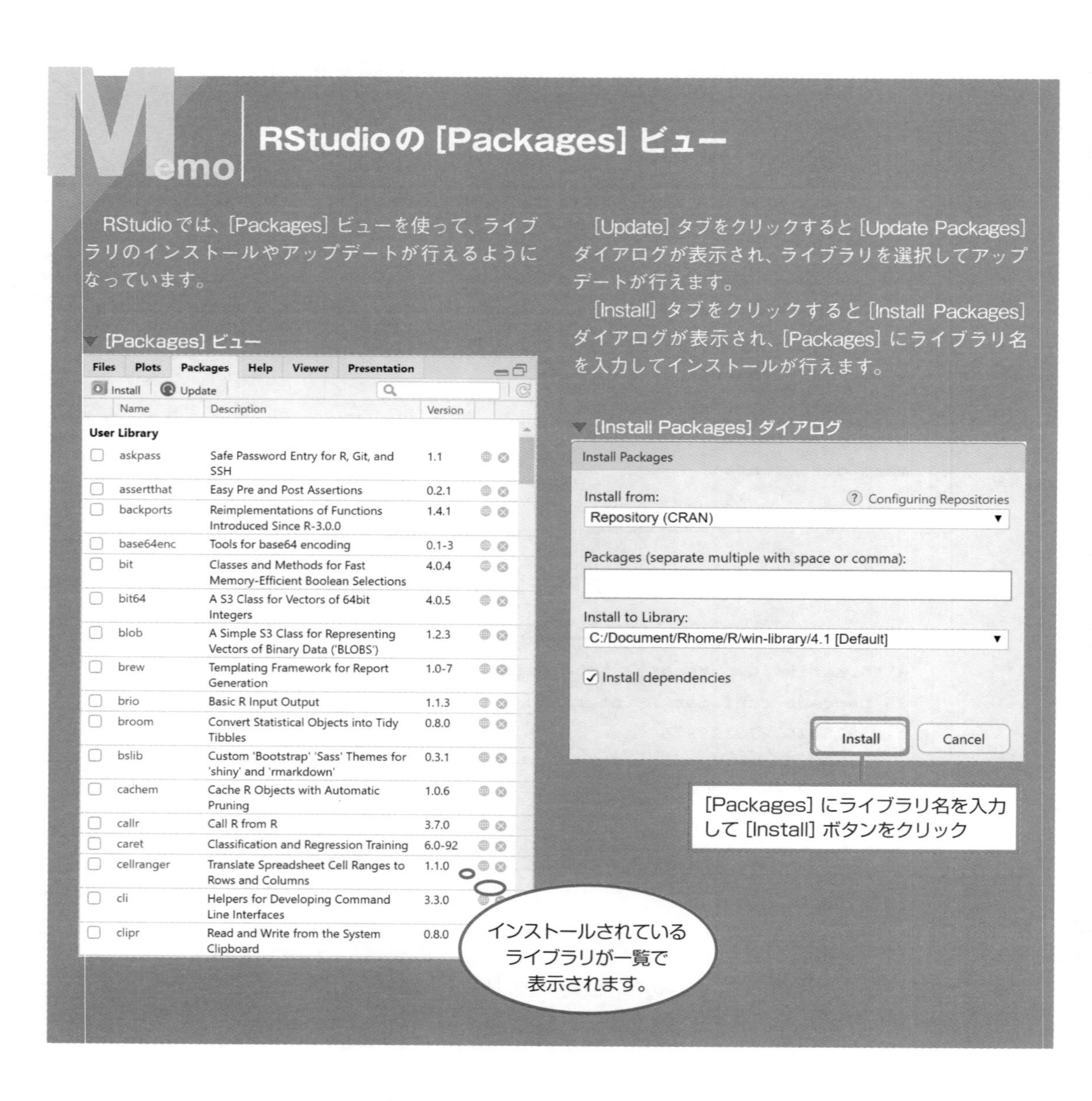
Memo
RStudioの［Packages］ビュー
RStudioでは、［Packages］ビューを使って、ライブラリのインストールやアップデートが行えるようになっています。
［Update］タブをクリックすると［Update Packages］ダイアログが表示され、ライブラリを選択してアップデートが行えます。
［Install］タブをクリックすると［Install Packages］ダイアログが表示され、［Packages］にライブラリ名を入力してインストールが行えます。
［Packages］ビュー
Files
Plots
Packages
Help
Viewer
Presentation
Install
Update
Name
Description
Version
User Library
askpass Safe Password Entry for R, Git, and SSH 1.1
assertthat Easy Pre and Post Assertions 0.2.1
backports Reimplementations of Functions Introduced Since R-3.0.0 1.4.1
base64enc Tools for base64 encoding 0.1-3
bit Classes and Methods for Fast Memory-Efficient Boolean Selections 4.0.4
bit64 A S3 Class for Vectors of 64bit Integers 4.0.5
blob A Simple S3 Class for Representing Vectors of Binary Data ('BLOBS') 1.2.3
brew Templating Framework for Report Generation 1.0-7
brio Basic R Input Output 1.1.3
broom Convert Statistical Objects into Tidy Tibbles 0.8.0
bslib Custom 'Bootstrap' 'Sass' Themes for 'shiny' and 'rmarkdown' 0.3.1
cachem Cache R Objects with Automatic Pruning 1.0.6
callr Call R from R 3.7.0
caret Classification and Regression Training 6.0-92
cellranger Translate Spreadsheet Cell Ranges to Rows and Columns 1.1.0
cli Helpers for Developing Command Line Interfaces 3.3.0
clipr Read and Write from the System Clipboard 0.8.0
インストールされているライブラリが一覧で表示されます。
［Install Packages］ダイアログ
Install Packages
Install from:
Configuring Repositories
Repository (CRAN)
Packages (separate multiple with space or comma):
Install to Library:
C:/Document/Rhome/R/win-library/4.1 [Default]
Install dependencies
Install
Cancel
［Packages］にライブラリ名を入力して［Install］ボタンをクリック

Perfect Master Series
Statistical Analysis with R

Chapter 8

3つの平均値が同じ土俵で比較できるか調べる（t検定が使えない場合の分散分析）

　２群の平均に対してはｔ検定が行えましたが、２群を超える場合はｔ検定が使えません。本章のテーマは、２群を超える標本間の差を調べる**分散分析**です。

Section 8.1

1要因の分散分析①（対応なし）

Level ★★★ Keyword 1要因の分散分析 F分布

前章では、2つの平均の差を調べることについて見てきました。この場合、標本平均の性質によって「スチューデントのt検定」と「ウェルチのt検定」を実施しました。

本章では、3つ以上の平均の差を調べる方法について見ていきます。

異なる受講者に対する効果を実証する

ある進学塾では、冬休みに開講した「直前対策講座A」「直前対策講座B」「直前対策講座C」の3つの講座をそれぞれ受講した人の中から20名ずつを選抜し、模擬試験を実施しました。

この結果、「直前対策講座A」の受講生の平均得点は72.5、「直前対策講座B」は79.25、「直前対策講座C」は81でした。

有意水準5%で分散分析を実施し、統計的な観点からこれらの平均には差があるのかどうか調べてみましょう。

▼「模試結果.txt」をデータフレームに読み込んだところ

data ×

Filter

	直前対策講座A	直前対策講座B	直前対策講座C
1	65	90	85
2	60	75	65
3	75	70	90
4	80	90	75
5	65	65	90
6	60	70	75
7	70	80	85
8	85	85	75
9	65	70	95
10	75	70	75
11	75	85	80
12	70	75	75
13	80	80	85
14	75	90	75
15	80	80	85
16	80	90	90
17	65	85	90
18	70	85	80
19	75	75	75
20	80	75	75

Showing 1 to 20 of 20 entries, 3 total columns

8.1.1　t検定は3つ以上の平均の差の検定には使えない

t検定は、2つの平均値の差を調べる検定ですので、3つの平均をA、B、Cとすると、AとB、BとC、AとCという組み合わせで、計3回のt検定を行って、それぞれ差があるかどうかを調べれば、最終的に3つの平均値に差があるかどうかがわかるのでは？　と思うかもしれません。

しかし、表題のとおり、t検定では2つを超える平均の差を調べることはできません。これはいったいどういうことなのか、コイン投げとサイコロ投げを例にして、見ていくことにしましょう。

t検定が3つ以上の平均の差の検定に使えない理由

コインを投げたときに表が出る確率について考えてみましょう。コインには表と裏しかありませんから、表が出る確率は2つに1つです。

$\frac{1}{2}=0.5$ …… コインを1回投げて表が出る確率

では、「コインを2回投げたとき、少なくとも1回は表が出る」確率はどうなのか考えてみましょう。この場合、次の3つのパターンが考えられます。

- **表と表**
- **表と裏**
- **裏と表**

これ以外に、2回とも裏が出ることが考えられます。

裏と裏（2回投げて表が出ないパターン）ということは、「コインを2回投げて少なくとも1回は表が出る」のは、「2回とも裏が出る」ことの反対の事象だということになります。

そうすると、すべての事象が起こる確率を足すと「1」なので、この1から「2回とも裏が出る」確率を引けば、「少なくとも1回は表が出る」確率がわかります。

なお。「2回とも裏が出る」確率は、1回目の裏が出る確率である1／2に、2回目の裏が出る確率1／2を掛けたものになります。これを全体の確率「1」から引けば、「少なくとも1回は表が出る」確率になります。

$$1-\left(\frac{1}{2}\times\frac{1}{2}\right)=1-0.25=0.75$$

2回目に裏が出る確率

1回目に裏が出る確率

コインを2回投げたときに表が少なくとも1回出る確率は「0.75」です。2回投げたときの方が1回投げたときよりも表が出る確率が高い、ということになります。

サイコロを投げたときに1の目が出る確率を考える

次に、サイコロを投げたときに1の目が出る確率について考えてみましょう。

サイコロを1回投げて1の目が出る確率は、1／6すなわち約「0.17」です。では、サイコロを2回投げたときに1の目が出る確率はというと、前述のコイン投げのときと同様に、2回とも1以外の目が出るという反対の事象を、全体の確率「1」から引けばよいことになります。

この場合、1回目に1以外の目が出る確率5／6に、2回目の5／6を掛けたものが、「2回とも1以外の目が出る」確率となります。これを全体の確率「1」から引けば、「2回のうち少なくとも1回は1の目が出る」確率がわかります。

$$1-\left(\frac{5}{6}\times\frac{5}{6}\right)=0.3055556$$

2回目に1以外の目が出る確率

1回目に1以外の目が出る確率

サイコロを1回しか投げなかったときに1の目が出る確率は約「0.17」ですが、2回投げて少なくとも1回は1の目が出る確率は約「0.31」となりました。2回投げたときの確率が高くなっていることがわかります。

t検定を繰り返すと、差がある確率がどんどん高くなってしまう

コイン投げにしろ、サイコロ投げにしろ、「同じことを繰り返すと特定のことが起こる確率が高くなる」ということが、計算によって証明できました。

では、話をt検定に戻し、「2つの平均には差がない」という考え方について検討してみましょう。「差がない」という確率は、有意水準を5%とすると、100%－5%＝95%（0.95）となります。

これをもとにして、A、B、Cという3つの平均に差があるのかを調べることにします。t検定では、2つの平均の検定しか行えませんので、この場合は、AとB、BとC、AとCという組み合わせで計3回のt検定を行って、それぞれ差があるかどうかを調べます。

このとき、「少なくとも1つの組み合わせに差が出る確率」は、全体の確率「1」から「3つの組み合わせのすべてに差が出ない確率」を引いたものになります。

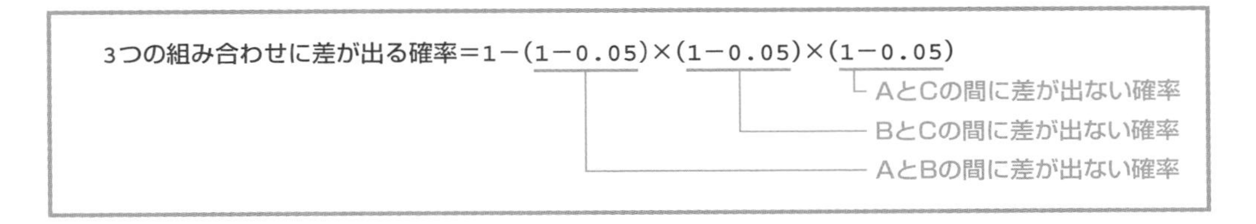

これを計算すると、次のようになります。

$$1-(0.95)\times(0.95)\times(0.95)=0.142625$$

「少なくとも1つの組み合わせに差が出る確率」は0.142625となり、1つの組み合わせだけのときの確率0.05よりも差が出る確率が高くなっています。つまり、1つの組み合わせだけで検定を行ったときに差が出る確率よりも、3通りの組み合わせで計3回、検定を行ったときに差が出る確率の方が、3倍近く高くなることになります。

これは、検定を行う回数が増えれば増えるほど、差が出る（ある）確率が増えてしまうことを意味しています。実際には差がないにもかかわらず、検定を繰り返すと、差がある確率がどんどん増えてしまうのです。

8.1.2　3つの平均に差があるかを分散分析で調べる

本節では、「3つの平均に差があるか」について調べます。知りたいのは、異なる20人の得点の平均に差があるかですが、本質的に知りたいのは、それぞれの講座を受講するすべての人を母集団としたときに、その母集団において、それぞれの講座ごとに求めた模擬試験の得点平均に違いがあるかということです。

標本の群間で平均に差があるからといって、母集団にも差があるとは言い切れません。というのは、標本の母平均がまったく同じでも、たまたま得点の高い人ばかりを抽出したり、逆に得点の低い人ばかり抽出してしまう可能性があるからです。

そこで、「抽出された標本が母平均の等しい3群から抽出される可能性が高いかどうか」を検討するために行われるのが**分散分析**です。

Attention
3群のうち2群の母平均が同じであっても、残り1つの母平均が異なれば対立仮説が成立します。

分散分析に使用する検定統計量

今回は、「3群の被験者に対する模擬試験の平均値」を分散分析にかけます。「模擬試験の結果」を1つの要因として、すべての群の母分散が等しくないと仮定しますので、「1要因の分散分析（対応なし）」となります。1要因の分散分析を「1元配置の分散分析」と呼ぶことがありますが、どちらも同じ意味になります。

1要因の分散分析（対応なし）では、次の式で求めた検定統計量Fを用います。

▼1要因の分散分析（対応なし）における検定統計量F

$$\text{検定統計量}F=\frac{\text{群間の平方和}／\text{群間の自由度}}{\text{群内の平方和}／\text{群内の自由度}}$$

この検定統計量Fは、すべての群の母平均が等しいときに「F分布」と呼ばれる確率分布に従います。F分布は自由度を2つ持ち、それぞれ**分子の自由度**（df_1）、**分母の自由度**（df_2）と呼ばれます。

Memo 分散分析

「分散分析」は、3群以上のデータの分散をもとに、F分布を用いて母平均の差を検定します。分散分析で使う用語に次のようなものがあります。

・要因
データの値のことで、説明変数に相当します。

・水準
1つの要因に含まれる項目（グループ）のことです。

・○元配置
要因の数を表し、「○元配置の分散分析」のように使います。「○要因」と表すこともあり、この場合は「○要因の分散分析」のように使います。

Tips 分子の自由度6、分母の自由度18のF分布をグラフにする

F分布の確率密度は、Rのdf()関数で求めることができます。

●df()関数
F分布の確率密度を求めます。

書式	df(値, 分子の自由度, 分母の自由度)

df()関数をcurve()関数の引数にすることで、F分布の確率密度のグラフを描くことができます。次のように入力すると、分子の自由度6、分母の自由度18のF分布のグラフが描かれます。

▼分子の自由度6、分母の自由度18のF分布のグラフを描く

```
curve(df(x, 6, 18), 0, 5)
```

▼分子の自由度6、分母の自由度18のF分布のグラフ

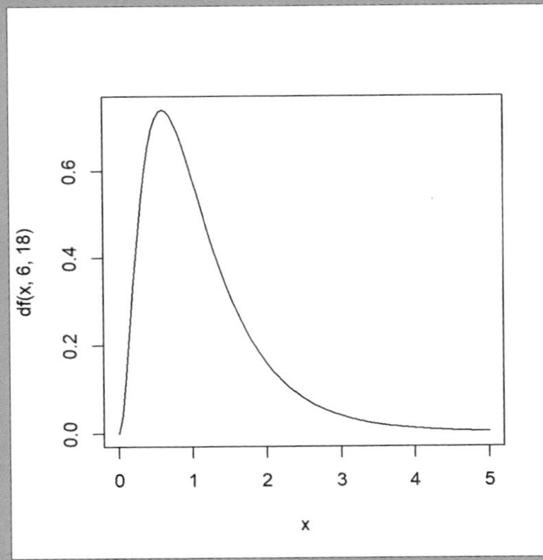

グラフからもわかるように、F分布は正の値しかとりません。t分布のように0を中心とした左右対称の分布にはならないので、分散分析は常に片側検定になります。

8.1.3 1要因の分散分析（対応なし）を実施する

分散分析は、次の3つの関数で行えます。

●oneway.test()関数

オプションの「var.equal=TRUE」を指定することで、すべての群の分散が等しいことを仮定する分散分析を実施します。

デフォルトは「var.equal=FALSE」です。この場合は、ウェルチのt検定と同じ方法で、分散が等しいことを仮定しないで分散分析が行われます。

```
oneway.test(
  formula
  [,var.equal=FALSE]
)
```

●aov()関数

平均の等価性についてF検定を実施します。

```
aov(formula)
```

●anova()関数

分散分析表を計算します。

```
anova(lm() または glm() 関数が返すオブジェクト)
```

分散分析のためのデータを用意する

分散分析のためのデータを作成するところまでをプログラミングしましょう。

プロジェクト	One-wayFactionalANOVA		
タブ区切りのテキストファイル	模試結果.txt	RScriptファイル	script.R

▼分散分析のためのデータを用意（script.R）

```
# 模試結果.txtをデータフレームに格納
data <- read.delim(
  "模試結果.txt",
  header=TRUE,          # 1行目は列名
```

```
  fileEncoding="UTF-8" # 文字コードの変換方式
)

# データフレームの各列のデータをベクトルに代入
variate <- c(data[,1], # 直前対策講座Aのデータ
             data[,2], # 直前対策講座Bのデータ
             data[,3]) # 直前対策講座Cのデータ

# 各列のサイズを取得
col_1 <- length(data[,1])
col_2 <- length(data[,2])
col_3 <- length(data[,3])

# 列名を列データの数だけ格納したベクトルをfactor型に変換
fact <- factor(
  c(rep(colnames(data)[1], col_1), # "直前対策講座A"×20
    rep(colnames(data)[2], col_2), # "直前対策講座B"×20
    rep(colnames(data)[3], col_3)) # "直前対策講座C"×20
  ) ………………………………………………………………………………………… ①
```

分散分析を実行する関数は、データの並びを識別子で区別する「因子型（factor型）」のオブジェクトを使用します。そのための準備として、1列目から3列目まで、それぞれの得点の数（20）だけ、列名の直前対策講座A、直前対策講座B、直前対策講座Cの文字列をそれぞれ作成します。rep()関数は、rep(値, 繰り返し回数)と書くことで、指定した値を繰り返し回数ぶんだけ作成します。例えば、

```
rep("A", 20)
```

と書くと、Aという文字を20個作ります。

①のソースコードについて見てみましょう。

```
fact <- factor(
  c(rep(colnames(data)[1], col_1), # "直前対策講座A"×20
    rep(colnames(data)[2], col_2), # "直前対策講座B"×20
    rep(colnames(data)[3], col_3)) # "直前対策講座C"×20
  )
```

rep(列名, 列のデータ数)として、"直前対策講座A"、"直前対策講座B"、"直前対策講座C"の文字列を、列のデータの数（20）だけ作成し、ベクトルに格納しています。このベクトルをfactor()関数で因子（factor）型のオブジェクトに変換します。この結果、"直前対策講座A"、"直前対策講座B"、"直前対策講座C"の文字列は、次のように識別子として扱われるようになります。

▼factor型オブジェクトの内部処理

識別子	内部値
直前対策講座A	1
直前対策講座B	2
直前対策講座C	3

「直前対策講座A」を文字列としてではなく、内部で数値の1に置き換えて管理するので、文字列をそのまま管理する場合に比べてメモリの消費が少なく、また処理が軽いというメリットがあります。分散分析の関数で識別子を扱う場合、内部で文字列がfactor型に変換されるので、ここで明示的に変換したのです。

factor型のfactには、次のように、識別子が20個ずつ格納されます。" "が付いていないので、文字列ではないことがわかります。

▼20個ずつ文字列をfactorオブジェクトとして格納したfactを出力してみる（コンソール）

```
> fact
 [1] 直前対策講座A 直前対策講座A 直前対策講座A 直前対策講座A 直前対策講座A
 [6] 直前対策講座A 直前対策講座A 直前対策講座A 直前対策講座A 直前対策講座A
[11] 直前対策講座A 直前対策講座A 直前対策講座A 直前対策講座A 直前対策講座A
[16] 直前対策講座A 直前対策講座A 直前対策講座A 直前対策講座A 直前対策講座A
[21] 直前対策講座B 直前対策講座B 直前対策講座B 直前対策講座B 直前対策講座B
[26] 直前対策講座B 直前対策講座B 直前対策講座B 直前対策講座B 直前対策講座B
[31] 直前対策講座B 直前対策講座B 直前対策講座B 直前対策講座B 直前対策講座B
[36] 直前対策講座B 直前対策講座B 直前対策講座B 直前対策講座B 直前対策講座B
[41] 直前対策講座C 直前対策講座C 直前対策講座C 直前対策講座C 直前対策講座C
[46] 直前対策講座C 直前対策講座C 直前対策講座C 直前対策講座C 直前対策講座C
[51] 直前対策講座C 直前対策講座C 直前対策講座C 直前対策講座C 直前対策講座C
[56] 直前対策講座C 直前対策講座C 直前対策講座C 直前対策講座C 直前対策講座C
Levels: 直前対策講座A 直前対策講座B 直前対策講座C
```

このようにして作成したfactorオブジェクトは、分散分析を実行する際に、variateに格納されている得点に対応付けるために使用します。識別子の「直前対策講座A」をその講座の受講者の得点に対応させ、「直前対策講座B」、「直前対策講座C」についても、それぞれの講座の受講者の得点に対応させます。

▼factorオブジェクトと講座受講者の得点（variate）の対応

直前対策講座A	直前対策講座A	直前対策講座A	…	直前対策講座C	直前対策講座C
65	60	75	…	75	75

ここまでの段階で[Source]をクリックして、プログラムを実行しておきましょう。

▼実行結果([Environment]ビュー)

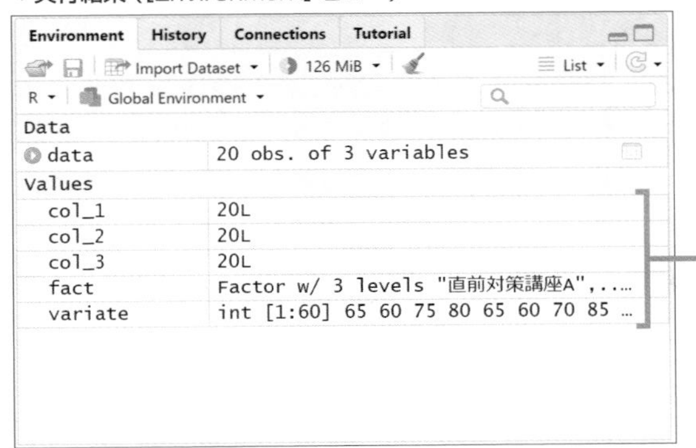

データフレームに読み込んだデータをもとにして、検定に必要なデータが用意された

oneway.test()関数で検定統計量とp値を求める

oneway.test()関数で分散分析を行います。先のコードの次の行に以下のコードを追加し、[Run]をクリックしてみてください。

▼oneway.test()で1要因の分散分析(対応なし)を実施

```
oneway.test(
  variate~fact,     # variateにfactを対応付けるモデル式 ……①
  var.equal=TRUE    # 分散には等質性があると仮定
  )
```

①のソースコード

```
variate~fact
```

このような書き方を**モデル式**と呼びます。得点が格納されたvariateと、識別子を格納したfactorオブジェクトを、チルダ「~」によって対応付けします。

▼モデル式の例(コンソールで実行)

```
> x <- 1:5
> y <- 11:15
> model.frame(x~y)
  x  y
1 1 11
2 2 12
3 3 13
4 4 14
5 5 15
```

「variate~fact」とした場合、variateに格納された各得点をfactorオブジェクトfactに格納された識別子で説明する、といったイメージです。

これによって、「factorオブジェクトと講座受講者の得点(variate)の対応」の表(332ページ)で示したように対応付けがなされ、直前対策講座A、直前対策講座B、直前対策講座Cを受講した人の得点が対応付けられます。

oneway.test()関数の実行結果を確認する

oneway.test()関数の実行結果を見てみましょう。

▼oneway.test()関数の実行結果(コンソール)

```
        One-way analysis of means (not assuming equal variances)

data:  variate and fact
F = 6.8174, num df = 2, denom df = 57, p-value = 0.002215
```

今回の仮説は次のようになります。

・帰無仮説

3群の得点の母平均は等しい。

・対立仮説

3群の得点の母平均は等しくない。

検定統計量Fに対応するp値は「0.002215」になっています。分散分析はF分布における片側検定なので、有意水準5%の0.05を用いて判定します。p値は0.05よりも小さいので、「有意水準5%で有意な差がある」ことがわかりました。帰無仮説は棄却され、対立仮説の「3群の得点の母平均は等しくない」を採択します。

F = 6.8174	検定統計量F
num df = 2	分子の自由度
denom df = 57	分母の自由度
p-value = 0.002215	p値

aov() 関数で検定統計量の実現値とp値を求める

aov() 関数を試してみましょう。先のコードの次に以下のコードを追加し、[Run] をクリックしてみてください。

▼aov() を実行

```
aov(variate~fact)
```

▼aov() を実行した結果（コンソール）

```
Call:
   aov(formula = variate ~ fact)

Terms:
                    fact    Residuals
Sum of Squares   805.833   3368.750
Deg. of Freedom        2         57

Residual standard error: 7.687709
Estimated effects may be unbalanced
```

結果を見てみると、肝心のF値やp値が出力されていません。結果を見るには、summary() 関数の引数にaov() 関数の実行結果を指定します。もう一度やってみましょう。

▼summary() 関数の引数にaov() 関数の実行結果を指定

```
summary(aov(variate~fact))
```

▼実行結果（コンソール）

```
            Df Sum Sq Mean Sq F value  Pr(>F)
fact         2    806   402.9   6.817 0.00222 **
Residuals   57   3369    59.1
---
Signif. codes:  0 '***' 0.001 '**' 0.01 '*' 0.05 '.' 0.1 ' ' 1
```

検定統計量Fの値と対応するp値が表示されました。ここでは表形式のデータが出力されていますが、これを**分散分析表**と呼びます。

この表では、統計検定量Fの値が「F value」の欄に「6.817」と表示され、「Pr(>F)」の欄にp値として「0.00222」が表示されています。これはoneway.test() 関数で求めた値と同じです。

anova()関数で検定統計量の実現値とp値を求める

最後にanova()関数を試してみましょう。先のコードの下に次のコードを追加し、[Run]をクリックしてみてください。

▼anova()を実行

```
anova(lm(variate~fact))
```

●lm()関数

線形モデルによる回帰を行います。

```
lm(formula[, data, subset, weights, na.action, …])
```

lm()は、このあとの章で紹介する「回帰分析」で使用する関数です。

引数に指定する項目がいろいろありますが、ここではformula(モデル式)の部分しか使用しません。

formulaの部分を

```
variate~fact
```

とすることで、variateにfactを対応付けるモデル式を引数とし、lm()関数が返す値をanova()関数の引数にすることでF検定が実施されます。

▼aov()関数の実行結果(コンソール)

```
Analysis of Variance Table

Response: variate
          Df Sum Sq Mean Sq F value   Pr(>F)
fact       2  805.8  402.92  6.8174 0.002215 **
Residuals 57 3368.8   59.10
---
Signif. codes:  0 '***' 0.001 '**' 0.01 '*' 0.05 '.' 0.1 ' ' 1
```

aov()関数のときと同様の結果が、分散分析表の形式で出力されます。

8.1.4　分散分析を理解する

ここでは、分散分析がどういうものなのか見ていきたいと思います。

▼分散分析における検定統計量 F

$$検定統計量\ F = \frac{群間の平方和／群間の自由度}{群内の平方和／群内の自由度}$$

今回の３群のデータの平均は、次のようになっています。

▼今回検定を行った３群の平均

対象	平均
講座Aの受講者	72.5
講座Bの受講者	79.25
講座Cの受講者	81
すべての得点の平均	77.58333…

「群間のズレ」と「群内のズレ」

３群のそれぞれの得点は、次のような感じで分布していることになります。

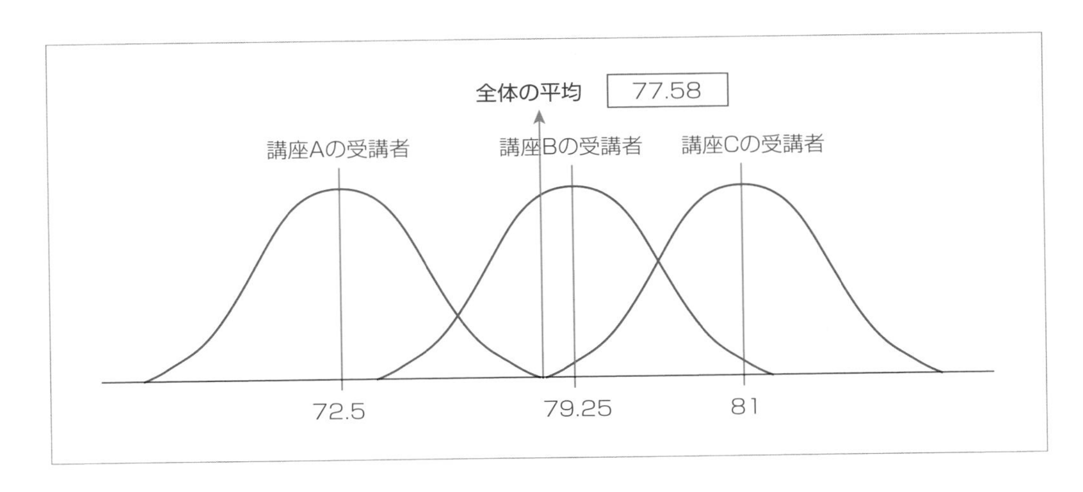

標本平均間のズレと標本内部のデータのズレ

ここで、講座Ａの受講者の中のある１つの得点について考えます。

次の図の●の部分です。このデータは、３群のすべての得点の平均から図で示した矢印のぶんだけズレています。

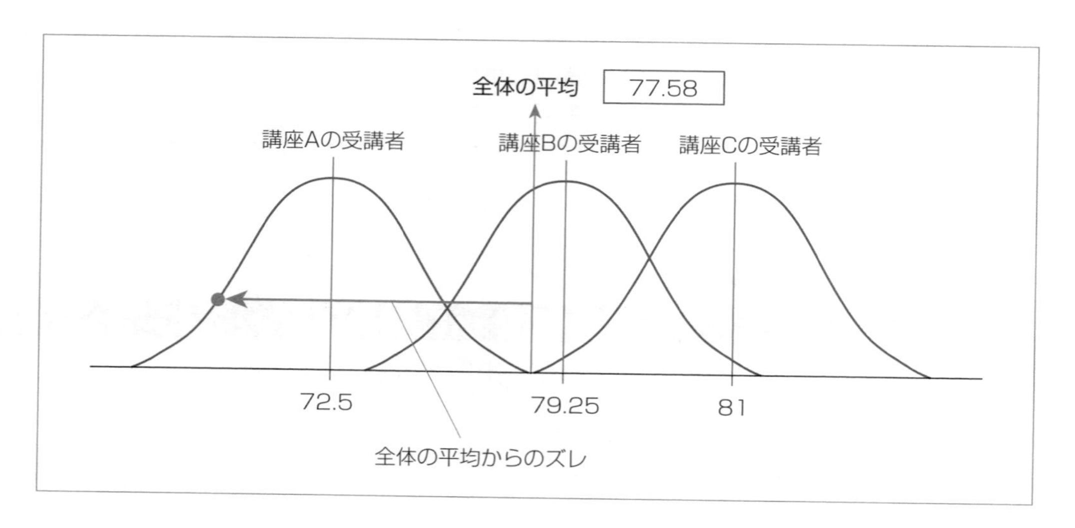

さらに、全体の平均からのズレは、「全体の平均と講座Ａの受講者の平均とのズレ」の部分および「講座Ａの受講者の平均からのズレ」の部分に分解することができます。

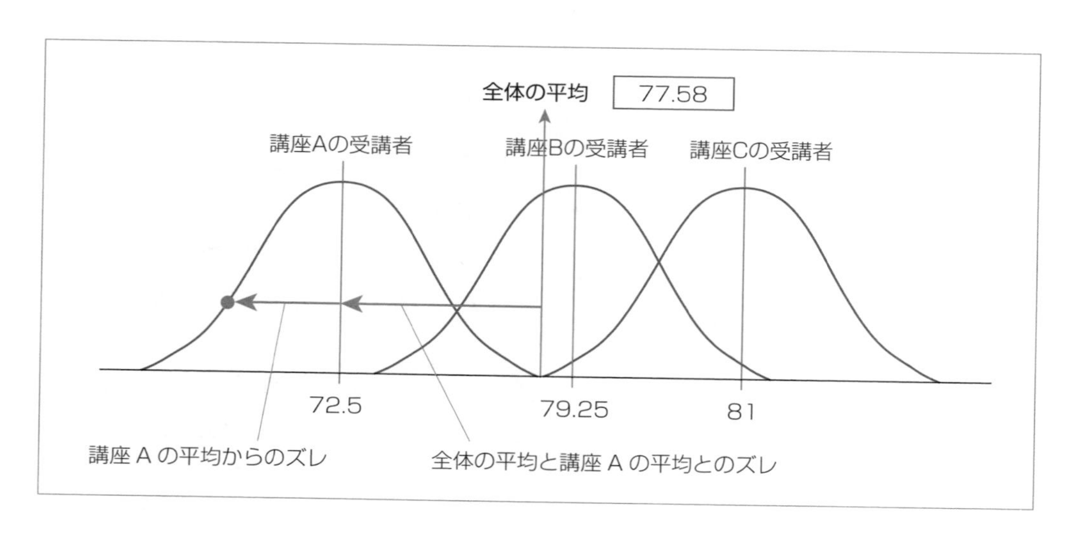

●全体の平均と標本平均とのズレは「群間のズレ」

「全体の平均と講座Aの受講者の平均とのズレ」は、全体の平均と標本集団とのズレを示しています。ここまで、「群」という言葉を使っていますが、これは標本集団のことを指しています。全体の平均とそれぞれの群のズレは「群間のズレ」となります。

●標本内部のズレは「群内のズレ」

一方、「講座Aの特定の受講者の点数と講座A受講者の平均とのズレ」は、「群内のズレ」ということになります。

●全体の平均からのズレは「群間のズレ＋群内のズレ」

以上のことをまとめると、すべてのデータにおける全体の平均からのズレは、群間のズレと群内のズレで構成されていることになるので、次の式が成り立ちます。

全体の平均からのズレ ＝ 群間のズレ ＋ 群内のズレ

群間のズレは「必然的な要素」、群内のズレは「偶然的な要素」

全体の平均からのズレは、群間のズレと群内のズレを足したものですが、分散分析では、群間のズレは「必然的な要素」として考え、群内のズレは「偶然的な要素」として考えます。

「標本の平均」の全体の平均からのズレは必然的に起こったもの、つまり、意図的な何かがあった結果とし、データが属する標本の平均からのズレは偶然起こり得る結果であると考えるのです。

全体の平均からのズレ ＝ 必然（群間のズレ）＋ 偶然（群内のズレ）

「必然として得られた値が、偶然の値に対してどの程度の割合なのか」を求めるのが、検定統計量Fです。ただし、全体のズレを群間と群内のズレにどうやって分解するのか気になるところですので、引き続きじっくり見ていくことにしましょう。

標本平均間のズレと標本内部のデータのズレを見る

そもそも群間のズレは、標本集団の平均の差を表していますので、群間のズレが大きい場合は、それぞれの群の平均が大きく異なることになります。これに対して群内のズレは、データが属する標本集団の平均との差、つまり「偏差」です。もし、群内のズレに比べて群間のズレが大きければ、標本集団間の違いが大きいことになるので、「それぞれの平均に差がない」とした帰無仮説が棄却されることになります。

一方、群内のズレに比べて、群間のズレが小さければ、標本集団間の違いは大きいとはいえませんので、「それぞれの平均に差がない」という帰無仮説を棄却できないことになります。

平均のズレを分散のズレで分析するのが「分散分析」

群内のズレは個々のデータと平均との差であることから、一つひとつのデータについて求めなくてはなりませんが、個々に求めたズレをどうやって群内のズレとするかという問題があります。

個々のデータを１つずつ吟味するのではなく、代表となる値を１つずつ決めておけば、この値を使って比較が行えそうです。そこで、分散分析では、「偏差の平方和」を代表の値として分析を行います。

偏差の平方和は、すべてのデータの「平均との差を２乗した値」を合計した値でした。偏差を単純に合計すると常に「0」になるので、偏差を２乗してから合計します。このような偏差の平方和は**変動**とも呼ばれます。分散分析では次の２つの平方和を利用します。

- **群間の平方和**
- **群内の平方和**

あとは、群間の自由度と群内の自由度がわかれば、検定統計量Fが計算できます。

- **群間の自由度 ＝ 群の数 － 1**
- **群内の自由度 ＝ すべての群の（群のデータの数 － 1）を合計したもの**

検定統計量の分子と分母は

- **分子 ＝ 群間の平方和 ／ 群間の自由度 ＝ 群間の平均平方（群間の不偏分散）**
- **分母 ＝ 群内の平方和 ／ 群内の自由度 ＝ 群内の平均平方（群内の不偏分散）**

と置き換えられるので、F値は「群間の平均平方 ／ 群内の平均平方」で求めることができます。これは、群間の平均平方が群内の平均平方に比べてどれだけ大きいかを示します。

群間、群内の平方和と平均平方から検定統計量Fの期待値を求める

では、群間、群内それぞれについての平方和、平均平方（不偏分散）を順に求め、検定統計量Fの値を求めてみましょう。プロジェクトにソースファイル「script2.R」を追加して、以下のコードを入力し、実行してみます。

▼群間、群内の平方和と平均平方から検定統計量Fを求める（script2.R）

```
# 模試結果.txtをデータフレームに格納
data <- read.delim(
  "模試結果.txt",
  header=TRUE,          # 1行目は列名
  fileEncoding="UTF-8" # 文字コードの変換方式
)

# 分散を返す関数
getDisper <- function(x) {
  dev <- x - mean(x)
  return(sum(dev^2) / length(x))
}

# データフレームの各列のデータをベクトルに代入
variate <- c(data[,1], # 直前対策講座Aのデータ
             data[,2], # 直前対策講座Bのデータ
             data[,3]) # 直前対策講座Cのデータ

# 各列のサイズを取得
col_1 <- length(data[,1])
col_2 <- length(data[,2])
col_3 <- length(data[,3])

# 3群それぞれの平均を求める
m_A <- mean(data[,1])
m_B <- mean(data[,2])
m_C <- mean(data[,3])
# 3群の平均を求める
m_all <- mean(variate)

# 群間の平方和を求める
cohort_s_sum <- sum((m_A - m_all)^2*col_1,
                    (m_B - m_all)^2*col_2,
                    (m_C - m_all)^2*col_3)
```

```
# 群内の平方和を求める
cohort_in_s_sum <- sum(getDisper(data[,1])*col_1,
                       getDisper(data[,2])*col_2,
                       getDisper(data[,3])*col_3)

# 群間の不偏分散
cohort_unbiased <- cohort_s_sum/(length(data[1,]) - 1)

# 群内の不偏分散
cohort_in_unbiased <- cohort_in_s_sum/((col_1-1) + (col_2-1) + (col_3-1))

# 検定統計量F
f <- cohort_unbiased/cohort_in_unbiased
```

▼実行結果（「script2.R」のみを実行したところ）

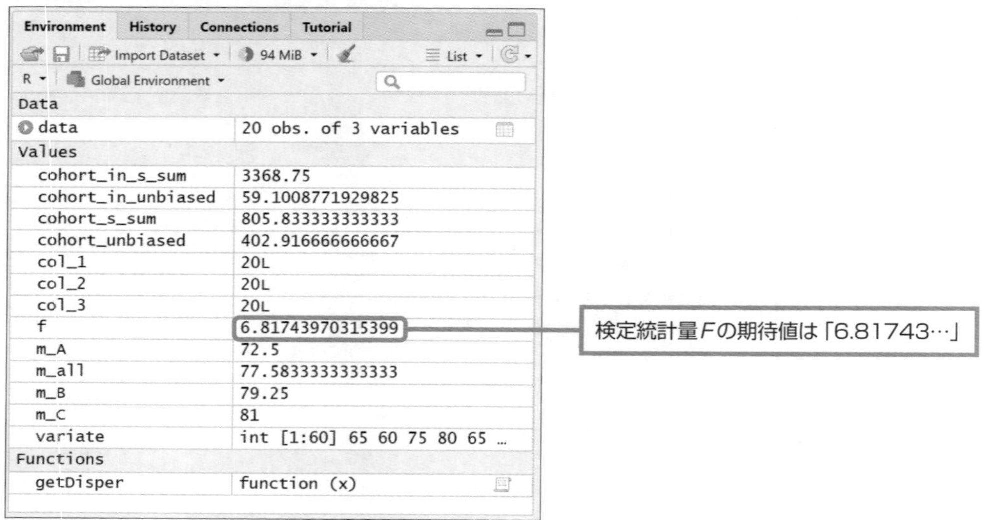

前回行った検定のときと同じく、統計検定量Fの値が「6.81743…」となりました。

8.1.5　多重比較（Tukeyの方法）

本節で行った「1要因の分散分析（対応なし）」では、次の帰無仮説を立てました。

● 帰無仮説：「3群の母平均は等しい」

講座の違いによる学習効果には差がないことを帰無仮説とします。

検定の結果、5%水準で有意となり、帰無仮説が棄却されました。これで「3つの講座をそれぞれ受講した人の得点の平均は等しいとはいえない」ことが支持されました。しかし、具体的にどの講座の受講者とどの講座の受講者の得点平均に差があるのかを知りたいこともあります。

そのような場合は**Tukey（テューキー）の方法**と呼ばれる多重比較を行います。Tukeyの方法では、各群におけるデータ数が等しく、各群の母分散も等しいと仮定して、次の式を使って検定統計量qを求めます。

$$q = \frac{|\text{比較する群の平均値の差}|}{\sqrt{\text{群内の平均平方}／\text{各群のデータ数}}}$$

RのTukeyHSD()関数で多重比較を行ってみる

Rには、Tukeyの方法で検定統計量qを求めるqtukey()関数もありますが、すべての組み合わせについて多重比較を行う**TukeyHSD()関数**がありますので、これを使って講座A、B、Cの受講者の得点平均に差があるのかを調べてみましょう。TukeyHSD()関数は、次のように、引数にaov()関数の戻り値を指定します。

```
TukeyHSD(aov(モデル式))
```

先のソースファイル「script.R」の末尾に次のコードを入力して実行してみましょう。

▼Tukeyの方法で多重比較を行う（script.R）

```
TukeyHSD(aov(variate~fact))
```

▼実行結果（コンソール）

```
  Tukey multiple comparisons of means
    95% family-wise confidence level

Fit: aov(formula = variate ~ fact)

$fact
                              diff  lwr        upr       p adj
直前対策講座B-直前対策講座A 6.75  0.8998358 12.600164 0.0199934
直前対策講座C-直前対策講座A 8.50  2.6498358 14.350164 0.0026126
直前対策講座C-直前対策講座B 1.75 -4.1001642  7.600164 0.7528036
```

3つの講座の受講者における得点平均の可能な限りの組み合わせが示され、それぞれのペアについて、平均偏差（diff）、95%信頼区間の下限（lwr）、上限（upr）、p値（p adj）が表示されました。

「直前対策講座B-直前対策講座A」について見てみると、p値は0.0199934で有意水準0.05よりも小さいことから、有意差ありと判断することができます。

「直前対策講座C-直前対策講座A」についてもp値は0.0026126なので有意差あり、「直前対策講座C-直前対策講座B」についてはp値は0.7528036なので有意差なし、と判断できます。

このことから、講座Aと講座Bの間、講座Aと講座Cの間に5%水準で有意な差があるということになります。

Section 8.2

1要因の分散分析②（対応あり）

Level ★★★　Keyword　対応がある1要因の分散分析の検定統計量F

前節では、3つの講座について、それぞれの講座を受講した人の得点平均の検定を行いました。それぞれの講座を受講した人はすべて異なりますので、対応なしの1要因の分散分析でした。

今回は、同じ人が3つの講座を受講した場合についての検定です。これは、対応がある平均間の検定なので、「1要因の分散分析（対応あり）」の検定になります。

Theme 同じ受講者に対する効果を実証する

ある進学塾では、冬休みに開講した「直前対策講座A」「直前対策講座B」「直前対策講座C」の3講座を受講した20名について、講座受講後に模擬試験を実施しました。この結果、「直前対策講座A」の平均点は72.5、「直前対策講座B」の平均点は79.25、「直前対策講座C」の平均点は81でした。

有意水準5%で分散分析を実施し、3講座それぞれの模試の平均点には差があるのかどうか調べてみましょう。

▼同じ20名が3つの講座受講後に受けた模擬試験の結果（同一の受講生による模試結果.txt）

data ×　Filter

	受講者	直前対策講座A	直前対策講座B	直前対策講座C
1	A	65	90	85
2	B	60	75	65
3	C	75	70	90
4	D	80	90	75
5	E	65	65	90
6	F	60	70	75
7	G	70	80	85
8	H	85	85	75
9	I	65	70	95
10	J	75	70	75
11	K	75	85	80
12	L	70	75	75
13	M	80	80	85
14	N	75	90	75
15	O	80	80	85
16	P	80	90	90
17	Q	65	85	90
18	R	70	85	80
19	S	75	75	75
20	T	80	75	75

Showing 1 to 20 of 20 entries, 4 total columns

8.2.1　対応がある1要因の分散分析の実施

前節では、3つの直前対策講座を受講した「異なる20人」の模擬試験の得点を扱いました。対して本節では、「同じ20人」の模擬試験の得点について扱います。同じ人が3つの講座を受講したあとの模試結果の得点ですので、「対応がある1要因の分散分析」を実施することになります。

対応がある1要因の分散分析では、検定統計量*F*を求める式が次のようになります。

▼検定統計量*F*

$$検定統計量F=\frac{条件の平方和／条件の自由度}{残差の平方和／残差の自由度}$$

対応のない1要因の分散分析のときと比べると、平方和や自由度の名前が変わっていますが、それぞれ次のように対応します。

群間の平方和➡　条件の平方和
群内の平方和➡　残差の平方和

群間の自由度➡　条件の自由度
群内の自由度➡　残差の自由度

本節の例では、同じ人が3つの模擬試験を受けているので、「群の比較」ではなく「条件の比較」となることから、このようになっています。

分散分析の実施

帰無仮説と対立仮説は、前節と同じく次のようになります。

・帰無仮説
　3群の母平均は等しい。
・対立仮説
　3群の母平均は等しくない（等しいとはいえない）。

対応がある1要因の分散分析では、aov()関数を使用します。今回は対応のあるデータですので、aov()関数のモデル式が次のようになります。

```
aov(variate~fact+id)
```

factは、講座名を20個ずつ格納したfactorオブジェクトです。idは今回新たに作成した、20名の識別情報A～Tを3セット格納したfactorオブジェクトで、これを「fact+id」のようにすることで、各講座終了後の模試の得点と受講者を対応付けるのがポイントです。

プロジェクト	OneWay-RepeatedMeasures-ANOVA		
タブ区切りのテキストファイル	同一の受講生による模試結果.txt	RScriptファイル	script.R

▼1要因の分散分析（対応あり）を実施（script.R）

```
# 同一の受講生による模試結果.txtをデータフレームに格納
data <- read.delim(
  "同一の受講生による模試結果.txt",
  header=TRUE,          # 1行目は列名
  fileEncoding="UTF-8" # 文字コードの変換方式
)

# データフレームの各列のデータをベクトルに代入
variate <- c(data[,2], # 直前対策講座Aのデータ
             data[,3], # 直前対策講座Bのデータ
             data[,4]) # 直前対策講座Cのデータ

# 各列のサイズを取得
col_1 <- length(data[,2])
col_2 <- length(data[,3])
col_3 <- length(data[,4])

# 列名を列データの数だけ格納したベクトルをfactor型に変換
fact <- factor(
  c(rep(colnames(data)[2], col_1), # "直前対策講座A"×20
    rep(colnames(data)[3], col_2), # "直前対策講座B"×20
    rep(colnames(data)[4], col_3)) # "直前対策講座C"×20
  )

# 20人を識別するA～Tを3個作成し、factor型に変換
id <- factor(rep(data[,1], # A～Tが入力されている列
                 length(data[1,]) - 1) # 列数4から1を引く
            )

# aov()をsummary()の引数にして実行
# fact+idで各講座受講後の得点を受講者に対応付ける
summary(
  aov(variate~fact+id))
```

では、[Source]をクリックしてプログラムを実行してみましょう。

▼実行結果(コンソール)

```
            Df Sum Sq Mean Sq F value  Pr(>F)
fact         2  805.8   402.9   7.490 0.00181 **
id          19 1324.6    69.7   1.296 0.24215
Residuals   38 2044.2    53.8
---
Signif. codes:  0 '***' 0.001 '**' 0.01 '*' 0.05 '.' 0.1 ' ' 1
```

今回注目するのは試験ごとの平均の差ですので、factの行に注目しましょう。検定統計量*F*の値(F value)は「7.490」、p値は「0.00181」です。

p値に注目すれば、有意水準5%と比較して「0.00181<0.05」となり、平均点には有意な差があることがわかります。また、受講者を示すidの行ではp値が「0.24215」で、有意な差がないことが示されていますが、個人差があるかどうかは今回の分析の対象外なので、これは無視しましょう。

8.2.2 対応ありとなしで違いが出たのはなぜ?

前節での「対応がない」とした1要因の分散分析の結果と、本節での「対応あり」とした分散分析の結果は、次のようになっています。

▼対応なしで分析したときの分散分析表

```
            Df Sum Sq Mean Sq F value  Pr(>F)
fact         2    806   402.9   6.817 0.00222 **
Residuals   57   3369    59.1
---
Signif. codes:  0 '***' 0.001 '**' 0.01 '*' 0.05 '.' 0.1 ' ' 1
```

▼対応を考慮して分析したときの分散分析表

```
            Df Sum Sq Mean Sq F value  Pr(>F)
fact         2  805.8   402.9   7.490 0.00181 **
id          19 1324.6    69.7   1.296 0.24215
Residuals   38 2044.2    53.8
---
Signif. codes:  0 '***' 0.001 '**' 0.01 '*' 0.05 '.' 0.1 ' ' 1
```

対応なしと対応ありによる違いを見る

fact(3つの模試)の行を見ると、Df(自由度)は同じ「2」で、Sum Sq(平方和)は「806」と「805.8」でほぼ同じ、Mean Sq(平均平方)は同じ「402.9」です。一方、F value(検定統計量*F*)は「6.817」と「7.490」になっています。

Residualsの行を見てみると、自由度、平方和、平均平方のすべてについて、対応ありの値が小さくなっています。検定統計量Fは、模試の平方平均（Mean Sq）をResidualsの平方平均で割ることで求められます。

▼対応なしの場合

$$F=402.9 \div 59.1=6.817259$$

▼対応ありの場合

$$F=402.9 \div 53.8=7.488848$$

こんなふうに、対応を考慮すると検定統計量Fの分母である残差（Residuals）の平方和が小さくなり、Fの値が大きくなるので、結果として有意になりやすくなる傾向があります。

このように、対応を考慮すると残差の平均平方が小さくなるのは、対応なしのときの残差のバラツキから、受講者の差によるバラツキを取り除くことができるからです。

平方和を分解して自由度を計算してみよう

1要因の分散分析では、全体の平方和を次のように分解しています。

▼1要因の分散分析（対応なし）

全体の平方和 ＝ 群間の平方和 ＋ 群内の平方和

▼1要因の分散分析（対応あり）

全体の平方和 ＝ 条件の平方和 ＋ 受講者の平方和 ＋ 残差の平方和

1要因の分散分析（対応なし）における「群内の平方和」は、1要因の分散分析（対応あり）では、さらに「受講者の平方和」と「残差の平方和」に分解されています。受講者個人の平方和は、個人の違いによって説明できる平方和のことです。

今回の例では、20人の受講者についてそれぞれ実施された3回の模試の結果ですので、データ自体にその人の特徴が反映されることになります。例えば、ある受講者は常に高い点数を出しているのに対し、別の人は常に低い点数を出すことがあります。このように、個人間によって生じるバラツキが個人の平方和です。

まず、全データの平均と各模試の平均点、各受講者の平均点を求めておきます。

ここからのプログラムは、ソースファイル「script.R」に記述します。これまでに記述したソースコードに続けて入力しましょう。

▼すべてのデータの平均、模擬試験ごとの平均点、受講者ごとの平均点を求める（script.R）

```
# 3講座受講後の得点を（20,3）の行列にする
all <- matrix(variate, nrow=20, ncol=3)
# 講座ごとの平均点を求める
point_mean <- colMeans(all)
```

```
# 受講者ごとに3講座の平均点を求める
person_mean <- rowMeans(all)
# 3講座受講後のすべての得点について平均点を求める
all_mean <- mean(all)
# 出力
all
point_mean
person_mean
all_mean
```

▼実行結果（コンソール）

```
> all
      [,1] [,2] [,3]
 [1,]   65   90   85
 [2,]   60   75   65
 [3,]   75   70   90
 [4,]   80   90   75
 [5,]   65   65   90
 [6,]   60   70   75
 [7,]   70   80   85
 [8,]   85   85   75
 [9,]   65   70   95
[10,]   75   70   75
[11,]   75   85   80
[12,]   70   75   75
[13,]   80   80   85
[14,]   75   90   75
[15,]   80   80   85
[16,]   80   90   90
[17,]   65   85   90
[18,]   70   85   80
[19,]   75   75   75
[20,]   80   75   75
> point_mean
[1] 72.50 79.25 81.00
> person_mean
 [1] 80.00000 66.66667 78.33333 81.66667 73.33333 68.33333 78.33333
     81.66667 76.66667 73.33333
[11] 80.00000 73.33333 81.66667 80.00000 81.66667 86.66667 80.00000
     78.33333 75.00000 76.66667
> all_mean
[1] 77.58333
```

次に、これらの3つの平均を要素とする3つの行列を作成します。

▼3つの平均を要素とする3つの行列を作成（script.R）

```
# 全体の平均点を(20,3)の行列にする
all_mean_matrix <- matrix(
  rep(all_mean, 60), nrow = 20, ncol = 3)
# 講座ごとの平均点を(20,3)の行列にする
point_mean_matrix <- matrix(
  rep(point_mean, 20), nrow = 20, ncol = 3, byrow = TRUE)
# 受講者の3講座の平均点を(20,3)の行列にする
person_mean_matrix <- matrix(
  rep(person_mean, 3), nrow = 20, ncol = 3)
# 出力
all_mean_matrix
point_mean_matrix
person_mean_matrix
```

▼実行結果（コンソール）

```
> all_mean_matrix
          [,1]     [,2]     [,3]
 [1,] 77.58333 77.58333 77.58333
 [2,] 77.58333 77.58333 77.58333
 [3,] 77.58333 77.58333 77.58333
  ⋮
[20,] 77.58333 77.58333 77.58333
> point_mean_matrix
      [,1]  [,2] [,3]
 [1,] 72.5 79.25   81
 [2,] 72.5 79.25   81
 [3,] 72.5 79.25   81
  ⋮
[20,] 72.5 79.25   81
> person_mean_matrix
          [,1]     [,2]     [,3]
 [1,] 80.00000 80.00000 80.00000
 [2,] 66.66667 66.66667 66.66667
 [3,] 78.33333 78.33333 78.33333
  ⋮
[20,] 76.66667 76.66667 76.66667
```

計算用の3つの行列が用意できたので、まず、データ全体のバラツキを調べるために、各データの値から全データの平均を引いた値を求めましょう。

▼各データの値から全データの平均を引いた値を求める（script.R）

```
# すべての得点について偏差を求める
all_dev <- all - all_mean_matrix
# 出力
all_dev
```

▼実行結果（コンソール）

```
> all_dev
             [,1]       [,2]       [,3]
 [1,] -12.583333  12.416667   7.416667
 [2,] -17.583333  -2.583333 -12.583333
 [3,]  -2.583333  -7.583333  12.416667
 [4,]   2.416667  12.416667  -2.583333
 [5,] -12.583333 -12.583333  12.416667
 [6,] -17.583333  -7.583333  -2.583333
 [7,]  -7.583333   2.416667   7.416667
 [8,]   7.416667   7.416667  -2.583333
 [9,] -12.583333  -7.583333  17.416667
[10,]  -2.583333  -7.583333  -2.583333
[11,]  -2.583333   7.416667   2.416667
[12,]  -7.583333  -2.583333  -2.583333
[13,]   2.416667   2.416667   7.416667
[14,]  -2.583333  12.416667  -2.583333
[15,]   2.416667   2.416667   7.416667
[16,]   2.416667  12.416667  12.416667
[17,] -12.583333   7.416667  12.416667
[18,]  -7.583333   7.416667   2.416667
[19,]  -2.583333  -2.583333  -2.583333
[20,]   2.416667  -2.583333  -2.583333
```

次に、条件としての模試ごとの効果を求めます。

▼模試ごとに効果を求める（script.R）

```
# 条件として模擬試験ごとの効果を求める
terms <- point_mean_matrix - all_mean_matrix
# 出力
terms
```

▼実行結果（コンソール）

```
> terms
           [,1]     [,2]     [,3]
 [1,] -5.083333 1.666667 3.416667
 [2,] -5.083333 1.666667 3.416667
 [3,] -5.083333 1.666667 3.416667
   ⋮
[20,] -5.083333 1.666667 3.416667
```

続いて、受講者ごとの効果を求めます。受講者個人の平均点から全体の平均点を引きます。

▼個人による効果を求める（script.R）

```
# 受講者の平均点から講座ごとの平均点を引いて
# 受講者ごとの効果を求める
person <- person_mean_matrix - all_mean_matrix
# 出力
person
```

▼実行結果（コンソール）

```
> person
             [,1]        [,2]        [,3]
 [1,]   2.4166667   2.4166667   2.4166667
 [2,] -10.9166667 -10.9166667 -10.9166667
 [3,]   0.7500000   0.7500000   0.7500000
 [4,]   4.0833333   4.0833333   4.0833333
 [5,]  -4.2500000  -4.2500000  -4.2500000
 [6,]  -9.2500000  -9.2500000  -9.2500000
 [7,]   0.7500000   0.7500000   0.7500000
 [8,]   4.0833333   4.0833333   4.0833333
 [9,]  -0.9166667  -0.9166667  -0.9166667
[10,]  -4.2500000  -4.2500000  -4.2500000
[11,]   2.4166667   2.4166667   2.4166667
[12,]  -4.2500000  -4.2500000  -4.2500000
[13,]   4.0833333   4.0833333   4.0833333
[14,]   2.4166667   2.4166667   2.4166667
[15,]   4.0833333   4.0833333   4.0833333
[16,]   9.0833333   9.0833333   9.0833333
[17,]   2.4166667   2.4166667   2.4166667
[18,]   0.7500000   0.7500000   0.7500000
[19,]  -2.5833333  -2.5833333  -2.5833333
[20,]  -0.9166667  -0.9166667  -0.9166667
```

条件（3回の模試）の効果、個人の効果がそれぞれ求められました。さて、すべてのデータについて、データ全体の平均、条件の効果、個人の効果を引いた残りの値が残差です。これは条件の効果でも個人の効果でも説明できない値です。

▼残差を求める（script.R）

```
# 残差を求める
residual <- all - all_mean_matrix - terms - person
# 出力
residual
```

▼実行結果（コンソール）

```
> residual
             [,1]       [,2]        [,3]
 [1,] -9.91666667   8.333333   1.58333333
 [2,] -1.58333333   6.666667  -5.08333333
 [3,]  1.75000000 -10.000000   8.25000000
 [4,]  3.41666667   6.666667 -10.08333333
 [5,] -3.25000000 -10.000000  13.25000000
 [6,] -3.25000000   0.000000   3.25000000
 [7,] -3.25000000   0.000000   3.25000000
 [8,]  8.41666667   1.666667 -10.08333333
 [9,] -6.58333333  -8.333333  14.91666667
[10,]  6.75000000  -5.000000  -1.75000000
[11,]  0.08333333   3.333333  -3.41666667
[12,]  1.75000000   0.000000  -1.75000000
[13,]  3.41666667  -3.333333  -0.08333333
[14,]  0.08333333   8.333333  -8.41666667
[15,]  3.41666667  -3.333333  -0.08333333
[16,] -1.58333333   1.666667  -0.08333333
[17,] -9.91666667   3.333333   6.58333333
[18,] -3.25000000   5.000000  -1.75000000
[19,]  5.08333333  -1.666667  -3.41666667
[20,]  8.41666667  -3.333333  -5.08333333
```

全データの行列、条件による効果の行列、個人による効果の行列のそれぞれについて、要素を2乗した和を求めてみます。

▼行列の要素を2乗した和を求める（script.R）

```
# すべての得点について偏差の平方和を求める
all_square_sum <- sum(all_dev^2)
# 模擬試験ごとの効果の平方和を求める
terms_square_sum <- sum(terms^2)
# 受講者ごとの効果の平方和を求める
person_square_sum <- sum(person^2)
# 残差の平方和を求める
residual_square_sum <- sum(residual^2)

# 出力
all_square_sum
terms_square_sum
person_square_sum
residual_square_sum

# 模擬試験ごとの効果の平方和+受講者ごとの効果の平方和+残差の平方和
terms_square_sum + person_square_sum + residual_square_sum
```

▼実行結果（コンソール）

```
> all_square_sum
[1] 4174.583
> terms_square_sum
[1] 805.8333
> person_square_sum
[1] 1324.583
> residual_square_sum
[1] 2044.167
> terms_square_sum + person_square_sum + residual_square_sum
[1] 4174.583
```

以上により、1要因の分散分析（対応あり）では、

全体の平方和 ＝ 条件の平方和 ＋ 個人差の平方和 ＋ 残差の平方和

のように、平方和が分解されることが確認できました。

それぞれの平方和については、aov()関数が出力した分散分析表のfact（条件）、id（個人差）、Residuals（残差）の平方和と一致しています。

最後に、それぞれの平方和に対する自由度を確認しておきましょう。それぞれの自由度は、分散分析表のDfの欄の値と一致しています。

▼平方和に対する自由度を確認

```
条件の自由度 = 条件の数 − 1 = 3 − 1 = 2
個人の差の自由度 = 受講者の数 − 1 = 20 − 1 = 19
残差の自由度 = 条件の自由度 × 個人の差の自由度 = 2 × 19 = 38
```

Section

8.3 2要因の分散分析①（2要因とも対応なし）

Level ★★★　Keyword　主効果　交互作用効果

これまでの分散分析は、「直前対策講座の違い」のように1つの条件（1要因）の分散分析でした。ここからは、2つの条件（2要因）での分散分析について見ていきます。

Theme 勉強するのは朝起きてすぐがいい？それとも寝る前？

ある大手進学塾では、朝起きてすぐに学習するのと、夜寝る前に学習するのと、どちらが効果的なのかを調べるために、それぞれの条件に5人ずつの被験者を割り当て、計30人の被験者の定着度を調べました。

右の表を見ると、「朝起きてすぐ」と「夜寝る前」という学習する時間帯の2つの条件と、「英単語」「漢字の書き取り」「古文単語」という学習内容の3つの条件があり、全部で6通りの条件になっています。

学習内容の違いや学習の時間帯の違いで定着度の母平均は異なるのかどうか、分析してみましょう。

▼学習内容と学習時間帯による定着度に関するデータ

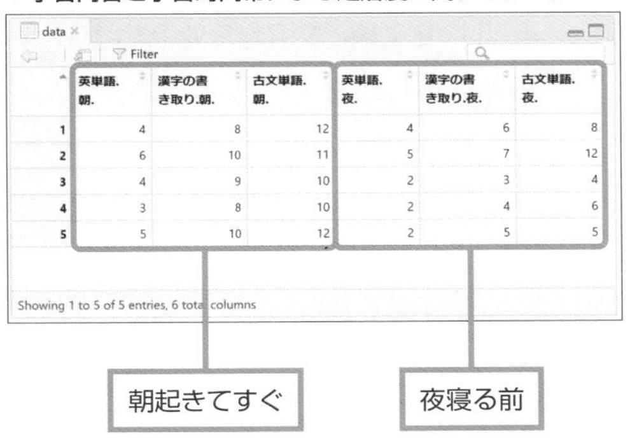

	英単語.朝.	漢字の書き取り.朝.	古文単語.朝.	英単語.夜.	漢字の書き取り.夜.	古文単語.夜.
1	4	8	12	4	6	8
2	6	10	11	5	7	12
3	4	9	10	2	3	4
4	3	8	10	2	4	6
5	5	10	12	2	5	5

Showing 1 to 5 of 5 entries, 6 total columns

8.3.1　主効果と交互に作用する効果

学習効果の調査では、「学習する時間帯の違い」と「学習内容の違い」のどちらも母平均に違いをもたらしていると期待しています。このように、母平均に違いをもたらす原因になるものを**要因**と呼びますが、学習効果の調査では、定着度の母平均は「学習する時間帯の違い」と「学習内容の違い」という2つの要因によって変化すると考えています。

一方、要因の中に含まれる個々の条件を**水準**と呼びます。「学習する時間帯の違い」には「朝起きてすぐ」と「夜寝る前」という2つの水準、「学習内容の違い」には「英単語」「漢字の書き取り」「古文単語」という3つの水準があることになります。

▼要因と水準

要因	水準
学習する時間帯の違い	朝起きてすぐ、夜寝る前
学習内容の違い	英単語、漢字の書き取り、古文単語

主効果と交互作用効果について

1要因の分散分析では、検定の対象になる「効果」は1つだけでした。これに対し、2要因の分散分析では、**主効果**と**交互作用効果**という2つの効果を考える必要があります。

主効果とは

主効果とは、それぞれの要因ごとの効果で、1要因の分散分析のときの効果と同じものです。今回の例では、学習する内容をひとまとめにして、「勉強する時間帯が異なると平均値が異なる」のであれば、「『学習する時間帯の違い』という要因の主効果がある」ことになります。

一方、学習する時間帯をひとまとめにして、「学習内容が違うと平均値が異なる」のであれば、「『学習内容の違い』という要因の主効果がある」ということになります。

交互作用効果とは

交互作用効果とは、2つ以上の要因が組み合わされたときに生じる効果のことで、2つの要因の効果を足し算しただけでは説明できない効果です。今回の例では、仮に朝起きてすぐに学習した場合は、定着度の平均を2点押し上げる効果があるとします。また、英単語の学習は定着度の平均を1点だけ押し上げる効果があるとします。このとき、朝起きてすぐの英単語の学習が定着度の平均を3点押し上げるとすれば、これは単純に学習する時間と学習内容が足し合わされたと考えることができます。

しかし、英単語は朝学習することによってさらに定着度が高まって平均を5点も押し上げたり、逆に英単語には夜寝る前の方が定着度がよい単語があって、朝学習すると定着度の平均を1点引き下げてしまう可能性もあります。このような場合は、学習する時間帯と学習内容の効果の足し算では説明することができないので、「学習する時間帯と学習内容の組み合わせによって生じた交互作用効果がある」ことになります。

8.3.2　2要因の分散分析（対応なし）を実施する

統計的仮説検定の手順に従って、対応がない2要因の分散分析を行ってみることにしましょう。
以下に、対応がない2要因の分散分析の内容をまとめます。

●帰無仮説と対立仮説の設定

2要因の分散分析では、2つの主効果と1つの交互作用効果を検定できるので、帰無仮説と対立仮説のペアが3つ作られ、それぞれのペアについて帰無仮説を棄却するかどうかを調べることになります。

●「学習する時間帯の違い」の主効果
・帰無仮説：学習する時間帯が違っても定着度の母平均は等しい（学習する時間帯の主効果はない）。
・対立仮説：学習する時間帯によって定着度の母平均は異なる（学習する時間帯の主効果がある）。

●「学習内容」の主効果
・帰無仮説：学習内容が違っても定着度の母平均は等しい（学習内容の主効果はない）。
・対立仮説：学習内容の違いによって定着度の母平均は異なる（学習内容の主効果がある）。

●「学習する時間帯の違い」と「学習内容の違い」の交互作用効果
・帰無仮説：学習する時間帯と学習内容の組み合わせに相性の良し悪しはない。
（学習する時間帯と学習内容の交互作用効果はない）
・対立仮説：学習する時間帯と学習内容の組み合わせに相性の良し悪しがある。
（学習する時間帯と学習内容の交互作用効果がある）

●検定統計量の選択

分散分析における検定統計量Fを使用します。

●有意水準αの決定

有意水準は5%、$\alpha = 0.05$とし、片側検定を行います。

●検定統計量を求める

aov()関数を使って検定統計量Fを求めます。このために、学習内容の定着度のデータと、それぞれの値が「学習する時間帯と学習内容の要因において、それぞれどの水準に属しているか」を群分けするための識別子を用意します。

2要因の分散分析（対応なし）の実施

「学習効果.txt」を読み込んで、対応がない2要因の分散分析を実施しましょう。

プロジェクト	TwoWay-Factional-ANOVA		
タブ区切りのテキストファイル	学習効果.txt	RScriptファイル	script.R

▼2要因の分散分析（対応なし）を実施する（script.R）

```
# 学習効果.txtをデータフレームに格納
data <- read.delim(
  "学習効果.txt",
  header=TRUE,             # 1行目は列名
  fileEncoding="UTF-8" # 文字コードの変換方式
)

# データフレームの各列のデータを1つのベクトルに格納
variate <- c(data[,1], # 1列目のデータ
             data[,2], # 2列目のデータ
             data[,3], # 3列目のデータ
             data[,4], # 4列目のデータ
             data[,5], # 5列目のデータ
             data[,6]) # 6列目のデータ


# 1要因当たりのデータ数(15)を取得
size <- length(data[,1])*length(colnames(data))/2 ……………………… ①
# 1列当たりのデータ数(5)を取得
size_col <- length(data[,1]) ……………………………………………………… ②

# 1つ目の要因の水準(朝と夜)を識別子fac_A_1、fac_A_2
# として、それぞれデータの数(15)だけ作成
fac1 <- factor(
  c(rep("fac_A_1", size), # 「朝に学習」の識別子×データの数
    rep("fac_A_2", size)) # 「夜に学習」の識別子×データの数
  ) ……………………………………………………………………………………………… ③

# 2つ目の要因の水準(英、漢字、古文)を識別子fac_B_1、fac_B_2、fac_B_3
# として1列当たりのデータの数×2セット(朝と夜)作成
fac2 <- factor(
  rep(                                  # 以下を2セット作成
```

```
    c(rep("fac_B_1", size_col), # 「英単語」の識別子×1列当たりのデータの数
      rep("fac_B_2", size_col), # 「漢字」の識別子×1列当たりのデータの数
      rep("fac_B_3", size_col)) # 「古文」の識別子×1列当たりのデータの数
    ,2)
  ) ······························································ ④

# aov()関数を実行して分散分析表を出力
summary(
  aov(variate ~ fac1*fac2)) ······································ ⑤
```

●①のソースコード

```
size <- length(data[,1])*length(colnames(data))/2
```

「学習効果.txt」を読み込んだデータフレームの1列目のデータ数を調べ、これに、列名の数を2で割った（列名は「英単語」「漢字の書き取り」「古文単語」の3つ×2）値を掛けています。

これは、朝学習したときと夜学習したときのそれぞれに含まれるデータの数になります。

●②のソースコード

```
size_col <- length(data[,1])
```

1つの列に含まれるデータの数を調べます。

●③のソースコード

```
fac1 <- factor(
  c(rep("fac_A_1", size), #  「朝に学習」の識別子×データの数
    rep("fac_A_2", size)) #  「夜に学習」の識別子×データの数
  )
```

1つ目の要因の水準（水準の数は2）を識別子として、データの数だけ作成します。ここでは、「fac_A_1」が「朝に学習」、「fac_A_2」が「夜に学習」を区別するための識別子になります。

▼fac1をコンソールに出力したところ

```
> fac1
 [1] fac_A_1 fac_A_1 fac_A_1 fac_A_1 fac_A_1 fac_A_1 fac_A_1 fac_A_1 fac_A_1
[10] fac_A_1 fac_A_1 fac_A_1 fac_A_1 fac_A_1 fac_A_1 fac_A_2 fac_A_2 fac_A_2
[19] fac_A_2 fac_A_2 fac_A_2 fac_A_2 fac_A_2 fac_A_2 fac_A_2 fac_A_2 fac_A_2
[28] fac_A_2 fac_A_2 fac_A_2 ←――――― 全部で30個（水準の数2×データ数15）
Levels: fac_A_1 fac_A_2
```

●④のソースコード

```
fac2 <- factor(
  rep(                                # 以下を2セット作成
    c(rep("fac_B_1", size_col), # 「英単語」の識別子×1列当たりのデータの数
      rep("fac_B_2", size_col), # 「漢字」の識別子×1列当たりのデータの数
      rep("fac_B_3", size_col)) # 「古文」の識別子×1列当たりのデータの数
    ,2)
  )
```

2つ目の要因の水準（水準の数は3）を識別子として、それぞれ1列当たりのデータの数だけ作成したものを2セット用意します。「fac_B_1」が「英単語」、「fac_B_2」が「漢字の書き取り」、「fac_B_3」が「古文単語」を区別するための識別子になります。

▼fac2をコンソールに出力したところ

```
> fac2
 [1] fac_B_1 fac_B_1 fac_B_1 fac_B_1 fac_B_1 fac_B_2 fac_B_2 fac_B_2 fac_B_2
[10] fac_B_2 fac_B_3 fac_B_3 fac_B_3 fac_B_3 fac_B_3 fac_B_1 fac_B_1 fac_B_1
[19] fac_B_1 fac_B_1 fac_B_2 fac_B_2 fac_B_2 fac_B_2 fac_B_2 fac_B_3 fac_B_3
[28] fac_B_3 fac_B_3 fac_B_3 ←― 全部で30個（水準の数3×1列当たりのデータ数5×2セット）
```

●⑤のソースコード

```
summary(
  aov(variate ~ fac1*fac2))
```

「aov(variate ~ fac1*fac2)」の「fac1*fac2」は、「学習する時間帯」の主効果、「学習内容」の主効果、「学習する時間帯」と「学習内容」を組み合わせた交互作用効果のすべてを含める、という意味です。

Rでは、交互作用効果は要因を「:」（コロン）でつないで表すこともできるので、「学習する時間帯」と「学習内容」の交互作用効果を「fac1:fac2」として、次のようにも書けます。

```
summary(
  aov(variate ~ fac1 + fac2 + fac1:fac2))
```

帰無仮説の棄却／採択の決定

[Source] をクリックしてプログラムを実行してみましょう。

▼summary(aov(variate ~ fac1 * fac2))の結果（コンソール）

```
             Df Sum Sq Mean Sq F value   Pr(>F)
fac1          1  73.63   73.63  24.820 4.35e-05 ***
fac2          2 143.27   71.63  24.146 1.79e-06 ***
fac1:fac2     2  11.27    5.63   1.899    0.172
Residuals    24  71.20    2.97
---
Signif. codes:  0 '***' 0.001 '**' 0.01 '*' 0.05 '.' 0.1 ' ' 1
```

出力された分散分析表の見方は、1要因の分散分析のときと同じです。

▼*F*とp値

効果	*F*値	p値
「学習する時間帯」の主効果	24.820	0.0000435
「学習内容」の主効果	24.146	0.00000179
交互作用効果	1.899	0.172

分散分析表には全体の平方和が出力されていないので、一応、平方和の分解について確認しておきましょう。

▼平方和の分解を確認する（コンソール）

```
> 73.63+143.27+11.27+71.20
[1] 299.37
> sum((variate - mean(variate))^2) ………… 全体の平方和を求める
[1] 299.3667
```

全体の平方和が、各要因の主効果と交互作用効果、さらに残差の平方和に分解されていることが確認できました。

●帰無仮説の棄却／採択

分散分析表のp値から、次のように結論付けられます。

要素	p値
「学習する時間帯」の主効果	有意水準5%で有意な効果がある（p＝0.0000435）：帰無仮説を棄却
「学習内容」の主効果	有意水準5%で有意な効果がある（p＝0.00000179）：帰無仮説を棄却
「学習する時間帯」と「学習内容」の交互作用効果	有意水準5%で有意な効果はない（p＝0.172）：帰無仮説を採択

交互作用効果を確認する

交互作用効果については有意ではありませんでした。交互作用効果について、

・1つ目の要因

「学習する時間帯の違い」の「朝学習」と「寝る前に学習」という2つの水準

・2つ目の要因

「学習内容の違い」の「英単語」「漢字の書き取り」「古文単語」という3つの水準

のそれぞれの組み合わせは6つになるわけですが、この6つの平均をグラフにしてみましょう。それには、interaction.plot()関数を使います。

●interaction.plot()関数

複数の要因の組み合わせによる平均をプロットします。

```
interaction.plot(横軸にとる要因, もう1つの要因, 平均値を求めるデータ)
```

▼「学習する時間帯の違い」と「学習内容の違い」の水準を組み合わせてグラフにする

```
interaction.plot(fac1, fac2, variate) #「学習する時間帯の違い」を横軸にする
interaction.plot(fac2, fac1, variate) #「学習内容の違い」を横軸にする
```

ソースコードを実行してみると、次のようなグラフが描かれます。

▼「学習する時間帯の違い」を横軸にして平均値をプロットする

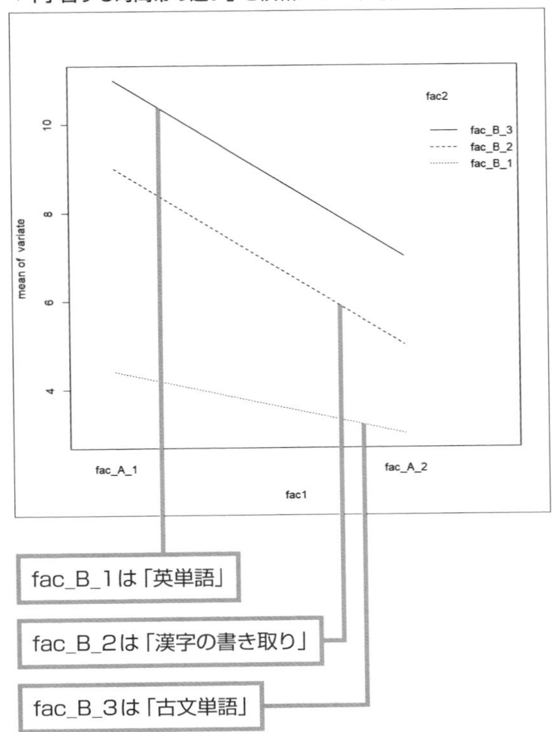

▼「学習内容の違い」を横軸にして平均値をプロットする

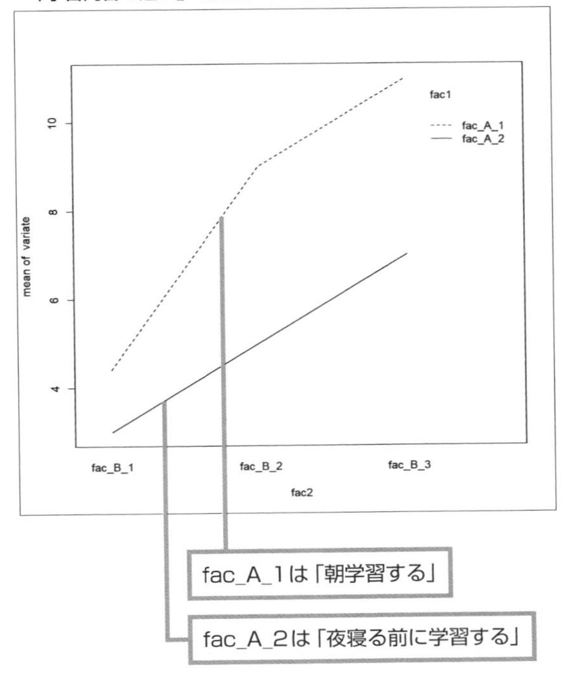

「学習する時間帯の違い」を横軸にした平均値のプロット（左図）を見てみると、朝と夜の学習時間ごとに学習内容による平均値を結んだ3つの直線は、完全ではないものの、ほとんど平行になっています。直線が交わる部分があれば交互作用があると判断できますが、このように直線が交わらない場合、交互作用は存在しないことになります。

「学習内容の違い」を横軸にした平均値のプロット（右図）においても、学習内容ごとに学習する時間による平均値を結んだ2つの直線は交わらないので、交互作用は存在しないことが見て取れます。

Section 8.4

2要因の分散分析②（2要因とも対応あり）

Level ★★★ | Keyword | 2要因の分散分析

本節は、「対応がある」2要因の分散分析です。学習効果の調査では、同じ5人の被験者に、学習する時間と学習内容を組み合わせた6つの条件で学習してもらい、定着度を測定したデータを用います。

Theme

同じ人について、起きたあとと寝る前に学習した結果を調べた場合、その結果には有意な差はあるのか

前節のデータは、「学習する時間帯」の2つの条件に、それぞれ「英単語」「漢字の書き取り」「古文単語」の3つの条件を割り当て、計6通りの条件にそれぞれ5人ずつを割り当てた結果でした。

本節のデータには、同じ人が6通りの条件のすべてをこなした結果が示されています。被験者は5人で、この5人に6通りのすべての条件で学習してもらい、その定着度を調べたものです。学習内容の違いや学習の時間帯の違いで、定着度の母平均は異なるといえるのかどうか、分析してみましょう。

▼同一の被験者による定着度に関するデータ

data ×

Filter

	被験者	英単語.朝.	漢字の書き取り.朝.	古文単語.朝.	英単語.夜.	漢字の書き取り.夜.	古文単語.夜.
1	A	4	8	12	4	6	8
2	B	6	10	11	5	7	12
3	C	4	9	10	2	3	4
4	D	3	8	10	2	4	6
5	E	5	10	12	2	5	5

Showing 1 to 5 of 5 entries, 7 total columns

同じ5人が6通りの条件をこなした結果です。

8.4.1　2要因の分散分析（対応あり）を実施する

対応がある2要因の分散分析においても、対応なしのときと同じ手順で進めます。

●帰無仮説と対立仮説の設定

対応がある2要因の分散分析でも、2つの主効果と1つの交互作用効果の検定になるので、帰無仮説と対立仮説のペアが3つになります。前節での対応なしの検定と異なるのは、これらの仮説が同一人物を対象とした仮説になる点です。

●「学習する時間帯の違い」の主効果

・帰無仮説：学習する時間帯が違っても定着度の母平均は等しい（学習する時間帯の主効果はない）。
・対立仮説：学習する時間帯によって定着度の母平均は異なる（学習する時間帯の主効果がある）。

●「学習内容」の主効果

・帰無仮説：学習内容が違っても定着度の母平均は等しい（学習内容の主効果はない）。
・対立仮説：学習内容の違いによって定着度の母平均は異なる（学習内容の主効果がある）。

●「学習する時間帯の違い」と「学習内容の違い」の交互作用効果

・帰無仮説：学習する時間帯と学習内容の組み合わせに相性の良し悪しはない。
（学習する時間帯と学習内容の交互作用効果はない）
・対立仮説：学習する時間帯と学習内容の組み合わせに相性の良し悪しがある。
（学習する時間帯と学習内容の交互作用効果がある）

●検定統計量の選択

分散分析では、検定統計量Fを使用します。

●有意水準αの決定

有意水準は5%、$\alpha=0.05$とし、片側検定を行います。

●検定統計量の実現値を求める

aov()関数を使って検定統計量F、p値を求めます。この際に次のデータを使用します。

・学習内容の定着度のデータ
・学習する時間帯の識別子（1つ目の要因における水準の識別子）
・学習内容の識別子（2つ目の要因における水準の識別子）
・被験者の識別子（3つ目の要因における水準の識別子）

2要因の分散分析（対応あり）の実施

「学習効果.txt」をデータフレームに読み込んで、対応がある2要因の分散分析を実施しましょう。

プロジェクト	TwoWay-RepeatedMeasures-ANOVA		
タブ区切りのテキストファイル	学習効果.txt	RScriptファイル	script.R

▼2要因の分散分析（対応あり）を実施する（script.R）

```
# 学習効果.txtをデータフレームに格納
data <- read.delim(
  "学習効果.txt",
  header=TRUE,           # 1行目は列名
  fileEncoding="UTF-8" # 文字コードの変換方式
)

# データフレームの被験者以外の列データをベクトルに格納
variate <- c(data[,2],
             data[,3],
             data[,4],
             data[,5],
             data[,6],
             data[,7])

# 1要因に含まれるデータ数を取得
size <- length(data[,1])*(length(colnames(data)) - 1)/2 ………… ①
# 1列当たりのデータ数を取得
size_col <- length(data[,1]) ………… ②
# 条件の数を取得（被験者の列を除く）
size_row <- length(colnames(data)) - 1

# 1つ目の要因の水準（朝と夜）を識別子fac_A_1、fac_A_2として、
# それぞれデータの数（15）だけ作成
fac1 <- factor(
  c(rep("fac_A_1", size),  # 「朝に学習」の識別子×データの数
    rep("fac_A_2", size))  # 「夜に学習」の識別子×データの数
  ) ………… ③

# 2つ目の要因の水準（英、漢字、古文）を識別子fac_B_1、fac_B_2、fac_B_3として
# 1列当たりのデータの数×2セット（朝と夜）作成
fac2 <- factor(
```

```
  rep(                           # 以下を2セット作成
    c(rep("fac_B_1", size_col), # 「英単語」の識別子×1列当たりのデータの数
      rep("fac_B_2", size_col), # 「漢字」の識別子×1列当たりのデータの数
      rep("fac_B_3", size_col)) # 「古文」の識別子×1列当たりのデータの数
    ,2)) ④

# 5名の被験者の識別子を要因の数（6）だけ作成
fac3 <- factor(
  rep(c("fac_C_1",   # 1人目
        "fac_C_2",   # 2人目
        "fac_C_3",   # 3人目
        "fac_C_4",   # 4人目
        "fac_C_5")   # 5人目
      ,6)) ⑤

# aov()関数を実行して分散分析表を出力
summary(
  aov(variate ~ fac1*fac2 + Error(fac3 +
                                  fac3 : fac1 +
                                  fac3 : fac2 +
                                  fac1 : fac2 : fac3))) ⑥
```


●①のソースコード

```
size <- length(data[,1])*(length(colnames(data)) - 1)/2
```

「学習効果.txt」を読み込んだデータフレームの1列目のデータ数を調べます。今回は、個人名を記載した列があるので、全体の列数から1を引いた残りの数を2で割った（列名は「英単語」「漢字の書き取り」「古文単語」の3つ×2）値を掛けています。この数が、朝学習したときと夜学習したときのそれぞれに含まれるデータの数です。

●②のソースコード

```
size_col <- length(data[,1])
```

1列当たりのデータの数を調べます。

●③のソースコード

```
fac1 <- factor(
  c(rep("fac_A_1", size),  # 「朝に学習」の識別子×データの数
    rep("fac_A_2", size))  # 「夜に学習」の識別子×データの数
  )
```

1つ目の要因の水準に対する識別子として、fac_A_1が「朝に学習」、fac_A_2が「夜に学習」とし、それぞれの要因に含まれるデータの数（15）ずつ作成します。

●④のソースコード

```
fac2 <- factor(
  rep(                                # 以下を2セット作成
    c(rep("fac_B_1", size_col), # 「英単語」の識別子×1列当たりのデータの数
      rep("fac_B_2", size_col), # 「漢字」の識別子×1列当たりのデータの数
      rep("fac_B_3", size_col)) # 「古文」の識別子×1列当たりのデータの数
    ,2))
```

2つ目の要因の水準に対する識別子として、fac_B_1が「英単語」、fac_B_2が「漢字の書き取り」、fac_B_3が「古文単語」とし、被験者の数（5）だけ作成したものを2セット用意し、ベクトルに格納します。

●⑤のソースコード

```
fac3 <- factor(
  rep(c("fac_C_1",  # 1人目
        "fac_C_2",  # 2人目
        "fac_C_3",  # 3人目
        "fac_C_4",  # 4人目
        "fac_C_5")  # 5人目
      ,6))
```

5名の被験者の識別子を要因の数（6）だけ作成します。

●⑥のソースコード

```
summary(
  aov(variate ~ fac1*fac2 + Error(fac3 +
                                  fac3 : fac1 +
                                  fac3 : fac2 +
                                  fac1 : fac2 : fac3)))
```

対応がない2要因の分散分析では、aov()関数の引数は、

```
variate~fac1*fac2
```

のみでした。今回は、これに以下の式が追加になっています。

```
Error( fac3 + ······························· 被験者
       fac3 : fac1 + ···················· 被験者：学習する時間帯
       fac3 : fac2 + ···················· 被験者：学習内容
       fac1 : fac2 : fac3 ) ······· 学習する時間帯：学習内容：被験者
```

これは、対応のない場合の残差（分散分析表のResiduals）の中身を

被験者
被験者：学習する時間帯
被験者：学習内容
学習する時間帯：学習内容：被験者

の4つの要素に分けるというものです。このことで、1要因の分散分析（対応あり）のときと同じように、個人差（同じ人が常に高い値だったり低い値だったりすること）によるデータのバラツキを分離できるようになります。

4つの要素のうち、

```
fac3
```

は被験者ごとにデータを群分けするための変数ですので、これが「個人差の要因の主効果」となります。あとの3つ

```
fac3 : fac1
fac3 : fac2
fac1 : fac2 : fac3
```

が2つの要因（「学習する時間帯」と「学習内容」）との交互作用効果に相当します。

帰無仮説の棄却／採択の決定

では、[Source] をクリックしてプログラムを実行しましょう。

▼summary(aov(variate ~ fac1*fac2))の結果（コンソール）

```
Error: fac3
          Df Sum Sq Mean Sq F value Pr(>F)
Residuals  4  39.53   9.883

Error: fac3:fac1
          Df Sum Sq Mean Sq F value Pr(>F)
fac1       1  73.63   73.63    16.8 0.0149 *   ←「学習する時間帯」の主効果
Residuals  4  17.53    4.38
---
Signif. codes:  0 '***' 0.001 '**' 0.01 '*' 0.05 '.' 0.1 ' ' 1

Error: fac3:fac2
          Df Sum Sq Mean Sq F value   Pr(>F)
fac2       2 143.27   71.63   113.1 1.36e-06 ***   ←「学習内容」の主効果
Residuals  8   5.07    0.63
---
Signif. codes:  0 '***' 0.001 '**' 0.01 '*' 0.05 '.' 0.1 ' ' 1

Error: fac3:fac1:fac2
          Df Sum Sq Mean Sq F value Pr(>F)
fac1:fac2  2 11.267   5.633   4.971 0.0395 *   ←「学習する時間帯」と
Residuals  8  9.067   1.133                       「学習内容」の交互作用効果
---
Signif. codes:  0 '***' 0.001 '**' 0.01 '*' 0.05 '.' 0.1 ' ' 1
```

対応がないときと同じ3つの仮説を検定していますが、多くの情報が出力されました。見るべき箇所は矢印で示した3つのポイントです。

出力された分散分析表の見方は、1要因の分散分析のときと同じです。p値に注目します。

▼p値

効果	p値
「学習する時間帯」の主効果	0.0149
「学習内容」の主効果	0.00000136
交互作用効果	0.0395

●帰無仮説の棄却／採択

分散分析表のp値から、次のように結論付けられます。

要素	p値
「学習する時間帯」の主効果	5%水準で有意な効果がある（p＝0.0149）
「学習内容」の主効果	5%水準で有意な効果がある（p＝0.00000136）
「学習する時間帯」と「学習内容」の交互作用効果	5%水準で有意な効果がある（p＝0.0395）

・「学習する時間帯の違い」の主効果
　帰無仮説「学習する時間帯が違っても定着度の母平均は等しい」を棄却します。
・「学習内容」の主効果
　帰無仮説「学習内容が違っても定着度の母平均は等しい」を棄却します。
・「学習する時間帯の違い」と「学習内容の違い」の交互作用効果
　帰無仮説「学習する時間帯と学習内容の組み合わせに相性の良し悪しはない」を棄却します。

Onepoint　2要因の分散分析（対応あり）を行ったあとは

対応がある2要因の分散分析を実施したあと、考慮すべき点をまとめておきますので、参考にしてください。

・交互作用効果が有意であれば、単純効果の検定を行います。さらに、単純効果が有意であれば多重比較を検討します。
・交互作用効果が有意であった場合、主効果について検討することがあまり意味を持たない場合もあります。
・主効果のみが有意であれば、有意な主効果に関してTukeyの方法などを用いて多重比較を行います。

Section

8.5 2要因の分散分析③（1要因のみ対応あり）

Level ★★★　Keyword　主効果　交互作用効果

分散分析の締めくくりとして、「1要因のみ対応あり」の2要因の分散分析について取り上げます。

今回の学習効果の調査では、2つのグループで朝の学習と夜寝る前の学習をそれぞれ実施し、定着度を測定しています。

Theme 2つのグループで、起きたあとと寝る前に学習した結果を調べた場合、その結果には有意な差はあるのか

「学習する時間帯」の2つの条件に異なるグループを割り当て、それぞれ「英単語」「漢字の書き取り」「古文単語」の3つの学習を行い、定着度を測定しました。

1グループ当たりの被験者は5人であり、2グループで計10人の被験者がいます。学習内容の違いや学習の時間帯の違いで、定着度の母平均は異なるといえるのかどうか、分析してみましょう。

▼2つのグループによる、学習内容と学習時間帯ごとの定着度のデータ

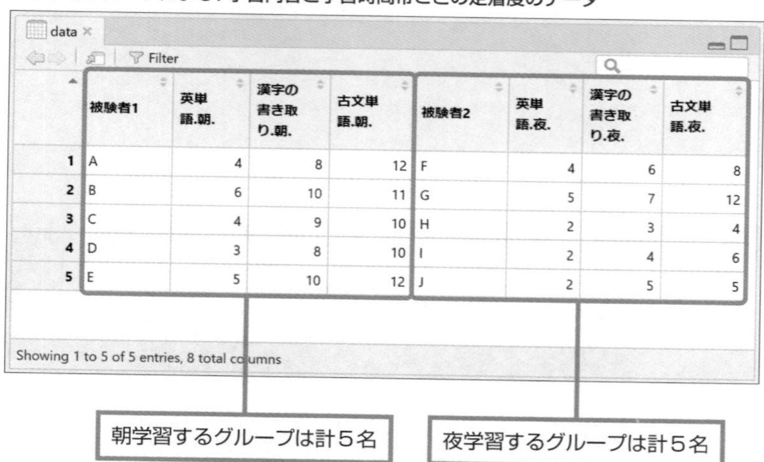

	被験者1	英単語.朝.	漢字の書き取り.朝.	古文単語.朝.	被験者2	英単語.夜.	漢字の書き取り.夜.	古文単語.夜.
1	A	4	8	12	F	4	6	8
2	B	6	10	11	G	5	7	12
3	C	4	9	10	H	2	3	4
4	D	3	8	10	I	2	4	6
5	E	5	10	12	J	2	5	5

Showing 1 to 5 of 5 entries, 8 total columns

8.5.1　2要因の分散分析（1要因のみ対応あり）を実施する

1要因のみ対応がある2要因の分散分析も、統計的仮説検定の手順は、これまでと変わりません。重複しますが、要点を列挙しておきます。

●帰無仮説と対立仮説の設定

2つの主効果と1つの交互作用効果の検定になりますので、帰無仮説と対立仮説のペアが3つ作られます。

●「学習する時間帯の違い」の主効果
- 帰無仮説：学習する時間帯が違っても定着度の母平均は等しい。
- 対立仮説：学習する時間帯によって定着度の母平均は異なる。

●「学習内容」の主効果
- 帰無仮説：学習内容が違っても定着度の母平均は等しい。
- 対立仮説：学習内容の違いによって定着度の母平均は異なる。

●「学習する時間帯の違い」と「学習内容の違い」の交互作用効果
- 帰無仮説：学習する時間帯と学習内容の組み合わせに相性の良し悪しはない。
- 対立仮説：学習する時間帯と学習内容の組み合わせに相性の良し悪しがある。

●検定統計量の選択

分散分析では、検定統計量Fを使用します。

●有意水準αの決定

有意水準は5%、$\alpha=0.05$とし、片側検定を行います。

●検定統計量の実現値を求める

aov()関数を使って検定統計量F、p値を求めます。この際に次のデータを使用します。

- 学習内容の定着度のデータ
- 学習する時間帯の識別子（1つ目の要因における水準の識別子）
- 学習内容の識別子（2つ目の要因における水準の識別子）
- 被験者の識別子（3つ目の要因における水準の識別子）
- 被験者の識別子（4つ目の要因における水準の識別子）

2要因の分散分析（1要因のみ対応あり）の実施

「学習効果_1要因のみ対応.txt」を読み込んで、1要因のみ対応がある2要因の分散分析を実施するプログラムを作成しましょう。

プロジェクト	TwoWay-OneRepeatedMeasure-ANOVA		
タブ区切りのテキストファイル	学習効果_1要因のみ対応.txt	RScriptファイル	script.R

▼2要因の分散分析（対応あり）を実施する（script.R）

```
# 学習効果_1要因のみ対応.txtをデータフレームに格納
data <- read.delim(
  "学習効果_1要因のみ対応.txt",
  header=TRUE,              # 1行目は列名
  fileEncoding="UTF-8" # 文字コードの変換方式
)

# データフレームのデータの列のみをベクトルに格納
variate <- c(
  data[,2],  # 2列目
  data[,3],  # 3列目
  data[,4],  # 4列目
  data[,6],  # 6列目
  data[,7],  # 7列目
  data[,8])  # 8列目


# 1要因に含まれるデータの数を取得
size <- length(data[,1]) * (length(colnames(data)) - 2)/2
# 1列当たりのデータ数を取得
size_col <- length(data[,1])
# 条件の数を取得(被験者の2列を除く)
size_row <- length(colnames(data)) - 2

# 1つ目の要因の水準(朝と夜)を識別子fac_A_1、fac_A_2として、
# それぞれデータの数(15)だけ作成
fac1 <- factor(
  c(rep("fac_A_1", size), #「朝に学習」の識別子×データの数
    rep("fac_A_2", size)) #「夜に学習」の識別子×データの数
)
```

```
# 2つ目の要因の水準(英、漢字、古文)を識別子fac_B_1、fac_B_2、fac_B_3として
# 1列当たりのデータの数×2セット(朝と夜)作成
fac2 <- factor(
  rep(                                 # 以下を2セット作成
    c(rep("fac_B_1", size_col), # 「英単語」の識別子×1列当たりのデータの数
      rep("fac_B_2", size_col), # 「漢字」の識別子×1列当たりのデータの数
      rep("fac_B_3", size_col)) # 「古文」の識別子×1列当たりのデータの数
    ,2))

# 朝の被験者と夜の被験者の識別子を作成
fac3 <- factor(
  c(
    # 朝学習した5人を分類する識別子1~5を水準の数(3)だけ作成
    rep(1:size_col, size_row/2),
    # 夜学習した5人を分類する識別子6~10を水準の数(3)だけ作成
    rep(size_row:(size_col*2), size_row/2)
  )
) ··················································· ①

# aov()関数を実行して分散分析表を出力
summary(
  aov(variate ~ fac1*fac2 + Error(fac3 : fac1 +
                              fac3 : fac1 : fac2))) ·················· ②
```


●①のソースコード

```
fac3 <- factor(
  c(
    # 朝学習した5人を分類する識別子1~5を水準の数(3)だけ作成
    rep(1:size_col, size_row/2),
    # 夜学習した5人を分類する識別子6~10を水準の数(3)だけ作成
    rep(size_row:(size_col*2), size_row/2)
  )
)
```

朝の被験者と夜の被験者の識別子を作成します。２つ目の要因には３つの水準があるので、朝と夜の被験者の識別子を次のように３セットずつ用意し、まとめてベクトルに格納します。

・第１の要因の水準（朝学習）の被験者５名の識別子（1、2、3、4、5）×３セット
・第１の要因の水準（夜学習）の被験者５名の識別子（6、7、8、9、10）×３セット

▼作成したfactorオブジェクトを出力したところ

```
 [1] 1  2  3  4  5
 [6] 1  2  3  4  5
[11] 1  2  3  4  5
[16] 6  7  8  9  10
[21] 6  7  8  9  10
[26] 6  7  8  9  10
```

- [1]〜[11]の行：第1要因（朝学習）の水準のデータの識別子
- [16]〜[26]の行：第1要因（夜学習）の水準のデータの識別子

●②のソースコード

```
summary(
  aov(variate ~ fac1*fac2 + Error(fac3 : fac1 +
                                  fac3 : fac1 : fac2)))
```

対応がない2要因の分散分析では、aov()関数の引数は、

```
variate~fac1*fac2
```

のみでした。今回は、これに以下の式が追加になっています。

```
Error(
     fac3 : fac1 + ………………………… 被験者：学習する時間帯
     fac3 : fac1 : fac2 ………… 被験者：学習する時間帯：学習内容
    )
```

これは、対応のない分散分析で残差としてまとめられていたものを

> 被験者：学習する時間帯
> 被験者：学習する時間帯：学習内容

の２つの要素に分解するものです。

今回のデータでは、各被験者は同じ学習時間帯の条件で３項目を学習しています。このことは、同じ学習時間帯のもとでのデータが３つあることになり、そこのところで、ある被験者は常に高い定着度になっていたり、またある被験者は常に低い定着度になっていたり、という個人差の要因が現れることになります。

そこで、個人差の要因である「fac3」と、学習時間帯の違いの要因を表す「学習する時間帯」が関わる上記の組み合わせだけを指定します。

帰無仮説の棄却／採択の決定

[Source] をクリックしてプログラムを実行すると、コンソールに次のように出力されます。

▼実行結果（コンソール）

```
Error: fac3:fac1
          Df Sum Sq Mean Sq F value Pr(>F)
fac1       1  73.63   73.63   10.32 0.0124 * ……………「学習する時間帯」の主効果
Residuals  8  57.07    7.13
---
Signif. codes:  0 '***' 0.001 '**' 0.01 '*' 0.05 '.' 0.1 ' ' 1

Error: fac3:fac1:fac2
          Df Sum Sq Mean Sq F value   Pr(>F)
fac2       2 143.27   71.63  81.094 4.23e-09 *** ………「学習内容」の主効果
fac1:fac2  2  11.27    5.63   6.377  0.00919 ** …………「学習する時間帯」と「学習内容」
Residuals 16  14.13    0.88                              の交互作用効果
---
Signif. codes:  0 '***' 0.001 '**' 0.01 '*' 0.05 '.' 0.1 ' ' 1
Warning message:
In aov(variate ~ fac1 * fac2 + Error(fac3:fac1 + fac3:fac1:fac2)) :
  Error() model is singular
```

最後に赤い字で警告（Warning message）が表示されるので、ちょっとびっくりしますが、分析自体は正しく行われているので気にしないでください。出力された分散分析表のp値に注目してみましょう。

▼p値

効果	p値
「学習する時間帯」の主効果	0.0124
「学習内容」の主効果	0.00000000423（4.23e−09）
「学習する時間帯」と「学習内容」の交互作用効果	0.00919

●帰無仮説の棄却／採択

分散分析表のp値から、次のように結論付けられます。

要素	p値
「学習する時間帯」の主効果	5%水準で有意な効果がある（p＝0.0124）
「学習内容」の主効果	5%水準で有意な効果がある（p＝0.00000000423）
「学習する時間帯」と「学習内容」の交互作用効果	5%水準で有意な効果がある（p＝0.00919）

・「学習する時間帯の違い」の主効果
帰無仮説「学習する時間帯が違っても定着度の母平均は等しい」を棄却します。
・「学習内容」の主効果
帰無仮説「学習内容が違っても定着度の母平均は等しい」を棄却します。
・「学習する時間帯の違い」と「学習内容の違い」の交互作用効果
帰無仮説「学習する時間帯と学習内容の組み合わせに相性の良し悪しはない」を棄却します。

Hint 帰無仮説と対立仮説

平均の差の検定において、帰無仮説は「平均に差はない」、対立仮説は「平均に差がある」となりますが、近年、多くの研究者により、帰無仮説を「平均に差はない」とすることに異議が唱えられています。

そもそも、帰無仮説を棄却することは「平均には有意差がある」ということなので、帰無仮説は「差はない」のではなく、「統計的に有意差があるとはいえない」とするのが正しいということです。

曖昧な表現ですが、「有意差がない」場合は帰無仮説を棄却できないものの、帰無仮説が正しいことも示していません。結果、「平均には有意差があるとはいえない」という表現になります。

Perfect Master Series
Statistical Analysis with R

Chapter 9

回帰分析で未来を知る（単回帰分析と重回帰分析）

「気温が上がるとアイスクリームがよく売れる」というように、1つのデータが増えるとそれにつられてほかのデータも増える、あるいは減る、といった現象があります。この章では、複数のデータ間の関係性の分析と、あるデータが増えた場合（あるいは減った場合）の他方のデータの増減を予測する分析手法について見ていきます。

Section

9.1 清涼飲料水の売上と気温の関係（相関関係と線形単回帰分析）

Level ★★★ Keyword 相関分析　相関係数　単回帰式

世の中には、「チラシを配布したら売上が伸びた」、あるいは「身長が伸びたら体重が増えた」「体重が増えたらコレステロール値が上昇した」のように、ある要素が増えるともう1つの要素も増える、あるいは、ある要素が減るともう1つの要素も減る、という関係が数多く存在します。

このような関係の強さを統計的に測定し、1つの要素の値からもう一方の値を予測するのが、ここでのテーマです。

Theme 2つのデータの関係を分析して未来を予測する

ある店舗で、夏の期間の毎日の気温と清涼飲料水の売上を表にしたところ、やはりというか、気温が高い日ほど売上数が上昇しています。

統計的に気温と売上の関係を分析し、気温が1℃上昇したときの売上数の伸びを予測してください。

▼ある店舗の気温と清涼飲料水の売上の記録

data ×　Filter

	最高気温	清涼飲料売上数
1	26	84
2	25	61
3	26	85
4	24	63
5	25	71
6	24	81
7	26	98
8	26	101
9	25	93
10	27	118
11	27	114
12	26	124
13	28	156
14	28	188
15	27	184
		213

12	26	
13	28	156
14	28	188
15	27	184
16	28	213
17	29	241
18	29	233
19	29	207
20	31	267
21	31	332
22	29	266
23	32	334
24	33	346
25	34	359
26	33	361
27	34	372
28	35	368
29	32	378
30	34	394

気温が高い日ほど
売上が伸びていること
がわかります。

●plot()関数

散布図を描きます。

```
plot(x軸に割り当てるデータ, y軸に割り当てるデータ)
```

●cor()関数

相関係数を求めます。

```
cor(データ1, データ2 [,method="spearman"] [,method="kendall"])
```

●lm()関数

線形回帰分析を行います。

```
lm(formula, data, weights, subset, na.action)
```

パラメーター		
	formula	モデルの式を指定。
	data	回帰分析に用いるデータ（データフレーム）を指定。
	weights	必要な場合に、説明変数の重みを指定。
	subset	データフレームの中の一部分のみを使用する場合に、使用する部分を指定するためのオプション。
	na.action	欠損値扱いを指定。

●本節のプロジェクト

プロジェクト	SimpleRegression
タブ区切りのテキストファイル	清涼飲料水売上.txt
RScriptファイル	script.R

9.1.1 データ間の相関関係を分析する

世の中には、「新聞広告をすると売上が増える」「今年の夏は暑いのでアイスクリームがよく売れる」のように、相互に関係性のあるデータがたくさん存在します。

とはいえ、「広告を出せば売上が伸びるようだから」という理由だけで広告費をかけるのは、リスクが大きすぎます。過去のデータがあればそれを分析し、広告と売上には密接な関係があることを突き止めておくことが必要です。

相関分析でデータ同士の関係性を数値化する

2つのデータの関連性を統計的に解析し、それを数値化するのが**相関分析**です。相関分析を行えば、2つのデータの結び付きの強さを示す**相関係数**がわかります。相関係数を見れば、係数という客観的な数値で適切な判断が行えます。

本節のテーマである気温とある商品の売上との関係や、「商品Aが売れるときは商品Bも売れる」といった特定の要因同士の関係が立証できれば、販売戦略に役立てることができるでしょう。

単回帰式と「正の相関」「負の相関」「相関なし」の関係

相関関係とは、2つのデータの間に何らかの法則がある関係のことです。「1つのデータが増えると、もう1つのデータも増える」「1つのデータが増えると、もう1つのデータは減る」のような関係が見られれば、相関関係にあることになります。

このような相関関係はデータyとデータxにおいて、

▼単回帰式

$$y = a + bx$$

という1次式で表せます。

この式を**単回帰式**と呼びます。yが「目的変数」で、xが「説明変数」になります。式の中のaが「切片」(xが0のときのyの値)、bは直線の傾きを表す「説明変数xの係数」です。bがプラスの場合は、xの値が増えるとyも増えます。一方、bがマイナスの値の場合は、xが増えるとyは減る関係にあります。前者を**正の相関**と呼び、後者を**負の相関**と呼びます。

さらに、正の相関にも負の相関にも該当しない場合もあるので、相関関係には、正の相関、負の相関、相関なし（無相関）の3つのパターンがあることになります。

相関係数とは

相関分析では、相関関係の強さ、および2つのデータが正の相関であるかそれとも負の相関であるのか、を−1から+1の範囲の値で表します。この数値が**相関係数**です。

●相関係数が0〜1の範囲

正の相関となり、2つのデータが増減する方向は同じです。値が1に近いほど相関が強いことを示します。

●相関係数が0の場合

まったく相関がないことになります。

●相関係数が−1〜0の範囲

負の相関となり、2つのデータが増減する方向が逆になります。相関係数の値が−1に近いほど、負の相関が強いことになります。

▼相関係数

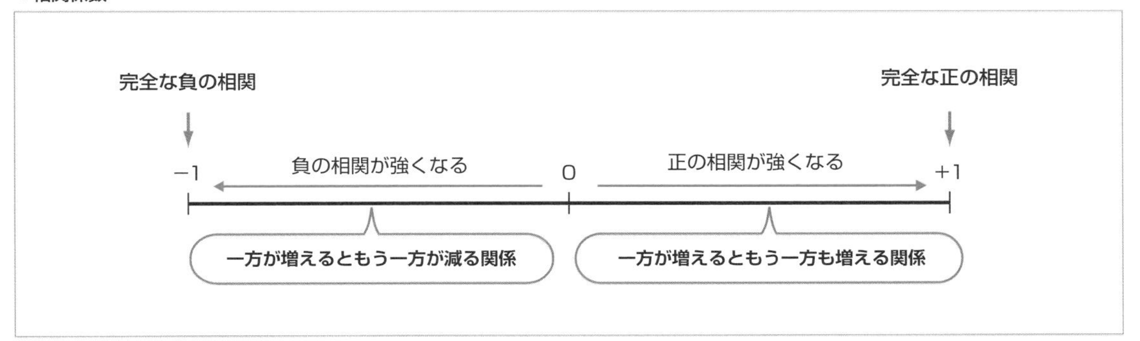

相関分析を行う意義

本節のテーマである「気温が1度上昇するとある商品の売上が○○個増える」という関係が相関分析によって証明されれば、これを販売予測に役立てることができます。

また、「商品Aが売れると商品Bも売れる」という関係を証明できれば、双方の商品を並べて陳列するだけで、さらなる売上アップが狙えるかもしれません。さらに、広告宣伝費を商品Aに集中させることで、結果として商品Bの売上も増やすことも考えられます。この場合はさらに、商品Aと宣伝媒体との相関（例えば、新聞広告とテレビCMではどちらとの相関が強いのか）を分析し、相関が強い宣伝媒体を利用することで、さらなる効果を上げることが期待できるでしょう。

相関関係では「因果関係」の見極めがポイント

相関分析では、2つのデータの単位や数値の大小の違いは関係ありません。どのようなデータの組み合わせであっても、比例関係の強さを数値で知ることができます。

ただし、相関分析を行う上で、1つだけ注意する点があります。それは、双方のデータの因果関係に注意するということです。原因が先にあって、そこから先にある結果との因果関係を確認しておくことがポイントです。

相関関係は「ある事実とほかの事実に結び付きがある関係」のことなので、相関関係があっても因果関係がない場合があります。もちろん、相関関係も因果関係もある場合もあります。

1つの例として、こんなたとえ話があります。勉強時間を増やしたことでテストの得点が高くなったとします。

この場合には

> **相関関係：勉強時間とテストの得点**
> **因果関係：勉強時間を増やした結果 ➡テストの得点が高くなった**

という関係があります。原因があっての結果なので、決して「テストの得点が上がったから勉強時間が長くなった」ことにはなりません。

これとは別に、一般的に「数学が得意な人は物理も得意」という傾向が見られます。この場合、数学の成績と物理の成績の間には相関関係がありますが、因果関係はありません。

本節の課題は、「気温が上昇すると清涼飲料水が売れる」という因果関係を前提にしています。当然のことですが、清涼飲料水が売れたから気温が上昇したということではないので、気温をメインにして分析しても、期待した結果は出てきません。

相関関係の分析においては、因果関係における原因と結果の関係をはっきりさせておくことが重要です。

Hint 相関分析のポイントと注意点

相関分析は**cor()関数**で簡単に行うことができますが、相関分析を行うにあたってポイントとなる点や注意すべき点がいくつかあります。

●相関分析は関係の強さがポイント

相関の強さをできるだけ高い精度で求めるには、2つのデータの間に直接的な関係があることが必要になります。このことは、2つのデータの関係が近く、他の影響を受けることが少ないことを意味します。しかし、他の要因の影響をまったく受けない、純粋に2つのデータの関係しか存在しない、というのは現実的にあり得ないので、「できるだけ強い関係があるデータ」をピックアップするのがポイントです。

本節の例では、最高気温と清涼飲料水の売上数の関係に注目しましたが、ほかにも、気温が上昇すると売上が伸びる商品があるかもしれません。しかし、相関係数を計算した結果、清涼飲料水のときよりも係数の値が0に近いのであれば、清涼飲料水の結果を優先すべきです。

当然のことではありますが、相関分析の対象のデータの組み合わせは、見方によってはたくさんの組み合わせが考えられますので、できるだけ強い関係にあると思われるデータをピックアップすることがポイントになります。

●相関分析を行う際の注意点

相関分析は手軽に行える半面、分析の過程が適切でなかったとしても、とりあえず結果が出ます。そのため、以下の点に注意することが大切です。

●たんなる偶然

2つのデータに相関があるように見えたのは、たんなる偶然だったということもあります。商品Aと商品Bの5日間の売上を見たところ、Aが売れたときはBも売れていたとします。しかし、たまたまそうなっただけかもしれず、5日間だけのデータで相関があると考えるのは早計かもしれません。

●論理的なつながりがない

例えば、1週間にわたって上昇を続けた株価と、同じ期間に上がり続けた最高気温との相関係数を求めると、かなり高い数値になることは容易に想像できます。しかし、株価の上昇と気温の上昇には、論理的なつながりはなく、株価が上がったから気温が上がった、気温が上がったから株価が上がったという関係は存在しません。

●当然の関係があるデータ同士の組み合わせ

身長と体重の間には、強い相関関係があります。しかし、これは当然のことなので、このような関係がわかったとしてもあまり意味がありません。店舗の営業時間と照明にかかる電気代の場合も、両者には強い相関がありますが、相関分析を行う意味があるとはいえません。照明をつける時間が長ければ電気料金も上がるので、電気代の傾向を知りたければ、1時間当たりの電気代を営業時間に掛ければ済んでしまいます。

●ほかの要因が隠された擬似的な相関

2つのデータの間に直接の相関関係がないにもかかわらず、ほかの要因が影響して、計算上は相関関係があるように見える場合があります。

よく用いられる例として、運動量と体重増の関係があります。日課としてジョギングを始めたら体重が増えてきたとします。この場合、ジョギングをした日数と体重増に対して相関係数を計算すると、係数のレベルは一定の水準に達しますが、ジョギングを始めたらお腹がすくようになったという因果関係を見落としています。

体重増の原因には「よく食べるようになった」ことが介在しています。この場合、「ジョギングを始めたらお腹がすくようになった」➡「たくさん食べるようになった」➡「体重が増えた」という関係になります。

「食べた量」は、「ジョギングの時間」と「体重」の両方と相関関係にありますが、「ジョギングの時間」と「体重」の間に計算上、相関関係があったとしても、直接の相関関係はない、という可能性を考える必要があります。

このような見かけ上の相関を**擬似相関**と呼びます。擬似相関は、第三の要因が絡んでくるので、容易に気付くものではありませんが、分析にあたっては、擬似相関があるかもしれないということを頭に入れておくとよいでしょう。

●因果関係

相関関係は、因果関係があることを保証するものではないので、相関関係があるからといって因果関係が必ずしも明確であるとは限りません。現実の世界には、「相関関係はあるけれど、因果関係がよくわからない」という事例は数多く存在します。「Aが売れるとBも売れるけれど、理由がよくわからない」というような場合です。

因果関係を確実に突き止める方法はないのが実情ですが、因果関係の有無を確認するための一般的な指標として、以下のことがいわれています。因果関係について悩んだ場合はチェックしてみてください。

・前後関係

原因は常に結果の前に存在します。原因があってこその結果なので、原因➡結果の関係が矛盾していないか確かめます。

・普遍性

強い因果関係があれば、時間などの条件や環境を変えても、同じような結果になると考えられます。条件をいくつか変えて、どのような結果になるかを確認します。

・閾（しきい）値

データが特定の値を超えたとたん、結果のデータが急に上昇（または下降）する場合があります。このような特徴が、因果関係を特定するヒントになる場合があります。

・因果関係は1つであるとは限らない

因果関係には、いくつかの原因があることがあります。商品が売れた理由として「値段の安さ」があったとしても、「品質のよさ」など、ほかの理由もあるかもしれません。

9.1.2 散布図で相関関係を見る（散布図の描画）

2つのデータの相関関係は、**散布図**を使って視覚的に表すことができます。

散布図を作成するときに注意する点として、2つのデータの間に因果関係が存在する場合は、「原因となるような項目」を横軸に、「結果となるような項目」を縦軸にします。原因につられて（グラフの右へ移動するに従って）結果としてのもう1つのデータの変化の度合いがわかりやすくなるためです。

今回のケースでは、気温を横軸に、清涼飲料水の販売数を縦軸にします。

散布図の作成

「清涼飲料水売上.txt」を読み込んで散布図を描画してみることにしましょう。

●plot()関数

散布図を描きます。横軸（x）に割り当てるデータを第1引数に、縦軸（y）に割り当てるデータを第2引数に指定すると、xとyが交わるポイントにプロット（点を描画）していきます。

なお、2列で構成されるデータフレームを引数にした場合は、1列目をx、2列目をyのデータとしてプロットします。

```
plot(x軸に割り当てるデータ , y軸に割り当てるデータ )
```

▼気温と清涼飲料水の売上の関係を散布図にする（script.R）

```
# 清涼飲料水売上.txtをデータフレームに格納
data <- read.delim(
  file="清涼飲料水売上.txt",
  header=TRUE,                          # 1行目は列名
  fileEncoding="UTF-8"                  # 文字コードの変換方式
)

# 散布図を描く
plot(data)
```

▼プログラムを実行して描かれた散布図

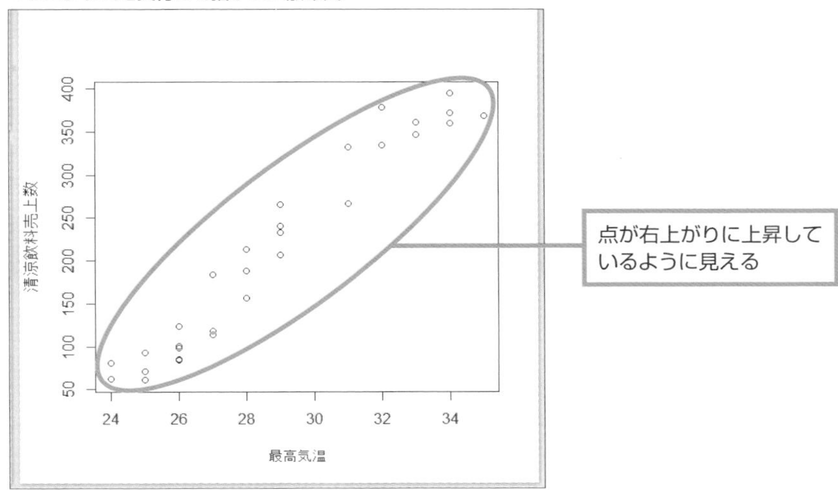

気温と清涼飲料水の売上には正の相関があった

散布図では、気温（x軸）とその日の清涼飲料水の売上数（y軸）が交差する部分にプロットされています。このように「右肩上がり」にプロットされた場合は、「一方の値が増えると、もう一方の値も増える」関係になります。これは正の相関です。

ちなみに、「右肩下がり」に点が並んだ場合は、「一方の値が増えると、もう一方の値は減る」関係になります。これは負の相関です。さらに、点がバラバラに分布した場合は「2つのデータに目立った関係はない」ことになり、相関なし（無相関）となります。

外れ値がないか確認する

散布図を作成したら、異常に離れた位置に表示されている点がないか確認しておきましょう。離れた位置にポツンと点があれば、以下を確認します。

・イレギュラーなデータであれば削除する

「たまたま在庫を切らしていた」といった特殊な理由があれば、外れ値に該当するデータを削除します。ただし、明確な理由がある場合に限られます。

・外れ値のデータをそのまま残しておいて今後の分析に役立てる

外れ値が発生した理由をどうしても明確にできない場合は、最終的に「意味のないデータとして削除するかどうか」を判断します。

ただし、外れ値には何らかの原因がほかにあるかもしれず、さらに、複数の外れ値が存在するのであれば、視点を変えて原因を探る必要があるかもしれません。外れ値がある原因には、何か重要なヒントが隠されていることがよくあるためです。

9.1.3 2つのデータの関係の強さを求める（相関係数の計算）

相関関係の度合いは、**相関係数（*r*）**で表されます。「*r*」は英語のcorrelationのことを示します。

今回のケースでは、「最高気温（*x*）」と「清涼飲料水の売上数（*y*）」がどの程度直線的な関係にあるのか、が相関係数によって示されます。

2つのデータの相関係数を求める

相関係数は、常に−1から1までの値をとります。

▼相関係数*r*

```
-1 ≦ r ≦ 1
```

相関係数の符号が正（+）のときは正の相関関係があり、負（−）のときは負の相関関係があります。

相関関係の強さ

相関関係の強さは、相関係数の絶対値|*r*|で評価します。どの程度以上が「相関あり」なのかを示す明確な基準はありませんが、一般的に次表を目安にして相関の強弱を判断します。

▼相関の強弱の目安

相関係数（絶対値）	相関の強さ
～0.3未満（$|r|<0.3$）	ほとんど相関なし
0.3～0.5未満（$0.3\leqq|r|<0.5$）	弱い相関がある
0.5～0.7未満（$0.5\leqq|r|<0.7$）	相関がある
0.7以上（$0.7\leqq|r|$）	強い相関がある

相関係数を求める式

相関係数（*r*）を求める式は、次のようにかなり複雑な構造をしています。

▼相関係数（*r*）を求める式

$$r = \frac{\Sigma_{i=1}^{n}(x_i - \bar{x})(y_i - \bar{y})}{\sqrt{\Sigma_{i=1}^{n}(x_i - \bar{x})^2} \cdot \sqrt{\Sigma_{i=1}^{n}(y_i - \bar{y})^2}}$$

この定義式は、次の３つの部分で成り立っています。

▼データxと平均の差（偏差）の二乗和

$$\sqrt{\sum_{i=1}^{n}(x_i-\bar{x})^2}$$

▼xとyの偏差の積和

$$\sum_{i=1}^{n}(x_i-\bar{x})(y_i-\bar{y})$$

▼データyと平均の差（偏差）の二乗和

$$\sqrt{\sum_{i=1}^{n}(y_i-\bar{y})^2}$$

用語を使うと、先ほどの定義式は次のように表せます。

▼相関係数（r）を求める式

$$r=\frac{\text{変量}x\text{と}y\text{の偏差積和}}{\sqrt{\text{変量}x\text{の偏差平方和}}\cdot\sqrt{\text{変量}y\text{の偏差平方和}}}$$

Memo シグマの記号について

Σ（シグマ）は、ローマ字のSに対応するギリシャ文字です。下図のように、「計算式」の「変数で指定されたもの（ここではx_i）」を「足し始める最初の値」から「足し終わる最後の値」まで「1ずつ増やして」できる項の「和」を表します。

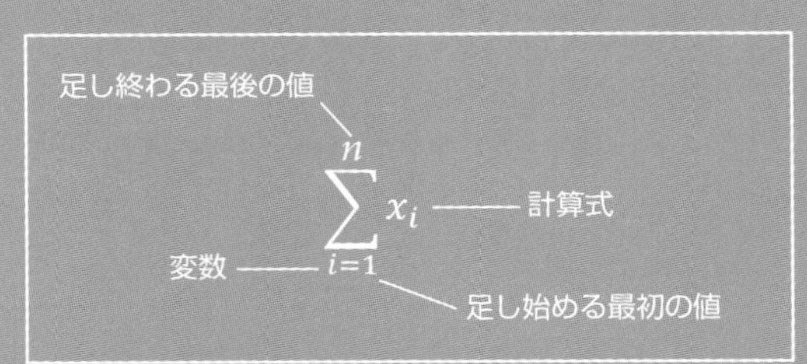

例えば、次のように書くことで、x_1、x_2、…、x_8の和を表します。

$$\sum_{i=1}^{8}x_i=x_1+x_2+x_3+x_4+x_5+x_6+x_7+x_8$$

気温と売上数の相関係数を求める

Rには相関係数を一発で求めてくれるcor()関数がありますので、これを使いましょう。

●cor()関数

相関係数を求めます。デフォルトで、390ページの公式に示したピアソンの積率相関係数*が求められます。

オプションに「method="spearman"」（デフォルト）を指定した場合はスピアマンの順位相関係数*、「method="kendall"」を指定した場合はケンドールの順位相関係数*が求められます。

```
cor(データ1, データ2 [,method="spearman"] [,method="kendall"])
```

入力したソースコードの次に以下のコードを入力して、相関係数を求めましょう。

▼気温と清涼飲料水の売上の関係を調べる（script.R）

```
# 相関係数を求める
cor(data["最高気温"], data["清涼飲料売上数"])
```

▼出力（コンソール）

```
> cor(data["最高気温"], data["清涼飲料売上数"])
[1] 0.9702484
```

cor()関数の引数は、データフレームの列名で指定しています。

相関係数は「0.970248…」と表示されました。本文390ページの「相関の強弱の目安」の表では0.7以上あれば強い相関があることになりますので、気温と販売数の関係には十分に強い相関関係があることが統計的に証明されています。

＊**ピアソンの積率相関係数**　2つの変数間の関係の強さと方向性を表す指標。
＊**スピアマンの順位相関係数**　2つの変数の分布について変数間の順位を示す指標。
＊**ケンドールの順位相関係数**　順位間の相関の強さを示す指標。

9.1.4 線形回帰分析を実行する

本節のテーマは、気温と清涼飲料水の売上数の相関関係が認められた場合に、気温が１度上昇したときの清涼飲料水の売上数を予測するというものです。

これまでの分析で両者には強い相関関係があることがわかりましたので、気温が上昇したときの売上予測のための分析へと進みましょう。

回帰式における回帰係数と定数項を求める

相関関係がある２つのデータを用いてデータの傾向をつかむには、２つのデータの散布図に描かれたプロットの中心を通るような直線を引きます。

散布図

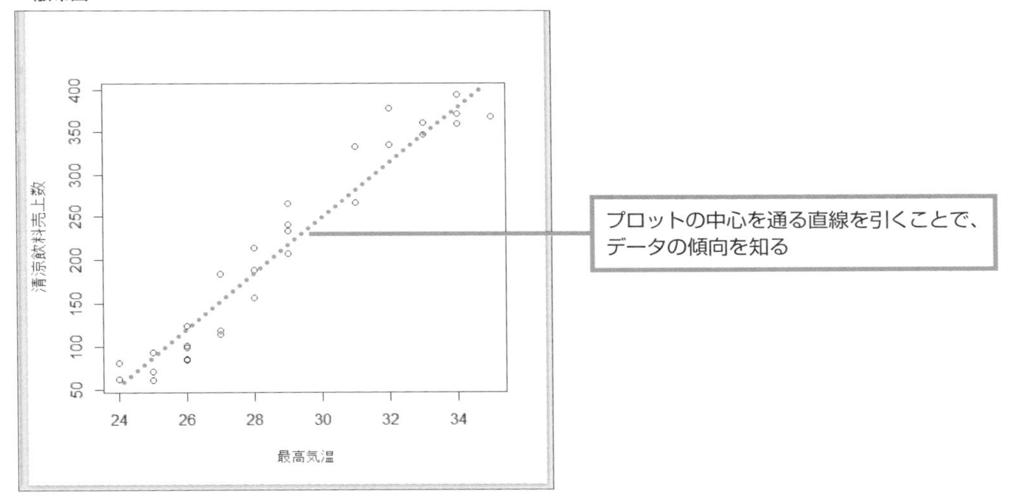

このような直線のことを**回帰直線**と呼び、回帰直線でモデル化する分析を**線形回帰分析**と呼びます。線形回帰分析を行うための回帰直線は、

- ２つのデータの平均値が交差する部分を通る
- 各点とのズレが最小となる位置を通る

ことが必要です。１つ目の条件は特に難しいことはないのですが、２つ目の条件を満たすにあたって、先の単回帰式が使われます。

▼単回帰式

$$y = a + bx$$

xは**説明変数**、yは**目的変数**でした。ここで扱っている例では、気温がx、清涼飲料水の売上数がyになります。aは**切片**で、xが0のときのyの値です。bは**回帰係数**と呼ばれ、直線の傾きを表します。

xの気温を式に代入すればyの清涼飲料水の売上数になるのですが、そのためにはbの回帰係数とaの切片（定数項）を求めることが必要です。

▼定数項aを求める式

$$\bar{y} = a + b\bar{x}$$
$$a = \bar{y} - b\bar{x}$$

最小二乗法

回帰係数bと定数項aは、回帰分析に近似するモデルと実データとの差の二乗和が最小になるような方法で推測されます。このように、データと統計モデルとの差を最小にする手法を**最小二乗法**と呼びます。回帰直線は、「データのプロットと回帰直線のズレ（残差）の合計が最小になるように」切片aと回帰係数b（傾き）を求めます。

$$y = a + bx$$

におけるyを予測値としてyの上に^（ハット）を付けて、

$$\hat{y} = a + bx$$

とした場合、予測値$\hat{y}$と実測値yとの差をε（イプシロン）とすると、

$$\varepsilon = \hat{y} - y$$

となり、このεは「単回帰式から得られる目的変数yの予測値$\hat{y}$と実測値yとのズレ（誤差）」と考えられます。この誤差εを**残差**と呼びます。

データのi番目の個体について、目的変数yの実測値y_iと単回帰式から得られる予測値$\hat{y}$との残差をε_iとすると、

$$\varepsilon_i = y_i - \hat{y} = y_i - (a + bx_i)$$

となります。

そうすると、次のように計算すれば残差の和（総量）がわかるはずです。

$$\varepsilon_1 + \varepsilon_2 + \cdots + \varepsilon_n$$

でも、これではプラスの誤差とマイナスの誤差が打ち消し合ってしまい、0になります。そうならないように、残差を2乗した和（残差平方和）を求めます。

$$L〔残差平方和〕= \varepsilon_1^2 + \varepsilon_2^2 + \cdots + \varepsilon_n^2$$

この式を、先の

$$\varepsilon_i = y_i - \hat{y} = y_i - (a + bx_i)$$

を用いて書き換えると、

$$残差平方和 L = \sum_{i=1}^{n} (y_i - (a + bx_i))^2$$

となります。

誤差の総量である残差平方和Lが小さければ、単回帰式はデータの中の変量yをよく説明していることになります。そこで、このLをできるだけ小さくするようにaとbを決定しよう、というのが線形単回帰分析の決定方法で、この方法が**最小二乗法**というわけです。

次は、最小二乗法における回帰係数bと定数項aを求める式です。

▼回帰係数bを求める

$$b = \frac{n \cdot (\Sigma_{i=1}^{n} x_i y_i) - (\Sigma_{i=1}^{n} x_i)(\Sigma_{i=1}^{n} y_i)}{(\Sigma_{i=1}^{n} x_i^2) - (\Sigma_{i=1}^{n} x_i)^2}$$

▼定数項aを求める

$$a = \frac{(\Sigma_{i=1}^{n} x_i^2) \cdot (\Sigma_{i=1}^{n} y_i) - (\Sigma_{i=1}^{n} x_i y_i) \cdot (\Sigma_{i=1}^{n} x_i)}{n \cdot (\Sigma_{i=1}^{n} x_i^2) - (\Sigma_{i=1}^{n} x_i)^2}$$

回帰係数と共分散の関係を見る

２つのデータの間での、平均からの偏差の積の平均値である「共分散」という統計量があります。回帰式におけるxと予測値$\hat{y}$の共分散は、次の式で求めることができます。予測値$\hat{y}$の平均は、ハットにさらに横棒を付けています。

▼xと$\hat{y}$の共分散

$$x\text{と}\hat{y}\text{の共分散} = \frac{\sum_{i=1}^{n}(x_i - \bar{x})(\hat{y}_i - \bar{\hat{y}})}{n-1}$$

一方、xと実測値yの共分散は次のようになります。

▼xとyの共分散

$$x\text{と}y\text{の共分散} = \frac{\sum_{i=1}^{n}(x_i - \bar{x})(y_i - \bar{y})}{n-1}$$

ここで、xと$\hat{y}$の共分散とxとyの共分散が等しいと仮定します。

$$\frac{\sum_{i=1}^{n}(x_i - \bar{x})(\hat{y}_i - \bar{\hat{y}})}{n-1} = \frac{\sum_{i=1}^{n}(x_i - \bar{x})(y_i - \bar{y})}{n-1}$$

このとき、

$$y = a + bx, \quad \hat{y} = a + bx$$

ですので、xと$\hat{y}$の共分散の式を次のように変形できます。

$$\begin{aligned}\frac{\sum_{i=1}^{n}(x_i - \bar{x})\big((a + bx_i) - (a + b\bar{x})\big)}{n-1} &= \frac{\sum_{i=1}^{n}(x_i - \bar{x})(bx_i - b\bar{x})}{n-1} \\ &= \frac{\sum_{i=1}^{n} b(x_i - \bar{x})^2}{n-1} \\ &= b \cdot \frac{\sum_{i=1}^{n}(x_i - \bar{x})^2}{n-1}\end{aligned}$$

結果、

$$b \cdot \frac{\sum_{i=1}^{n}(x_i - \bar{x})^2}{n-1} = \frac{\sum_{i=1}^{n}(x_i - \bar{x})(y_i - \bar{y})}{n-1}$$

となるので、

$$\text{回帰係数 } b = \frac{x\text{と}y\text{の共分散}}{x\text{の分散}}$$

ということになります。

標本分散の式は、

$$\frac{\sum_{i=1}^{n}(x_i - \bar{x})^2}{n-1} = \frac{n \cdot \sum_{i=1}^{n} x_i^2 - (\sum_{i=1}^{n} x_i)^2}{n(n-1)}$$

となることに注目します。右辺の式を用いると、xの分散を求める式は次のようになります。

$$x\text{の分散} = \frac{n \cdot \sum_{i=1}^{n} x_i^2 - (\sum_{i=1}^{n} x_i)^2}{n(n-1)}$$

同じように、xと実測値yの共分散の式

$$x\text{と}y\text{の共分散} = \frac{\sum_{i=1}^{n}(x_i - \bar{x})(y_i - \bar{y})}{n-1}$$

は次のようになります。

▼xとyの共分散

$$x\text{と}y\text{の共分散} = \frac{n \cdot (\sum_{i=1}^{n} x_i y_i) - (\sum_{i=1}^{n} x_i) \cdot (\sum_{i=1}^{n} y_i)}{n(n-1)}$$

先ほどの、回帰係数bを求める式に当てはめましょう。

$$回帰係数\ b = \frac{n \cdot (\Sigma_{i=1}^{n} x_i y_i) - (\Sigma_{i=1}^{n} x_i) \cdot (\Sigma_{i=1}^{n} y_i) \Big/ n(n-1)}{n \cdot \Sigma_{i=1}^{n} x_i^2 - (\Sigma_{i=1}^{n} x_i)^2 \Big/ n(n-1)}$$

$$= \frac{n \cdot (\Sigma_{i=1}^{n} x_i y_i) - (\Sigma_{i=1}^{n} x_i) \cdot (\Sigma_{i=1}^{n} y_i)}{n \cdot \Sigma_{i=1}^{n} x_i^2 - (\Sigma_{i=1}^{n} x_i)^2}$$

よって、最小二乗法における回帰係数bを求める式は次のようになります。

▼回帰係数bを求める

$$b = \frac{n \cdot (\Sigma_{i=1}^{n} x_i y_i) - (\Sigma_{i=1}^{n} x_i)(\Sigma_{i=1}^{n} y_i)}{(\Sigma_{i=1}^{n} x_i^2) - (\Sigma_{i=1}^{n} x_i)^2}$$

395ページで示した、回帰係数bを求める式と一致することが確認できました。

lm()関数で線形回帰分析を行う

細々とした説明が続いてしまいましたが、線形単回帰分析を次のlm()関数で行ってみましょう。

● lm()関数

線形回帰分析を行います。

```
lm(formula, data, weights, subset, na.action)
```

パラメーター		
	formula	モデル式を指定。回帰式がy＝a+bxの場合はformulaの部分を「y~x」と指定する。定数項を用いない回帰式y＝axの場合は「y~－1+x（またはy~x－1）」と指定する。
	data	オプション。回帰分析に用いるデータ（データフレーム）を指定する。分析に使用するすべてのデータがモデル式に含まれている場合は、指定しなくてもよい。
	weights	オプション。必要な場合に、説明変数の重みを指定する。
	subset	オプション。データフレームの中の一部分のみを使用する場合に、使用する部分を明示するための引数。指定しなければ、すべてのデータを使用して分析が行われる。
	na.action	オプション。欠損値扱いを指定する。指定がない場合は、欠損値のデータを除いたデータを使って分析が行われる。

今回は、$y=a+bx$におけるyは清涼飲料水の売上数、xは最高気温ですので、lm()関数のformula（モデル式）の部分「y~x」は、次のように書きます。

▼lm() 関数の引数

```
lm(
    "清涼飲料売上数 ~ 最高気温", …… 「y~x」のyは「清涼飲料売上数」、xは「最高気温」
    data=data ………………………… 回帰分析に用いるデータフレーム
  )
```

モデル式については、"清涼飲料売上数 ~ 最高気温"のように、データフレームの列名を直接、指定していることに注意してください。dataオプションでデータフレームを指定すると、データフレームの列名を使用することができます。

▼線形単回帰分析を実行（script.R）

```
# 線形単回帰分析を実行
result <- lm("清涼飲料売上数 ~ 最高気温", data=data)
# 分析結果を出力
summary(result)
```

summary()関数で回帰分析の内容を出力するようにしました。ソースコードを実行し、コンソールに出力された結果を見てみましょう。

線形単回帰分析の結果を見る

▼実行結果

```
Call:
lm(formula = var_2 ~ var_1, data = data)

Residuals:
    Min      1Q  Median      3Q     Max  ……… 残差の四分位数
-52.051 -20.828  -1.217  15.338  59.171

Coefficients:
            Estimate Std. Error t value Pr(>|t|)
(Intercept) -760.877     46.071  -16.52 5.75e-16 ***
var_1         33.741      1.591   21.20  < 2e-16 ***
---
Signif. codes:  0 '***' 0.001 '**' 0.01 '*' 0.05 '.' 0.1 ' ' 1

Residual standard error: 28.7 on 28 degrees of freedom
Multiple R-squared:  0.9414,  Adjusted R-squared:  0.9393
F-statistic: 449.7 on 1 and 28 DF,  p-value: < 2.2e-16
```

●Residuals

回帰式$y=a+bx$で推定値$\hat{y}$を求めたとき、実測値yと$\hat{y}$の差（**残差**）の四分位数として、最小値、第1四分位数、中央値、第2四分位数、最大値が示されています。

●Coefficients

・Estimate

係数の値です。(Intercept)が定数項aの値(Interceptは「切片」の意味)、var_1が回帰直線の傾きを表す回帰係数bの値です。これは、残差の二乗和（残差平方和）

$$残差平方和 L=\sum_{i=1}^{n}(y_i-(a+bx_i))^2$$

を最小にする定数項aと回帰係数bの値になります。

回帰分析の結果から定数項aと回帰係数bの値だけを取り出す場合は、coefficients()関数の引数に分析結果を指定します。

▼解析結果から定数項aと回帰係数bのみを取り出す

```
round(
  coefficients(result), 2) # 小数点以下2桁で丸める
```

▼実行結果

```
(Intercept)      var_1
  -760.88        33.74
```

次に、「Std. Error」、「t value」、「Pr(>|t|)」について確認しておきましょう。

・Std. Error（係数を求めたときの標準誤差）
・t value（係数を求めたときのt値）
・Pr(>|t|)（係数を求めたときのp値）

残差の平方和：$\varepsilon_n^2 = \sum (y_i - \hat{y}_i)^2$
残差の不偏分散：$u_\varepsilon^2 = \dfrac{\varepsilon_n^2}{n-k-1}$
係数aの標準誤差：$E(a) = \sqrt{\varepsilon_n^2 \left[\dfrac{1}{n} + \dfrac{\bar{x}^2}{\Sigma(x_i - \bar{x})^2}\right]}$
係数bの標準誤差：$E(b) = \sqrt{\dfrac{u_\varepsilon^2}{\Sigma(x_i - \bar{x})^2}}$
係数aのt値：$t_a = \dfrac{a}{E(a)}$
係数bのt値：$t_b = \dfrac{b}{E(b)}$

回帰係数の標準誤差とt値は、残差のバラツキと回帰係数との関わりを示します。式の中のnは標本数、kは説明変数（単回帰分析なので「1」）の数です。

ここでのt値は「回帰係数がゼロである」という帰無仮説における検定統計量です。

p値は有意水準0.1（10%）、0.05（5%）、0.005（0.5%）より小さいときは、出力結果のp値の右側に、それぞれ1つの星'*'、2つの星'**'、3つの星'***'を付けます。p値が大きいほど、その係数の信頼度が低下することになります。

●Multiple R-squared

回帰モデルが、どの程度データにフィットしているか、言い換えると単回帰式がどの程度の確率で信頼できるのかを評価する指標となるのが**決定係数**（R^2）です。

lm()関数は決定係数（Multiple R-squared）と調整済み決定係数（Adjusted R-squared）の2値を返します。決定係数と調整済み決定係数が1に近づくほど、回帰モデル（回帰直線）がデータによくフィットしていることになります。

決定係数と調整済み決定係数は、それぞれ次の式で求められます。式の中のnは標本数、kは説明変数の数を示しています。単回帰分析の場合、説明変数は1個ですのでk=1になります。

▼決定係数R^2

$$R^2 = 1 - \frac{\Sigma_{i=1}^{n}(y_i - \hat{y}_i)^2}{\Sigma_{i=1}^{n}(y_i - \bar{y}_i)^2}$$

▼調整済み決定係数$\acute{R}^2$

$$\acute{R}^2 = 1 - \frac{\sum_{i=1}^{n}(y_i - \hat{y}_i)^2 / n-k-1}{\sum_{i=1}^{n}(y_i - \bar{y}_i)^2 / n-1}$$

式の要素はそれぞれ次のようになります。

▼実測値yの偏差平方和

$$\sum_{i=1}^{n}(y_i - \bar{y}_i)^2$$

▼実測値y_iと予測値$\hat{y}_i$の偏差平方和

$$\sum_{i=1}^{n}(y_i - \hat{y}_i)^2$$

決定係数R^2、調整済み決定係数$\acute{R}^2$とも、0≤R≤1の値をとりますので、1に近いほど回帰式の精度がよいことになります。

今回のR^2値は「0.9414」ですので、かなり精度が高いことになります。

●F-statistic

F値とそのp値が示されています。ここでのF値は「すべての回帰係数がゼロである」という帰無仮説における検定統計量です。これは次の式で求められます。

▼決定係数からF値を求める

$$F = \frac{R^2}{1-R^2} \cdot \frac{n-k-1}{k}$$

9.1.5 最高気温が1℃上昇したときの売上数を予測する

lm()関数で求めた線形単回帰分析の結果を活用するための、次の関数が用意されています。

▼回帰分析に関連する関数

関数名	内容	関数lm()の結果をresultに代入した場合の使用例
coef()	定数項と回帰係数を返す	coef(result)
coefficients()	定数項と回帰係数を返す	coefficients(result)
fitted()	分析に用いたデータの予測値を返す	fitted(result)
deviance()	残差の平方和を返す	deviance(result)
anova()	回帰係数の分散分析を返す	anova(result)
predict()	新たなデータに対する予測値	predict(予測に用いるデータ)
summary()	回帰分析結果の要約	summary(result)

回帰直線を散布図上に表示してみる

散布図を描画し、分析結果を使って回帰直線を引いてみましょう。

▼散布図に回帰直線を引く（script.R）

```
plot(data)
abline(result)
```

▼散布図上に$y = a + bx$の回帰直線を引く

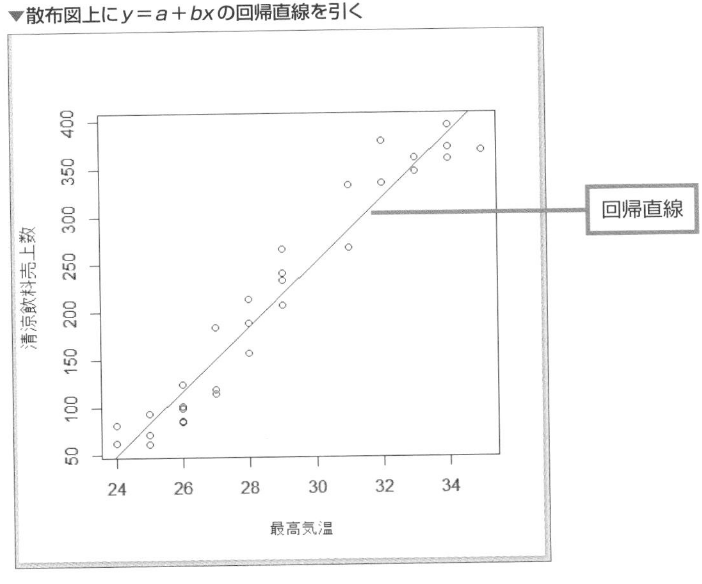

今回求めた定数項aは「−760.877」、回帰係数bは「33.741」でした。これを単回帰式に当てはめると、

$$y = -760.877 + 33.741x$$

となります。この式に基づいて回帰直線が引かれています。直線の傾きを示す回帰係数bは「33.741」という正の値なので、最高気温が高くなれば売上数が増加するという正の相関があることになります。

一方、y軸との切片を表す定数項の値は「−760.877」という負の値です。これは、x軸の最高気温が0度のときはyの値が分析上、大きくマイナスになることを示しています。

実測データの最高気温の最小値は24℃、最大値は35℃なので、この間では気温が1℃上昇すると、計算上、33.741個ずつ売上数が増えることになります。この値は、単回帰式の直線の傾きを示す回帰係数の値です。

最高気温が30℃、31℃、さらに36℃のときの売上数を予測する

先の回帰式のxに最高気温を代入すれば、清涼飲料水の売上数が予測できます。最高気温が30度の場合は、次のように入力すれば売上数の予測値が出力されます。

▼最高気温が30度のときの売上数を予測する

```
−760.877＋33.741 * 30
```

「251.353」となりました。同じように31度のときの売上数を予測してみましょう。

▼最高気温が31度のときの売上数を予測する

```
−760.877＋33.741 * 31
```

結果は「285.094」です。今回のデータには、最高気温が35℃までの売上数が記録されていますので、最高気温が36℃になったときの売上数を予測してみましょう。

▼最高気温が36度のときの売上数を予測する

```
−760.877＋33.741 * 36
```

結果は「453.799」と表示されました。

predict()関数を使うと、複数の値を指定して予測が行えます。第1引数に分析結果（モデル）を指定し、newdataオプションで予測に使用するデータを格納したデータフレームを指定します。

▼predict()関数で予測する（script.R）

```
# 予測に用いる最高気温をデータフレームに格納
test <- data.frame(
  "最高気温" = c(30, 31, 36)
)

# 分析結果（モデル）を用いて予測する
predict(result, newdata=test)
```

▼出力

```
> predict(result, newdata=test)
       1        2        3
251.3470 285.0878 453.7918
```

小数の丸め方の関係で差がありますが、先ほどの予測値と同じ結果になっています。

Memo

回帰分析の手法

本章では、回帰分析の手法として「線形単回帰分析」「線形重回帰分析」「ロジスティック回帰」について紹介しています。

一方、機械学習の分野では、回帰分析の手法として「Ridge回帰」「Lasso回帰」や「線形サポートベクター回帰」「ランダムフォレスト回帰」が用いられます。

これらの手法については11章で詳しく解説しています。

Memo 内挿と外挿

最高気温が36℃のときは453個売れることが予測できましたが、注意すべき点があります。単回帰式に最高気温の36を代入しましたが、もとになったデータでは、最高気温の最小値は24℃、最大値は35℃です。このように、データの範囲に入っていない36℃を予測することは**外挿**（がいそう）と呼ばれ、予測の精度が不安定になるので注意しなければなりません。

これに対し、30℃の場合はデータの範囲に入っているので、予測の精度は高くなります。データの範囲内で予測することを**内挿**（ないそう）と呼びます。

最高気温の36℃は外挿ではあるものの、データの範囲をわずか1℃上回っているだけなので、予測の精度がそれほど低下することはないと考えられます。

39℃や40℃のようにデータの範囲から離れれば離れるほど、信ぴょう性がなくなっていきます。最高気温がさらに上がった場合、購買意欲が低下して買わなくなることも考えられます。

単回帰式のxに任意の値を代入すれば、簡単に予測値を求めることができますが、もとのデータの最大値や最小値を離れた値を使用した外挿を行う場合は、予測の範囲が広がるに従って信ぴょう性が低下することを念頭に、予測に影響する新たな要因がないかを検討することがポイントになります。

▼内挿と外挿

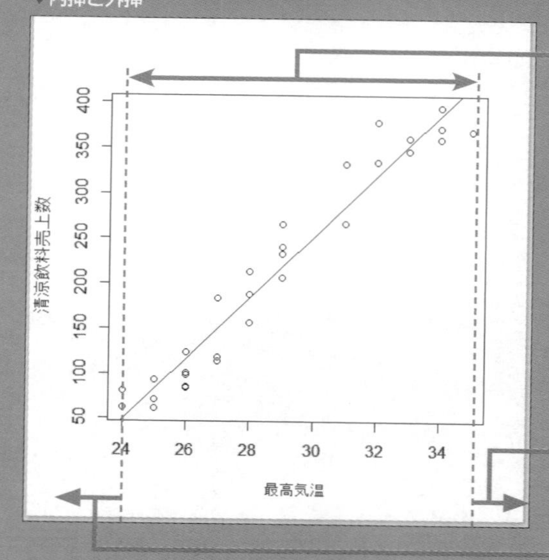

この範囲は予測の精度が高い（内挿）

この部分は予測の精度が低くなる（外挿）

この部分は予測の精度が低くなる（外挿）

Tips 分析の元データと予測値、残差を一覧で表示する

分析のもとになったデータに対する予測値は、fitted()関数で求めることができます。

▼分析の元データと予測値、残差を一覧にする（script.R）

```
exp <- fitted(result)              # 元データに対する予測値
res <- residuals(result)            # データと予測値の残差
view <- data.frame(data, exp, res) # データフレームにまとめる
```

▼データフレームを表示したところ

	最高気温	清涼飲料売上数	exp	res
1	26	84	116.38377	-32.383772
2	25	61	82.64297	-21.642967
3	26	85	116.38377	-31.383772
4	24	63	48.90216	14.097838
5	25	71	82.64297	-11.642967
6	24	81	48.90216	32.097838
7	26	98	116.38377	-18.383772
8	26	101	116.38377	-15.383772
9	25	93	82.64297	10.357033
10	27	118	150.12458	-32.124577
11	27	114	150.12458	-36.124577
12	26	124	116.38377	7.616228
13	28	156	183.86538	-27.865383
14	28	188	183.86538	4.134617
15	27	184	150.12458	33.875423
16	28	213	183.86538	29.134617
17	29	241	217.60619	23.393812
18	29	233	217.60619	15.393812
19	29	207	217.60619	-10.606188
20	31	267	285.08780	-18.087798
21	31	332	285.08780	46.912202
22	29	266	217.60619	48.393812
23	32	334	318.82860	15.171396
24	33	346	352.56941	-6.569409
25	34	359	386.31021	-27.310214
26	33	361	352.56941	8.430591
27	34	372	386.31021	-14.310214
28	35	368	420.05102	-52.051019
29	32	378	318.82860	59.171396
30	34	394	386.31021	7.689786

Section 9.2

立地、面積、競合店とアンケート結果から売上を予測する（線形重回帰分析）

Level ★★★ | Keyword 重回帰分析 線形重回帰分析

本節では、予測に使うデータ（説明変数）が2つの場合の「重回帰分析」について見ていきます。

Theme 最も影響がある要因を抜き出して売上額を予測する

右図のデータは、ある小売チェーンの20店舗について、各店舗ごとの年間売上高（万円）および以下の項目をまとめたものです。

・駅からの距離（km）
・近隣の競合店の数
・店舗面積（㎡）
・サービスの満足度
（5段階評価の顧客アンケートの結果を数値化）
・商品の充実度
（5段階評価の顧客アンケートの結果を数値化）

この表から、売上に影響している要因を抽出し、最適な組み合わせによる回帰モデル（回帰式）を作成してみましょう。

▼首都圏20店舗の単年度の売上額など

data × Filter

	売上高	駅からの距離	競合店	店舗面積	サービス満足度	商品の充実度
赤坂店	7990	0.3	0	290	4	4
溜池山王店	8420	0.8	1	280	4	5
広尾店	3950	3.5	3	300	2	3
南麻布店	6870	2.2	2	400	4	4
麻布十番店	4520	4.0	3	250	3	2
恵比寿店	3480	2.5	2	220	3	3
高輪店	8900	0.1	0	300	4	4
西五反田店	6280	2.9	1	310	3	3
東五反田店	8180	1.2	1	350	3	4
不動前店	5330	2.4	1	240	3	3
飯倉店	3090	3.0	2	280	2	3
渋谷店	8600	0.2	0	240	3	4
中目黒店	3880	1.5	1	280	3	2
南青山店	7400	3.8	3	200	4	3
北青山店	4540	4.0	3	320	3	3
芝公園店	3450	3.3	2	320	3	3
泉岳寺店	2350	5.0	3	220	2	2
乃木坂店	8510	0.6	1	330	4	4
表参道店	4450	4.6	3	280	3	3
神宮前店	5320	3.3	2	240	3	2

Showing 1 to 20 of 20 entries, 6 total columns

売上に影響している要因を絞り込んで回帰分析します。

●step()関数

分析結果から、説明変数を1つずつ減らした場合の分析結果をシミュレートします。

```
step( 分析結果
      [,derection="both"]     …………… デフォルト。増減法を指定
      [,derection="forward"]  ……… 増加法を指定
      [,derection="backward"] …… 減少法を指定
    )
```

●本節のプロジェクト

プロジェクト	MultipleRegression
タブ区切りのテキストファイル	売上高と各種要因.txt
RScriptファイル	script.R

9.2.1 重回帰分析で説明変数が複数の場合の分析を行う

本節のテーマは**重回帰分析**です。前節の単回帰分析と何が違うのか、その辺りのところから整理しつつ見ていくことにしましょう。

2つ以上の要因を使って予測を行う重回帰分析

前節で数値の予測に使った単回帰分析は、「気温」と「売上数」のように、1つの要因からデータの予測を行うものでした。

▼気温と売上高の関係

- 売上高 ……… 目的変数（y）
- 気温 ………… 説明変数（x）

単回帰式　$y = a + bx$

xは説明変数、yは目的変数ですので、xが要因でyが結果です。

bは直線の傾きを表す**回帰係数**で、aの**定数項**（**切片**）はxが0のときのyの値でした。「**予測したいデータ**」と「**予測に使うデータ**」の2つがあれば、単回帰分析を行うことができました。一方、今回は、予測したいデータは「売上高」の1つだけですが、分析に使うデータが「駅からの距離」「競合店」など複数あります。当然、単回帰分析は使えません。

単回帰分析の考え方をさらに発展させ、2つ以上の要因（説明変数）を使ってデータを予測するのが、**重回帰分析**です。この手法を用いれば、例えば次のような複数の要因から、ある結果（予測値）を導くことができます。

・気温、湿度 ➡ 売上高
・気温、降水確率 ➡ 売上高
・取扱商品数、店舗面積 ➡ 売上高
・キャンペーンの実施日数、値引き額、チラシの配布枚数 ➡ 売上高
・イベントの開催日数、会場の面積、会場の立地 ➡ 来場者数

分析を行う際の「予測に使用するデータ」は、理論上、いくつあってもかまいません。

予測値を示す重回帰分析の式とは

単回帰分析の式「$y = a + bx$」に対し、重回帰分析では説明変数xの数が増えるので、式の中の「bx」の組み合わせが増えていくことになります。説明変数をx_1、x_2、x_3、…としたときの重回帰分析の式は次のようになります。

▼重回帰分析の式

$$y = a + b_1x_1 + b_2x_2 + \cdots + b_nx_n$$

このように、予測に使うデータ（要因）が増えたぶんだけ式を構成する要素が増えていきます。重回帰分析では、係数（傾き）のb_1やb_2のことを「偏回帰係数」といいます。立地と面積で売上高を予測する場合は、次のようになります。

$$\text{売上高}\ y = a + b_1 \times \text{立地} + b_2 \times \text{面積}$$

重回帰分析においても、前節で紹介した最小二乗法を用いて定数項と偏回帰係数を求め、データによく当てはまるモデルを得ることができます。

相関係数を確認する

まずは、重回帰分析を行う前に相関について見ておきましょう。

▼ファイルを読み込んで相関係数を調べる（script.R）

```
# 売上高と各種要因.txtをデータフレームに格納
data <- read.delim(
  "売上高と各種要因.txt",
  header=TRUE,                  # 1行目は列名
  row.names=1,                  # 1列目は行名
  fileEncoding="UTF-8"          # 文字コードの変換方式
)

# すべてのデータ(説明変数)について相関係数を求める
coef <- cor(data)
```

ファイルを読み込む際に、read.delim()関数において

row.names=1

を指定していることに注意してください。今回のデータは1列目が行名になっているためです。

［Source］をクリックしてプログラムを実行すると、すべてのデータ（説明変数）の相関係数の一覧が、データフレームとしてcoefに代入されます。［Environment］ビューに表示されている「coef」をクリックしてみてください。

▼相関係数の一覧

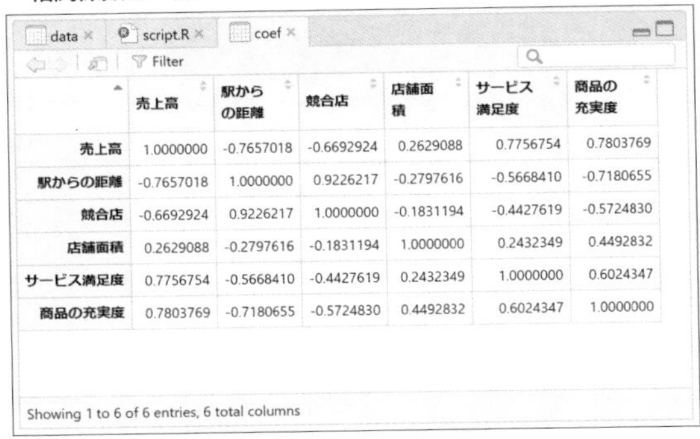

data × script.R × coef ×

Filter

	売上高	駅からの距離	競合店	店舗面積	サービス満足度	商品の充実度
売上高	1.0000000	-0.7657018	-0.6692924	0.2629088	0.7756754	0.7803769
駅からの距離	-0.7657018	1.0000000	0.9226217	-0.2797616	-0.5668410	-0.7180655
競合店	-0.6692924	0.9226217	1.0000000	-0.1831194	-0.4427619	-0.5724830
店舗面積	0.2629088	-0.2797616	-0.1831194	1.0000000	0.2432349	0.4492832
サービス満足度	0.7756754	-0.5668410	-0.4427619	0.2432349	1.0000000	0.6024347
商品の充実度	0.7803769	-0.7180655	-0.5724830	0.4492832	0.6024347	1.0000000

Showing 1 to 6 of 6 entries, 6 total columns

今回は説明変数が5つもあるので、表を見るだけでも大変ですが、売上高の行を横に見ていくと、「駅からの距離」が「−0.765…」、「競合店」が「−0.669…」のように負の相関になっていて、値が小さいほど売上が伸びる関係にあることがわかります。「サービス満足度」は「0.775…」、「商品の充実度」は「0.780…」で正の相関なので、値が増えるほど売上が伸びる関係です。

一方、売上以外の行を見てみると、「売上高」との関係以外は相関係数の絶対値が軒並み低くなっています。要因同士の関係はあまりないようです。「駅からの距離」と「競合店」に強い正の相関がありますが、駅から遠いほど競合店が増えるわけではないので、「たまたまこうなった」と見るべきでしょう。

9.2.2 すべての説明変数を使って重回帰分析する

重回帰分析では、理論上、説明変数の数はいくつでもかまいません。それなら、説明変数が多ければ、より正確な予測ができそうですが、説明変数自体が意味のあるものでなければ、数を増やしただけではよい結果に結び付きません。

「予測したいデータと予測に使うデータ（説明変数）に相関の強さがあることが前提ですので、予測の精度を高めるためには「本当に必要なデータ」だけを選ぶことがポイントです。

データにあるすべての説明変数を重回帰分析にかける

それぞれの説明変数の目的変数との相関を見た限り、「面積」（相関係数0.262…）以外は良好な値になっているので、いまの段階ではどれを外すべきか見当がつきません。まずは、すべての説明変数を使って分析してみることにしましょう。

重回帰分析もlm()関数で行えます。ソースファイル「script.R」に以下のように入力してみます。

▼すべての説明変数を使って重回帰分析を行う（script.R）

```
# 線形重回帰分析を実行
model <- lm(
  "売上高 ~ 駅からの距離 + 競合店 + 店舗面積 + サービス満足度 + 商品の充実度",
  data=data)
# 分析結果を表示
summary(model)
# 係数を表示
round(coefficients(model), 3)

# 分析に使用したデータの予測値を取得
exp <- fitted(model)
# 実際の売上高と予測値との誤差
res <- round(residuals(model), 3)
# 実際の売上高と予測値、誤差をデータフレームにまとめる
view <- data.frame(data[1], exp, res)
```

分析結果の見るべきポイントは3つ

lm()関数は、

```
formula = "売上高~駅からの距離+競合店+店舗面積+サービス満足度+商品の充実度"
```

のように指定したモデル式を用いて分析を実行し、回帰式

$$y = a + b_1x_1 + b_2x_2 + \cdots + b_nx_n$$

における定数項aや偏回帰係数b_1、b_2、…を求めます。すると、この回帰式のx_1、x_2、…、x_nに実際のデータを格納すればyの値がわかる、という「モデル」が完成します。lm()関数が返すのは、モデル式と目的変数、説明変数から作成されたモデルなので、以降はこのように呼ぶことにします。

では、モデルのサマリ（概要）を出力するsummary(model)の結果から見ていきましょう。

▼モデルのサマリ（コンソール）

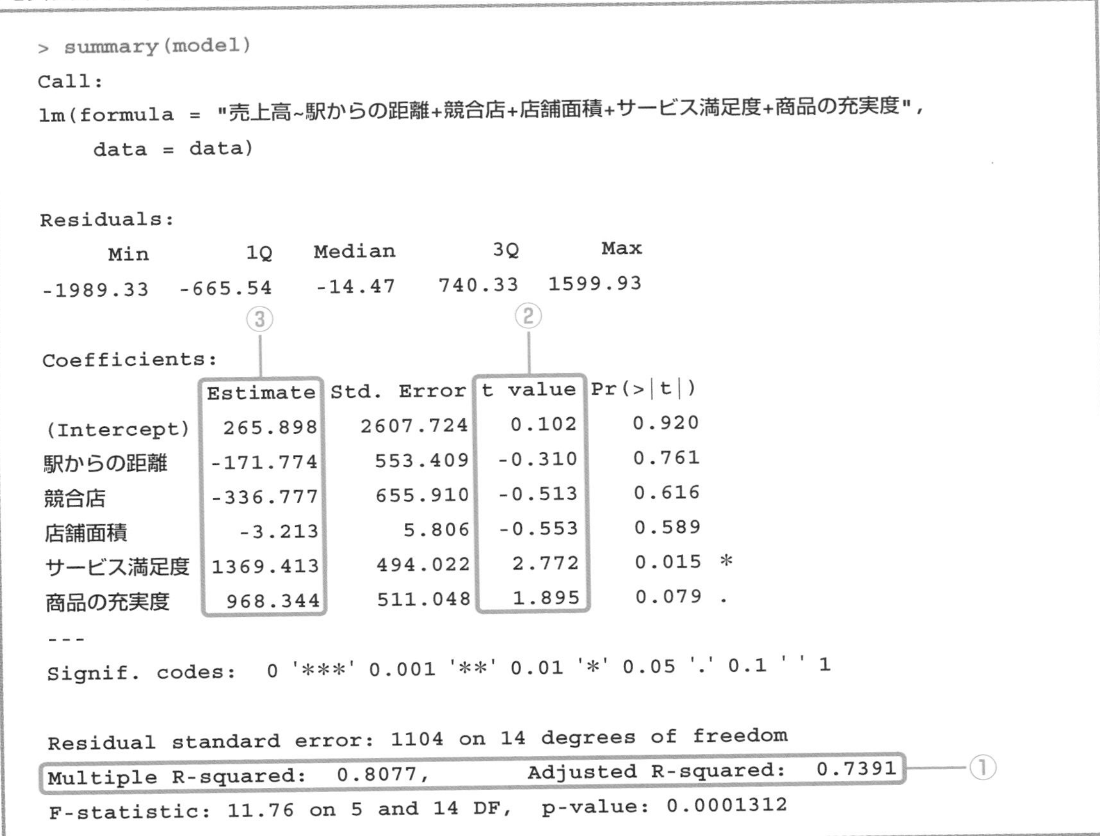

```
> summary(model)
Call:
lm(formula = "売上高~駅からの距離+競合店+店舗面積+サービス満足度+商品の充実度",
    data = data)

Residuals:
     Min       1Q   Median      3Q     Max
-1989.33  -665.54   -14.47  740.33 1599.93

Coefficients:
               Estimate Std. Error t value Pr(>|t|)
(Intercept)     265.898   2607.724   0.102    0.920
駅からの距離   -171.774    553.409  -0.310    0.761
競合店         -336.777    655.910  -0.513    0.616
店舗面積         -3.213      5.806  -0.553    0.589
サービス満足度 1369.413    494.022   2.772    0.015 *
商品の充実度    968.344    511.048   1.895    0.079 .
---
Signif. codes:  0 '***' 0.001 '**' 0.01 '*' 0.05 '.' 0.1 ' ' 1

Residual standard error: 1104 on 14 degrees of freedom
Multiple R-squared:  0.8077,	Adjusted R-squared:  0.7391
F-statistic: 11.76 on 5 and 14 DF,  p-value: 0.0001312
```


モデルのサマリとして出力された内容について、順に見ていくことにしましょう。

決定係数と調整済み決定係数（①）

最初に確認したいのは、「Multiple R-squared」の値です。**決定係数**（R^2）の値は、回帰式の精度（信頼度）を表します。5個すべての説明変数を用いれば、約80%の確率で説明ができることを表しています。

重回帰分析では、もう1つの「Adjusted R-squared」の方がより重要です。「予測に使うデータ（説明変数）が多くなると、回帰式の精度とは関係なく決定係数（R^2）の値が大きくなる」という計算上の問題点があります。そこで、計算上の問題によるR^2の増加ぶんを補正したのが**調整済み決定係数**です。数値が大きいほど精度が高いことを意味しますが、一説には、0.4以上あれば精度的に問題がないといわれています。ここでは「0.7391」になっていますので、精度としては問題ないでしょう。

t値（②）

t値は、それぞれの説明変数の目的変数に対する影響を示す指標で、予測に使うデータ（説明変数）の係数（Estimate）を標準誤差（Std. Error）で割った値です。理論上−∞（マイナスの無限大）から∞（プラスの無限大）までの値になり、絶対値が大きければ大きいほど目的変数に対する影響度が強いことになります。一般的な目安として、絶対値が「1.4」（$\fallingdotseq\sqrt{2}$）以上あれば、影響の度合いが強いといわれています。

「駅からの距離」が「−0.310」、「競合店」が「−0.513」、「店舗面積」が「−0.553」、「サービス満足度」が「2.772」、「商品の充実度」が「1.895」になっていて、3つの説明変数がマイナスの値になっています。「駅からの距離」の場合は駅から遠くなるほど、「競合店」は競合する店舗の数が増えるほど、売上が下がることになります。

これは、駅からの距離の係数が「−171.774」、競合店の係数が「−336.777」になっていることからもわかります。どちらの値が増えても、そのぶんだけ売上がマイナスになります。ところが、この2つのデータはt値の絶対値が目安としての1.4を下回っているので、売上への影響があるとしながらも、互いに影響を打ち消し合っていることが考えられます。

係数の確認（③）

予測に使うデータ（説明変数）ごとの偏回帰係数を確認します。これを回帰式（モデル）「$y = a + b_1x_1 + b_2x_2 + \cdots + b_nx_n$」の$b_1$、$b_2$、…、$b_n$の部分に当てはめればよいわけです。係数の部分を「round(coefficients(model), 3)」で出力するようにしましたので、これを見てみましょう。

▼round(coefficients(model), 3) の結果

```
> round(coefficients(model), 3)
(Intercept)    駅からの距離       競合店      店舗面積
    265.898       -171.774    -336.777       -3.213
サービス満足度    商品の充実度
   1369.413        968.344
```

これを回帰式（モデル）に当てはめると、次のようになります。

```
売上高 =265.898
    + (-171.774) × 立地のデータ
    + (-336.777) × 競合店のデータ
    + (-3.213)   × 面積のデータ
    + 1369.413   × サービス満足度のデータ
    + 968.344    × 商品の充実度のデータ
```

残差を確認する

先のプログラムでは、実測値と予測値、残差をデータフレーム「view」にまとめるようにしました。[Environment] ビューで「view」の表示をクリックし、内容を表示した状態が次図です。

▼実測値と予測値、残差

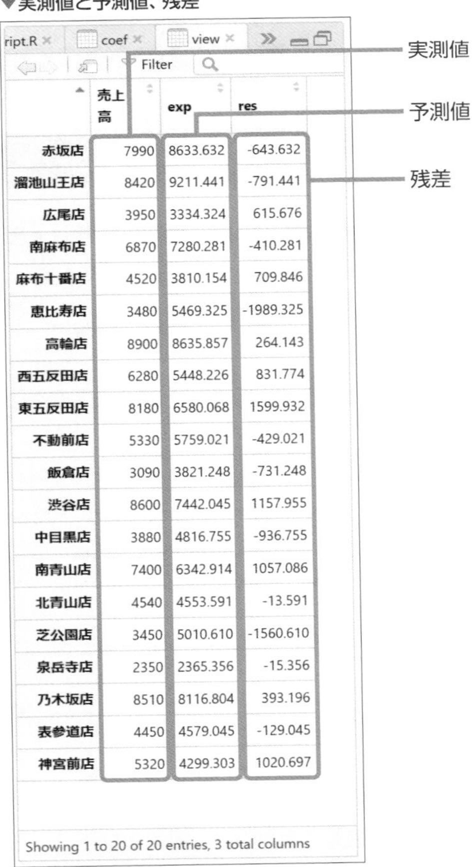

	売上高	exp	res
赤坂店	7990	8633.632	-643.632
溜池山王店	8420	9211.441	-791.441
広尾店	3950	3334.324	615.676
南麻布店	6870	7280.281	-410.281
麻布十番店	4520	3810.154	709.846
恵比寿店	3480	5469.325	-1989.325
高輪店	8900	8635.857	264.143
西五反田店	6280	5448.226	831.774
東五反田店	8180	6580.068	1599.932
不動前店	5330	5759.021	-429.021
飯倉店	3090	3821.248	-731.248
渋谷店	8600	7442.045	1157.955
中目黒店	3880	4816.755	-936.755
南青山店	7400	6342.914	1057.086
北青山店	4540	4553.591	-13.591
芝公園店	3450	5010.610	-1560.610
泉岳寺店	2350	2365.356	-15.356
乃木坂店	8510	8116.804	393.196
表参道店	4450	4579.045	-129.045
神宮前店	5320	4299.303	1020.697

実測値にかなり近いものもありますが、大きく外しているものもあり、微妙な結果になりました。やはり、説明変数の数を減らして精度を高めるのがよさそうです。

9.2.3 説明変数を減らしてもう一度分析する

どの説明変数を外すのかは、相関係数を見ればある程度はわかりますが、Rには説明変数を1つずつ減らし、当てはまりのよいモデルを作成するstep()関数がありますので、これを使いましょう。

●step()関数

分析結果から、説明変数を1つずつ減らした場合の分析結果をシミュレートします。

```
step( 分析結果
       [,derection="both"]  ————デフォルト。増減法を指定
       [,derection="forward"]————増加法を指定
       [,derection="backward"]——減少法を指定
    )
```

step()関数で説明変数を1つずつ減らした分析結果を見る

step()関数の引数に、先ほどの分析結果が格納されたモデルを指定すると、説明変数を1つずつ減らした分析結果が表示されます。分析結果として、モデルの選択基準として広く知られている**AIC**（Akaike's Information Criterion）が表示されます。

▼AICを求める式

$$\mathrm{AIC} = n \cdot \log\left(\frac{\text{モデルの残差平方和}}{n}\right) + n + 2 \cdot (\text{モデルのパラメーター数})$$

モデルのパラメーター数は、「偏回帰係数の数+1」です。この式を、モデルに依存しないように、次のように表すことができます。

▼モデルに依存しないAICの式

$$\mathrm{AIC} = n \cdot \log(\text{モデルの残差平方和}) + 2 \cdot (\text{モデルの説明変数の数})$$

このようにして求めたAICの値が小さいモデルが、当てはまりのよいモデルだということになります。

step()関数で先の分析結果をシミュレートする

ソースファイル「script.R」に以下のように入力し、実行してみましょう。

▼説明変数を減らしてAICを求める（script.R）

```
step(model)
```

▼実行結果（コンソール）

```
> step(model)
Start:  AIC=285.15
売上高~駅からの距離+競合店+店舗面積+サービス満足度+商品の充実度

                Df Sum of Sq      RSS    AIC
- 駅からの距離    1    117500 17191813 283.28
- 競合店          1    321523 17395836 283.52
- 店舗面積        1    373505 17447817 283.58
<none>                        17074312 285.15
- 商品の充実度    1   4378764 21453076 287.71
- サービス満足度  1   9371123 26445435 291.90

Step:  AIC=283.28
売上高 ~ 競合店 + 店舗面積 + サービス満足度 + 商品の充実度

                Df Sum of Sq      RSS    AIC
- 店舗面積        1    351179 17542992 281.69
<none>                        17191813 283.28
- 競合店          1   3898169 21089982 285.37
- 商品の充実度    1   6271100 23462912 287.50
- サービス満足度  1  10540498 27732311 290.85

Step:  AIC=281.69
売上高 ~ 競合店 + サービス満足度 + 商品の充実度

                Df Sum of Sq      RSS    AIC
<none>                        17542992 281.69
- 競合店          1   4166199 21709191 283.95
- 商品の充実度    1   6101264 23644256 285.66
- サービス満足度  1  10637978 28180970 289.17
```

結果を見ると、「駅からの距離」「店舗面積」を順に減らしたところで、分析が終わっています。

- **ステップ1**
  すべての説明変数を使ったときのAICは「285.15」です。
- **ステップ2**
  「駅からの距離」を外したときのAICは「283.28」です。
- **ステップ3**
  「駅からの距離」と「面積」を外したときのAICは「281.69」です。

<none>の上の行には、次に減らすべき説明変数が表示されています。<none>の下の行にあるのは、減らしてもAIC値が下がらない（減らしても意味がない）説明変数です。

ステップ3では、<none>の上の行には何もないので、これ以上減らしてもAIC値が下がらないと判定され、計算が終了しています。

Hint　多重共線性

多重共線性は、同じような意味合いのことを2つの変数で説明してしまうことによって引き起こされる現象です。多重共線性の典型的な例として、回帰係数の符号と相関係数の符号が一致しないことがあります。

本節の相関係数を見ると、「駅からの距離」と「競合店」の相関がかなり強い（0.9226217）です。そもそもこの2つのデータは、「駅からの距離」および「同じエリアに存在する競合店舗の数」というまったく異なるデータなので、この2つを説明変数にしたとしても、問題はありません。

もし、「駅からの距離（km）」と「駅からの徒歩時間（分）」というデータであれば、同じような意味合いのものを2つの変数で説明してしまうことになるので、多重共線性の問題が考えられますが、ここで問題になっている2つのデータでは、そういうことはありません。

しかし、相関係数が示すように、この2つのデータは相関関係が非常に強く、「一方が増えれば、もう一方も同じように増える」という関係にあります。たまたま、このような結果になってしまったのですが、相関関係が強すぎるデータは、どちらか一方を除いた方が、重回帰分析の精度が上がることがよくあります。

どちらかを外す場合は、どちらが「売上額」への相関が強いのかを見ます。駅からの距離は「−0.7656754」、競合店は「−0.6692924」で、前者の方がより強い負の相関があります。したがって、「競合店」を説明変数から除いた方がよさそうです。

AIC値を用いた分析では、結局のところ「駅からの距離」と「店舗面積」がはじかれたわけですが、相関関係の時点で、「駅からの距離」と「競合店」には多重共線性の問題があったというわけです。

2つの説明変数を減らして重回帰分析を実行する

分析の結果、「駅からの距離」と「店舗面積」を外すことで、AIC値が最も低くなることがわかりました。この2つの説明変数を除いた残りの変数を重回帰分析にかけましょう。

▼不要な説明変数を外して線形重回帰分析を実行（script.R）

```
# 不要な説明変数を除いて線形重単回帰分析を実行
model_2 <- lm("売上高 ~ 競合店 + サービス満足度 + 商品の充実度",
              data=data)
# 分析結果（モデルのサマリ）を出力
summary(model_2)
# 係数を表示
round(coefficients(model_2), 3)

# 分析に使用したデータの予測値を取得
exp <- fitted(model_2)
# 実際の売上高と予測値との誤差を取得
res <- residuals(model_2)
# 実際の売上高と予測値、誤差をデータフレームにまとめる
view_2 <- data.frame(data[1], exp, res)
```

▼summary(model_2)の結果（コンソール）

```
> summary(model_2)
Call:
lm(formula = "売上高 ~ 競合店 + サービス満足度 + 商品の充実度",
    data = data)

Residuals:
     Min       1Q   Median      3Q     Max
-1764.76  -661.79   -57.66  707.67  1488.79
                  ④                 ②       ③
Coefficients:
                Estimate Std. Error t value Pr(>|t|)
(Intercept)       -783.0     1709.5  -0.458  0.65310
競合店            -534.4      274.1  -1.949  0.06901 .
サービス満足度    1413.4      453.8   3.115  0.00667 **
商品の充実度       942.1      399.4   2.359  0.03138 *
---
Signif. codes:  0 '***' 0.001 '**' 0.01 '*' 0.05 '.' 0.1 ' ' 1
```

9 回帰分析で未来を知る

```
Residual standard error: 1047 on 16 degrees of freedom
Multiple R-squared:  0.8024,        Adjusted R-squared:  0.7654   ―①
F-statistic: 21.66 on 3 and 16 DF,  p-value: 7.031e-06   ―⑤
```

●調整済み決定係数（①）

「0.7654」で、前回の「0.7391」より上昇しました。

●t値（②）

3つの変数とも、目安としての絶対値1.4を上回りました。

●Pr(>|t|)（③）

定数項や偏回帰係数の「Pr(>|t|)値」です。これを見れば「役に立っている変数か、そうでないか」がわかります。各行の右端には、結果が有意であることを示す「*」の印が付いています。「有意である」というのは、「この結果は偶然とはいえない」という意味だと考えてください。

「*」が1つなら有意水準は0.05、2つなら0.01、3つなら0.001です。「*」の数が多いほど統計的に有意と見なされます。逆に「*」が1つもない場合は有意ではないと見なされます。なお、有意水準が0.05以上0.10未満の場合に「.」が表示されますが、この場合は有意と見なさない方がよいといわれています。

・「サービス満足度」は有意水準1%（0.01）で「有意な効果がある」→役に立っている
・「商品の充実度」は有意水準5%（0.05）で「有意な効果がある」→役に立っている
・「競合店」は有意水準5～10%（0.05以上0.10未満）で「有意な効果があると見なさない方がよい」

●係数の確認（④）

予測に使うデータ（説明変数）ごとの係数は、「round(coefficients(model_2), 3)」で出力するようにしました。

▼round(coefficients(model_2), 3) の結果

```
> round(coefficients(model_2), 3)
 (Intercept)        競合店   サービス満足度   商品の充実度
    -782.953      -534.363        1413.398        942.083
```

これを回帰式に当てはめると、次のようになります。

```
売上高 =-782.953
     + (-534.363) × 競合店のデータ
     + 1413.398   × サービス満足度のデータ
     + 942.083    × 商品の充実度のデータ
```

●p-value:（⑤）

モデル全体の当てはまり具合に関する信頼度を示しています。「すべての偏回帰係数の値が0である」という帰無仮説を検証したときのp値です。有意水準5%以上の値であれば「有意ではない」と判断します。

①結果は「7.031e−06」で有意水準5%（0.05）より小さいので「有意な効果がある」。
②「帰無仮説を棄却」できる。

実測値と予測値の残差の一覧をデータフレーム「view」に格納しましたので、[Environment]ビューで「view_2」をクリックして表示してみましょう。

▼2つの説明変数を除いたときの残差

	売上高	exp	res
赤坂店	7990	8638.972	-648.97193
溜池山王店	8420	9046.692	-626.69177
広尾店	3950	3267.003	682.99652
南麻布店	6870	7570.246	-700.24594
麻布十番店	4520	3738.319	781.68104
恵比寿店	3480	5214.765	-1734.76479
高輪店	8900	8638.972	261.02807
西五反田店	6280	5749.128	530.87222
東五反田店	8180	6691.211	1488.78938
不動前店	5330	5749.128	-419.12778
飯倉店	3090	3801.366	-711.36647
渋谷店	8600	7225.574	1374.42639
中目黒店	3880	4807.045	-927.04495
南青山店	7400	6093.800	1306.19990
北青山店	4540	4680.402	-140.40179
芝公園店	3450	5214.765	-1764.76479
泉岳寺店	2350	2324.921	25.07936
乃木坂店	8510	8104.609	405.39107
表参道店	4450	4680.402	-230.40179
神宮前店	5320	4272.682	1047.31805

Showing 1 to 20 of 20 entries, 3 total columns

前回よりも誤差が小さくなっている

誤差のうち、正と負の最大値の両方共、前回よりも小さい値になっていますので、全体的に誤差の範囲が小さくなっているようです。

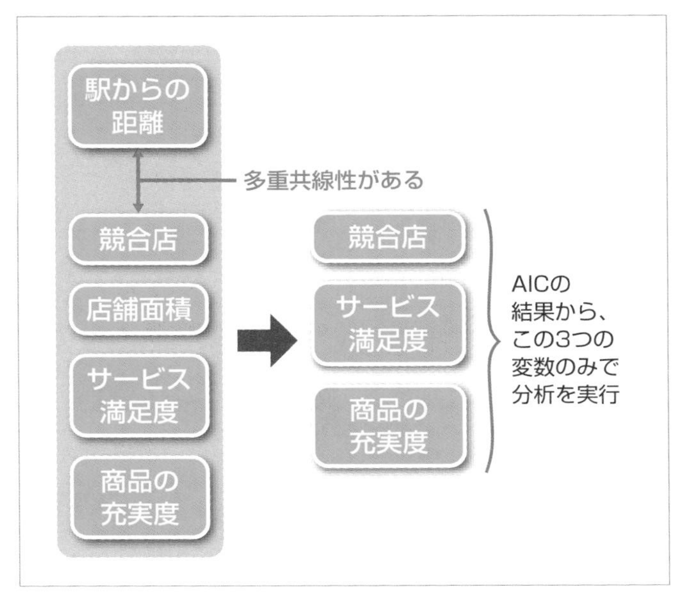

9.2.4 説明変数を減らさずに変数の交互作用だけを減らして分析する

これまでの重回帰分析は、目的変数と説明変数との相関関係に着目したものでした。売上高という1つの目的変数を設定し、駅からの距離や店舗面積などを説明変数にしてきたわけです。

一方で、説明変数の間にも相関がある場合があります。

交互作用を考慮した回帰係数を求める

説明変数が2つのときの、交互作用を考慮した回帰式は次のようになります。

▼交互作用を考慮した場合の回帰式（説明変数がx_1とx_2の2つ）

$$\hat{y} = a_0 + a_1x_1 + a_2x_2 + a_3x_1x_2$$

分析にはこれまでどおり、lm()関数を使います。引数の中の「^2」が交互作用の指定になります。

▼交互作用を考慮した重回帰分析を実行（script.R）

```
# データフレームの各列をベクトルに代入
amount <- c(data[,1])          # "売上高"
distance <- c(data[,2])        # "駅からの距離"
competitors <- c(data[,3])     # "競合店"
area <- c(data[,4])            # "店舗面積"
satisfaction <- c(data[,5])    # "サービス満足度"
fulfillment <- c(data[,6])     # "商品の充実度"

# 相互作用を考慮した重回帰分析を実行
model_3 <- lm(
  amount ~ (distance + competitors + area + satisfaction + fulfillment) ^2,
  data=data)
# モデルのサマリを出力
summary(model_3)
```

交互作用を指定する際は、モデル式の各要素をベクトルにする必要があるので、前もってデータフレームの各列のデータをベクトルに格納している点に注意してください。

▼交互作用を考慮した場合の重回帰分析の結果（コンソール）

```
> summary(model_3)

Call:
lm(formula = amount ~ (distance + competitors + area + satisfaction +
    fulfillment)^2, data = data)

Residuals:
    赤坂店  溜池山王店     広尾店   南麻布店  麻布十番店    恵比寿店      高輪店  西五反田店
  -327.76   -178.42    698.84    343.84    143.64   -542.67    209.35   1136.53
 東五反田店   不動前店     飯倉店     渋谷店   中目黒店    南青山店    北青山店   芝公園店
  -624.04   -140.70    207.07    341.28   -260.08    415.02    -22.52  -1264.90
   泉岳寺店   乃木坂店   表参道店   神宮前店
  -156.24    287.64   -412.05    146.16

Coefficients:
                          Estimate Std. Error t value Pr(>|t|)
(Intercept)             -28807.903  43725.166  -0.659    0.546
distance                  6236.375   7724.764   0.807    0.465
competitors              -7606.035  10738.929  -0.708    0.518
area                        54.887    166.761   0.329    0.759
satisfaction              7738.703  16874.878   0.459    0.670
fulfillment               6150.389  17192.019   0.358    0.739
distance:competitors       286.069    430.889   0.664    0.543
distance:area              -15.264     39.827  -0.383    0.721
distance:satisfaction     1137.254   3856.416   0.295    0.783
distance:fulfillment     -1915.039   1932.715  -0.991    0.378
competitors:area            12.521     29.680   0.422    0.695
competitors:satisfaction  -961.361   3828.903  -0.251    0.814
competitors:fulfillment   1824.399   2717.537   0.671    0.539
area:satisfaction          -11.777     39.449  -0.299    0.780
area:fulfillment             1.253     60.493   0.021    0.984
satisfaction:fulfillment -1359.333   2039.140  -0.667    0.541

Residual standard error: 1130 on 4 degrees of freedom
Multiple R-squared:  0.9425,	Adjusted R-squared:  0.727
F-statistic: 4.373 on 15 and 4 DF,  p-value: 0.08197
```

ここから下は、交互作用を考慮した偏回帰係数調整済み決定係数は「0.727」です。すべての説明変数のみで分析したときの「0.7391」、2つの変数を除いたときの「0.7654」よりも低い値になっています。

▼R^2と調整済みR^2

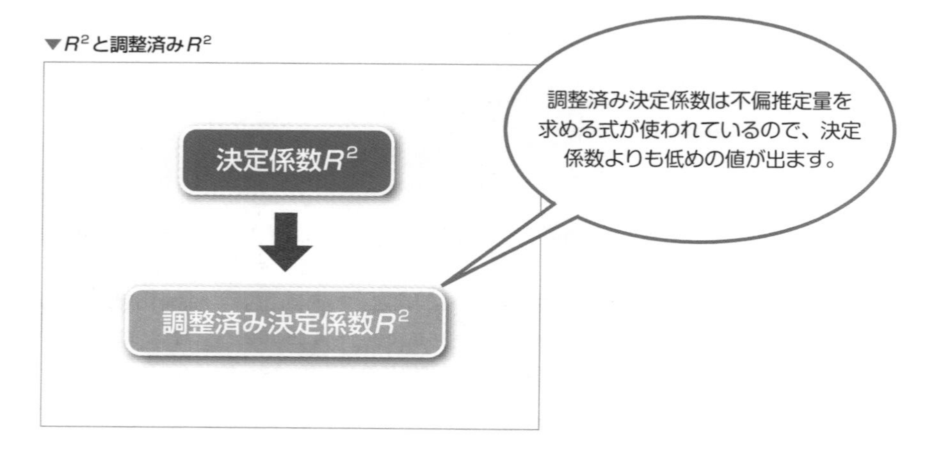

step()関数でAICが最も低い組み合わせを調べる

さて、ここでもstep()関数で、AIC値が最も小さくなる組み合わせを調べてみましょう。

▼交互作用を1つずつ外してAIC値を求める（script.R）

```
step(model_3)
```

▼実行結果（コンソール）

```
> step(model_3)
Start:  AIC=281
amount ~ (distance + competitors + area + satisfaction + fulfillment)^2


                             Df Sum of Sq     RSS    AIC
- area:fulfillment            1       547 5104283 279.00
- competitors:satisfaction    1     80436 5184172 279.31
- distance:satisfaction       1    110962 5214698 279.43
- area:satisfaction           1    113718 5217454 279.44
- distance:area               1    187410 5291146 279.72
- competitors:area            1    227080 5330816 279.87
<none>                                    5103736 281.00
- distance:competitors        1    562393 5666129 281.09
- satisfaction:fulfillment    1    567004 5670740 281.10
- competitors:fulfillment     1    575065 5678801 281.13
- distance:fulfillment        1   1252702 6356438 283.38
```

（コンソール内注記：Start: AIC=281 → すべての交互作用を用いた場合）

area:fulfillmentを除いた場合

```
Step:  AIC=279
amount ~ distance + competitors + area + satisfaction + fulfillment +
    distance:competitors + distance:area + distance:satisfaction +
    distance:fulfillment + competitors:area + competitors:satisfaction +
    competitors:fulfillment + area:satisfaction + satisfaction:fulfillment

                           Df Sum of Sq     RSS    AIC
- competitors:satisfaction  1    251985 5356268 277.96
- competitors:area          1    300767 5405050 278.14
- area:satisfaction         1    414091 5518374 278.56
- distance:satisfaction     1    429627 5533910 278.61
<none>                                  5104283 279.00
- competitors:fulfillment   1    583913 5688196 279.16
- satisfaction:fulfillment  1    619905 5724188 279.29
- distance:competitors      1    718499 5822782 279.63
- distance:area             1    997010 6101293 280.57
- distance:fulfillment      1   1448110 6552393 281.99
```

competitors:satisfactionを除いた場合

```
Step:  AIC=277.96
amount ~ distance + competitors + area + satisfaction + fulfillment +
    distance:competitors + distance:area + distance:satisfaction +
    distance:fulfillment + competitors:area + competitors:fulfillment +
    area:satisfaction + satisfaction:fulfillment

                           Df Sum of Sq     RSS    AIC
- distance:satisfaction     1    263745 5620013 276.92
- competitors:fulfillment   1    339759 5696027 277.19
- distance:competitors      1    534485 5890754 277.86
<none>                                  5356268 277.96
- competitors:area          1    587579 5943848 278.04
- satisfaction:fulfillment  1    649711 6005979 278.25
- distance:area             1   1183691 6539959 279.95
- distance:fulfillment      1   1228745 6585014 280.09
- area:satisfaction         1   1288005 6644274 280.27
```

distance:satisfactionを除いた場合

```
Step:  AIC=276.92
amount ~ distance + competitors + area + satisfaction + fulfillment +
    distance:competitors + distance:area + distance:fulfillment +
    competitors:area + competitors:fulfillment + area:satisfaction +
    satisfaction:fulfillment
```

9

回帰分析で未来を知る

```
                              Df Sum of Sq     RSS    AIC
- distance:competitors         1    361328 5981341 276.17
- competitors:area             1    566481 6186494 276.84
<none>                                     5620013 276.92
- competitors:fulfillment      1    660019 6280032 277.14
- distance:area                1   1048442 6668455 278.34
- area:satisfaction            1   1235003 6855016 278.89
- distance:fulfillment         1   1948824 7568838 280.88
- satisfaction:fulfillment     1   3938561 9558575 285.54

Step:  AIC=276.17
amount ~ distance + competitors + area + satisfaction + fulfillment +
    distance:area + distance:fulfillment + competitors:area +
    competitors:fulfillment + area:satisfaction + satisfaction:fulfillment

                              Df Sum of Sq     RSS    AIC
- competitors:fulfillment      1    302039 6283380 275.15
<none>                                     5981341 276.17
- competitors:area             1    961483 6942824 277.15
- area:satisfaction            1   1521027 7502368 278.70
- distance:area                1   1569774 7551116 278.83
- distance:fulfillment         1   1601692 7583033 278.91
- satisfaction:fulfillment     1   3577490 9558831 283.55

Step:  AIC=275.15
amount ~ distance + competitors + area + satisfaction + fulfillment +
    distance:area + distance:fulfillment + competitors:area +
    area:satisfaction + satisfaction:fulfillment

                              Df Sum of Sq      RSS    AIC
<none>                                      6283380 275.15
- competitors:area             1   1369267  7652647 277.10
- area:satisfaction            1   1681485  7964865 277.90
- distance:area                1   2290991  8574371 279.37
- satisfaction:fulfillment     1   3676915  9960295 282.37
- distance:fulfillment         1   5245818 11529198 285.29

Call:
lm(formula = amount ~ distance + competitors + area + satisfaction +
    fulfillment + distance:area + distance:fulfillment + competitors:area +
    area:satisfaction + satisfaction:fulfillment, data = data)
```

distance:competitorsを除いた場合

competitors:fulfillmentを除いた場合

```
Coefficients:
          (Intercept)                distance             competitors
            -42856.68                 8566.82                -7240.91
                 area            satisfaction             fulfillment
                73.71                11490.02                 7600.81
        distance:area    distance:fulfillment        competitors:area
               -21.45                 -805.99                   23.56
    area:satisfaction satisfaction:fulfillment
               -17.90                -1575.55
```

結果として、以下の交互作用を除外したときのAIC値が最も小さくなりました。

```
area:fulfillment
competitors:satisfaction
distance:satisfaction
distance:competitors
competitors:fulfillment
```

モデル式は、

```
amount ~ distance + competitors + area + satisfaction + fulfillment +
    distance:area + distance:fulfillment + competitors:area +
    area:satisfaction + satisfaction:fulfillment
```

ですので、これを指定して重回帰分析を行ってみましょう。

▼最適な交互作用のみで重回帰分析を実行

```
# 相互作用を考慮した重回帰分析を実行
model_3  <- lm(
  amount ~ distance + competitors + area + satisfaction + fulfillment +
    distance:area + distance:fulfillment + competitors:area +
    area:satisfaction + satisfaction:fulfillment,
  data=data)
# モデルのサマリを出力
summary(model_3)

# 分析に使用したデータの予測値を取得
exp <- fitted(model_3)
```

9 回帰分析で未来を知る

```
# 実際の売上高と予測値との誤差を取得
res <- residuals(model_3)
# 実際の売上高と予測値、誤差をデータフレームにまとめる
view_3 <- data.frame(data[1], exp, res)
```

▼実行結果(コンソール)

```
> summary(model_3)
Call:
lm(formula = amount ~ distance + competitors + area + satisfaction +
    fulfillment + distance:area + distance:fulfillment + competitors:area +
    area:satisfaction + satisfaction:fulfillment, data = data)

Residuals:
     Min       1Q   Median       3Q      Max
-1425.71  -206.56     1.11   394.93  1230.92

Coefficients:
                          Estimate Std. Error t value Pr(>|t|)
(Intercept)              -42856.68   11850.36  -3.616  0.00560 **
distance                   8566.82    3570.61   2.399  0.03995 *
competitors               -7240.91    4934.03  -1.468  0.17628
area                         73.71      39.19   1.881  0.09268 .
satisfaction              11490.02    3171.94   3.622  0.00555 **
fulfillment                7600.81    2637.27   2.882  0.01812 *
distance:area               -21.45      11.84  -1.811  0.10349
distance:fulfillment       -805.99     294.03  -2.741  0.02281 *
competitors:area             23.56      16.83   1.400  0.19490
area:satisfaction           -17.90      11.53  -1.552  0.15510
satisfaction:fulfillment  -1575.55     686.54  -2.295  0.04739 *
---
Signif. codes:  0 '***' 0.001 '**' 0.01 '*' 0.05 '.' 0.1 ' ' 1

Residual standard error: 835.6 on 9 degrees of freedom
Multiple R-squared:  0.9292,	Adjusted R-squared:  0.8506
F-statistic: 11.82 on 10 and 9 DF,  p-value: 0.0004992
```

調整済み決定係数R^2は「0.8506」で、これまでの最高値を記録しました。

残差を確認する

予測値と残差をまとめたデータフレームが「view_4」に格納されていますので、[Environment]ビューで「view_4」をクリックして表示してみましょう。

▼実測値と予測値、残差

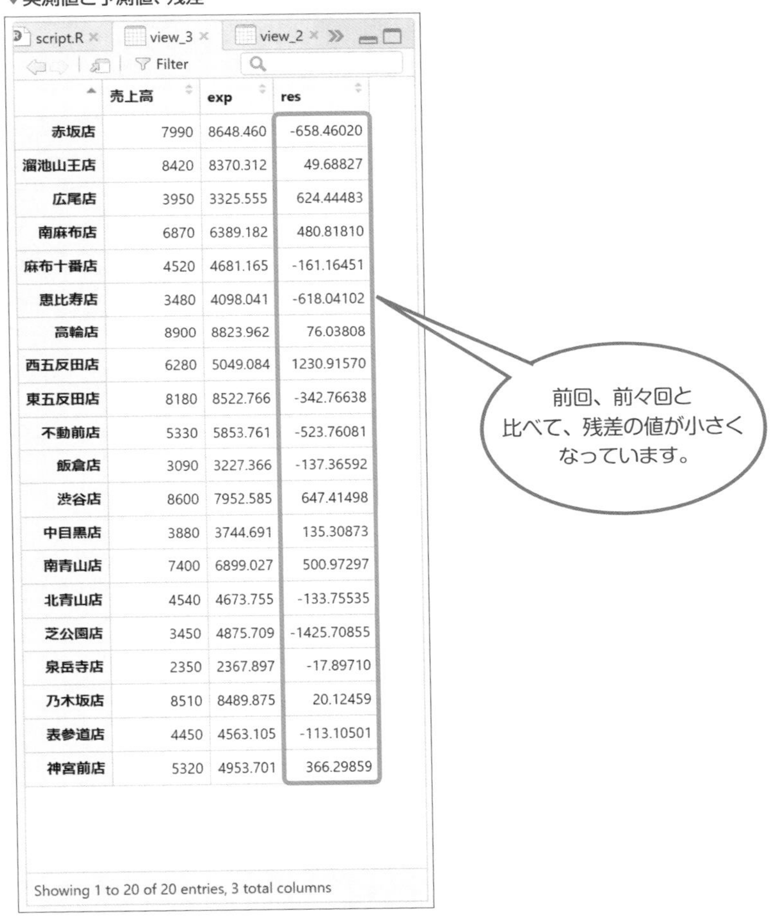

	売上高	exp	res
赤坂店	7990	8648.460	-658.46020
溜池山王店	8420	8370.312	49.68827
広尾店	3950	3325.555	624.44483
南麻布店	6870	6389.182	480.81810
麻布十番店	4520	4681.165	-161.16451
恵比寿店	3480	4098.041	-618.04102
高輪店	8900	8823.962	76.03808
西五反田店	6280	5049.084	1230.91570
東五反田店	8180	8522.766	-342.76638
不動前店	5330	5853.761	-523.76081
飯倉店	3090	3227.366	-137.36592
渋谷店	8600	7952.585	647.41498
中目黒店	3880	3744.691	135.30873
南青山店	7400	6899.027	500.97297
北青山店	4540	4673.755	-133.75535
芝公園店	3450	4875.709	-1425.70855
泉岳寺店	2350	2367.897	-17.89710
乃木坂店	8510	8489.875	20.12459
表参道店	4450	4563.105	-113.10501
神宮前店	5320	4953.701	366.29859

▼重回帰分析のチェックポイント

- 多重共線性の確認
- 目的変数と説明変数の AIC 値の確認
- 説明変数間の AIC 値の確認

よりよい分析結果を得るための方法です。

9 回帰分析で未来を知る

「係数」の確認

交互作用を考慮した重回帰分析の係数を確認しましょう。

▼交互作用を考慮した重回帰分析の係数を出力する（script.R）

```
round(coefficients(model_3), 2) # 小数以下2桁で丸める
```

▼実行結果（コンソール）

```
> round(coefficients(model_3), 2)
          (Intercept)                    distance              competitors
            -42856.68                     8566.82                 -7240.91
                 area                satisfaction              fulfillment
                73.71                    11490.02                  7600.81
        distance:area        distance:fulfillment         competitors:area
               -21.45                     -805.99                    23.56
    area:satisfaction    satisfaction:fulfillment
               -17.90                    -1575.55
```

各偏回帰係数を回帰式（モデル）に当てはめてみます。

▼交互作用を考慮したときの回帰モデル

```
売上高 = - 42856.68
     + 8566.82  × 駅からの距離
     - 7240.91  × 競合店
     + 73.71    × 店舗面積
     + 11490.02 × サービス満足度
     + 7600.81  × 商品の充実度
     - 21.45    × 駅からの距離   × 店舗面積
     - 805.99   × 駅からの距離   × 商品の充実度
     + 23.56    × 競合店         × 店舗面積
     - 17.90    × 店舗面積       × サービス満足度
     - 1575.55  × サービス満足度 × 商品の充実度
```

ずいぶん長い式になってしまいました。せっかくですので式を入力して計算してみましょう。ちなみに、高輪店の実データを使って予測してみることにします。

▼回帰モデルで売上額を予測する（script.R）

```
# 説明変数に値を代入
dista <- 0.1
compe <- 0
are <- 300
```

```
satis <- 4
ful <- 4

# 回帰モデルで予測する
- 42856.68 +
  8566.82   * dista -          # 駅からの距離
  7240.91   * compe +          # 競合店
  73.71     * are +            # 店舗面積
  11490.02 * satis +           # サービス満足度
  7600.81   * ful -            # 商品の充実度
  21.45     * dista * are - # 駅からの距離×店舗面積
  805.99    * dista * ful + # 駅からの距離×商品の充実度
  23.56     * compe * are - # 競合店×店舗面積
  17.90     * are * satis - # 店舗面積×サービス満足度
  1575.55   * satis * ful    # サービス満足度×商品の充実度
```

▼出力（コンソール）

```
[1] 8821.626
```

実測値「8900」に対して、先ほど出力した予測値と誤差の一覧では「8823.962」でした。係数を小数点以下2位で丸めていますので、ほぼ同じ値です。説明変数の値を変えることで、未知の店舗の売上が予測できます。

Section 9.3

急激に上昇カーブを描く普及率を予測する（非線形回帰分析）

Level★★★　Keyword　非線形回帰分析　ロジスティック関数　ロジスティック回帰

単回帰分析や重回帰分析では、目的変数と説明変数の関係が、回帰直線で近似できる線形の関係にありました。そういうこともあって線形単回帰分析とか線形重回帰分析という呼び方をしていたわけですが、本節では、目的変数と説明変数が線形ではない非線形の関係にあるときの分析について紹介します。

曲線を描く、電化製品の普及率を回帰分析する

右図のデータは、内閣府が発表している「主要耐久消費財等の普及率」のうち、ある電化製品の1966年から1984年までの普及率です。

このデータを回帰分析し、普及率の予測を行ってみましょう。

	年度	普及率
1	1966	0.003
2	1967	0.016
3	1968	0.054
4	1969	0.139
5	1970	0.263
6	1971	0.423
7	1972	0.611
8	1973	0.758
9	1974	0.859
10	1975	0.903
11	1976	0.937
12	1977	0.954
13	1978	0.978
14	1979	0.978
15	1980	0.982
16	1981	0.985
17	1982	0.989
18	1983	0.988
19	1984	0.992

Showing 1 to 19 of 19 entries, 2 total

1966年から1984年までのデータです。

ある電化製品の普及率▶

●非線形回帰分析に使用する関数

●nls()関数

非線形回帰分析を実行します。

```
nls(formula, data, start, trace)
```

パラメーター		
	formula	目的変数と説明変数との関係式。
	data	関係式に重みを付けるためのデータフレーム（オプション）。
	start	初期値。
	trace	TRUEで計算の過程を出力する。デフォルトはFALSE。

●exp()関数

e(自然対数の底)のx乗の値を返します。

```
exp(x)
```

パラメーター		
	x	eに対して累乗する値。

●SSlogis()関数

ロジスティック関数を使用して曲線とその勾配を評価します。

```
SSlogis(input, Asym, xmid, scal)
```

パラメーター		
	input	非線形に分布するデータを格納したベクトル。
	Asym	漸近線を表す数値パラメーター。
	xmid	曲線の変曲点におけるx値を表す数値パラメーター。
	scal	入力軸の数値スケールパラメーター。

●本節のプロジェクト

プロジェクト	LogisticRegression
タブ区切りのテキストファイル	普及率.txt
RScriptファイル	script.R script2.R

9.3.1 ロジスティック関数を使って非線形回帰分析をする

ある時期を境に爆発的に普及するものがあります。世に出た当時は高価格で誰でも買えるものではなかったのに、普及するにつれて価格が下がり、やがては全体に普及していく、といったパターンです。世に出た当初は「移動電話」などと呼ばれていた携帯電話も、またたく間に普及しました。

こうした普及の仕方をグラフにすると、最初は横ばいだった普及率がある時点から大きくカーブを描くように上昇します。で、全体に100%に近いところまでいくと、上昇基調から急激に横ばいへと転じます。

非線形の回帰分析をロジスティック回帰で行う

まずは、曲線を描く分布を見ないことには始まりませんので、本節のデータを読み込んで散布図を描いてみましょう。

▼「普及率.txt」を読み込んで散布図を描く（script.R）

```
# 普及率.txtをデータフレームに格納
data <- read.delim(
  "普及率.txt",
  header=TRUE,           # 1行目は列名
  fileEncoding="UTF-8" # 文字コードの変換方式
)

# データフレームの各列のデータをベクトルに格納
year <- c(data[,1]) # 年度
pene <- c(data[,2]) # 普及率

# 散布図を描く
plot(data, col="red")
```

▼ある電化製品の普及率

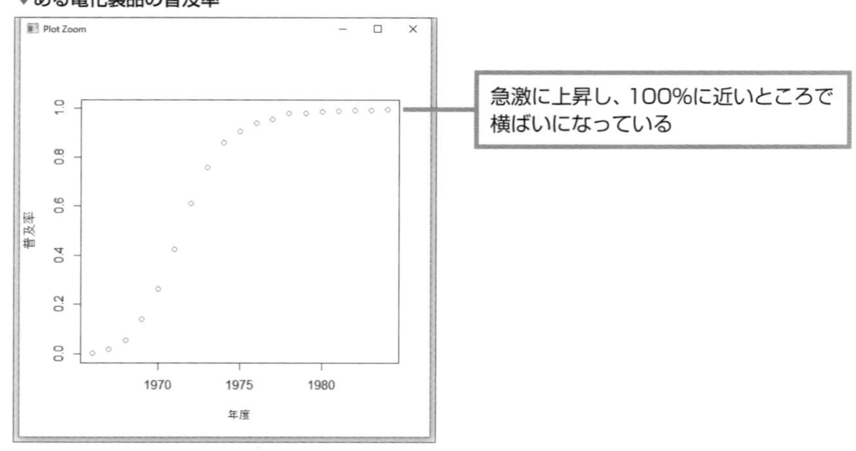

ロジスティック回帰

横軸を年度、縦軸を普及率にすると、このような非線形の分布になります。何かの普及率とか成長率は、こんな感じで非線形の分布になることが多いです。このような分布には、これまでのような線形回帰の手法は使えません。代わりに用いるのが**ロジスティック回帰**です。

一般化線形モデルの１つであるロジスティック回帰は、目的変数が２値の「カテゴリ変数」である場合に使われる手法を応用したものです。例えば、目的変数がアンケートの「Yes／No」や病気に罹患「した／しない」のように２値のカテゴリに分類される場合で、機械学習の分野ではこれを「二値分類」と呼んでいます。

アンケートの結果において、目的変数yは２値のカテゴリ変数（Yes：0、No：1）であるとします。説明変数は年齢xであるとすると、

年齢x $(x_1, x_2, \cdots, x_n)$
アンケート結果y $(y_1, y_2, \cdots, y_n)$

に対し、Yesと回答する確率p_i $(0 \leq p_i \leq 1)$を次のように求めます。

▼シグモイド関数

$$y = \frac{1}{1 + \exp(-(ax + b))} \quad (a > 0)$$

▼シグモイド関数（バイアスbを用いない場合）

$$y = \frac{1}{1 + \exp(-ax)} \quad (a > 0)$$

この式を「シグモイド関数」と呼びます。機械学習では、入力値xを単回帰式と同じ$ax + b$の式で線形変換します。aを「重み」（またはシグモイド関数に限り「ゲイン」）と呼び、aの値によってシグモイド関数の曲線の傾きが変化します。bを「バイアス」と呼び、$x = 0$におけるy軸の高さを決定します。次に示すのは、$a = 1$、$b = 0$としたときの「標準シグモイド関数」およびそのグラフです。

▼標準シグモイド関数

$$y = \frac{1}{1 + \exp(-x)}$$

▼標準シグモイド関数のグラフ（$a=1$、$b=0$としたとき）

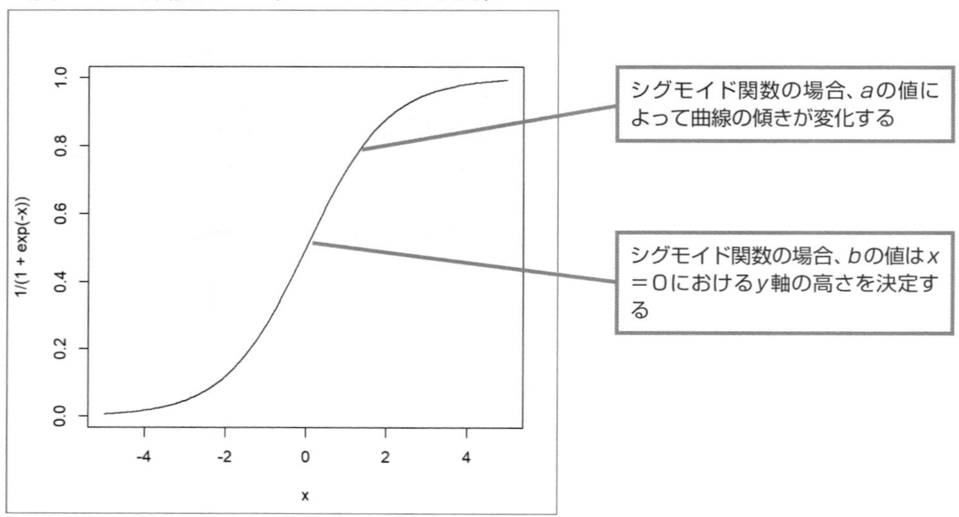

　カテゴリの1つが起こる確率をp、もう一方が起こる確率を$1-p$とすると、シグモイド関数は、説明変数xの値によって0～1の範囲の値（確率）を出力します。アンケートのYes／Noの二値分類では、シグモイド関数の値がある一定の値（これを閾値（しきい）といいます）を超えない場合は「Yes：0」と判定し、閾値を超えた場合は「No：1」と判定します。閾値は0.5に設定されるのが一般的で、アンケートの例だと、0.5以下が出力されたら「Yes：0」、0.5を超えたら「No：1」と判定します。

ロジスティック関数

　シグモイド関数の回帰分析バージョンが次の「ロジスティック関数」です。

▼ロジスティック関数

$$y=\frac{K}{1+be^{-cx}}$$

・e^{-cx}はexp$(-cx)$のことです。
・bは$x=0$におけるy軸の高さを決定します。
・cは曲線（ロジスティック曲線）の傾きを与えます。

　yを「電化製品の普及率」としたとき、普及率は無限に増大するのではなく、限界値Kに近づくと低下すると考えられます。それを考慮したのが上記の「ロジスティック関数」です。

　ロジスティック回帰では、ロジスティック関数に説明変数xの値を入力したときに、最適な（残差が最小となる）yを出力する係数K、b、cを求めます。

　なお、$K=1$とした場合は、シグモイド関数と同じです。

Tips

ロジスティック回帰

線形回帰分析では、残差が正規分布に従うことを仮定しています。なので、正規分布に従わないデータについては線形回帰分析が行えません。

そこで、非線形の分布を線形の分布と同じように扱うための方法が**一般化線形モデル**です。

Rには、一般化線形モデルのための関数glm()が用意されていて、**ロジスティック回帰分析**を行うことで、非線形に分布するデータを分析することができます。ロジスティック回帰分析は、目的変数が量的変数の場合と、2つの値を持つ質的変数の場合とに分けられます。

本節の本文で使用した「ある電化製品の普及率」は、年度、普及率共に量的データですが、glm()関数でロジスティック回帰分析が行えます。まずは試してみましょう。

●プロジェクト「Logistic_glm」

```
普及率.txt（タブ区切りのテキストファイル）
script.R（RScriptファイル）
```

▼「普及率.txt」をロジスティック回帰分析にかける（script.R）

```
# 普及率.txtをデータフレームに格納
data <- read.delim(
  "普及率.txt",
  header=TRUE,            # 1行目は列名
  fileEncoding="UTF-8" # 文字コードの変換方式
)

# データフレームの各列のデータをベクトルに格納
year <- c(data[,1]) # 年度
pene <- c(data[,2]) # 普及率

# ロジスティック回帰分析を行う
model <- glm(pene~year,family=binomial)

# 実測値の散布図を描く
plot(year, pene,
     type="l") # ラインで描画

# 予測値を曲線で描画する
lines(year,             # x座標は年度
      fitted(model), # y座標は予測値
      lty=2,            # 点線で描画
      col="red",        # 色を赤にする
      lwd=2)            # 点線の太さ
```

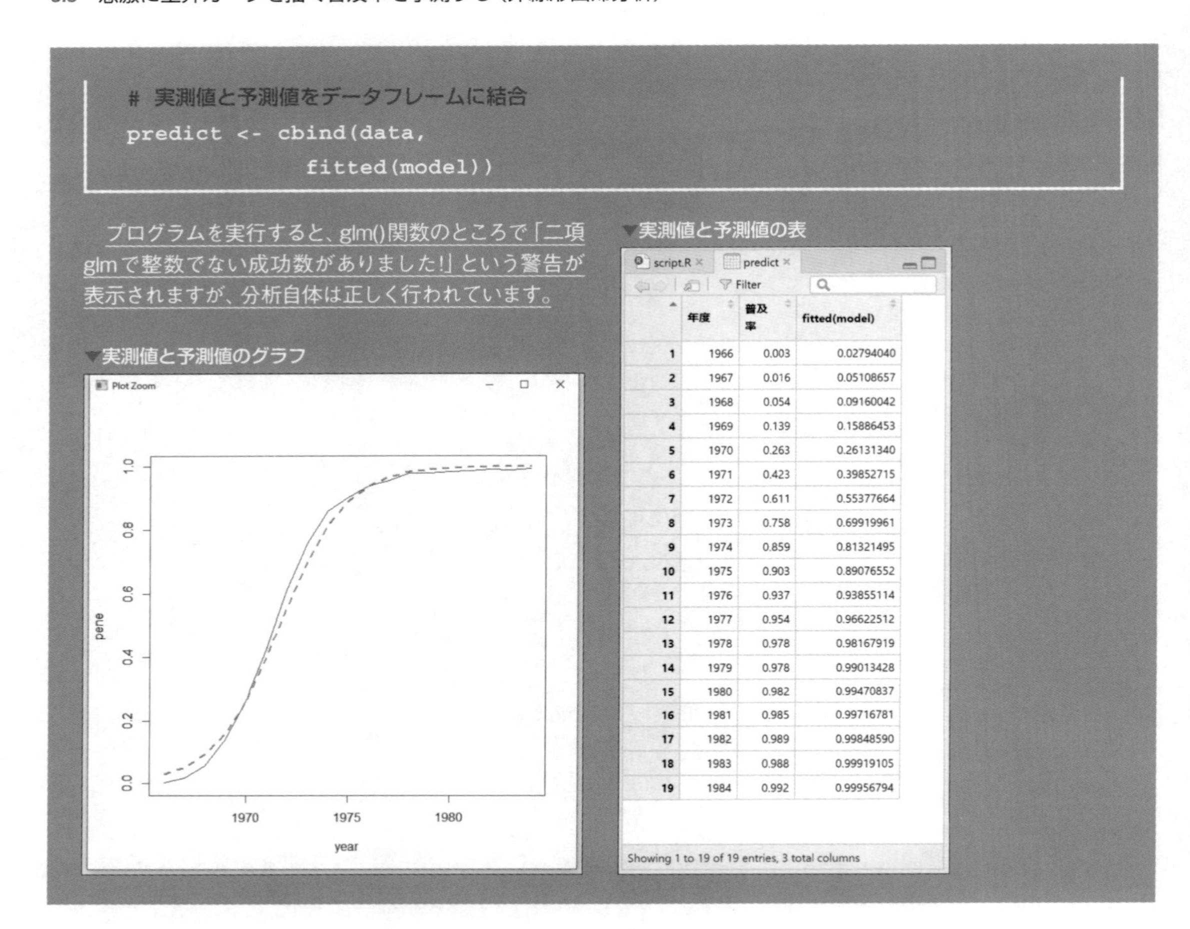

```
# 実測値と予測値をデータフレームに結合
predict <- cbind(data,
                 fitted(model))
```

プログラムを実行すると、glm()関数のところで「二項glmで整数でない成功数がありました!」という警告が表示されますが、分析自体は正しく行われています。

▼実測値と予測値のグラフ

▼実測値と予測値の表

script.R × predict ×
Filter

	年度	普及率	fitted(model)
1	1966	0.003	0.02794040
2	1967	0.016	0.05108657
3	1968	0.054	0.09160042
4	1969	0.139	0.15886453
5	1970	0.263	0.26131340
6	1971	0.423	0.39852715
7	1972	0.611	0.55377664
8	1973	0.758	0.69919961
9	1974	0.859	0.81321495
10	1975	0.903	0.89076552
11	1976	0.937	0.93855114
12	1977	0.954	0.96622512
13	1978	0.978	0.98167919
14	1979	0.978	0.99013428
15	1980	0.982	0.99470837
16	1981	0.985	0.99716781
17	1982	0.989	0.99848590
18	1983	0.988	0.99919105
19	1984	0.992	0.99956794

Showing 1 to 19 of 19 entries, 3 total columns

9.3.2 データにロジスティック関数を当てはめて非線形回帰分析をする

Rには、関数式を指定して非線形回帰分析を行うための関数nls()があります。この関数を使って、非線形回帰分析を行ってみることにします。

nls()関数の関係式にロジスティック関数を指定して分析する

nls()関数では、引数に「目的変数と説明変数との関係式」を設定することで、分析を行います。関係式には、ロジスティック関数の式を直接書く方法、および関数式の代わりにRに用意された関数を呼び出す方法の2つがあります。まずは、ロジスティック関数の式を記述する方法からです。

●nls()関数

非線形回帰分析を実行します。

```
nls(formula, data, start, trace)
```

パラメーター		
	formula	目的変数と説明変数との関係式（モデル式）。
	data	関係式に重みを付けるためのデータフレーム（オプション）。
	start	初期値。
	trace	TRUEで計算の過程を出力する。デフォルトはFALSE。

・引数formula

引数のformulaの書式は、lm()関数のように目的変数と説明変数を指定するのではなく、「目的変数と説明変数との関係式を具体的に」書きます。ロジスティック関数を当てはめる場合は、次のように書きます。

▼引数formulaにロジスティック関数を指定するときのモデル式の書き方

```
y ~ K / (1 + b * exp(c * x))
```

●exp()関数

e(自然対数の底)のx乗の値を返します。

```
exp(x)
```

パラメーター	x	*e*に対して累乗する値。

K、b、cが推測する係数の値です。この3つの値がわかれば、ロジスティック関数にそれぞれ代入してy（目的変数）の値を計算できます。

・引数start

ちょっと面倒なのが、startで設定する初期値です。

```
start=c(K=1, b=1, c=-1)
```

のように設定し、ここから計算を始めてもらうのですが、うまく初期値を与えないと計算に失敗してしまいます。結論からいうと、cは負の値になるのでc=−1としていますが、これをc=1とするとエラーになってしまいます。どうしても初期値の設定がうまくいかない場合は、初期値を設定しない方法もある（このあとで紹介する）ので、その方法を試してください。

・引数trace

traceは、計算の過程を出力するかどうかを指定します。デフォルトはFALSEです。

nls()関数は、線形回帰分析のときと同じように、目的変数の実測値と予測値との差が最小になるように、最小二乗法を使って係数の値を求めます。しかし線形回帰分析よりも計算が難しいので、うまく解を求められずに失敗することもあります。初期値の設定もそうですが、うまくいかない場合はデータそのものの書式を変えるなど、試行錯誤が必要になることもある少々“気難しい”関数です。

非線形回帰分析の実行

では、電化製品の普及率のデータをnls()関数で分析してみましょう。これまでのコードに続けて、以下のコードを入力します。

▼非線形回帰分析（script2.R）

```
model <- nls(
  pene ~ K/(1 + b * exp(c * year)), # モデル式
  start=c(K=1, b=1, c=-1),          # 係数の初期値を設定
  trace=TRUE                        # 計算過程を出力
  )
```

▼実行結果（コンソール）

```
Error in nlsModel(formula, mf, start, wts) :
  パラメータの初期値で勾配行列が特異です
```

実行に失敗してしまいました。いろいろと見てみると、どうやらexp(c * year)のところでyear（年度）の値が大きくなるのと、「1966」という中途半端な値から始まっているのが原因のようです。仕方がないので、1966～1984の年代を「1～19」に置き換えてからもう一度試してみましょう。

▼年度を2桁にして再度、非線形回帰分析を実行 (script.R)

```
# 年度を1~19にする
year <-(1:19)

# 非線形回帰分析を実行
model <- nls(
  pene ~ K/(1 + b * exp(c * year)), # モデル式
  start=c(K=1, b=1, c=-1),          # 係数の初期値を設定
  trace=TRUE                        # 計算過程を出力
)
```

▼実行結果 (コンソール)

```
3.905671    (2.32e+00): par = (1 1 -1)
2.387674    (4.56e+00): par = (0.9824052 0.4300442 -0.1029666)
1.743185    (4.45e+00): par = (0.8872618 0.8264732 -0.2623701)
.........中略.........
0.001949752 (1.48e-04): par = (0.9806268 123.6621 -0.7551686)
0.001949752 (6.99e-06): par = (0.9806279 123.6609 -0.7551647)
```

今度はうまくいきました。何回かの試行の末、ロジスティック関数のK、b、cの値が求められました。最後の行の「0.001949752 ~ :」の右に並んでいる数字が、ロジスティック関数のK、b、cの値です。

モデルのサマリを出力しましょう。

▼モデルのサマリを出力 (script.R)

```
summary(model)
```

▼出力されたモデルのサマリ (コンソール)

```
> summary(model)
Formula: pene ~ K/(1 + b * exp(c * year))


Parameters:
   Estimate Std. Error t value Pr(>|t|)
K   0.98063    0.00384 255.401  < 2e-16 ***
b 123.66094   13.56739   9.115 9.82e-08 ***
c  -0.75516    0.01742 -43.347  < 2e-16 ***
---
Signif. codes:  0 '***' 0.001 '**' 0.01 '*' 0.05 '.' 0.1 ' ' 1

Residual standard error: 0.01104 on 16 degrees of freedom
```

```
Number of iterations to convergence: 12
Achieved convergence tolerance: 6.987e-06
```

Kは「0.98063」、bは「123.66094」、cは「−0.75516」ですので、これをロジスティック関数に当てはめると次のようになります。

▼ロジスティック関数への当てはめ

```
y = 0.98063 / ( 1 + 123.66094 * exp(-0.75516 * x))
```

xに年代（2桁にしたもの）を代入すれば、その年の普及率が予測できます。coefficients()関数は、解析結果から係数を抜き出してリストとして返すので、抜き出した係数を使って、実際にモデル式で予測してみましょう。

▼分析結果をロジスティック関数に当てはめて、普及率を予測する（script.R）

```
# 係数を取得
coef <- coefficients(model)

# 係数を取り出す
K <- as.vector(coef[1]) # aの値
b <- as.vector(coef[2]) # bの値
c <- as.vector(coef[3]) # cの値
x <- 10                 # xの値

# ロジスティック関数で予測する
K/(1 + b*exp(c*x))
```

▼年代10（1975年に相当）の普及率（コンソール）

```
> K/(1 + b*exp(c*x))
[1] 0.9208187
```

では、実測値（実際の普及率）と予測値の一覧、それから実測値の散布図に予測値の曲線を描画したグラフを作成して、見比べてみましょう。

▼実測値と予測値の一覧とグラフを作成する（script.R）

```
# 予測値を結合したデータフレームを作成
predict <- cbind(data,
                 fitted(model))
```

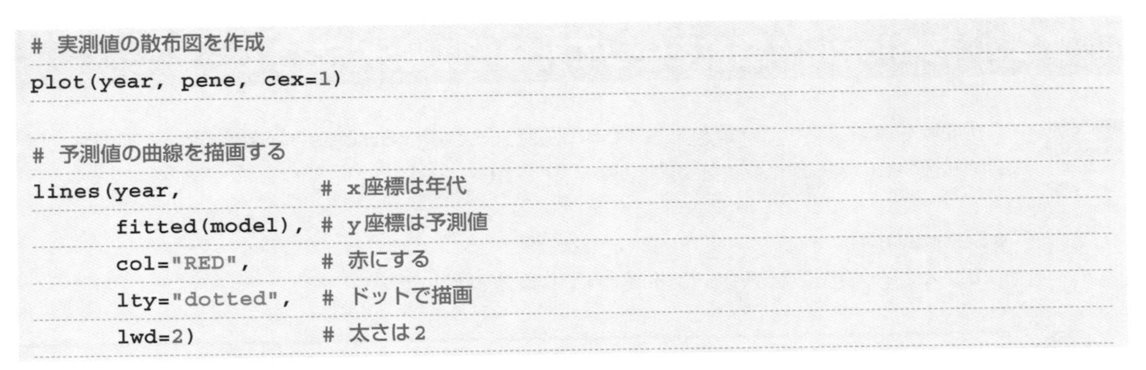

```
# 実測値の散布図を作成
plot(year, pene, cex=1)

# 予測値の曲線を描画する
lines(year,              # x座標は年代
      fitted(model),     # y座標は予測値
      col="RED",         # 赤にする
      lty="dotted",      # ドットで描画
      lwd=2)             # 太さは2
```

▼実測値と予測値の一覧

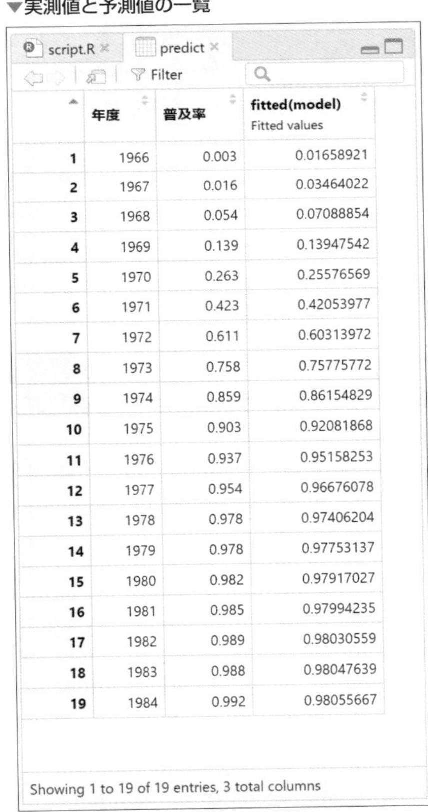

	年度	普及率	fitted(model) Fitted values
1	1966	0.003	0.01658921
2	1967	0.016	0.03464022
3	1968	0.054	0.07088854
4	1969	0.139	0.13947542
5	1970	0.263	0.25576569
6	1971	0.423	0.42053977
7	1972	0.611	0.60313972
8	1973	0.758	0.75775772
9	1974	0.859	0.86154829
10	1975	0.903	0.92081868
11	1976	0.937	0.95158253
12	1977	0.954	0.96676078
13	1978	0.978	0.97406204
14	1979	0.978	0.97753137
15	1980	0.982	0.97917027
16	1981	0.985	0.97994235
17	1982	0.989	0.98030559
18	1983	0.988	0.98047639
19	1984	0.992	0.98055667

Showing 1 to 19 of 19 entries, 3 total columns

▼実測値をプロットしたところに予測値をドットで表示

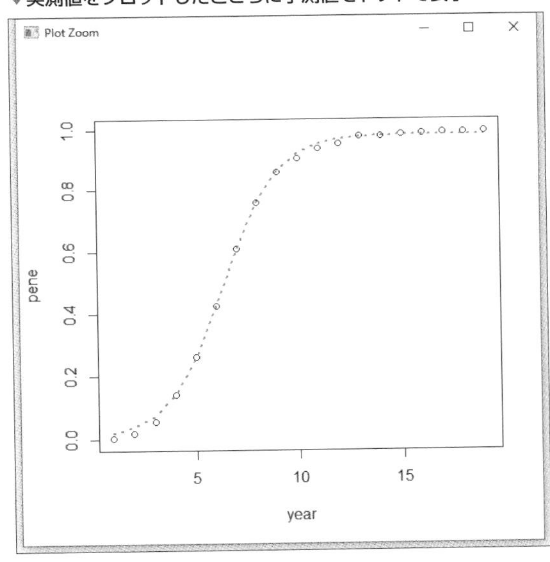

グラフを見てみると、予測値は実測値に非常によく近似していることがわかります。一方、一覧表を見てみると、先に求めた年代10（1975年に相当）の予測値と、丸め誤差を除いて同じ値になっています。

9.3.3 SSlogis()関数を使って非線形回帰分析をする

初期値を自動設定して計算を開始するロジスティック関数**SSlogis()**があります。これを使えば、面倒な初期値の設定が不要となるので便利です。

●SSlogis()関数

ロジスティック関数を使用して、曲線とその勾配を評価します。

```
SSlogis(input, Asym, xmid, scal)
```

パラメーター		
	input	非線形に分布するデータを格納したベクトル。
	Asym	漸近線を表す数値パラメーター。ロジスティック関数の*K*に相当。
	xmid	曲線の変曲点におけるx値を表す数値パラメーター。
	scal	入力軸の数値スケールパラメーター。

SSlogis()関数の引数は、inputに対象のデータを指定すれば、あとはAsym、xmid、scalの引数名をそのまま書いていけばOKです。これらの引数がそのままnls()関数の結果に使用されます。

ロジスティック関数SSlogis()で曲線を割り出す

では、ロジスティック関数SSlogis()をnls()関数のモデル式に使用して、非線形回帰分析を行いましょう。nls()関数のモデル式は、次のようになります。

```
nls(pene ~ SSlogis(year, Asym, xmid, scal))
```

新規のソースファイル「script2.R」を作成し、以下のコードを記述します。

▼nls()関数の引数にロジスティック関数SSlogis()を使う（script2.R）

```
# 普及率.txtをデータフレームに格納
data <- read.delim(
  "普及率.txt",
  header=TRUE,            # 1行目は列名
  fileEncoding="UTF-8" # 文字コードの変換方式
)

# データフレームの各列のデータをベクトルに格納
year <- c(data[,1]) # 年度
pene <- c(data[,2]) # 普及率
```

```
# SSlogis()をモデル式に使用して非線形回帰分析
model_ss <- nls(
  pene ~ SSlogis(year, Asym, xmid, scal)
)
# 分析結果を表示
summary(model_ss)

# 予測値を結合したデータフレームを作成
predict_ss <- cbind(data,
                    fitted(model_ss))
```

ロジスティック関数SSlogis()を使用したモデルは、次の式で表されます。

▼ロジスティック回帰モデル

```
y = Asym/(1+exp((xmid-x)/scal))
```

▼実測値と予測値の比較

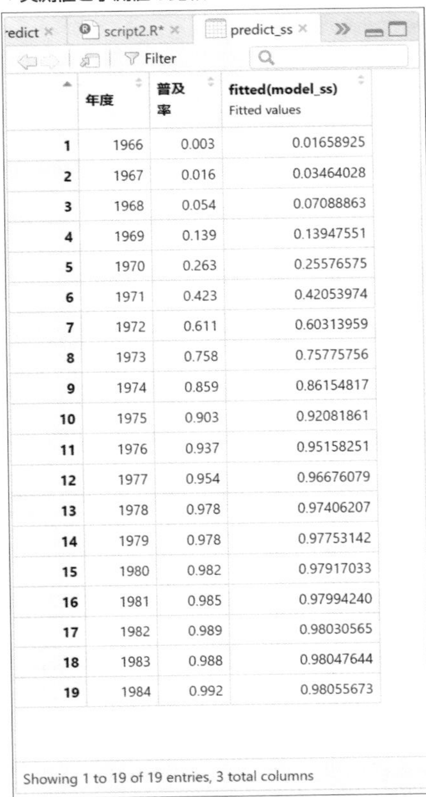

	年度	普及率	fitted(model_ss) Fitted values
1	1966	0.003	0.01658925
2	1967	0.016	0.03464028
3	1968	0.054	0.07088863
4	1969	0.139	0.13947551
5	1970	0.263	0.25576575
6	1971	0.423	0.42053974
7	1972	0.611	0.60313959
8	1973	0.758	0.75775756
9	1974	0.859	0.86154817
10	1975	0.903	0.92081861
11	1976	0.937	0.95158251
12	1977	0.954	0.96676079
13	1978	0.978	0.97406207
14	1979	0.978	0.97753142
15	1980	0.982	0.97917033
16	1981	0.985	0.97994240
17	1982	0.989	0.98030565
18	1983	0.988	0.98047644
19	1984	0.992	0.98055673

Showing 1 to 19 of 19 entries, 3 total columns

実測値と予測値の表を見てみましょう。小数以下にほんのわずかな違いがありますが、前回の予測値とほぼ同じ値が出力されています。

Section 9.4

日射量、風力、温度の値でオゾンの量を説明する（一般化線形モデル）

Level ★★★ | Keyword 一般化線形モデル　ガンマ分布

単回帰分析や重回帰分析では、目的変数と説明変数が回帰直線という線形式で表されることとして分析を行います。ということは、実測値と予測値の残差が正規分布に従うと仮定しているわけです。でも、データが常に正規分布に従うという保証は何もありません。本節は、そんなときに用いる分析手法についてのお話です。

Theme 日射量、風力、温度の値でオゾンの量を予測する

Rに付属しているサンプルデータに、1973年5月から9月までのニューヨークの大気状態を観測した「airquality」があります。

この中の日射量、風力、温度の値でオゾンの量を予測する、重回帰モデルを考えてみましょう。

●glm()関数

一般化線形モデルを使用して回帰分析を行います。

```
glm(formula, family,
    data)
```

パラメーター		
	formula	モデルの式を指定。
	family	リンク関数を指定。
	data	分析対象のデータを指定。

●qqnorm()関数

xに対する期待正規ランクスコアを散布図にします。

```
qqnorm(x)
```

パラメーター		
	x	散布図に使用する分析結果のデータ。

●qqline()関数

qqnorm()関数で描いた散布図の上に、上側の四分位点と下側の四分位点を結ぶ直線を描きます。

```
qqline(x)
```

パラメーター		
	x	分析結果のデータ。

●本節のプロジェクト

プロジェクト	GeneralizedLinearModel
RScriptファイル	script.R

▼データセット「airquality」をデータフレームに読み込んだところ（153行中の41行目までを表示）

script.R* × airquality ×

Filter

	Ozone	Solar.R	Wind	Temp	Month	Day
1	41	190	7.4	67	5	1
2	36	118	8.0	72	5	2
3	12	149	12.6	74	5	3
4	18	313	11.5	62	5	4
7	23	299	8.6	65	5	7
8	19	99	13.8	59	5	8
9	8	19	20.1	61	5	9
12	16	256	9.7	69	5	12
13	11	290	9.2	66	5	13
14	14	274	10.9	68	5	14
15	18	65	13.2	58	5	15
16	14	334	11.5	64	5	16
17	34	307	12.0	66	5	17
18	6	78	18.4	57	5	18
19	30	322	11.5	68	5	19
20	11	44	9.7	62	5	20
21	1	8	9.7	59	5	21
22	11	320	16.6	73	5	22
23	4	25	9.7	61	5	23
24	32	92	12.0	61	5	24
28	23	13	12.0	67	5	28
29	45	252	14.9	81	5	29
30	115	223	5.7	79	5	30
31	37	279	7.4	76	5	31
38	29	127	9.7	82	6	7
40	71	291	13.8	90	6	9
41	39	323	11.5	87	6	10

説明変数からオゾンの量を予測する

9.4.1 一般化線形モデルの回帰分析を行うglm()関数

冒頭でお話ししたように、線形回帰分析は残差が正規分布に従うことを前提にしていますので、今回のように残差が線の形にならない非線形のデータを分析すると、誤った解釈をしてしまう恐れがあります。

そこで使われるのが、**一般化線形モデル**です。一般化線形モデルは、正規分布を拡張した分布（二項分布、ポアソン分布、ガンマ分布、逆正規分布）に非線形の分布を対応させることで、線形モデルと同じように扱えるようにした解析手法です。

一般化線形モデルとglm()関数

一般化線形モデルでは、量的データのほかに、2値のデータ（「男性」「女性」、「実施」「実施しない」、「はい」「いいえ」など）も目的変数とすることができます。

Yを目的変数、Xを説明変数、Aを係数、Eを誤差とすると、線形モデルは、

$$Y = XA + E$$

で表されます。これを一般化線形モデルでは、

```
g(μ) = XA
```

のようにXAを非線形関数に変換することで、線形モデルとして扱います。
　ここにあるμは目的変数の平均のことで、gは**リンク関数**です。リンク関数というのは、非線形の現象（データ）を、正規分布を拡張した分布に対応させるための関数です。

関数glm()

一般化線形モデルの関数として、glm()という関数を使います。

●glm()関数
一般化線形モデルを使用して回帰分析を行います。

```
glm(formula, family, data)
```

パラメーター

formula	モデルの式を指定。
family	リンク関数を指定。
data	分析対象のデータを指定。

引数familyでは、次表の関数を指定することができます。「family = gaussian」のように指定すると、自動的にリンク関数をリンク（link="identity"）します。デフォルトはgaussianです。

▼リンク関数

分布族（family）	分布の種類	リンク（g(μ)）	リンク関数の指定
gaussian	正規分布	μ	link="identity"
binomial	二項分布	$\log(\mu\ (1-\mu))$	link="logit"
poisson	ポアソン分布	$\log(\mu)$	link="log"
Gamma	ガンマ分布	$1/\mu$	link="inverse"
Inverse.gaussian	逆正規分布	$1/\mu^2$	link="1/mu^2"

9.4.2 一般化線形モデルの回帰分析

データセット「airquality」のSolar.R（日射量）、Wind（風力）、Temp（温度）を説明変数にして、オゾン量（Ozone）を予測します。

今回のケースで線形回帰分析をするとどうなる？

最初に、線形回帰モデルで分析してみましょう。

▼線形重回帰分析を実行（script.R）

```
# airqualityを読み込み、欠損値がある行を削除してデータフレームに格納
airquality <- na.omit(airquality)

# 線形重回帰分析を実行
model_lm <- lm(
  Ozone ~ Solar.R + Wind + Temp,
  data=airquality
  )

# 残差の散布図を描画
qqnorm(
  resid(model_lm) ) # 残差を抽出

# 散布図に上下四分位点を結ぶ直線を描画
qqline(
  resid(model_lm), # 残差を抽出
  lwd=2,
  col="red")
```

実測値と予測値の残差の散布図を描き、その上に、残差が正規分布に従っている場合の直線を引いてみました。

●qqnorm()関数

xに対する期待正規ランクスコアを散布図にします。データが正規分布に従っているかどうかを調べるために用いられ、散布図にプロットされた点がほぼ直線上に並んでいれば、そのデータは正規分布に従っていると考えられます。

```
qqnorm(x)
```

パラメーター	x	散布図に使用する分析結果のデータ。

●qqline()関数

qqnorm()関数で描いた散布図の上に、上側の四分位点と下側の四分位点を結ぶ直線を描きます。

```
qqline(x)
```

パラメーター	x	分析結果のデータ。

▼予測値の残差をグラフにしたところ

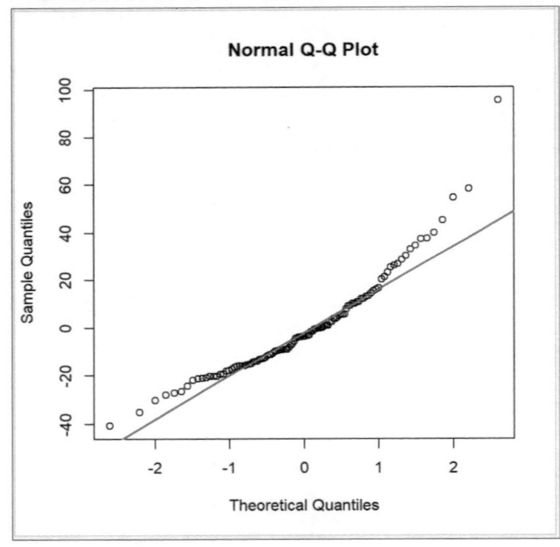

横軸の両側の点が直線から離れています。やはり、残差は正規分布に従っていないようです。

glm() 関数で一般化線形モデルの回帰分析を行う

オゾンと日射量、風力、温度の関係は非線形の関係にあるようなので、glm() 関数で一般化線形モデルの回帰分析を行うことにしましょう。比較のため、最初は正規分布を仮定した分析を行い、次にガンマ分析を仮定した解析を行ってみることにします。

▼一般化線形モデルの回帰分析を行う (script.R)

```
# 一般化線形モデルに正規分布を使う
model_normal <- glm(
  Ozone ~ Solar.R + Wind + Temp,
  data=airquality,
  family = gaussian # 正規分布を使用
  )

# 一般化線形モデルにガンマ分布を使う
model_gamma <- glm(
  Ozone ~ Solar.R + Wind + Temp,
  data=airquality,
  family = Gamma # ガンマ分布を使用
)

# 実測値に正規分布モデルとガンマ分布モデルの予測値を結合した表を作成
pred <- cbind(airquality[,1],
              fitted(model_normal), # 正規分布を使用したモデルの予測値
              fitted(model_gamma))  # ガンマ分布を使用したモデルの予測値

# 正規分布を使用したモデルのAIC値
AIC(model_normal)
# ガンマ分布を使用したモデルのAIC値
AIC(model_gamma)

# ガンマ分布を使用したモデルにおける残差の散布図を描画
qqnorm(resid(model_gamma))
# 散布図に上下四分位点を結ぶ直線を描画
qqline(resid(model_gamma),lwd=2,col="red")
```

大気中のオゾンの実測値と、正規分布を仮定した予測値、ガンマ分布を仮定した予測値の一覧です。

▼実測値、正規分布仮定とガンマ分布仮定の予測値（50行まで）

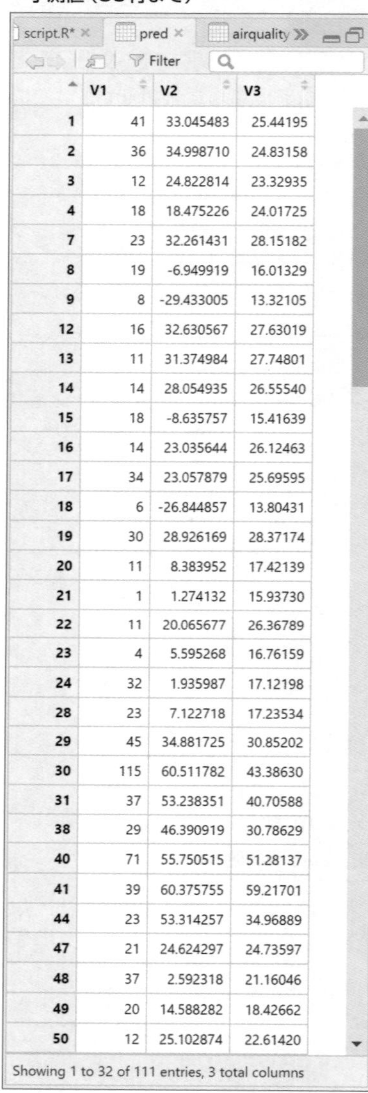

script.R* × | pred × | airquality

Filter

	V1	V2	V3
1	41	33.045483	25.44195
2	36	34.998710	24.83158
3	12	24.822814	23.32935
4	18	18.475226	24.01725
7	23	32.261431	28.15182
8	19	-6.949919	16.01329
9	8	-29.433005	13.32105
12	16	32.630567	27.63019
13	11	31.374984	27.74801
14	14	28.054935	26.55540
15	18	-8.635757	15.41639
16	14	23.035644	26.12463
17	34	23.057879	25.69595
18	6	-26.844857	13.80431
19	30	28.926169	28.37174
20	11	8.383952	17.42139
21	1	1.274132	15.93730
22	11	20.065677	26.36789
23	4	5.595268	16.76159
24	32	1.935987	17.12198
28	23	7.122718	17.23534
29	45	34.881725	30.85202
30	115	60.511782	43.38630
31	37	53.238351	40.70588
38	29	46.390919	30.78629
40	71	55.750515	51.28137
41	39	60.375755	59.21701
44	23	53.314257	34.96889
47	21	24.624297	24.73597
48	37	2.592318	21.16046
49	20	14.588282	18.42662
50	12	25.102874	22.61420

Showing 1 to 32 of 111 entries, 3 total columns

▼ガンマ分布を使用したモデルにおける残差のグラフ

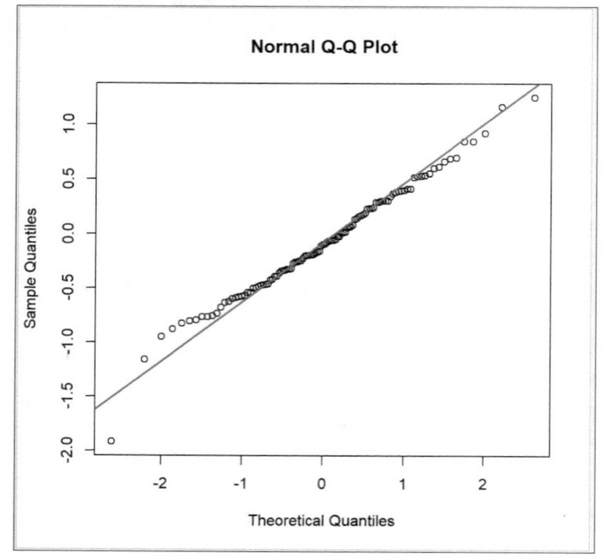

正規分布を使用したモデルおよびガンマ分布を使用したモデルのAIC値は、次のようになりました。

▼モデルの当てはまりのよさの評価（コンソール）

```
> AIC(model_normal)
[1] 998.7171
> AIC(model_gamma)
[1] 939.8778
```

ガンマ分布を使用したモデルの当てはめの方が良好な値になっています。

Section 9.5

モルモットの実験データから、ビタミンCを何で与えたかを予測する

Level ★★★ | Keyword ロジット関数　ロジスティック関数

ロジスティック回帰を応用した「二値分類」について見ていきます。

Theme

実験データから、ビタミンCを何で投与したのかを予測する

右図のデータは、Rに付属しているサンプルデータ「ToothGrowth」です。10匹のモルモットの造歯細胞(歯)の成長について、ビタミンCの投与量(0.5mg, 1mg, 2mg)および投与方法(オレンジジュースまたはアスコルビン酸)を変えて調べた60行×3列の実験データです。

「歯の長さ」と「投与量」を説明変数として、投与方法が「アスコルビン酸」「オレンジジュース」のどちらだったかを予測してみましょう。

```
Console ~/r_sample/chap09/sec05/logi
    len supp dose
1    4.2   VC  0.5
2   11.5   VC  0.5
3    7.3   VC  0.5
4    5.8   VC  0.5
5    6.4   VC  0.5
6   10.0   VC  0.5
7   11.2   VC  0.5
8   11.2   VC  0.5
9    5.2   VC  0.5
10   7.0   VC  0.5
11  16.5   VC  1.0
12  16.5   VC  1.0
13  15.2   VC  1.0
14  17.3   VC  1.0
15  22.5   VC  1.0
16  17.3   VC  1.0
17  13.6   VC  1.0
18  14.5   VC  1.0
19  18.8   VC  1.0
20  15.5   VC  1.0
21  23.6   VC  2.0
22  18.5   VC  2.0
23         VC  2.0
```

```
34   9.7   OJ
35  14.5   OJ  0.5
36  10.0   OJ  0.5
37   8.2   OJ  0.5
38   9.4   OJ  0.5
39  16.5   OJ  0.5
40   9.7   OJ  0.5
41  19.7   OJ  1.0
42  23.3   OJ  1.0
43  23.6   OJ  1.0
44  26.4   OJ  1.0
45  20.0   OJ  1.0
46  25.2   OJ  1.0
47  25.8   OJ  1.0
48  21.2   OJ  1.0
49  14.5   OJ  1.0
50  27.3   OJ  1.0
51  25.5   OJ  2.0
52  26.4   OJ  2.0
53  22.4   OJ  2.0
54  24.5   OJ  2.0
55  24.8   OJ  2.0
56  30.9   OJ  2.0
57  26.4   OJ  2.0
58  27.3   OJ  2.0
```

1列目の「len」は「歯の長さ」

2列目の「supp」は「アスコルビン酸(VC)とオレンジジュース(OJ)のどちらを与えたか」

3列目の「dose」は「投与量」(0.5mg, 1mg, 2mg)

●本節のプロジェクト

プロジェクト	Logit
RScriptファイル	script.R

9.5.1 ロジット関数を用いた二値分類

機械学習の分野に**二値分類**があります。目的変数が「成功(0)、失敗(1)」や「成立(0)、不成立(1)」のように2つの値をとる場合の予測が二値分類です。

ここでは、データセット「ToothGrowth」を使用して、「歯の長さ(len)」、「投与量(dose)」を説明変数にして、投与方法が「OJ(オレンジジュース):0」、「VC(アスコルビン酸):1」のどちらであるかを予測します。

ロジット関数

確率pで起こる事象Aについて、Aが起こる確率と起こらない確率の比を「オッズ」といいます。オッズは事象Aが起こる確率と起こらない確率の比なので、事象Aの起こりやすさの指標となります。

▼オッズ

$$\frac{p}{1-p}$$

オッズは、$p=1/2$のとき1となり、pが1に近づくにつれて急激に値を増加させ、
$p\to+1$で∞(無限大)
になります。

一方、オッズの対数をとったものを「対数オッズ」といいます。

▼対数オッズ

$$\log\frac{p}{1-p}$$

対数オッズを関数と見なしたものが「ロジット関数」です。

▼ロジット関数

$$f(p)=\log\frac{p}{1-p}\quad(0<p<1)$$

オッズが正の値のみをとるのに対し、ロジット関数は$p<0.5$で負の値をとります。

「$p\to 0$」、または「$p\to +1$」で発散(有限の値に収束しないこと)しますが、対数をとっているので、オッズに比べると変化は緩やかです。二値分類では、ロジット関数を用いて分類予測を行います。

9.5.2 ロジット関数で二値分類を行う

一般化線形モデルで使用したglm()関数を使います。引数familyにbinomial（二項分布）を指定すれば、ロジット関数を適用した分析が行われます。

glm()関数は、2つの値からなる目的変数を0と1のダミーデータに自動的に置き換えて計算します。ここでは0がOJ、1がVCです。ただし、返される予測値は予測確率です。

そこで、0.5を境として、0.5以上ならダミーの1、0.5より小さければダミーの0であるものとして判定することにします。これには四捨五入を行うround()関数を使えば、予測値を0と1のどちらかで得ることができるので簡単です。

実験データを読み込んで二値分類を行う

では、実験データ「ToothGrowth」をプログラムに読み込んで、二値分類を行ってみましょう。

▼実験データ「ToothGrowth」を読み込んで投与方法を予測する（script.R）

```
# ToothGrowthをデータフレームに格納
data <- data.frame(ToothGrowth)

# ロジット関数を適用したモデル
# 投与方法（supp）を目的変数、歯の長（len）と投与量（dose）を説明変数にする
model<- glm(supp ~ len + dose, # モデル式
            family=binomial,   # ロジット関数を指定
            data=data)         # データフレームを指定
```

予測値を四捨五入で0と1にしてから取得する

次に、fitted()関数で予測値を取得します。この際に、取得した予測値をround()関数で四捨五入して、0.5以上は1、それよりも小さい値は0にします。

▼予測値を取得して0または1の値にする（script.R）

```
predict <- round(fitted(model))
```

実測値と予測値の一覧、クロス集計表を作る

これで結果の取得は完了です。あとは実測値と予測値の一覧を作成し、クロス集計表も作成しておきましょう。

9

回帰分析で未来を知る

▼実測値の一覧とクロス集計表を作成する（script.R）

```
# データフレームを作成
result <- data.frame(data[,2], predict)

# クロス集計表を作成
table(data[,2], predict)
```

0がOJ、1がVCなので、けっこう当たっているようです。上記のコードを実行すると、クロス集計表がコンソールに出力されますので、これを見てみましょう。

▼クロス集計表（コンソール）

```
      predict
        0  1
  OJ 17 13
  VC  7 23
```

OJ（オレンジジュース）では30個中17個が正しく予測され、VC（アスコルビン酸）では30個中23個が正しく分類されています。

Tips ロジット関数の逆関数はシグモイド関数

ロジスティック関数

$$y = \frac{K}{1 + be^{-cx}}$$

は、シグモイド関数

$$y = \frac{1}{1 + \exp(-ax)} \quad (a > 0)$$

をもとにした関数ですが、シグモイド関数の$a = 1$としたものを「標準シグモイド関数」と呼びます。

▼標準シグモイド関数（aを除いたもの）

$$y = \frac{1}{1 + \exp(-x)}$$

標準シグモイド関数の逆関数は、

$$f(p) = \log\frac{p}{1-p}$$

で、これはロジット関数です。つまり、標準シグモイド関数の逆関数がロジット関数です。

Perfect Master Series
Statistical Analysis with R

Chapter 10

クラスター分析

クラスター分析は、異なる性質のものが混ざり合った集団から、互いに似た性質を持つものを集めてクラスター（ツリー構造における「枝」の部分）を作る、という統計手法です。対象となるサンプル（人、行）や変数（項目、列）をいくつかのグループに分ける「似たもの集めの手法」です。

本章では、ビッグデータの分析において最も重要な地位を占め、最もよく使われるクラスター分析について見ていきます。

Section 10.1

バラバラに散らばるデータを統計的に整理しよう（階層的クラスター分析）

Level ★★★ | Keyword | クラスター分析　コーフェン行列　クラスタリング

データ同士の似ているところ（類似性）を距離に置き換え、その情報をもとにいくつかのグループに分けることで、データ全体の特徴を捉えようとするのがクラスター分析です。

クラスター分析の手法は、樹形図（デンドログラム）で表現される「階層的」な分別方法と、あらかじめグループの数を決めておいて、その中心となる要素との「距離を最小にする」ことで分類する「非階層的」な方法、の2つに分けられます。

Theme　1か月の学習時間から同じ学習パターンの人をグループ分けする

右図のデータは、7人の被験者について、ある月の学習時間を調べたものです。5つの教科それぞれの学習時間が記録されていますが、同じような学習パターンの人をグループにまとめ、全体にどのような分け方になるのかを調べてみましょう。

▼7人の被験者の1か月間の学習時間

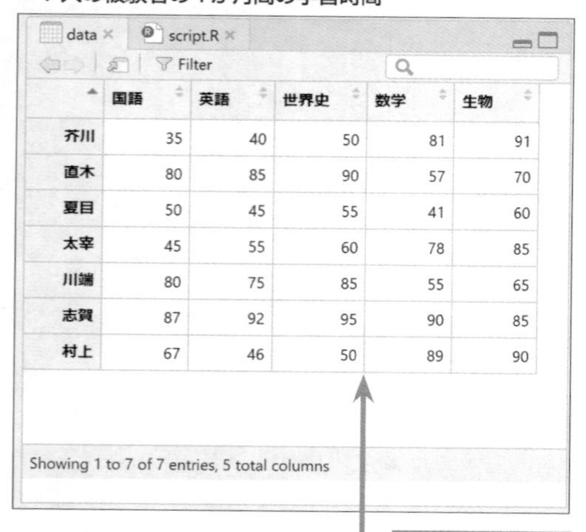

	国語	英語	世界史	数学	生物
芥川	35	40	50	81	91
直木	80	85	90	57	70
夏目	50	45	55	41	60
太宰	45	55	60	78	85
川端	80	75	85	55	65
志賀	87	92	95	90	85
村上	67	46	50	89	90

●本セクションのプロジェクト

プロジェクト	Cluster_1
タブ区切りのテキストファイル	学習時間.txt
RScriptファイル	script.R script2.R script3.R

10.1.1 データを統計的な考え方でグループ分けするのがクラスター分析

何かを整理しようとするときは、その使い道や機能、あるいは形といった見た目から、似ているものを同じところに集めて片付けます。それと同じように、バラバラに分布するデータを「似ているもの同士」でグループ分けして整理するものとします。このとき、「何を基準に整理するか」ということがあらかじめわかっている場合と、そうでない場合があります。

●分類方法がわかっている場合

分類方法がわかっているということは、「どのデータがどのグループに属するかを決める基準がはっきりしている」ということです。バラバラに登録された住所録を整理しようとしたときは、「あいうえお順」とか「都道府県別」で整理することになります。それと同様に、ある基準で分類できる要素がデータにあれば、「似ている」データをグループにまとめて分類することができます。

●分類方法がわかっていない場合

分類方法がわかっていないということは、「データをグループ分けするための情報がない」ということになります。ですが、統計的に見た場合、データそれぞれの「個性」を見いだすことができます。見た目の分類方法がないときに、統計的な考え方でデータをグループ分けしよう、というのが**クラスター分析**です。**クラスター**（cluster）とは、花やブドウなどの房を意味することから、クラスター分析は、「データの構造が似ているものを同じ房（グループ）にまとめて、そうでないものを別の房にまとめるための分析方法」だと考えることができます。データ構造が似ているものを同じ房（クラスター）にまとめることを**クラスタリング**といいます。

ここでは、グループを房（クラスター）の形で示す「樹形図」を使った、**階層的クラスター分析**について見ていきます。

階層的クラスター分析

階層的クラスター分析は、データ間の「似ている度（類似度）」と「似ていない度（非類似度）」をそれぞれ距離に置き換えて、最も似ているデータから順に集めてクラスターを作っていく、という分析方法です。

次ページの図は、7人の被験者を対象に、学習時間をもとにして行った階層的クラスター分析の結果です。

樹形図は、逆さにした木の構造に似ていることから**ツリー構造**と呼ばれます。ラベルが付いている部分は「葉」です。葉と葉との距離（葉から上に伸びている線がほかとつながるまでの高さ）が短いほど、個体（データ）が似ていることになります。

樹形図では、いくつかの個体が階層的に集まって1つのクラスター（房）と枝を形作り、最終的に1つのクラスター（ここでは「木」）になっているのがわかります。

樹形図に、適当な高さ（距離）のところで水平線を引けば、個体が分類され、そこに入るクラスターの数が決まります。次ページの樹形図では、点線のところでクラスターから伸びる線を切断すると、2つのクラスターに分類することができます。

▼学習時間データの樹形図

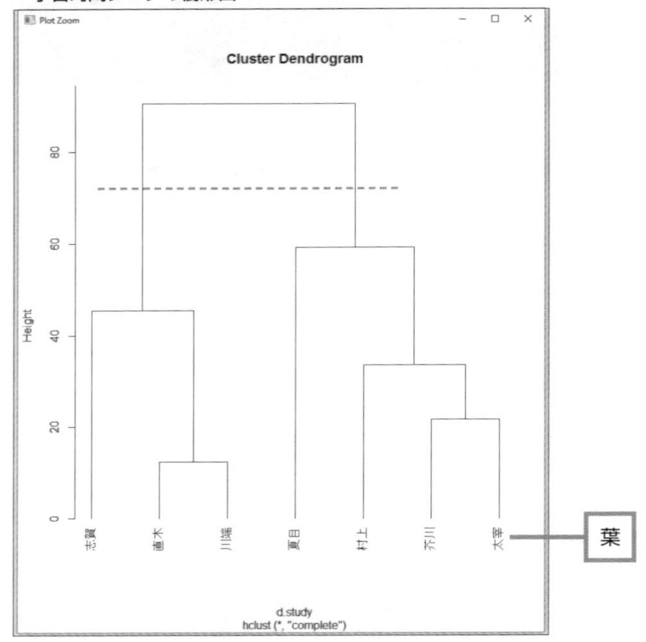

階層的クラスター分析のプロセス

階層的クラスター分析は、次のステップで進めます。

①距離（または類似度）を求めるデータを行列にする。
②①の行列に対して、個体間の距離（類似度）を計算した結果を行列にまとめる。
③クラスター分析の方法（最近隣法や最遠隣法など）を選択し、コーフェン行列を求める。
④コーフェン行列に基づいて樹形図を作成する。

②では、距離（または類似度）をデータから求めます。③では、このあとで紹介する階層的クラスター分析の方法を選択します。ここで選択したクラスター分析の方法で計算される、クラスター間の距離行列が**コーフェン距離**、コーフェン距離の行列が**コーフェン行列**です。

クラスターの形成とコーフェン行列

階層的クラスター分析では、それぞれのデータから距離を求めて行列にし、さらにそこから樹形図を描くためのコーフェン行列を求め、コーフェン行列に基づいて樹形図を描く、というプロセスになります。

①データ行列 ⇒ ②距離行列 ⇒ ③コーフェン行列 ⇒ ④樹形図を描く

①のデータ行列から距離行列を作るための作業内容は、階層的クラスター分析のどの方法でも同じです。②から③では、距離が最も近い2つの個体間の距離をコーフェン距離とし、これをもとにコーフェン行列を作ります。このときのコーフェン距離を求める方法が、階層的クラスター分析の方法によって異なります。

データ行列を作って距離行列を作る（分析のプロセス①～②）

では、分析手順の第1段階、データ行列を作って距離行列にする①～②をやってみましょう。

まずは、個体間の距離を求めるわけですが、次表のように、m個の分析対象（個体）をn個の項目に分けたデータがあるとします。

▼距離を求めるデータ

	x_1	x_2	…	x_k	…	x_n
個体1	$x_{1,1}$	$x_{1,2}$	…	$x_{1,k}$	…	$x_{1,n}$
個体2	$x_{2,1}$	$x_{2,2}$	…	$x_{2,k}$	…	$x_{2,n}$
…	…	…	…	…	…	…
個体i	$x_{i,1}$	$x_{i,2}$	…	$x_{i,k}$	…	$x_{i,n}$
個体j	$x_{j,1}$	$x_{j,2}$	…	$x_{j,k}$	…	$x_{j,n}$
…	…	…	…	…	…	…
個体m	$x_{m,1}$	$x_{m,2}$	…	$x_{m,k}$	…	$x_{m,n}$

このデータをもとに、Rの関数で距離を計算した、matrix型の行列を求めることができます。

▼距離を求める

	個体1	個体2	…	個体j	…	個体m
個体1	0	$d_{1,2}$	…	$d_{1,j}$	…	$d_{1,m}$
個体2	$d_{2,1}$	0	…	$d_{2,j}$	…	$d_{2,m}$
…	…	…	…	…	…	…
個体i	$d_{i,1}$	$d_{i,2}$	…	$d_{i,j}$	…	$d_{i,m}$
…	…	…	…	…	…	…
個体m	$d_{m,1}$	$d_{m,2}$	…	$d_{m,j}$	…	0

距離はいろいろな方法で求めることができますが、次の距離の公理を満たすことが必要になります。

▼距離の公理

データiとjの距離 ≧ 0
データiとjの距離 ＝ データjとiの距離
データiとjの距離 ＋ データjとkの距離 ≧ データiとkの距離

公理といっても当然のことを述べているわけですが、「個体1と個体2の距離」は「個体2と個体1の距離」でもある（対称性がある）ため、距離を求める行列では、対角線の下（あるいは上）の半分だけがわかればよいので、距離を求める関数では下半分の距離だけが計算されます。

距離の測定方法は、**ユークリッド距離、市街距離（マンハッタン距離）**が広く知られています。

▼マンハッタン距離の式

$$\sum_{i=1}^{n} |X_i - Y_i|$$

▼ユークリッド距離の式

$$\sqrt{\sum_{i=1}^{n} (X_i - Y_i)^2}$$

マンハッタン距離は差の絶対値です。1つの個体について複数の観測値がある場合は、2つの個体間の観測値の差の絶対値を合計した値が距離になります。**ユークリッド距離**は差の2乗の平方根になるので、1つの個体について複数の観測値がある場合は、2つの個体間の観測値の差を2乗した合計（平方和）を求め、最後に平方根をとった値が距離になります。

このうち、ここではユークリッド距離を使うことにします。

距離を求める関数には、dist() があります。methodオプションを指定することで、距離の測定方法を指定できます。デフォルトは"euclidean"（ユークリッド距離）です。

●dist() 関数

"euclidean"（ユークリッド距離）、"manhattan"（マンハッタン距離）、"canberra"（キャンベラ距離）、"binary"（バイナリー距離）、"minkowski"（ミンコフスキー距離）、"maximum"（最長距離）を求め、結果を行列で返します。

```
dist (x, method = "euclidean", diag = FALSE, upper = FALSE)
```

パラメーター		
	x	数値の行列、またはデータフレーム。
	method	使われる距離の定義。"euclidean"、"maximum"、"manhattan"、"canberra"、"binary"、"minkowski" のいずれかを指定。デフォルトは"euclidean"。
	diag	TRUEで距離行列の対角要素を出力。デフォルトはFALSE。
	upper	TRUEで距離行列の上三角部分を出力。デフォルトはFALSE。

距離行列の作成

まずは、「学習時間.txt」をデータフレームに読み込んで分析用の行列を作るコードを「script.R」に記述します。dist()関数で距離行列を作るところは、別の「script2.R」に書いていきましょう。分析用の行列を作る部分は、共通してほかのソースファイルで使用できるようにするためです。

▼分析対象のデータを行列にする（script.R）

```
# "学習時間.txt"をデータフレームに格納
data <- read.delim(
  "学習時間.txt",
  header=TRUE, # 1行目は列名
  row.names=1, # 1列目は行名
  fileEncoding="UTF-8" # 文字コードの変換方式
)

# データフレームの1行目～7行目のデータを(7行,5列)の行列にする
time <- matrix(c(data[1,],
                 data[2,],
                 data[3,],
                 data[4,],
                 data[5,],
                 data[6,],
                 data[7,]),
               7, 5, byrow = TRUE) # (7行,5列)を指定

# 列名を設定
colnames(time) <- c(colnames(data))
# 行名を設定
rownames(time) <- c(rownames(data))
# 行列を出力
time
```

▼行列timeの中身(コンソール)

```
> time
        国語  英語  世界史 数学  生物
芥川    35    40    50    81    91
直木    80    85    90    57    70
夏目    50    45    55    41    60
太宰    45    55    60    78    85
川端    80    75    85    55    65
志賀    87    92    95    90    85
村上    67    46    50    89    90
```

いちばん距離が近いのが川端と直木の12です。そこで、まずはこの2人が、

```
クラスター1{川端, 直木}
```

を作ります。
　次に距離が近いのは芥川と太宰の22なので、

```
クラスター2{芥川, 太宰}
```

を作ります。その次に距離が近いのが村上と太宰の28です。すでにクラスター2{芥川, 太宰}がありますので、その上に村上を乗せた

```
クラスター3{クラスター2, 村上}
```

が作られます。
……と、こんなふうにクラスターが作られていくわけですが、残った志賀と夏目をどうするかを考えたとき、すでにあるクラスター1とクラスター3のどちらでクラスターを作ればよいのか、という問題が起こります。クラスター3を作ったときのように、最も近い距離の人がいるところを選べばよいのは何となくわかりますが、これをルール化しておかないとやがて混乱してしまうことになります。
　というのは、あるクラスター同士の距離を考えたときに、「最も近い個体同士をクラスター間の距離とする」あるいは「距離が遠い個体同士をクラスター間の距離にする」というように、「距離の測り方」を統一しておかないといけないわけです。
　そういうこともあって、階層的クラスター分析では、次に紹介する6つの方法のどれかを使って、クラスター間の距離を決めるようになっています。

距離行列からコーフェン行列を作る（分析のプロセス③）

距離はユークリッド距離として求めましたので、これをもとにしてコーフェン行列を作れば樹形図が描けます。階層的クラスター分析のプロセス③のところですが、クラスター間の距離の求め方はいろいろあるので、次の6つの方法のどれかを使ってクラスター間の距離を計算することになります。

●最近隣法

最近隣法（**単連結法**：single）は、2つのクラスターの中で、「最も近い個体間の距離」をクラスター間の距離とします。ただし、分類の精度が低くなりがちで、「友だちの友だちは皆友だち」のような鎖状のクラスターを作る傾向があります。

●最遠隣法

最遠隣法（**完全連結法**：complete）は、最近隣法とは逆に、2つのクラスターの中で、「最も遠い個体間の距離」をクラスター間の距離とします。分析空間が広がるので、分類の精度が高くなります。

●McQuitty法

McQuitty法（mcquitty）は、最近隣法と最遠隣法を足して2で割るような方法です。2つのクラスター間の最短の距離と最長の距離の平均値を、クラスター間の距離とします。

●群平均法

群平均法（average）は、2つのクラスターの中から1個ずつ個体を選んで個体間の距離を求め、それらの距離の平均値をクラスター間の距離とします。

●重心法

重心法（centroid）は、クラスターのそれぞれの重心（平均ベクトルなど）を求め、重心間の距離をクラスターの間の距離とします。重心を求める際には、クラスターに含まれる個体数が反映されるように、個体数を重みとして用います。

●メディアン法

メディアン法（median）は重心法の変形で、2つのクラスターの重心の間の重み付きの距離を求めるときに、重みを等しくして求めた距離の値をクラスター間の距離とします。

●ウォード法

ウォード法（ward）は、2つのクラスターを1つにまとめ、群内の分散と群間の分散の比を最大化する基準で、クラスターを形成していきます。

hclust() 関数で階層的クラスター分析

Rのstatsパッケージには、階層的クラスター分析を行う**hclust()**が収められています。statsパッケージは標準で組み込まれているので、すぐに使えます。

●hclust() 関数

階層的クラスター分析を行います。

```
hclust (d, method = "complete" [, members=NULL])
```

パラメーター		
	d	dist() で作成した距離構造（距離行列）。
	method	クラスター分析の方法として、 "single"（最近隣法） "complete"（最遠隣法） "average"（群平均法） "centroid"（重心法） "median"（メディアン法） "ward.D2"（ウォード法） "mcquitty"（McQuitty法） のどれかを指定する。デフォルトは"complete"。
	members	デフォルトはNULL。ラベルを使用する場合に、ラベル用のベクトルを設定する。

●hclust() 関数の戻り値

hclust() 関数は、hclustクラスのオブジェクトを戻り値として返します。このオブジェクトはリスト形式で、次の要素を格納しています。

merge	クラスタリングの過程を示す行列。
height	クラスタリングの高さ。特定のクラスターの集積に対する基準の値。
order	プロットに都合がよい原観測値の置換を与えるベクトル。
labels	クラスタリングされるオブジェクトに対するラベル。
call	結果を生成した関数呼び出し式。
method	使用されたクラスター分析方法。
dist.method	hclust() 関数の引数dを計算するのに使われた距離。

クラスター分析に使用する関数

hclust () 関数でクラスター分析を行ったあと、結果を樹形図にしたり、その他の処理を行うための関数として、次表のものがあります。

▼hclust () 関数実行後に使用する関数

関数名	説明
summary ()	結果の概要を出力する。
plot ()	樹形図を作成する。
plclust ()	樹形図を作成する。
cutree ()	クラスター（房）の数を指定して、グループ分けをする。
cophenetic ()	コーフェン行列を返す。

距離行列から階層的クラスター分析を実行

では、hclust () 関数でユークリッド距離の行列を引数にして、デフォルトの"complete"（最遠隣法）で分析してみましょう。新規のソースファイル「script2.R」を作成し、次のコードを入力して実行しましょう。

▼ユークリッド距離から最遠隣法でクラスター分析を行う（script2.R）

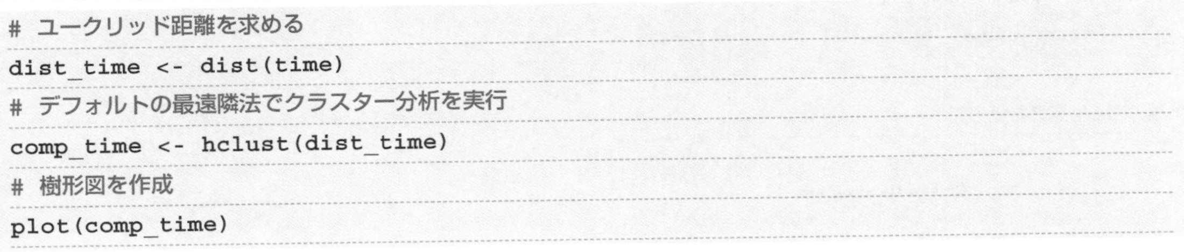

```
# ユークリッド距離を求める
dist_time <- dist(time)
# デフォルトの最遠隣法でクラスター分析を実行
comp_time <- hclust(dist_time)
# 樹形図を作成
plot(comp_time)
```

ソースコードを実行すると、分析が行われて樹形図が作成されます。

▼クラスター解析による樹形図の作成

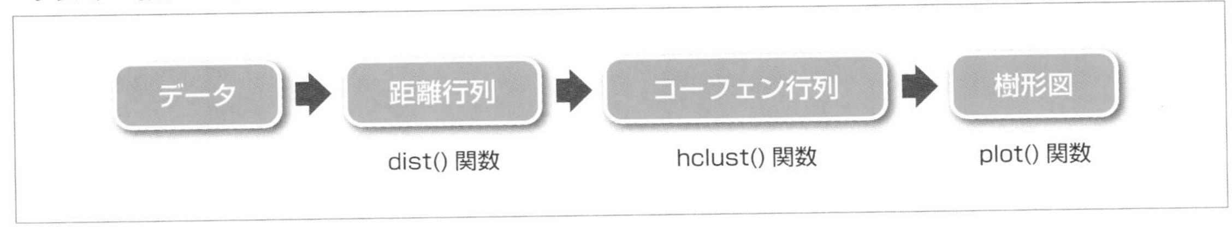

▼作成された樹形図

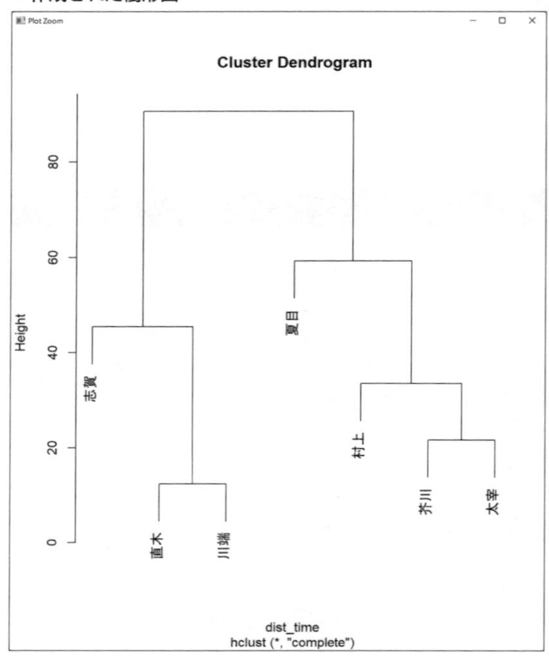

次のように、引数に「hang=−1」を指定すると、葉の高さを揃えた樹形図にできます。

▼葉の高さを揃えて樹形図を描く（script2.R）

```
# 樹形図を作成（葉の高さを揃える）
plot(comp_time, hang=-1)
```

▼葉の高さを揃えた樹形図

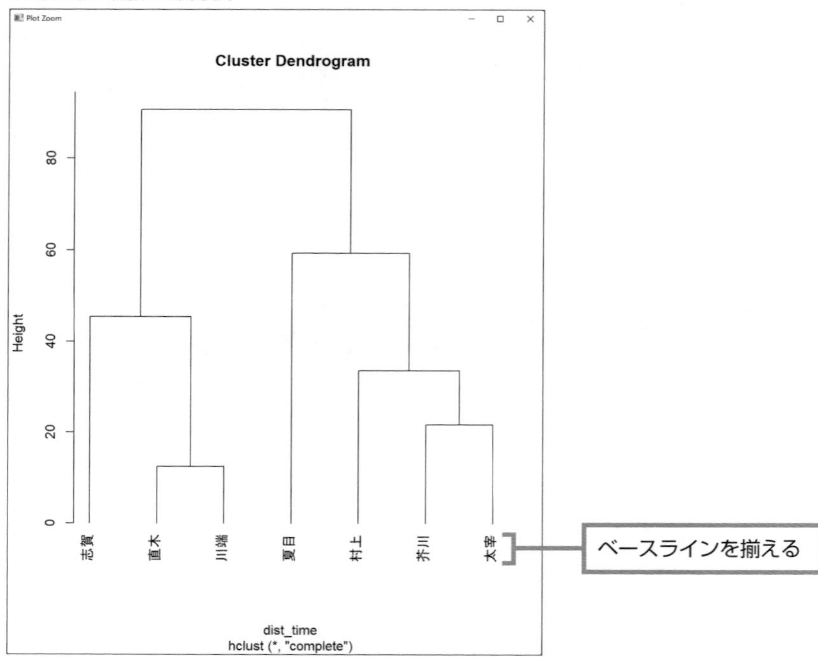

10.1.2　階層的クラスター分析で他の方法を試してみる

階層的クラスター分析の結果、個体をグループ分けした樹形図が出来上がりました。ここに至った過程を見直して、さらに、クラスター分析に使える他の方法も試してみましょう。

クラスタリングの過程を見てみる

hclust() 関数が返す分析結果には、クラスタリングの過程を示す行列mergeが含まれています。これを見れば、どんなふうにクラスタリングしたのかがわかります。

▼hclust() 関数の戻り値から行列mergeの中身を確認する（script2.R）

```
# クラスタリングの過程を示す行列を出力
comp_time$merge
```

[Run] をクリックしてコードを実行すると、コンソールに次のように表示されます。

▼コンソールに出力されたmergeの中身

```
> comp_time$merge
     [,1] [,2]
[1,]   -2   -5 ………… 個体2（直木）と個体5（川端）がクラスター1を形成
[2,]   -1   -4 ………… 個体1（芥川）と個体4（太宰）がクラスター2を形成
[3,]   -7    2 ………… 個体7（村上）とクラスター2が新しいクラスター3を形成
[4,]   -6    1 ………… 個体6（志賀）とクラスター1が新しいクラスター4を形成
[5,]   -3    3 ………… 個体6（夏目）とクラスター3が新しいクラスター5を形成
[6,]    4    5 ………… クラスター4とクラスター5が新しいクラスター6を形成
```

マイナス符号が付いているのが個体の番号で、マイナス符号が付いていないのがクラスターの番号です。一方、行番号はクラスター形成の順番を示します。クラスターから伸びる枝の高さはheightでわかります。

▼枝の高さを調べる（script2.R）

```
# クラスターの枝の高さを出力
comp_time$height
```

▼コンソールに出力されたheightの中身

```
> comp_time$height
[1]  12.40967 21.67948 33.54102 45.42026 59.32116 90.57593
```

これらの値はmergeの結果と対応します。例えば、個体2(直木)と個体5(川端)の距離は12.40967なので、これをクラスターの枝の高さにしています。
樹形図のもとになったコーフェン行列を取得してみましょう。

▼コーフェン行列を取得(script2.R)

```
cophenetic(comp_time)
```

▼コンソールに出力されたコーフェン行列

```
> cophenetic(comp_time)
         芥川     直木     夏目     太宰     川端     志賀
直木 90.57593
夏目 59.32116 90.57593
太宰 21.67948 90.57593 59.32116
川端 90.57593 12.40967 90.57593 90.57593
志賀 90.57593 45.42026 90.57593 90.57593 45.42026
村上 33.54102 90.57593 59.32116 33.54102 90.57593 90.57593
```

orderを見れば、樹形図の左から右方向の個体番号がわかります。

▼樹形図の個体番号を取得(script2.R)

```
# 樹形図の個体番号を取得
comp_time$order
```

▼コンソールに出力されたorderの中身

```
> comp_time$order
 [1]  6 2 5 3 7 1 4
```

距離の求め方を変えて最近隣法やウォード法を試してみる

距離の求め方を別のものにして、**最近隣法**とウォード法で樹形図を作ってみることにします。
新しいソースファイル「script3.R」を作成し、以下のコードを入力しましょう。

▼キャンベラ距離を求め、最近隣法で分析する(script3.R)

```
# キャンベラ距離を求める
can_time <- dist(time,"canberra")
# 最近隣法で分析
single_time <- hclust(can_time, method="single")
# 樹形図を作成(葉の高さを揃える)
plot(single_time, hang=-1)
```

▼ユークリッド距離を求め、ウォード法で分析する

```
# ユークリッド距離を求める
euc_time <- dist(time, "euclidean")
# ウォード法で分析
ward_time <- hclust(euc_time, method="ward.D2")
# 樹形図を作成（葉の高さを揃える）
plot(ward_time, hang=-1)
```

▼キャンベラ距離から最近隣法で作成した樹形図

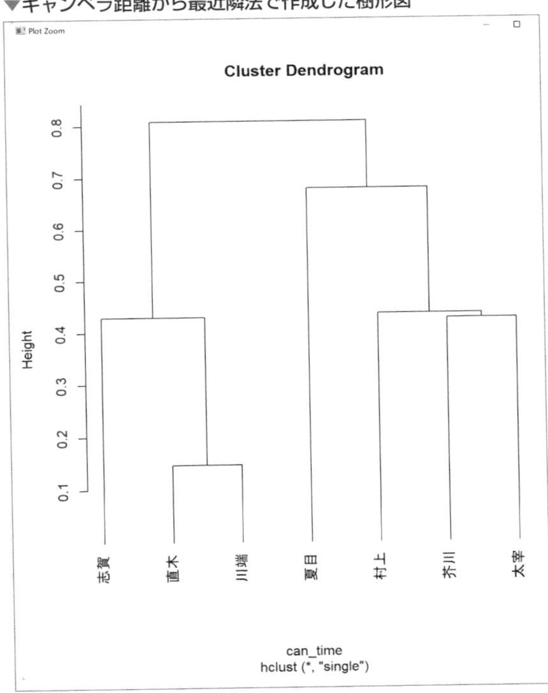

▼ユークリッド距離からウォード法で作成した樹形図

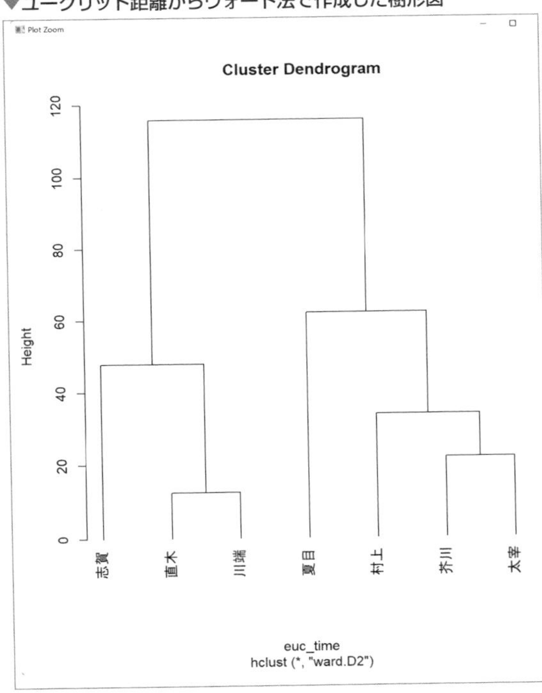

使用した距離やクラスター分析の方法の違いで、クラスターの枝の長さが異っています。このように、分析するデータによっては、結果が変わることがあります。

そうなると、いったいどの方法を使えばよいのか困ってしまいます。ユークリッド距離と最遠隣法の組み合わせが多く使われているようではありますが、ウォード法がより明確なクラスターを作るともいわれています。

そこで、距離の行列とコーフェン行列との相関係数**コーフェン相関係数**を見る方法があります。これまでの分析結果のコーフェン相関係数を順番に確認してみることにしましょう。

10 クラスター分析

▼コーフェン相関係数を求める

```
# ユークリッド距離と最遠隣法
cor(dist_time, cophenetic(comp_time))
# キャンベラ距離と最近隣法
cor(can_time, cophenetic(single_time))
# ユークリッド距離とウォード法
cor(euc_time, cophenetic(ward_time))
```

▼コンソールに出力されたコーフェン相関係数

```
> cor (dist_time,cophenetic (comp_time) )
[1]  0.8956061
> cor (can_time,cophenetic (single_time) )
[1]  0.8728224
> cor (euc_time,cophenetic (ward_time) )
[1]  0.8805247
```

コーフェン相関係数の値が大きいほど、距離行列とコーフェン距離行列とのゆがみが少ないことになるので、ユークリッド距離と最遠隣法の組み合わせが優秀のようです。

しかし、距離行列とコーフェン距離行列とのゆがみが少ないことと、分類の結果が優秀であることとは別問題なのです。やっぱり「どれを使えばよいのか」を示す決定打にはなりません。それもそのはずで、クラスター分析の方法は、それぞれが「こうした方がより適切だろう」として考案されてきたものなので、優劣をつけること自体が不可能です。

一応、ウォード法が「妥当と思われる結果を返す確率が高い」といわれていますので、そのことを念頭に置いて分析し、結果に満足できなければ最遠隣法やそのほかの方法を試すようにするのがよさそうです。

Tips 大量のデータを的確にグループ分けする

階層的クラスター分析は、分析するデータ（個体）の数が多いと計算量が膨大になることから、大量のデータ解析には向いていません。

そこで、大規模なデータのクラスター分析では**非階層的クラスター分析**が使われます。非階層的クラスター分析の代表ともいえるのが**k-means法**です。

●kmeans () 関数

データ行列に対して、k-means法（平均法）を使ったクラスタリングを実行します。

書式

```
kmeans (x, centers
        [, iter.max = 10,
          nstart = 1,
          algorithm = c ("Hartigan-Wong", "Lloyd", "Forgy", "MacQueen") ]
        )
```

パラメーター		
	x	数値データ行列。
	centers	クラスターの数、またはクラスターの中心の数。
	iter.max	許容する最大繰り返し回数。
	nstart	centersが数値であれば、選ばれるランダム集合の数。
	algorithm	4つの方法（"Hartigan-Wong", "Lloyd", "Forgy", "MacQueen"）から1つ選んで指定する。デフォルトは"Hartigan-Wong"。

●kmeans() 関数の戻り値

戻り値は、次表の要素が格納されたkmeansオブジェクト（リスト）として返されます。

リストのラベル	内容
cluster	各点が所属するクラスターを示す整数のベクトル。
centers	クラスター中心の行列。
withinss	各クラスターに対するクラスター内の二乗和。
size	各クラスター内の個体の数。

では、本章で使用した「学習時間.txt」を読み込んで、7人の被験者を非階層的クラスター分析でグループ分けしてみましょう。

データを読み込んで行列にするコードは「script.R」にまとめておいて（本文と同じなのでここには掲載していません）、「script2.R」に分析用のコードを書いていきます。

▼非階層的クラスター分析を実行（script2.R）

```
k_time <- kmeans(time,
                 2) # クラスターの数を2とする
```

▼非階層的クラスター分析の結果を確認し、散布図を描く（script2.R）

プロジェクト	k_means
ソースファイル	script.R script2.R

続いて、次のコードを入力して実行してみましょう。

10 クラスター分析

```
# 分類結果を出力
k_time$cluster
# クラスターの中心を出力
k_time$centers
# 各クラスター内の個体の数を出力
k_time$size

# クラスターごとに色を変えて散布図を描く
plot(time, col = k_time$cluster)
# クラスターの中心点を上描きする
points(k_time$centers, col = 1:2, pch = 8, cex=2)
```

▼実行結果（コンソール）

```
> # 分類結果を出力
> k_time$cluster
芥川 直木 夏目 太宰 川端 志賀 村上
   1    2    1    1    2    2    1
> # クラスターの中心を出力
> k_time$centers
      国語  英語  世界史      数学      生物
1 49.25000 46.5  53.75 72.25000 81.50000
2 82.33333 84.0  90.00 67.33333 73.33333
> # 各クラスター内の個体の数を出力
> k_time$size
[1] 4 3
```

▼クラスターの散布図

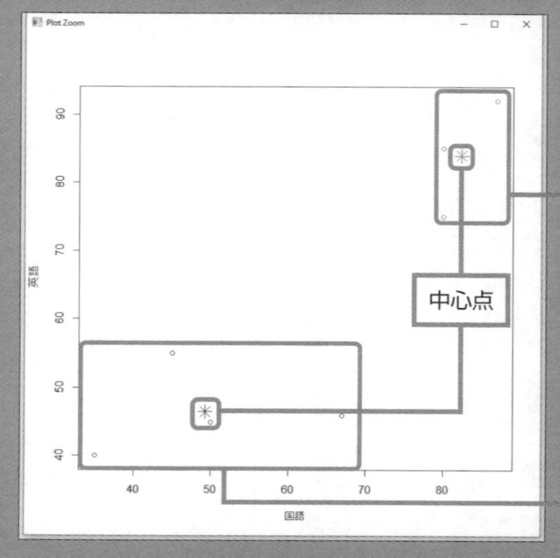

{芥川, 夏目, 太宰, 村上}と{直木, 川端, 志賀}に分類されました。散布図には、クラスターの中心点を入れてあります。

Perfect Master Series
Statistical Analysis with R

Chapter

Rで機械学習

この章では、機械学習用のデータセットを利用して、「予測問題」と「分類問題」について紹介します。

Section
11.1 機械学習のワークフロー

Level ★★★　Keyword　特徴量エンジニアリング　データの前処理　モデルの作成と学習

機械学習は「データを予測する」ための分野です。そのためには、学習に使用するためのデータを用意し、「モデル」を使って学習を行わせます。学習の目的は、機械学習の問題——「予測(回帰)」または「分類」)——を解くことにあります。このことには統計と共通する部分も多くあります。具体的に何から始めてどう進めていくのか、機械学習全般で共通する作業の流れ(ワークフロー)について見ていきましょう。

Theme 機械学習のワークフロー

機械学習では、基本的に次の手順で「予測」または「分類」を行います。

①機械学習の目的を明確化
②機械学習のシステム設計
③データの用意
④特徴量エンジニアリング
⑤モデルの作成と学習
⑥モデルの性能評価

●「予測(回帰)」問題で用いられる主なアルゴリズム
- 線形回帰
- ロジスティック回帰
- サポートベクター回帰
- ランダムフォレスト回帰

●「分類」で用いられる主なアルゴリズム
- サポートベクターマシン
- 決定木
- ランダムフォレスト
- ニューラルネットワーク

Onepoint カテゴリデータの変換

カテゴリデータが、「10人未満」「10人以上50人未満」「50人以上100人未満」「100人以上」などの数字を含む文字列で記録されていることがあります。「1」「10」「50」「100」といった数値に変換することも考えられますが、これらの数値が実際の人数を表しているわけではありません。分析の正確さを求めるには、カテゴリごとに列を作って、該当する(1)、該当しない(0)の2値で表現する方法が有効な場合があります。

11.1.1 機械学習を進める手順

機械学習のワークフローは、「全体設計」「機械学習のシステム開発」の2つのブロックで構成されます。

●全体設計

①機械学習の目的を明確化

機械学習では、その目的が何であるかによって、入出力するデータから問題解決のための手段（アルゴリズム）の選定に至るまで、すべてが変わります。「住宅の適正な販売価格」を予測するのか、「写真に写っている物体が何であるか」を予測（認識）するのかでは、使用するデータもアルゴリズムもまったく異なります。そのため、機械学習によって何を得たいのかを明確かつ具体的にしておきます。

▼目的の明確化の例

②機械学習のシステム設計

機械学習のシステム開発のための全体的なフローを考えます。

データの収集方法を決め、問題解決の手段（アルゴリズム）を選定します。

③データの用意

機械学習のシステムで使用（学習）するためのデータとして、①の目的に沿ったデータを用意します。自前で用意できない場合は、官公庁や企業が公開しているものを利用します。Rのライブラリにも学習用のデータセットが収録されています。

▼機械学習のワークフロー

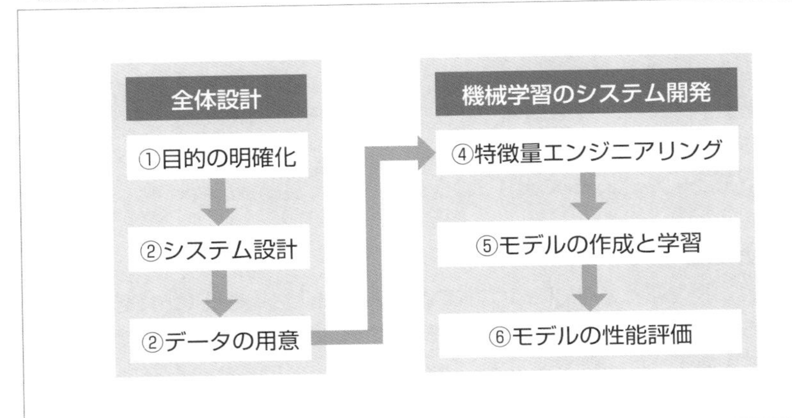

機械学習のシステム開発では、④〜⑥を繰り返すことでモデルの性能向上を図ります。また、システム設計（②）におけるアルゴリズムの選定が適切でなかった場合は、別のアルゴリズムを選定し直すこともあります。

●機械学習のシステム開発

④特徴量エンジニアリング

特徴量を平たくいうと「機械学習に用いるデータ」のことですので、特徴量エンジニアリングとは、「機械学習に用いるデータを最適なかたちにすること」つまり「機械学習のためのデータ加工」のことを指します。特徴量エンジニアリングでは、

・データの欠落した値（欠損値）を適切な値に置き換える
・データの形式が適切でない場合は、別の形式に変換する
・データの整形（データの散らばり具合を調整する、など）

といった処理を行います。

⑤モデルの作成と学習

機械学習のシステムとは、すなわち「モデル」のことを指します。問題解決のためのアルゴリズムを実装したモデルを作成し、学習を行わせることで、精度の高い「回帰」または「分類」のモデルを開発します。

⑥モデルの性能評価

予測するモデルであれば予測結果の精度（誤差）を測定し、分類するモデルであれば分類した結果の「正解率」を測定します。モデルの精度に満足できない場合は、モデルの調整（ハイパーパラメーターのチューニング）やモデルに使用されているアルゴリズムの再検討が行われます。線形回帰を決定木にまるごと入れ替える、といったことが行われます。

11.1.2　特徴量エンジニアリング（データの前処理）

機械学習のためのデータには、そのままでは使えない、あるいはそのまま使うと学習によくない影響を及ぼすデータがあります。このようなデータは、クレンジング（データの加工）を行うことが必要です。ここでは、機械学習を行う際に遭遇する、データにまつわる問題とその対処法について見ていきます。

表形式のデータを扱う場合、「同じレコードが重複して存在する」あるいは「ある列に違う列の値が入っているなど、行と列のデータがうまく分割されていない」といったケースです。データの読み込みは一見うまくいっていて、エラーメッセージも出ないことがあるので、注意が必要です。

●明らかにおかしい数字がある

明らかにおかしい数字、言い換えると論理的にあり得ない数字の例として、身長（cm）を記録したデータの中の0や999があります。このような数字になった原因として考えられるのは、測定できなかった際の0や999への置き換えです。測定不能の値ですので、このあとで紹介する「欠損値」として扱うことになります。

論理的にはあり得ても、特定の値が不自然に多く、「これは明らかにおかしい数字だ」ということもあります。身長（cm）を記録したデータの中に180という値が他の値よりも多くあれば、180以上の場合をすべて180として記録している可能性があります。記録されたデータの数が少ない場合は、支障はないと判断してそのまま使うこともできますが、無視できないと判断される場合は「外れ値」として処理するか、身長を特定の範囲で区切ってカテゴリ化したデータ（列）を新たに作るなどの措置を考える必要があります。

●欠損値がある

「欠損値」とは、「値が入っていない（欠落している）状態」のことで、データが入るべきところに値そのものが入っていない場合のほか、値を測定できなかったことを示す特殊な値が入っている場合も欠損値と見なすことができます。欠損値に対応する措置として、次のような方法があります。

・欠損値があっても支障はないと判断し、そのまま使う
・欠損値があるレコード（行）を除外する
・欠損値があるカラム（列）ごと削除する
・代表値（欠損値がある列の平均値や中央値）で補完する
・他の列のデータから欠損値を予測して補完する

●外れ値がある

データにはまれに、極端に大きい値または極端に小さい値が含まれることがあります。このような他のデータから極端に離れている「外れ値」があると、期待したとおりに学習が進まず、予測の精度や分類の精度を低下させる要因になります。外れ値を取り除く方法として、単純に外れ値が含まれるデータをレコードごと削除する方法がありますが、何をもって外れ値とするかを決めておくことが必要です。単純にデータの最大値または最小値とするのもひとつの考え方ですが、平均値から一定の距離だけ離れているデータを取り除くという考え方もあります。

●カテゴリデータの変換

数値ではなく、何らかの分類で記録されたデータのことを「カテゴリデータ」または「カテゴリ変数」と呼びます。「男性」「女性」のような性別や、「東京」「大阪」のような住んでいる地域のデータがカテゴリデータです。ただし、カテゴリデータをそのまま計算することはできないので、「ラベルエンコーディング」などの手法を使って数値に置き換える必要があります。

●データが扱いにくい形式で記述されている

例として、「平成」の「20」年のような和暦による記録では、それが何年前なのかを簡単に計算することはできません。また、西暦であっても「2022年第2四半期」のような文字列として記録されているものは、計算が可能な形式の数値に置き換える必要があります。

11.1.3 機械学習におけるモデルの評価方法

モデルの性能を評価する方法として、「誤差の測定」があります。誤差が小さいほど、モデルの性能がよいことになります。ここでは、機械学習で用いられる代表的な誤差の測定方法を紹介します。

MSE（平均二乗誤差）

平均二乗誤差（MSE：Mean Squared Error）は、i番目の実測値（正解値）y_iとi番目の予測値$\hat{y}_i$の差を2乗した総和を求め、これをデータの数nで割って平均を求めたものです。

▼MSE（平均二乗誤差）

$$\mathrm{MSE} = \frac{1}{n}\sum_{i=1}^{n}(y_i - \hat{y}_i)^2$$

RMSE（平均二乗平方根誤差）

平均二乗平方根誤差（RMSE：Root Mean Squared Error）は、i番目の実測値（正解値）y_iとi番目の予測値$\hat{y}_i$の差を2乗した総和を求め、これをデータの数nで割って平均を求めたものの平方根をとったものです。MSEでは実測値と予測値の差を2乗しているので、平方根をとることで、もとの単位に揃えます。

▼RMSE（平均二乗平方根誤差）

$$\mathrm{RMSE} = \sqrt{\frac{1}{n}\sum_{i=1}^{n}(y_i - \hat{y}_i)^2}$$

MSEやRMSEは、予測値と正解値の差を大きく評価するので、価格予測のように、正解値から大きく外れるのを許容できない場合に最適な評価方法です。使用する際の注意点としては、正解値と予測値の差を2乗しているぶん、外れ値の影響が強く出てしまうので、事前に外れ値を除いておくことが必要です。

MSEやRMSEは誤差の幅（大きさ）に着目しているので、誤差を比率または割合で知りたい場合は、後述のRMSLEを使うことになります。

RMSLE（対数平均二乗平方根誤差）

対数平均二乗平方根誤差（RMSLE：Root Mean Squared Logarithmic Error）は、予測値と正解値の対数差の二乗和の平均を求め、平方根をとったものです。

▼RMSLE（対数平均二乗平方根誤差）

$$\mathrm{RMSLE} = \sqrt{\frac{1}{n}\sum_{i=1}^{n}\left(\log(1+y_i) - \log(1+\hat{y}_i)\right)^2}$$

対数をとる前に予測値と実測値の両方に＋1をしているのは、予測値または実測値が0の場合にlog(0)となって計算できなくなることを避けるためです。RMSLEには以下の特徴があります。

・予測値が正解値を下回る（予測の値が小さい）場合に、大きなペナルティが与えられるので、下振れを抑えたい場合に使用されることが多いです。来客数や出荷数を予測するようなケースにおいて、来客数を少なめに予測したために仕入れや人員が不足してしまったり、出荷数を少なく見積もって在庫が余ってしまったりすることを避けるためなどに用いられます。
・分析に用いるデータのバラツキが大きく、かつ分布に偏りがある場合に、データ全体を対数変換して正規分布に近似させることがあります。目的変数（正解値）を対数変換した場合は、RMSEを最小化するように学習することになりますが、これは、対数変換前のRMSLEを最小化する処理と同じことをやっていることになります。

MAE（平均絶対誤差）

平均絶対誤差（MAE：Mean Absolute Error）も回帰タスクでよく使われます。正解値と予測値の絶対差の平均をとったものであり、次の式で表されます。

▼MAE（平均絶対誤差）

$$\mathrm{MAE} = \frac{1}{n}\sum_{i=1}^{n}\left|y_i - \hat{y}_i\right|$$

MAEは実測値と予測値の差を2乗していないので、外れ値の影響を受けにくく、外れ値を多く含んだデータを扱う際に用いられたりします。

決定係数（R^2）

決定係数R^2は、回帰分析の当てはまりのよさを確認する指標として用いられます。最大値は1で、1に近いほど精度の高い予測ができていることを意味します。

次の式でわかるように、分母は正解値とその平均との差（偏差）、分子は正解値と予測値との二乗誤差となっているので、この指標を最大化することは、RMSEを最小化することと同じ意味を持ちます。

▼R^2

$$R^2 = 1 - \frac{\sum_{i=1}^{n}(y_i - \hat{y}_i)^2}{\sum_{i=1}^{n}(y_i - \bar{y}_i)^2}$$

11.1.4 機械学習で用いられるアルゴリズム

機械学習では、統計で用いられる線形回帰やロジスティック回帰をはじめ、様々なアルゴリズムが用いられます。

●「予測」問題で用いられる主なアルゴリズム

・線形回帰
・ロジスティック回帰
・サポートベクター回帰
・ランダムフォレスト回帰

●「分類」問題で用いられる主なアルゴリズム

・サポートベクターマシン
・決定木
・ランダムフォレスト
・ニューラルネットワーク

Section 11.2

「ボストン住宅価格」の予測

Level ★★★　Keyword 「Boston Housing」データセット　線形重回帰

Rで利用できるデータセットに「Boston Housing」があります。506件の「表形式データ（部屋数や犯罪率などの13項目）」と「住宅価格の中央値（1000ドル単位）」のデータで構成されます。主に、回帰（予測）を目的とした機械学習用のデータセットです。ここでは、13項目のデータを用いて住宅価格（中央値）の予測を行います。

Theme 地区のデータを重回帰分析にかけて住宅価格を予測する

RのMASSライブラリに収録されているデータセット「Boston Housing」を使用して、重回帰分析による住宅価格の予測を行ってみましょう。

「Boston Housing」は、506件の「表形式データ（部屋数や犯罪率などの13項目）」と「住宅価格の中央値（1000ドル単位）」のデータで構成されたデータセットです。

▼「Boston Housing」（30件まで表示）

script.R　data　Filter

	crim	zn	indus	chas	nox	rm	age	dis	rad	tax	ptratio	black	lstat	medv
1	0.00632	18.0	2.31	0	0.5380	6.575	65.2	4.0900	1	296	15.3	396.90	4.98	24.0
2	0.02731	0.0	7.07	0	0.4690	6.421	78.9	4.9671	2	242	17.8	396.90	9.14	21.6
3	0.02729	0.0	7.07	0	0.4690	7.185	61.1	4.9671	2	242	17.8	392.83	4.03	34.7
4	0.03237	0.0	2.18	0	0.4580	6.998	45.8	6.0622	3	222	18.7	394.63	2.94	33.4
5	0.06905	0.0	2.18	0	0.4580	7.147	54.2	6.0622	3	222	18.7	396.90	5.33	36.2
6	0.02985	0.0	2.18	0	0.4580	6.430	58.7	6.0622	3	222	18.7	394.12	5.21	28.7
7	0.08829	12.5	7.87	0	0.5240	6.012	66.6	5.5605	5	311	15.2	395.60	12.43	22.9
8	0.14455	12.5	7.87	0	0.5240	6.172	96.1	5.9505	5	311	15.2	396.90	19.15	27.1
9	0.21124	12.5	7.87	0	0.5240	5.631	100.0	6.0821	5	311	15.2	386.63	29.93	16.5
10	0.17004	12.5	7.87	0	0.5240	6.004	85.9	6.5921	5	311	15.2	386.71	17.10	18.9
11	0.22489	12.5	7.87	0	0.5240	6.377	94.3	6.3467	5	311	15.2	392.52	20.45	15.0
12	0.11747	12.5	7.87	0	0.5240	6.009	82.9	6.2267	5	311	15.2	396.90	13.27	18.9
13	0.09378	12.5	7.87	0	0.5240	5.889	39.0	5.4509	5	311	15.2	390.50	15.71	21.7
14	0.62976	0.0	8.14	0	0.5380	5.949	61.8	4.7075	4	307	21.0	396.90	8.26	20.4
15	0.63796	0.0	8.14	0	0.5380	6.096	84.5	4.4619	4	307	21.0	380.02	10.26	18.2
16	0.62739	0.0	8.14	0	0.5380	5.834	56.5	4.4986	4	307	21.0	395.62	8.47	19.9
17	1.05393	0.0	8.14	0	0.5380	5.935	29.3	4.4986	4	307	21.0	386.85	6.58	23.1
18	0.78420	0.0	8.14	0	0.5380	5.990	81.7	4.2579	4	307	21.0	386.75	14.67	17.5
19	0.80271	0.0	8.14	0	0.5380	5.456	36.6	3.7965	4	307	21.0	288.99	11.69	20.2
20	0.72580	0.0	8.14	0	0.5380	5.727	69.5	3.7965	4	307	21.0	390.95	11.28	18.2
21	1.25179	0.0	8.14	0	0.5380	5.570	98.1	3.7979	4	307	21.0	376.57	21.02	13.6
22	0.85204	0.0	8.14	0	0.5380	5.965	89.2	4.0123	4	307	21.0	392.53	13.83	19.6
23	1.23247	0.0	8.14	0	0.5380	6.142	91.7	3.9769	4	307	21.0	396.90	18.72	15.2
24	0.98843	0.0	8.14	0	0.5380	5.813	100.0	4.0952	4	307	21.0	394.54	19.88	14.5
25	0.75026	0.0	8.14	0	0.5380	5.924	94.1	4.3996	4	307	21.0	394.33	16.30	15.6
26	0.84054	0.0	8.14	0	0.5380	5.599	85.7	4.4546	4	307	21.0	303.42	16.51	13.9
27	0.67191	0.0	8.14	0	0.5380	5.813	90.3	4.6820	4	307	21.0	376.88	14.81	16.6
28	0.95577	0.0	8.14	0	0.5380	6.047	88.8	4.4534	4	307	21.0	306.38	17.28	14.8
29	0.77299	0.0	8.14	0	0.5380	6.495	94.4	4.4547	4	307	21.0	387.94	12.80	18.4
30	1.00245	0.0	8.14	0	0.5380	6.674	87.3	4.2390	4	307	21.0	380.23	11.98	21.0

Showing 1 to 30 of 506 entries, 14 total columns

「Boston Housing」をデータフレームに読み込んで、冒頭30件を表示したところです。

11.2.1 「Boston Housing」データセット

実際に「Boston Housing」データセットをデータフレームに読み込んで、どのようなデータが収録されているのか見てみることにしましょう。Boston Housingは、MASSライブラリに「Boston」という名前のデータフレームとして収録されているので、事前にMASSライブラリを読み込んでから処理を行います。

プロジェクト	BostonHousing
Rスクリプトファイル	script.R

▼「Boston Housing」データセットをデータフレームに読み込む (script.R)

```
# MASSライブラリを読み込む
library(MASS)
# 表示用としてデータフレームに読み込む
data <- Boston
```

ソースコードを実行したら、[Environment] ビューのdataをクリックして表示しましょう。

▼データフレームに格納された「Boston Housing」データセットを表示 (30件まで)

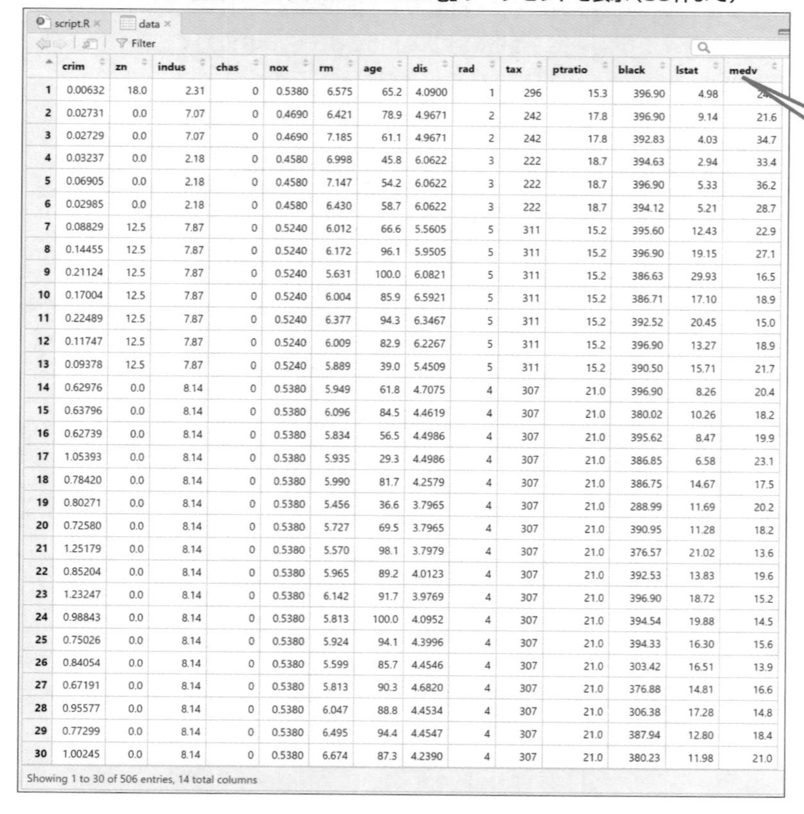

script.R × data ×

Filter

	crim	zn	indus	chas	nox	rm	age	dis	rad	tax	ptratio	black	lstat	medv
1	0.00632	18.0	2.31	0	0.5380	6.575	65.2	4.0900	1	296	15.3	396.90	4.98	24
2	0.02731	0.0	7.07	0	0.4690	6.421	78.9	4.9671	2	242	17.8	396.90	9.14	21.6
3	0.02729	0.0	7.07	0	0.4690	7.185	61.1	4.9671	2	242	17.8	392.83	4.03	34.7
4	0.03237	0.0	2.18	0	0.4580	6.998	45.8	6.0622	3	222	18.7	394.63	2.94	33.4
5	0.06905	0.0	2.18	0	0.4580	7.147	54.2	6.0622	3	222	18.7	396.90	5.33	36.2
6	0.02985	0.0	2.18	0	0.4580	6.430	58.7	6.0622	3	222	18.7	394.12	5.21	28.7
7	0.08829	12.5	7.87	0	0.5240	6.012	66.6	5.5605	5	311	15.2	395.60	12.43	22.9
8	0.14455	12.5	7.87	0	0.5240	6.172	96.1	5.9505	5	311	15.2	396.90	19.15	27.1
9	0.21124	12.5	7.87	0	0.5240	5.631	100.0	6.0821	5	311	15.2	386.63	29.93	16.5
10	0.17004	12.5	7.87	0	0.5240	6.004	85.9	6.5921	5	311	15.2	386.71	17.10	18.9
11	0.22489	12.5	7.87	0	0.5240	6.377	94.3	6.3467	5	311	15.2	392.52	20.45	15.0
12	0.11747	12.5	7.87	0	0.5240	6.009	82.9	6.2267	5	311	15.2	396.90	13.27	18.9
13	0.09378	12.5	7.87	0	0.5240	5.889	39.0	5.4509	5	311	15.2	390.50	15.71	21.7
14	0.62976	0.0	8.14	0	0.5380	5.949	61.8	4.7075	4	307	21.0	396.90	8.26	20.4
15	0.63796	0.0	8.14	0	0.5380	6.096	84.5	4.4619	4	307	21.0	380.02	10.26	18.2
16	0.62739	0.0	8.14	0	0.5380	5.834	56.5	4.4986	4	307	21.0	395.62	8.47	19.9
17	1.05393	0.0	8.14	0	0.5380	5.935	29.3	4.4986	4	307	21.0	386.85	6.58	23.1
18	0.78420	0.0	8.14	0	0.5380	5.990	81.7	4.2579	4	307	21.0	386.75	14.67	17.5
19	0.80271	0.0	8.14	0	0.5380	5.456	36.6	3.7965	4	307	21.0	288.99	11.69	20.2
20	0.72580	0.0	8.14	0	0.5380	5.727	69.5	3.7965	4	307	21.0	390.95	11.28	18.2
21	1.25179	0.0	8.14	0	0.5380	5.570	98.1	3.7979	4	307	21.0	376.57	21.02	13.6
22	0.85204	0.0	8.14	0	0.5380	5.965	89.2	4.0123	4	307	21.0	392.53	13.83	19.6
23	1.23247	0.0	8.14	0	0.5380	6.142	91.7	3.9769	4	307	21.0	396.90	18.72	15.2
24	0.98843	0.0	8.14	0	0.5380	5.813	100.0	4.0952	4	307	21.0	394.54	19.88	14.5
25	0.75026	0.0	8.14	0	0.5380	5.924	94.1	4.3996	4	307	21.0	394.33	16.30	15.6
26	0.84054	0.0	8.14	0	0.5380	5.599	85.7	4.4546	4	307	21.0	303.42	16.51	13.9
27	0.67191	0.0	8.14	0	0.5380	5.813	90.3	4.6820	4	307	21.0	376.88	14.81	16.6
28	0.95577	0.0	8.14	0	0.5380	6.047	88.8	4.4534	4	307	21.0	306.38	17.28	14.8
29	0.77299	0.0	8.14	0	0.5380	6.495	94.4	4.4547	4	307	21.0	387.94	12.80	18.4
30	1.00245	0.0	8.14	0	0.5380	6.674	87.3	4.2390	4	307	21.0	380.23	11.98	21.0

Showing 1 to 30 of 506 entries, 14 total columns

Boston Housingは、1970年代後半における「(米国マサチューセッツ州にある) ボストン506地区の住宅価格」を、米国国勢調査局が収集した情報から抽出して作成されたもので、13列のデータ(説明変数) および住宅価格の中央値 (目的変数) の14列のデータで構成されています。

▼Boston Housingの13列のデータ (説明変数)

カラム (列) 名	内容
crim	地区の犯罪率。
zn	住宅地の区画が25000平方フィートを超える割合 (広い家の割合)。
indus	地区の非小売業の割合。
chas	チャールズ川に接している場合は1、そうでない場合は0。
nox	NOx (窒素酸化物) 濃度 (0.1ppm単位)。
rm	1戸当たりの「平均部屋数」。
age	1940年より前に建てられた持ち家の割合 (古い家の割合)。
dis	5つある雇用センターのうち、最も近い雇用センターまでの距離。
rad	主要高速道路へのアクセス性を示す指数。
tax	10000ドル当たりの固定資産税率。
ptratio	生徒と先生の比率。
black	住民のうちアフリカ系アメリカ人の割合。
lstat	低所得者人口の割合。

▼Boston Housingの目的変数

カラム (列) 名	内容
medv	地区の住宅価格の中央値 (1000ドル単位)。

11

Rで機械学習

Onepoint rsampleのインストール

rsampleパッケージ (ライブラリ) は、次の手順でインストールを行ってください。

①RStudioの [Packages] ビューを表示し、[Install] をクリックします。

② [Install Packages] ダイアログの [Packages] に「rsample」と入力して、[Install] ボタンをクリックします。

11.2.2 線形重回帰で住宅価格を予測する

「Boston Housing」のデータをプログラムに読み込んで、重回帰分析で住宅価格を予測してみます。今回は、506レコードを8：2の割合で訓練データとテストデータにランダムに分割します。訓練データを使ってモデルを構築し、テストデータで予測の精度を測定するためです。

データを用意する

「Boston Housing」のデータ（506レコード）を8：2の割合で訓練データとテストデータにランダムに分割します。データの分割は、rsampleライブラリ（インストール手順は485ページのOnepointを参照）のinitial_split()関数で行うので、事前にlibrary(rsample)を記述しておきます。

プロジェクト名	Predict-HousePrice-multireg
ソースファイル	multi_reg.R

▼「Boston Housing」を8：2の割合で訓練データとテストデータに分割（multi_reg.R）

```
# MASSライブラリを読み込む
library(MASS)
# rsampleライブラリを読み込む
library(rsample)

# Boston Housingをデータフレームに読み込む
data <- Boston
# ランダムに分割する際の乱数の種（シード値）を設定
set.seed(123)
# 訓練データとテストデータを8:2の割合で分割する
df_split <- initial_split(data, prop = 0.8)
# 訓練データをデータフレームに格納
train <- training(df_split)
# テストデータをデータフレームに格納
test <- testing(df_split)
# 訓練データ、テストデータの行（レコード）数を出力
nrow(train)
nrow(test)
```

▼出力（コンソール）

```
> nrow(train)
[1] 404
> nrow(test)
[1] 102
```

506件のレコードが、404件と102件に分割されたことが確認できます。

線形重回帰分析で住宅価格を予測する

訓練データを使ってモデルを作成し、訓練データ、テストデータのそれぞれの誤差を測定します。誤差としては、MSE（平均二乗誤差）を測定することにします。

▼線形重回帰分析を実行し、訓練データの誤差を求める（multi_reg.R）

```
# 目的変数はmedv（住宅価格の中央値）、説明変数はその他の項目すべて
# 訓練データを使用して線形重回帰分析を実行
model_m = lm(medv ~ ., data=train)

# 訓練データで住宅価格の中央値を予測する
pred_m_train <- predict(model_m, newdata=train)
# 訓練データの予測値の平均二乗誤差（MSE）を求める
mse_m_train <- sum((train["medv"] - pred_m_train)^2
                   )/length(pred_m_train)
```

[Environment] ビューでmse_m_trainの値を確認すると、「21.608747…」です。続いて、作成したモデルにテストデータを入力して住宅価格の中央値を予測し、誤差を測定してみましょう。

▼モデルにテストデータを入力して住宅価格の中央値を予測し、誤差を測定する（multi_reg.R）

```
# テストデータをモデルに入力して住宅価格の中央値を予測
pred_m_test <- predict(model_m, newdata=test)
# テストデータの予測値の平均二乗誤差（MSE）を求める
mse_m_test <- sum((test["medv"] - pred_m_test)^2
                  )/length(pred_m_test)
```

[Environment] ビューでmse_m_test値を確認すると、「23.678629…」です。訓練データの誤差よりも大きくなっています。

▼MSE

訓練データ	テストデータ
21.60875	23.67863

Section 11.3

Ridge回帰、Lasso回帰で住宅価格を予測する

Level ★★★ | Keyword リッジ回帰、ラッソ回帰、エラスティックネット

Ridge回帰、Lasso回帰で「Boston Housing」の住宅価格の中央値を予測してみます。

Theme Ridge回帰、Lasso回帰で「Boston Housing」の住宅価格の中央値を予測する

前節に引き続いてデータセット「Boston Housing」を使用し、Ridge回帰とLasso回帰を用いて住宅価格の中央値を予測してみましょう。

▼プロジェクト

プロジェクト	HousePrice-Ridge-Lasso-EN
ソースファイル	prepare-data.R ridge.R lasso.R elastic-net.R

▼「Boston Housing」(30件まで表示)

script.R × data ×

Filter

	crim	zn	indus	chas	nox	rm	age	dis	rad	tax	ptratio	black	lstat	medv
1	0.00632	18.0	2.31	0	0.5380	6.575	65.2	4.0900	1	296	15.3	396.90	4.98	24.0
2	0.02731	0.0	7.07	0	0.4690	6.421	78.9	4.9671	2	242	17.8	396.90	9.14	21.6
3	0.02729	0.0	7.07	0	0.4690	7.185	61.1	4.9671	2	242	17.8	392.83	4.03	34.7
4	0.03237	0.0	2.18	0	0.4580	6.998	45.8	6.0622	3	222	18.7	394.63	2.94	33.4
5	0.06905	0.0	2.18	0	0.4580	7.147	54.2	6.0622	3	222	18.7	396.90	5.33	36.2
6	0.02985	0.0	2.18	0	0.4580	6.430	58.7	6.0622	3	222	18.7	394.12	5.21	28.7
7	0.08829	12.5	7.87	0	0.5240	6.012	66.6	5.5605	5	311	15.2	395.60	12.43	22.9
8	0.14455	12.5	7.87	0	0.5240	6.172	96.1	5.9505	5	311	15.2	396.90	19.15	27.1
9	0.21124	12.5	7.87	0	0.5240	5.631	100.0	6.0821	5	311	15.2	386.63	29.93	16.5
10	0.17004	12.5	7.87	0	0.5240	6.004	85.9	6.5921	5	311	15.2	386.71	17.10	18.9
11	0.22489	12.5	7.87	0	0.5240	6.377	94.3	6.3467	5	311	15.2	392.52	20.45	15.0
12	0.11747	12.5	7.87	0	0.5240	6.009	82.9	6.2267	5	311	15.2	396.90	13.27	18.9
13	0.09378	12.5	7.87	0	0.5240	5.889	39.0	5.4509	5	311	15.2	390.50	15.71	21.7
14	0.62976	0.0	8.14	0	0.5380	5.949	61.8	4.7075	4	307	21.0	396.90	8.26	20.4
15	0.63796	0.0	8.14	0	0.5380	6.096	84.5	4.4619	4	307	21.0	380.02	10.26	18.2
16	0.62739	0.0	8.14	0	0.5380	5.834	56.5	4.4986	4	307	21.0	395.62	8.47	19.9
17	1.05393	0.0	8.14	0	0.5380	5.935	29.3	4.4986	4	307	21.0	386.85	6.58	23.1
18	0.78420	0.0	8.14	0	0.5380	5.990	81.7	4.2579	4	307	21.0	386.75	14.67	17.5
19	0.80271	0.0	8.14	0	0.5380	5.456	36.6	3.7965	4	307	21.0	288.99	11.69	20.2
20	0.72580	0.0	8.14	0	0.5380	5.727	69.5	3.7965	4	307	21.0	390.95	11.28	18.2
21	1.25179	0.0	8.14	0	0.5380	5.570	98.1	3.7979	4	307	21.0	376.57	21.02	13.6
22	0.85204	0.0	8.14	0	0.5380	5.965	89.2	4.0123	4	307	21.0	392.53	13.83	19.6
23	1.23247	0.0	8.14	0	0.5380	6.142	91.7	3.9769	4	307	21.0	396.90	18.72	15.2
24	0.98843	0.0	8.14	0	0.5380	5.813	100.0	4.0952	4	307	21.0	394.54	19.88	14.5
25	0.75026	0.0	8.14	0	0.5380	5.924	94.1	4.3996	4	307	21.0	394.33	16.30	15.6
26	0.84054	0.0	8.14	0	0.5380	5.599	85.7	4.4546	4	307	21.0	303.42	16.51	13.9
27	0.67191	0.0	8.14	0	0.5380	5.813	90.3	4.6820	4	307	21.0	376.88	14.81	16.6
28	0.95577	0.0	8.14	0	0.5380	6.047	88.8	4.4534	4	307	21.0	306.38	17.28	14.8
29	0.77299	0.0	8.14	0	0.5380	6.495	94.4	4.4547	4	307	21.0	387.94	12.80	18.4
30	1.00245	0.0	8.14	0	0.5380	6.674	87.3	4.2390	4	307	21.0	380.23	11.98	21.0

Showing 1 to 30 of 506 entries, 14 total columns

medv(住宅価格の中央値:1000ドル単位)をリッジ回帰、ラッソ回帰で予測します。

11.3.1 線形回帰の正則化

機械学習では、訓練データを用いてモデルを作成し、実践を想定したテストデータを用いてモデルの性能を評価します。モデルを作成する過程を一般的に**学習**と呼びますが、学習がうまくいけば「データによくフィットしたモデル」を手に入れることができます。

ただし、訓練データにはよくフィットして誤差も小さいけれど、テストデータで予測を行うとたんに大きな誤差が出る、ということもあります。このようにモデルが訓練データに過度にフィットすることを**過剰適合（オーバーフィッティング）**または**過学習**と呼びます。線形単回帰や重回帰で考えると、回帰式の係数が訓練データの予測のみに特化している状態です。

このような過剰適合を抑制するための手法に**正則化**があります。正則化には**L1正則化**と**L2正則化**の2つがあり、L1正則化を用いる回帰分析を**Lasso（ラッソ）回帰**、L2正則化を用いる回帰分析を**Ridge（リッジ）回帰**と呼びます。

11.3.2 リッジ回帰

最初に、最も基本的なL2正則化を用いる「リッジ（Ridge）回帰」から取りかかることにしましょう。

一般的に次数の数が多いほど、関数の表現力、つまり記述できる関数の幅が広がるので、次数を増やせば増やすほど、データの分布に沿った曲線を求めることができます。例えば、多項式を用いた回帰分析では、次の式を使って予測を行います。

▼多項式回帰における予測式

$$f_\theta(x) = \theta_0 + \theta_1 x + \theta_2 x^2$$

この式は、次数を増やすことで、さらに複雑な曲線にも対応できます。

$$f_\theta(x) = \theta_0 + \theta_1 x + \theta_2 x^2 + \theta_3 x^3 + \cdots + \theta_n x^n$$

例として、求めたθを使って$f_\theta(x) = \theta_0 + \theta_1 x + \theta_2 x^2$のグラフを描くと、次のようになったとします。

11

Rで機械学習

▼$f_\theta(x)=\theta_0+\theta_1x+\theta_2x^2$のグラフ

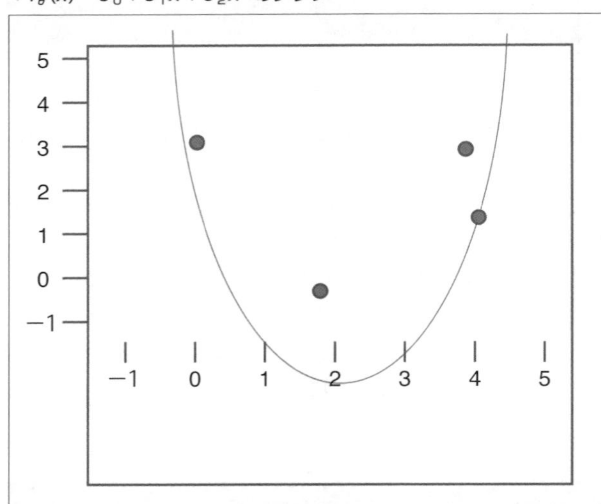

データにほどよくフィットした曲線が描かれています。では、次数を1つ増やして

$$f_\theta(x)=\theta_0+\theta_1x+\theta_2x^2+\theta_3x^3$$

にした場合を考えてみます。計算が面倒ですが、これをうまく解いたとすると、$f_\theta(x)$は次のような曲線を描くようになります。

▼$f_\theta(x)=\theta_0+\theta_1x+\theta_2x^2+\theta_3x^3$のグラフ

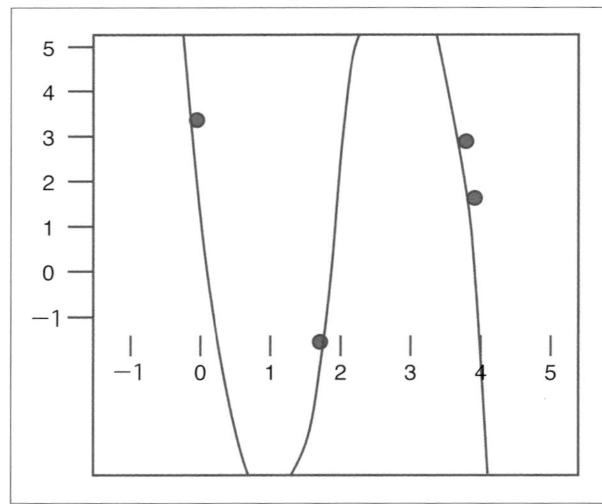

データにそのままフィットする曲線になりました。このように極端にフィットした状態がオーバーフィッティングです。訓練データにのみフィットするので、テスト用のデータを入力して予測しようとしてもうまくいきません。

オーバーフィッティングの原因として、主に次の2つが挙げられます。

・パラメーターの数が多すぎる。
・学習データが少ない。

ここで扱うL2正則化は、「荷重減衰（Weight decay）」という手法を用いて、モデルを構築する過程で、パラメーターの値が大きくなりすぎたら「ペナルティ」を課します。そもそもオーバーフィッティングは、「重み」としての係数値が大きな値をとることによって発生することが多いためです。値が大きくなりすぎた係数のペナルティは、次の「正則化項」で行います。

▼正則化項

$$\frac{1}{2}\lambda\sum_{j=1}^{m}w_j^2$$

λ（ラムダ）は、正則化の影響を決める正の定数で、**ハイパーパラメーター**と呼ばれることがあります。1/2が付いているのは、誤差を最小にする際の計算式を簡単にするためで、特に深い意味はありません。w_j^2は、j個の重みです。重みは回帰式における係数に相当するものです。L2正則化項を用いたリッジ回帰の式（正確には**損失関数**といいます）は次のようになります。

▼リッジ回帰の損失関数

$$E(\theta)=\frac{1}{2n}\left[\sum_{i=1}^{n}((\theta_0+\theta_1 x_1^{(i)}+\theta_2 x_2^{(i)}+\cdots+\theta_m x_m^{(i)})-y^{(i)})^2+\lambda(\theta_1^2+\theta_2^2+\cdots+\theta_m^2)\right]$$

n個のデータに対し、損失関数の平均二乗誤差の項は特徴量の数をmとしています。$y^{(i)}$は予測値です。θ_0は定数項、θ_1～θ_mは係数を表していますので、

$$(\theta_0+\theta_1 x_1^{(i)}+\theta_2 x_2^{(i)}+\cdots+\theta_m x_m^{(i)})$$

の部分は、重回帰式

$$y=a+b_1x_1+b_2x_2+\cdots+b_nx_n$$

と同じものです。上記の式の

$$\frac{1}{2n}\left[\sum_{i=1}^{n}((\theta_0+\theta_1 x_1^{(i)}+\theta_2 x_2^{(i)}+\cdots+\theta_m x_m^{(i)})-y^{(i)})^2\right]$$

は、平均二乗誤差（MSE）の式に計算を簡単にするための1/2を加えたものとなっています。

L2正則化項$\lambda(\theta_1^2+\theta_2^2+\cdots+\theta_m^2)$は、インデックス$m=1$から開始します。定数項$\theta_0$は含めません。定数項は機械学習において**バイアス**と呼ばれ、定数の1を前提としているので、正則化の対象にはなりません。

モデルがオーバーフィッティングになると、パラメーター（係数）θの絶対値が大きくなる傾向があります。平均二乗誤差の損失関数の値を下げるために、θの絶対値を大きくするからです。L2正則化項は、パラメーター（係数）θの2乗にλを適用した値を持つので、θそのものの値が大きくなるのを抑制します。平均二乗誤差を減少する際にはθの絶対値が大きくなるとお話ししましたが、正則化項があることで、θの絶対値が大きくなるのを抑制するということです。

この抑制の強さをコントロールするのがハイパーパラメーターλの役目で、λが大きいほど正則化が強くなります。このため、λの値は適切に決めることが必要になります。今回のリッジ回帰で使用するcv.glmnet()関数は、「クロスバリデーション」という検証方法を使って自動的にλの値を決定するようになっています。このことについてはのちほど説明します。

11.3.3 データを用意する処理をまとめたソースファイルを作成する

Ridge回帰やLasso回帰を実行する関数は、説明変数や目的変数として行列（matrix）を使用しますので、Boston Housingを訓練データとテストデータに分割し、それぞれを行列にするまでの処理を、ソースファイル「prepare-data.R」にまとめておくことにします。

▼データを用意する処理（prepare-data.R）

```
# MASSライブラリを読み込む
library(MASS)
# rsampleライブラリを読み込む
library(rsample)
# Boston Housingをデータフレームに読み込む
data <- Boston

# ランダムに分割する際の乱数の種（シード値）を設定
set.seed(123)
# 訓練データとテストデータを8:2の割合で分割する
df_split <- initial_split(data, prop = 0.8)
# 訓練データをデータフレームに格納
train <- training(df_split)
# テストデータをデータフレームに格納
test <- testing(df_split)

# 訓練データの目的変数（medv:住宅価格の中央値）の行列（404行,1列）を作成
train_y <- as.matrix(train["medv"])
# 訓練データの説明変数としてmedv（住宅価格の中央値）以外の
# すべての列（13列）を（404行,13列）の行列にする
train_x <- as.matrix(train[, -14])

# テストデータの目的変数（medv:住宅価格の中央値）の行列（102行,13列）を作成
test_y <- as.matrix(test["medv"])
# テストデータの説明変数としてmedv（住宅価格の中央値）以外の
# すべての列（13列）を（102行,13列）の行列にする
test_x <- as.matrix(test[, -14])
```

入力が済んだら、すべてのコードを実行し、次の手順に進みましょう。

11.3.4 リッジ回帰で予測する

リッジ回帰は、glmnetパッケージ（インストール手順は496ページのOnepointを参照）のglmnet()関数で実行できますが、クロスバリデーションを行ってハイパーパラメーターλの最適値を決定するcv.glmnet()関数があるので、これを使うことにしましょう。

新規のソースファイル「ridge.R」を作成し、次のように入力して実行してみましょう。

▼リッジ回帰で住宅価格の中央値を予測（ridge.R）

```
# glmnetパッケージを読み込む
library(glmnet)

# 説明変数train_x、目的変数train_yを設定して
# Ridge回帰（alpha=0）モデルを作成
# 10-foldクロスバリデーションを行って今回のデータセットに最適なλの値を決定
model_ridge <- cv.glmnet(train_x, # 訓練データの説明変数
                         train_y, # 訓練データの目的変数
                         alpha=0)

# 平均二乗誤差を最小にするλの値を出力
model_ridge$lambda.min
# MSEが最小となるときのλに対応するパラメーターを出力
coef(model_ridge, s="lambda.min")

# 訓練データの予測値を取得
pred_r_train <- predict(model_ridge,
                        newx=train_x,     # 訓練データを設定
                        s="lambda.min") # λの値を設定
# 訓練データの予測値の平均二乗誤差（MSE）を求める
mse_r_train <- sum((train_y - pred_r_train)^2
                 )/length(pred_r_train)

# テストデータの予測値を取得
pred_r_test <- predict(model_ridge,
                       newx=test_x,      # テストデータを設定
                       s="lambda.min")  # λの値を設定
# テストデータの予測値の平均二乗誤差（MSE）を求める
mse_r_test <- sum((test_y - pred_r_test)^2
               )/length(pred_r_test)
```

予測の際は、predict()関数の引数で「s="lambda.min"」として、ハイパーパラメーターλの値を設定することに注意してください。

▼出力(コンソール)

```
> # 平均二乗誤差を最小にするλの値を出力
> model_ridge$lambda.min
[1] 0.6836632
> # MSEが最小となるときのλに対応するパラメーターを出力
> coef(model_ridge, s="lambda.min")
14 x 1 sparse Matrix of class "dgCMatrix"
                        s1
(Intercept)   30.857773833
crim          -0.083580902
zn             0.033728275
indus         -0.042329778
chas           3.235932447
nox          -12.210992633
rm             3.726990010
age            0.003237155
dis           -1.115804690
rad            0.163467805
tax           -0.005243156
ptratio       -0.891810897
black          0.007715604
lstat         -0.521416223
```

訓練データの予測値の誤差(mse_r_train)と、テストデータの予測値の誤差(mse_r_test)は、それぞれ次のようになりました。

▼MSE

訓練データ	テストデータ
22.17045	23.24871

線形重回帰のときと比較して、訓練データの誤差は若干大きくなりましたが、テストデータの誤差は若干ですが低く抑えられています。

11.3.5　バリデーション

ここでは、「バリデーション」について説明します。**バリデーション**とは、完成したモデルに実際のデータを入力し、予測性能の評価を行うことです。精度の評価に平均二乗誤差（MSE）などが使われることは、前に説明したとおりです。

cv.glmnet()関数は、クロスバリデーションを行ってハイパーパラメーターλの最適値を決定するのですが、クロスバリデーションとは何なのか、順に見ていくことにしましょう。

バリデーションの手法

バリデーションでは、どのようなデータを用いるかによって、ホールドアウト検証やクロスバリデーションなどの手法が使われます。

ホールドアウト（Hold-Out）検証

ホールドアウト検証は、訓練データをランダムに分解し、その一部をバリデーション用に使用します。最もシンプルな方法で、手持ちの訓練データを使って試行錯誤が行えます。

▼ホールドアウト検証

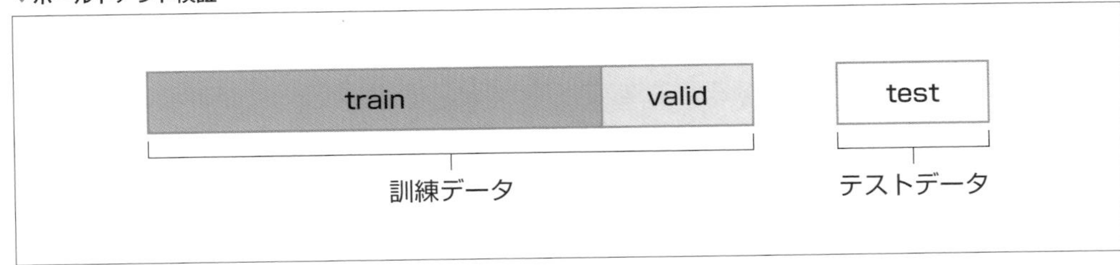

train：訓練データのうち訓練（学習）のみに使用するデータ
valid：訓練データのうちバリデーション用として使用するデータ

訓練データが何らかの規則に従って並んでいるような場合は、注意が必要です。例えば、分類の際に、データが分類順に並んでいるような場合は、データの並びをそのままにして切り分けると、データ自体に偏りが生じ、学習が正しく行えません。そこで、訓練データを分割する場合は、データをシャッフルしてランダムに分割することが重要です。これは、一見ランダムに並んでいるように見えるデータに対しても有効です。

Rのライブラリに用意されている、クロスバリデーションを行う関数は、データのシャッフルによるランダムな抽出を行います。

クロスバリデーション（Cross Validation：交差検証）

ホールドアウトを複数回繰り返すことで、最終的に訓練データのすべてを使ってバリデーションを行うのが、「クロスバリデーション」です。

▼クロスバリデーション

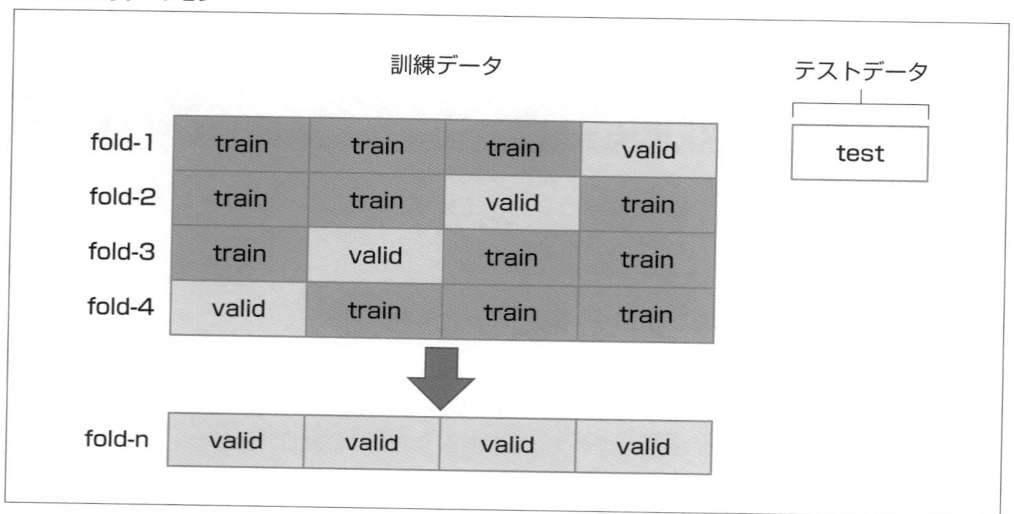

訓練データからバリデーションデータを抽出することを「fold」と呼びます。上記の例では、foldを4回繰り返すことで、訓練データのすべてをバリデーションデータに用いるようにしています。これによって計4回のバリデーションが行われることになりますが、スコアの平均をとることで、各foldで生じる偏りを極力減らします。先のcv.glmnet()関数は、デフォルトで10-foldのクロスバリデーションを行います。

glmnetのインストール

glmnetパッケージ（ライブラリ）は、次の手順でインストールを行ってください。

①RStudioの［Packages］ビューを表示し、［Install］をクリックします。

②［Install Packages］ダイアログの［Packages］に「glmnet」と入力して、［Install］ボタンをクリックします。

11.3.6 ラッソ回帰

L2正則化は、バイアスθ_0を除くすべてのパラメーターθ_1〜θ_mに対してペナルティを課しました。一方、ここで紹介するL1正則化は、重要度が低いと判断される特徴量を除外し、重要度が高い特徴量に対してのみペナルティを課します。パラメーターθ_1〜θ_mのうち、重要度が高いものだけがペナルティの対象となります。L1正則化項を用いたラッソ(Lasso)回帰の損失関数の一般式は次のようになります。

▼ラッソ回帰の損失関数

$$E(\boldsymbol{\theta}) = \frac{1}{2n}\left[\sum_{i=1}^{n}\left((\theta_0 + \theta_1 x_1^{(i)} + \theta_2 x_2^{(i)} + \cdots + \theta_m x_m^{(i)}) - y^{(i)}\right)^2 + \lambda(|\theta_1| + |\theta_2| + \cdots + |\theta_m|)\right]$$

n個のデータに対し、損失関数の平均二乗誤差の項は特徴量の数をmとしています。$y^{(i)}$は予測値です。θ_0は定数項(バイアス)、θ_1〜θ_mはパラメーター(係数)を表しています。正則化項$\lambda(|\theta_1|+|\theta_2|+\cdots+|\theta_m|)$は、バイアス$\theta_0$を除く、パラメーター$\theta_1$〜$\theta_m$の絶対値となっています。

L1正則化では、偏回帰係数に相当するパラメーターθの一部をぴったり0と推定します。このことで、「重要度の低い説明変数」、言い換えると取り除いても影響がない説明変数を除外します。

ハイパーパラメーターλが0のときは、損失関数の値は1/2を乗じた平均二乗誤差と同じ値になります。λの値が大きいと、0と推定される偏回帰係数の数が増え、逆にλの値が小さいと、0と推定される偏回帰係数の数が減ります。今回のラッソ回帰で使用するcv.glmnet()関数は、リッジ回帰と同様に「クロスバリデーション」を用いてλの適切な値を決定します。

11.3.7 ラッソ回帰で住宅価格の中央値を予測する

ラッソ回帰は、glmnetパッケージのglmnet()関数で実行できますが、リッジ回帰と同様に、クロスバリデーションを行ってハイパーパラメーターλの最適値を決定するcv.glmnet()関数が使えるので、これを使うことにしましょう。なお、ラッソ回帰は、cv.glmnet()関数で「alpha=1」を指定することで実行できます。

新規のソースファイル「lasso.R」を作成し、次のように入力して実行してみましょう。

▼ラッソ回帰で住宅価格の中央値を予測(lasso.R)

```
# glmnetライブラリを読み込む
library(glmnet)

# 説明変数train_x、目的変数train_yを設定して
# Lasso回帰(alpha=1)モデルを作成
# 10-foldクロスバリデーションを行って今回のデータセットに最適なλの値を決定
model_la <- cv.glmnet(train_x, # 訓練データの説明変数
                      train_y, # 訓練データの目的変数
```

```
                      alpha=1)

# 平均二乗誤差を最小にするλの値を出力
model_la$lambda.min
# MSEが最小となるときのλに対応するパラメーターを出力
coef(model_la, s="lambda.min")

# 訓練データの予測値を取得
pred_la_train <- predict(model_la,
                         newx=train_x,    # 訓練データを設定
                         s="lambda.min") # λの値を設定
# 訓練データの予測値の平均二乗誤差(MSE)を求める
mse_la_train <- sum((train_y - pred_la_train)^2
                    )/length(train_y)

# テストデータの予測値を取得
pred_la_test <- predict(model_la,
                        newx=test_x,    # テストデータを設定
                        s="lambda.min" ) # λの値を設定
# テストデータの予測値の平均二乗誤差(MSE)を求める
mse_la_test <- sum((test_y - pred_la_test)^2
                   )/length(test_y)
```

▼出力されたモデルのサマリ(コンソール)

```
> # 平均二乗誤差を最小にするλの値を出力
> model_la$lambda.min
[1] 0.005809451
> # MSEが最小となるときのλに対応するパラメーターを出力
> coef(model_la, s="lambda.min")
14 x 1 sparse Matrix of class "dgCMatrix"
                       s1
(Intercept)  39.636568986
crim         -0.101238461
zn            0.047562518
indus         0.008140129
chas          3.114971321
nox         -18.085296490
rm            3.447087644
age           0.010248237
dis          -1.461699767
rad           0.299764325
```

```
tax          -0.010914598
ptratio      -0.980086818
black         0.007453850
lstat        -0.587508643
```

予測の際は、リッジ回帰のときと同様に、predict()関数の引数で「s="lambda.min"」として、ハイパーパラメーターλの値を設定することに注意してください。

訓練データの予測値の誤差（mse_la_train）と、テストデータの予測値の誤差（mse_la_test）は、それぞれ次のようになりました。

▼MSE

訓練データ	テストデータ
21.61199	23.65178

線形重回帰のときと比較して、訓練データの誤差は若干大きくなりましたが、リッジ回帰のときと同様に、テストデータの誤差は低く抑えられています。

11.3.8 エラスティックネット

エラスティックネット（Elastic Net）は、L1正則化とL2正則化のいいとこどりをしようという試みです。

▼エラスティックネットの損失関数

$$E(\theta)=\frac{1}{2n}\left[\sum_{i=1}^{n}\left(\left(\theta_0+\theta_1 x_1^{(i)}+\cdots+\theta_m x_m^{(i)}\right)-y^{(i)}\right)^2+\alpha\lambda\left(|\theta_1|+\cdots+|\theta_m|\right)+(1-\alpha)\lambda\left(\theta_1^2+\cdots+\theta_m^2\right)\right]$$

ハイパーパラメーターαは0から1までの範囲の値をとり、L1正則化とL2正則化をブレンドする比率を決定します。$\alpha=1$のときにL1正則化になり、$\alpha=0$のときにL2正則化になります。

11.3.9 エラスティックネットで住宅価格の中央値を予測する

新規のソースファイル「elastic-net.R」を作成し、次のように入力して実行してみましょう。

▼エラスティックネットで住宅価格の中央値を予測（elastic-net.R）

```
# glmnetライブラリを読み込む
library(glmnet)

# 0.01〜0.99の範囲の0.01刻みの数列を作成
alpha <- seq(0.01, 0.99, 0.01)
# α値とMSEを格納するデータフレームを用意
alpha_mse <- NULL
# 0.01〜0.99の範囲の0.01刻みの値をα値に設定して
# 10-foldクロスバリデーションによる最適なλの値を決定し、
# データフレームに格納
for (i in 1:length(alpha)) {
  # alpha[i]をα値に設定し、最適なλの値を求める
  m <- cv.glmnet(x=train_x,
                 y=train_y,
                 alpha = alpha[i])
  # データフレームalpha_mseに現在のα値とMSEの最小値を順に連結
  alpha_mse <- rbind(
    alpha_mse,
    data.frame(alpha = alpha[i],  # alphaに現在のα値を格納
               mse = min(m$cvm))) # mseに現在のα値におけるMSEの最小値を格納
}

# alpha_mseのalpha列から最小のMSEに対応するα値を取得
best_alpha <- alpha_mse$alpha[alpha_mse$mse == min(alpha_mse$mse)] ……①
# MSEを最小にするα値を出力
best_alpha

# 最適なαを「alpha = best_alpha」で指定して、
# 10-foldクロスバリデーションによる最適なλの値を決定し、モデルを作成
m <- cv.glmnet(x=train_x, ……………………………………………………②
               y=train_y,
               alpha=best_alpha)

# 最適なαを用いたモデルからMSEを最小にするλ値を取得
best_lambda <- m$lambda.min ……………………………………………③
# MSEを最小にするλ値を出力
```

```
best_lambda

# 最適なαとλの組み合わせを利用してElastic Netのモデルを作成
model_en <- glmnet(x = train_x,                              ④
                   y = train_y,
                   lambda = best_lambda,
                   alpha = best_alpha)

# 訓練データの予測値を取得
pred_en_train <- predict(model_en, newx=train_x)
# 訓練データの予測値の平均二乗誤差(MSE)を求める
mse_en_train <- sum((train_y - pred_en_train)^2
                    )/length(train_y)

# テストデータの予測値を取得
pred_en_test <- predict(model_en, newx=test_x)
# テストデータの予測値の平均二乗誤差(MSE)を求める
mse_en_test <- sum((test_y - pred_en_test)^2
                   )/length(test_y)
```

▼出力(コンソール)

```
> # MSEを最小にするα値を出力
> best_alpha
[1] 0.79
> # MSEを最小にするλ値を出力
> best_lambda
[1] 0.008857601
```

次のforステートメントでは、0.01〜0.99の範囲の0.01刻みの値をcv.glmnet()関数のalphaオプションに設定し、損失(MSE)の値をデータフレームに記録します。

```
for (i in 1:length(alpha)) {
  # alpha[i]をα値に設定し、最適なλの値を求める
  m <- cv.glmnet(x=train_x,
                 y=train_y,
                 alpha = alpha[i])
  # データフレームalpha_mseに現在のα値とMSEの最小値を順に連結
  alpha_mse <- rbind(
    alpha_mse,
    data.frame(alpha = alpha[i],   # alphaに現在のα値を格納
               mse = min(m$cvm)))  # mseに現在のα値におけるMSEの最小値を格納
```

```
}
```

そして、

●①のソースコード

```
best_alpha <- alpha_mse$alpha[alpha_mse$mse == min(alpha_mse$mse)]
```

のところで、alpha_mseのalpha列から最小のMSEに対応するαの値を取得し、

●②のソースコード

```
m <- cv.glmnet(x=train_x,
               y=train_y,
               alpha=best_alpha)
```

のように最適なαの値を「alpha = best_alpha」で指定して、クロスバリデーションによる最適なλの値を決定します。続いて、

●③のソースコード

```
best_lambda <- m$lambda.min
```

を実行して、最適なα値を用いたモデルからMSEを最小にするλ値を取得します。最後に、

●④のソースコード

```
model_en <- glmnet(x = train_x,
                   y = train_y,
                   lambda = best_lambda,
                   alpha = best_alpha)
```

を実行して、最適なαとλの組み合わせを利用してElastic Netのモデルを完成させます。

訓練データの予測値の誤差（mse_en_train）と、テストデータの予測値の誤差（mse_en_test）は、それぞれ次のようになりました。

▼MSE

訓練データ	テストデータ
21.61351	23.64078

Section 11.4

線形サポートベクター回帰

Level ★★★ | Keyword | サポートベクターマシン　線形サポートベクター回帰

サポートベクターマシンは、回帰と分類の両方に使えるアルゴリズムです。ここでは、サポートベクターマシンを利用した「線形サポートベクター回帰」による予測について紹介します。

Theme サポートベクター回帰で「Boston Housing」の住宅価格の中央値を予測する

データセット「Boston Housing」における住宅価格の中央値を、線形サポートベクター回帰を用いて予測してみましょう。

▼プロジェクト

プロジェクト	Supportvector-regression
ソースファイル	prepare-data.R svm.R

▼「Boston Housing」(30件まで表示)

script.R × | data ×

Filter

	crim	zn	indus	chas	nox	rm	age	dis	rad	tax	ptratio	black	lstat	medv
1	0.00632	18.0	2.31	0	0.5380	6.575	65.2	4.0900	1	296	15.3	396.90	4.98	24.0
2	0.02731	0.0	7.07	0	0.4690	6.421	78.9	4.9671	2	242	17.8	396.90	9.14	21.6
3	0.02729	0.0	7.07	0	0.4690	7.185	61.1	4.9671	2	242	17.8	392.83	4.03	34.7
4	0.03237	0.0	2.18	0	0.4580	6.998	45.8	6.0622	3	222	18.7	394.63	2.94	33.4
5	0.06905	0.0	2.18	0	0.4580	7.147	54.2	6.0622	3	222	18.7	396.90	5.33	36.2
6	0.02985	0.0	2.18	0	0.4580	6.430	58.7	6.0622	3	222	18.7	394.12	5.21	28.7
7	0.08829	12.5	7.87	0	0.5240	6.012	66.6	5.5605	5	311	15.2	395.60	12.43	22.9
8	0.14455	12.5	7.87	0	0.5240	6.172	96.1	5.9505	5	311	15.2	396.90	19.15	27.1
9	0.21124	12.5	7.87	0	0.5240	5.631	100.0	6.0821	5	311	15.2	386.63	29.93	16.5
10	0.17004	12.5	7.87	0	0.5240	6.004	85.9	6.5921	5	311	15.2	386.71	17.10	18.9
11	0.22489	12.5	7.87	0	0.5240	6.377	94.3	6.3467	5	311	15.2	392.52	20.45	15.0
12	0.11747	12.5	7.87	0	0.5240	6.009	82.9	6.2267	5	311	15.2	396.90	13.27	18.9
13	0.09378	12.5	7.87	0	0.5240	5.889	39.0	5.4509	5	311	15.2	390.50	15.71	21.7
14	0.62976	0.0	8.14	0	0.5380	5.949	61.8	4.7075	4	307	21.0	396.90	8.26	20.4
15	0.63796	0.0	8.14	0	0.5380	6.096	84.5	4.4619	4	307	21.0	380.02	10.26	18.2
16	0.62739	0.0	8.14	0	0.5380	5.834	56.5	4.4986	4	307	21.0	395.62	8.47	19.9
17	1.05393	0.0	8.14	0	0.5380	5.935	29.3	4.4986	4	307	21.0	386.85	6.58	23.1
18	0.78420	0.0	8.14	0	0.5380	5.990	81.7	4.2579	4	307	21.0	386.75	14.67	17.5
19	0.80271	0.0	8.14	0	0.5380	5.456	36.6	3.7965	4	307	21.0	288.99	11.69	20.2
20	0.72580	0.0	8.14	0	0.5380	5.727	69.5	3.7965	4	307	21.0	390.95	11.28	18.2
21	1.25179	0.0	8.14	0	0.5380	5.570	98.1	3.7979	4	307	21.0	376.57	21.02	13.6
22	0.85204	0.0	8.14	0	0.5380	5.965	89.2	4.0123	4	307	21.0	392.53	13.83	19.6
23	1.23247	0.0	8.14	0	0.5380	6.142	91.7	3.9769	4	307	21.0	396.90	18.72	15.2
24	0.98843	0.0	8.14	0	0.5380	5.813	100.0	4.0952	4	307	21.0	394.54	19.88	14.5
25	0.75026	0.0	8.14	0	0.5380	5.924	94.1	4.3996	4	307	21.0	394.33	16.30	15.6
26	0.84054	0.0	8.14	0	0.5380	5.599	85.7	4.4546	4	307	21.0	303.42	16.51	13.9
27	0.67191	0.0	8.14	0	0.5380	5.813	90.3	4.6820	4	307	21.0	376.88	14.81	16.6
28	0.95577	0.0	8.14	0	0.5380	6.047	88.8	4.4534	4	307	21.0	306.38	17.28	14.8
29	0.77299	0.0	8.14	0	0.5380	6.495	94.4	4.4547	4	307	21.0	387.94	12.80	18.4
30	1.00245	0.0	8.14	0	0.5380	6.674	87.3	4.2390	4	307	21.0	380.23	11.98	21.0

Showing 1 to 30 of 506 entries, 14 total columns

medv（住宅価格の中央値：1000ドル単位）を線形サポートベクター回帰で予測します。

11.4.1 サポートベクター回帰

サポートベクターマシン（Support Vector Machine：SVM）は、機械学習において従来から広く使われている手法の1つです。各データ点との距離が最大になる境界を求めるのが特徴で、汎化性能が高いといわれています。

線形サポートベクター回帰

サポートベクターマシンを回帰問題に用いる「線形サポートベクター回帰」のモデルの式は、次のようになります。

▼線形サポートベクター回帰の式

$$f_\theta(\mathbf{x}) = \theta_0 + \theta_1 \mathbf{x}_1^{(i)} + \theta_2 \mathbf{x}_2^{(i)} + \cdots + \theta_m \mathbf{x}_m^{(i)}$$

回帰ですので、線形重回帰の式と同じです。損失関数を最小化するパラメーターθ_1～θ_mの値を計算し、予測を行います。$f_\theta(x)$としたのは、特徴量xを代入して予測値を求めるためのθに関する関数であることを示すためです。次に、線形サポートベクター回帰の損失関数について見てみましょう。

▼線形サポートベクター回帰の損失関数

$$E(\theta) = C\sum_{i=1}^{n}(\xi^{(i)} + \hat{\xi}^{(i)}) + \frac{1}{2}\sum_{j=1}^{m}\theta_j^2$$

損失関数$E(\theta)$は、マージン違反の損失関数とL2正則化の損失関数の合計値で構成されています。ξは「グザイ」と読みます。マージン違反の損失関数には、次の4つの式で表される制約条件があります。

$$\mathbf{y}^{(i)} \leq f_\theta(\mathbf{x}^{(i)}) + \varepsilon + \xi^{(i)}$$
$$\mathbf{y}^{(i)} \geq f_\theta(\mathbf{x}^{(i)}) - \varepsilon - \xi^{(i)}$$
$$\xi^{(i)} \geq 0$$
$$\hat{\xi}^{(i)} \geq 0$$

εは「イプシロン」と読みます。ここで、サポートベクター回帰で重要な概念である、モデルの予測とチューブについて確認しておきましょう。

▼モデルの予測とチューブの領域

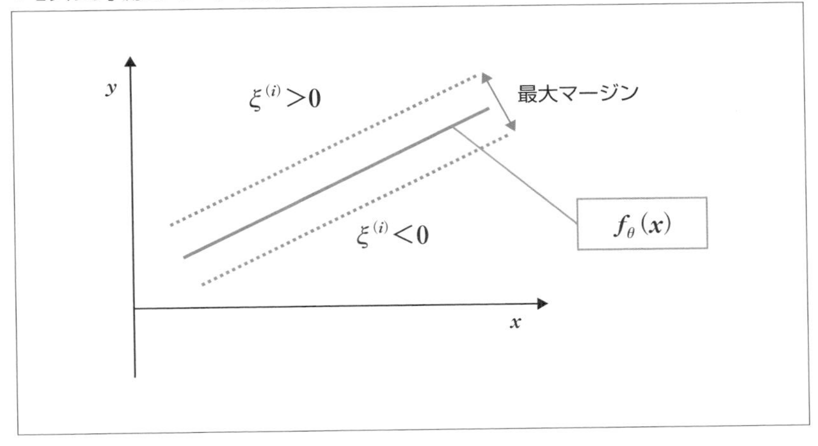

マージンが作る帯の領域を「チューブ」と呼びます。チューブを形成するマージン上側の誤差ξおよび下側の誤差$\hat{\xi}$は、それぞれ次のように表すことができます。

・マージン上側の誤差：　$\xi=y-(f_\theta(x)+\varepsilon)$
・マージン下側の誤差：　$\hat{\xi}=(f_\theta(x)-\varepsilon)-y$

マージン上側の誤差、言い換えるとチューブ上側のξは、訓練データにおける予測値が正解値yより上側に離れた距離になります。一方、チューブ下側の$\hat{\xi}$は、予測値が正解値yより下側に離れた距離になります。

サポートベクター回帰のモデルは、$x^{(i)}$の予測値として先の図の$f_\theta(x)$にεのマージンを追加して、上下の点線で示される領域（チューブ）を予測します。チューブの端を含む領域の中に正解値$y^{(i)}$が含まれていれば、誤差は0になります。一方、正解値$y^{(i)}$がチューブの外にある場合は誤差が発生し、マージン違反が発生します。このときのマージン違反の誤差は、正解値yとチューブのy軸方向の距離ξに比例します。

ここでもう一度、マージン違反の損失関数を見てみましょう。Cという定数がありますが、これを「コスト値」と呼び、マージン違反と正則化の強さのバランスを調整するための働きをします。Cが大きいほど、正解値yがチューブから外れたときの誤差（$\xi^{(i)}+\hat{\xi}^{(i)}$）が大きくなるので、マージン違反の損失関数の影響も大きくなります。

11.4.2 サポートベクター回帰で住宅価格の中央値を予測する

「Boston Housing」データセットを読み込んで、訓練データとテストデータを作成する「prepare-data.R」をプロジェクトにコピーして、ソースコードを実行しておきましょう。続いて、新規のソースファイル「svm.R」を作成し、下記のコードを入力して実行します。kernlabパッケージ（インストール手順は次ページのOnepointを参照）のksvm()関数は、モデル式とデータを指定するだけでパラメーターの値を自動的に最適化してくれるので、面倒な設定は不要です。

●ksvm()関数

サポートベクター回帰のモデルを生成します。

```
ksvm(target ~ predictions, data [kernel="rbfdot", c=1, …)
```

パラメータ		
	target ~ predictions	モデル式を指定。
	data	targetとpredictionsを含んでいるデータフレームを指定。
	kernel	カーネル関数を指定。"polydot"（多項式）、"tanhdot"（双曲線正接）、"vanilldot"（線形）などを指定できる。デフォルトは"rbfdot"（ガウスRBF）。
	c	制約に違反したときのコストを表す数値を指定する。デフォルトは「1」。

▼サポートベクター回帰での住宅価格の中央値の予測（svm.R）

```
# kernlabを読み込む
library(kernlab)

# サポートベクター回帰のモデルを作成
model_svm <- ksvm(train_y~.,
                  data=train_x)

# 訓練データの予測値を取得
pred_svm_train <- predict(model_svm, train_x)
# 訓練データの予測値の平均二乗誤差 (MSE) を求める
mse_svm_train <- sum((train_y - pred_svm_train)^2
                     )/length(train_y)

# テストデータの予測値を取得
pred_svm_test <- predict(model_svm, test_x)
# テストデータの予測値の平均二乗誤差 (MSE) を求める
mse_svm_test <- sum((test_y - pred_svm_test)^2
                    )/length(test_y)
```

訓練データの予測値の誤差とテストデータの予測値の誤差は、それぞれ次のようになりました。

▼MSE

訓練データ	テストデータ
8.983121	11.55726

Memo

サポートベクターマシンのカーネル

ここでは線形サポートベクター回帰について取り上げていますが、現実のデータは特徴量間の関係が線形ではなく、非線形であることが多いです。このような非線形の関係に対応するための**カーネル**というプロセスがあります。カーネルは、データを新しい次元の「レンズ」に通すことで、非線形の関係を線形の関係に見せることから、別名で**カーネルトリック**と呼ばれることもあります。

カーネルを実現する「カーネル関数」には、最も基礎的な「線形カーネル」と、「多項式カーネル」、「ガウスカーネル」があります。線形カーネルを持つサポートベクター回帰が、本節で取り上げている線形サポートベクター回帰になります。

次は、カーネル関数を一般化した式です。

▼カーネル関数の一般式

$$K(\overrightarrow{x_i}, \overrightarrow{x_j}) = \phi(\overrightarrow{x_i}) \cdot \phi(\overrightarrow{x_j})$$

「データを新しい次元のレンズに通す」と述べましたが、新しい次元（別の空間）へのデータの写像は、関数$\phi(x)$で表されます。

この式では、特徴量x_iに$\phi(\overrightarrow{x_i})$を適用し、特徴量$x_j$に$\phi(\overrightarrow{x_j})$を適用し、その積を求めることを示しています。この式をもとに、次のようなカーネル関数が考案されています。

●線形カーネル関数

線形のカーネル関数は、データをまったく変換せずに、特徴量の積をそのまま返します。

$$K(\overrightarrow{x_i}, \overrightarrow{x_j}) = \overrightarrow{x_i} \cdot \overrightarrow{x_j}$$

●多項式カーネル関数

多項式カーネル関数は、データの単純な非線形変換を追加します。

$$K(\overrightarrow{x_i}, \overrightarrow{x_j}) = (\overrightarrow{x_i} \cdot \overrightarrow{x_j} + 1)^d$$

●ガウスカーネル関数

$$K(\overrightarrow{x_i}, \overrightarrow{x_j}) = \exp\left(\frac{-\|\overrightarrow{x_i} - \overrightarrow{x_j}\|^2}{2\sigma^2}\right)$$

学習にあたって、どのカーネル関数を組み合わせるのかを決める確かな法則は存在しないので、多くの場合、カーネル関数を組み替えての試行錯誤が求められます。とはいえ、性能に大きな差はないので、多くの場合、カーネル関数の選定は恣意的に行われます。

Onepoint

kernlabのインストール

kernlabパッケージ（ライブラリ）は、次の手順でインストールを行ってください。

①RStudioの［Packages］ビューを表示し、［Install］をクリックします。

②［Install Packages］ダイアログの［Packages］に「kernlab」と入力して、［Install］ボタンをクリックします。

11 Rで機械学習

Section

11.5 ランダムフォレスト回帰

Level ★★★ | Keyword | ランダムフォレスト回帰

ランダムフォレスト回帰による予測を行います。

Theme ランダムフォレスト回帰

前節に引き続き、データセット「Boston Housing」を使用して、ランダムフォレスト回帰による住宅価格の中央値の予測を行ってみましょう。

▼プロジェクト

プロジェクト	Randomforest-regression
ソースファイル	prepare-data.R random-f.R

▼「Boston Housing」(30件まで表示)

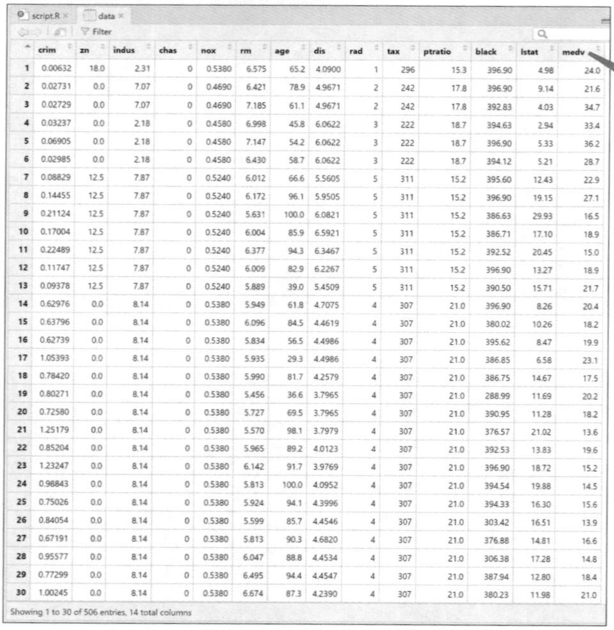

script.R × data ×

Filter

	crim	zn	indus	chas	nox	rm	age	dis	rad	tax	ptratio	black	lstat	medv
1	0.00632	18.0	2.31	0	0.5380	6.575	65.2	4.0900	1	296	15.3	396.90	4.98	24.0
2	0.02731	0.0	7.07	0	0.4690	6.421	78.9	4.9671	2	242	17.8	396.90	9.14	21.6
3	0.02729	0.0	7.07	0	0.4690	7.185	61.1	4.9671	2	242	17.8	392.83	4.03	34.7
4	0.03237	0.0	2.18	0	0.4580	6.998	45.8	6.0622	3	222	18.7	394.63	2.94	33.4
5	0.06905	0.0	2.18	0	0.4580	7.147	54.2	6.0622	3	222	18.7	396.90	5.33	36.2
6	0.02985	0.0	2.18	0	0.4580	6.430	58.7	6.0622	3	222	18.7	394.12	5.21	28.7
7	0.08829	12.5	7.87	0	0.5240	6.012	66.6	5.5605	5	311	15.2	395.60	12.43	22.9
8	0.14455	12.5	7.87	0	0.5240	6.172	96.1	5.9505	5	311	15.2	396.90	19.15	27.1
9	0.21124	12.5	7.87	0	0.5240	5.631	100.0	6.0821	5	311	15.2	386.63	29.93	16.5
10	0.17004	12.5	7.87	0	0.5240	6.004	85.9	6.5921	5	311	15.2	386.71	17.10	18.9
11	0.22489	12.5	7.87	0	0.5240	6.377	94.3	6.3467	5	311	15.2	392.52	20.45	15.0
12	0.11747	12.5	7.87	0	0.5240	6.009	82.9	6.2267	5	311	15.2	396.90	13.27	18.9
13	0.09378	12.5	7.87	0	0.5240	5.889	39.0	5.4509	5	311	15.2	390.50	15.71	21.7
14	0.62976	0.0	8.14	0	0.5380	5.949	61.8	4.7075	4	307	21.0	396.90	8.26	20.4
15	0.63796	0.0	8.14	0	0.5380	6.096	84.5	4.4619	4	307	21.0	380.02	10.26	18.2
16	0.62739	0.0	8.14	0	0.5380	5.834	56.5	4.4986	4	307	21.0	395.62	8.47	19.9
17	1.05393	0.0	8.14	0	0.5380	5.935	29.3	4.4986	4	307	21.0	386.85	6.58	23.1
18	0.78420	0.0	8.14	0	0.5380	5.990	81.7	4.2579	4	307	21.0	386.75	14.67	17.5
19	0.80271	0.0	8.14	0	0.5380	5.456	36.6	3.7965	4	307	21.0	288.99	11.69	20.2
20	0.72580	0.0	8.14	0	0.5380	5.727	69.5	3.7965	4	307	21.0	390.95	11.28	18.2
21	1.25179	0.0	8.14	0	0.5380	5.570	98.1	3.7979	4	307	21.0	376.57	21.02	13.6
22	0.85204	0.0	8.14	0	0.5380	5.965	89.2	4.0123	4	307	21.0	392.53	13.83	19.6
23	1.23247	0.0	8.14	0	0.5380	6.142	91.7	3.9769	4	307	21.0	396.90	18.72	15.2
24	0.98843	0.0	8.14	0	0.5380	5.813	100.0	4.0952	4	307	21.0	394.54	19.88	14.5
25	0.75026	0.0	8.14	0	0.5380	5.924	94.1	4.3996	4	307	21.0	394.33	16.30	15.6
26	0.84054	0.0	8.14	0	0.5380	5.599	85.7	4.4546	4	307	21.0	303.42	16.51	13.9
27	0.67191	0.0	8.14	0	0.5380	5.813	90.3	4.6820	4	307	21.0	376.88	14.81	16.6
28	0.95577	0.0	8.14	0	0.5380	6.047	88.8	4.4534	4	307	21.0	306.38	17.28	14.8
29	0.77299	0.0	8.14	0	0.5380	6.495	94.4	4.4547	4	307	21.0	387.94	12.80	18.4
30	1.00245	0.0	8.14	0	0.5380	6.674	87.3	4.2390	4	307	21.0	380.23	11.98	21.0

Showing 1 to 30 of 506 entries, 14 total columns

medv（住宅価格の中央値：1000ドル単位）をランダムフォレスト回帰で予測します。

11.5.1 決定木とランダムフォレスト回帰

ランダムフォレストは、本章の冒頭で紹介したように予測(回帰)と分類の両方で使えるアルゴリズムで、「決定木」というアルゴリズムをベースにしています。具体的には、異なる決定木を量産し、多数決による予測または分類で精度を向上させせようというものです。

「決定木」というアルゴリズム

ランダムフォレストのベースとなる**決定木**は、「木構造(tree structure)」を使って特徴量と目的変数(正解値)との関係をモデル化します。本物の木のように太い枝から細かく枝分かれしていく構造をしていることから、このような名前が付けられています。

決定木モデルの入り口となる部分、言い換えると木構造の頂点を「ルートノード(root node)」と呼び、「特徴量(説明変数)」ごとに選択を行う「決定ノード(decision node)」が、ルートノードにぶら下がるように配置されます。決定ノードからは結果を表す枝(branch)が伸びていて、枝の結果のみで終わるもの、枝の結果が次の決定ノードに伸びていくものに分かれます。このようにルートノードにぶら下がるように配置された決定ノードは、最終的に「終端ノード(terminal node)」で終わります。分類問題の場合は、終端ノードの判定がそのまま分類の結果になります。予測問題の場合、終端ノードは「決定木の一連の事象からどのような結果が期待されるか」を表すものとなります。

決定木を使うメリット

決定木は、目的変数(正解値)がカテゴリの場合にも数値の場合にも使うことができる、汎用性の高い手法です。恐らく、決定木は機械学習で最も使われている手法ではないかと思います。

▼決定木のメリット

- 統計や数学に関する知識がなくても、結果を容易に理解できる。
- 要因に基づく結果を容易に示せる。
- モデルを適用するための前提条件として、値の分布や線形、非線形などをあまり気にする必要がない。

ランダムフォレスト

機械学習の手法に**アンサンブル**があります。複数のモデルで同じデータを学習し、多数決あるいは平均をとって予測値や分類結果を返すというものです。「ランダムフォレスト(random forest)」は、複数あるいは大量の決定木を構築して、アンサンブルを行います。このことから、ランダムフォレストは「決定森(decision tree forest)」と呼ばれることもあります。

ランダムフォレストは、極めて大規模なデータセットを処理でき、過剰適合(過学習)を起こしにくいといわれています。決定木をベースにしているので、統計や数学の知識がなくても使える、優れたアルゴリズムです。

●**ランダムフォレストの主な長所**

・予測問題・分類問題の両方でよい性能が得られる汎用的なモデルです。
・連続値やカテゴリ値からなる特徴量に対応しています。
・欠損値があってもそのまま使えます。また、ノイズを含んでいるデータもそのまま使えます。
・重要な特徴量だけを選択するので、大量の特徴量を含んだデータにも対処できます。

11.5.2 ランダムフォレスト回帰で住宅価格の中央値を予測する

ランダムフォレストを作成するためのパッケージ（ライブラリ）は、いくつか存在しますが、ここでは最も基本に忠実といわれる「randomForest」パッケージを使うことにしましょう。

●randomForest()関数（「randomForest」パッケージ）

ランダムフォレストのモデルを生成します。

```
randomForest(formula, data[, x, y, ntree=500, mtry= sqrt(p), … ]
```

パラメーター		
	formula	モデル式を指定。
	data	モデル式を指定した場合、使用するデータ（データフレーム）を指定。
	x	モデル式を設定しない場合に訓練用のデータを指定。
	y	モデル式を設定しない場合に訓練用の目的変数（正解値）を指定。
	ntree	決定木の数を整数で指定。デフォルトは500。
	mtry	各決定木でランダムに選択する特徴量の個数を設定。デフォルトはsqrt(p)。pは特徴量の個数でその平方根をとったものになる。例えば、特徴量の数が16個であれば、各決定木が常に4つの特徴量で分岐するように制限される。sqrt(p)が使われる理由は、決定木間に十分なばらつきが生じる程度に特徴量が絞り込まれることを期待しているため。

randomForest()関数は、モデル式とデータセットを指定すれば、特にオプションを設定しなくても学習してくれます。ここでは、決定木の数をデフォルトの500で学習させてみることにします。

「Boston Housing」データセットを読み込んで、訓練データとテストデータを作成する「prepare-data.R」をプロジェクトにコピーして、ソースコードを実行しておきましょう。続いて、新規のソースファイル「random-f.R」を作成し、次のコードを入力して実行します。

▼ランダムフォレスト回帰での住宅価格の中央値の予測（random-f.R）

```
# randomForestを読み込む
library(randomForest)

# ランダムフォレスト回帰
model_rf <- randomForest(train_y~., data=train_x)

# 訓練データの予測値を取得
pred_rf_train <- predict(model_rf, newx=train_x)
```

```
# 訓練データの予測値の平均二乗誤差（MSE）を求める
mse_rf_train <- sum((train_y - pred_rf_train)^2
                    )/length(train_y)

# テストデータの予測値を取得
pred_rf_test <- predict(model_rf, test_x)
# テストデータの予測値の平均二乗誤差（MSE）を求める
mse_rf_test <- sum((test_y - pred_rf_test)^2
                   )/length(test_y)
```

訓練データの予測値の誤差と、テストデータの予測値の誤差はそれぞれ次のようになりました。

▼MSE

訓練データ	テストデータ
11.00943	11.38223

これまでの分析結果を確認しておきましょう。

▼これまでの分析結果

分析に使用したモデル	訓練データのMSE	テストデータのMSE
線形重回帰	21.60875	23.67863
リッジ回帰	22.17045	23.24871
ラッソ回帰	21.61199	23.65178
エラスティックネット	21.61351	23.64078
サポートベクター回帰	8.983121	11.55726
ランダムフォレスト回帰	11.00943	11.38223

テストデータの予測では、ランダムフォレスト回帰が最もよい結果になりました。訓練データのMSE値とほぼ同じですので、過剰適合が抑制されていることがわかります。

randomForestのインストール

randomForestパッケージ（ライブラリ）は、次の手順でインストールを行ってください。

①RStudioの［Packages］ビューを表示し、［Install］をクリックします。
②［Install Packages］ダイアログの［Packages］に「randomForest」と入力して、［Install］ボタンをクリックします。

Section 11.6 「Wine Quality」データセットを利用した分類

Level ★★★ | Keyword | 「Wine Quality」データセット

機械学習における分類問題用のデータセットに「Wine Quality」があります。赤ワインと白ワインのそれぞれのデータセットがあり、赤ワインのデータセット「winequality-red」には、1599件の赤ワインの品質の測定値と、1～10の10段階の評価データが収録されています。

Theme 「Wine Quality」データセット

機械学習用のデータセット「Wine Quality」の赤ワインに関するデータセット「winequality-red」の内容を確認しましょう。

▼プロジェクト

プロジェクト	Winequality-red
Rスクリプトファイル	read-winequality.R

▼「winequality-red」(30件まで表示)

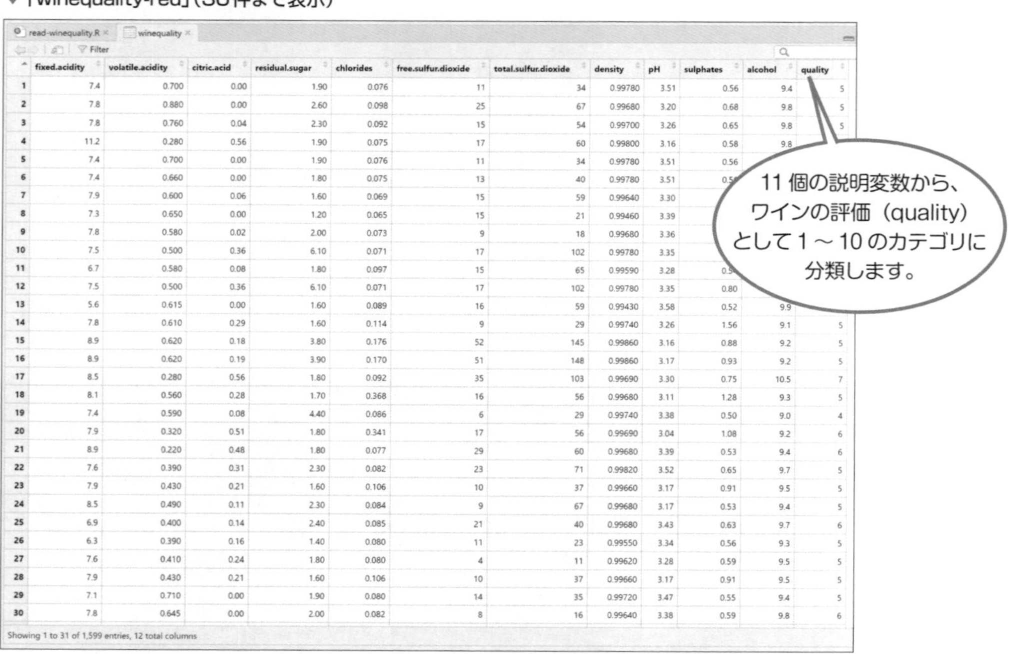

	fixed.acidity	volatile.acidity	citric.acid	residual.sugar	chlorides	free.sulfur.dioxide	total.sulfur.dioxide	density	pH	sulphates	alcohol	quality
1	7.4	0.700	0.00	1.90	0.076	11	34	0.99780	3.51	0.56	9.4	5
2	7.8	0.880	0.00	2.60	0.098	25	67	0.99680	3.20	0.68	9.8	5
3	7.8	0.760	0.04	2.30	0.092	15	54	0.99700	3.26	0.65	9.8	5
4	11.2	0.280	0.56	1.90	0.075	17	60	0.99800	3.16	0.58	9.8	[illegible]
5	7.4	0.700	0.00	1.90	0.076	11	34	0.99780	3.51	0.56	[illegible]	[illegible]
6	7.4	0.660	0.00	1.80	0.075	13	40	0.99780	3.51	[illegible]	[illegible]	[illegible]
7	7.9	0.600	0.06	1.60	0.069	15	59	0.99640	3.30	[illegible]	[illegible]	[illegible]
8	7.3	0.650	0.00	1.20	0.065	15	21	0.99460	3.39	[illegible]	[illegible]	[illegible]
9	7.8	0.580	0.02	2.00	0.073	9	18	0.99680	3.36	[illegible]	[illegible]	[illegible]
10	7.5	0.500	0.36	6.10	0.071	17	102	0.99780	3.35	[illegible]	[illegible]	[illegible]
11	6.7	0.580	0.08	1.80	0.097	15	65	0.99590	3.28	[illegible]	[illegible]	[illegible]
12	7.5	0.500	0.36	6.10	0.071	17	102	0.99780	3.35	0.80	[illegible]	[illegible]
13	5.6	0.615	0.00	1.60	0.089	16	59	0.99430	3.58	0.52	9.9	[illegible]
14	7.8	0.610	0.29	1.60	0.114	9	29	0.99740	3.26	1.56	9.1	5
15	8.9	0.620	0.18	3.80	0.176	52	145	0.99860	3.16	0.88	9.2	5
16	8.9	0.620	0.19	3.90	0.170	51	148	0.99860	3.17	0.93	9.2	5
17	8.5	0.280	0.56	1.80	0.092	35	103	0.99690	3.30	0.75	10.5	7
18	8.1	0.560	0.28	1.70	0.368	16	56	0.99680	3.11	1.28	9.3	5
19	7.4	0.590	0.08	4.40	0.086	6	29	0.99740	3.38	0.50	9.0	4
20	7.9	0.320	0.51	1.80	0.341	17	56	0.99690	3.04	1.08	9.2	6
21	8.9	0.220	0.48	1.80	0.077	29	60	0.99680	3.39	0.53	9.4	6
22	7.6	0.390	0.31	2.30	0.082	23	71	0.99820	3.52	0.65	9.7	5
23	7.9	0.430	0.21	1.60	0.106	10	37	0.99660	3.17	0.91	9.5	5
24	8.5	0.490	0.11	2.30	0.084	9	67	0.99680	3.17	0.53	9.4	5
25	6.9	0.400	0.14	2.40	0.085	21	40	0.99680	3.43	0.63	9.7	6
26	6.3	0.390	0.16	1.40	0.080	11	23	0.99550	3.34	0.56	9.3	5
27	7.6	0.410	0.24	1.80	0.080	4	11	0.99620	3.28	0.59	9.5	5
28	7.9	0.430	0.21	1.60	0.106	10	37	0.99660	3.17	0.91	9.5	5
29	7.1	0.710	0.00	1.90	0.080	14	35	0.99720	3.47	0.55	9.4	5
30	7.8	0.645	0.00	2.00	0.082	8	16	0.99640	3.38	0.59	9.8	6

Showing 1 to 31 of 1,599 entries, 12 total columns

11.6.1 「Wine Quality」データセット

Wine Qualityの赤ワインに関するデータセット「winequality-red」をデータフレームに読み込んで、どのようなデータが収録されているのか見てみることにしましょう。「winequality-red」はCSVファイルの形式で、次のURLで公開されています。

▼「winequality-red」の公開先のURL

```
https://archive.ics.uci.edu/ml/machine-learning-databases/wine-quality/winequality-red.csv
```

このURLから、read.csv()関数でデータフレームに読み込みます。

▼「winequality-red」データセットをデータフレームに読み込む（read-winequality.R）

```
# 「winequality-red」データセット（CSVファイル）をデータフレームに読み込む
winequality <- read.csv(
  "https://archive.ics.uci.edu/ml/machine-learning-databases/wine-quality/
winequality-red.csv",
  sep =";" # 区切り文字を指定
)
# qualityをヒストグラムにする
hist(winequality$quality)
```

ソースコードを実行したら、[Environment] ビューの「winequality」をクリックして表示しましょう。

▼データフレームに格納された「winequality-red」データセットを表示（30件まで）

read-winequality.R × winequality ×

Filter

	fixed.acidity	volatile.acidity	citric.acid	residual.sugar	chlorides	free.sulfur.dioxide	total.sulfur.dioxide	density	pH	sulphates	alcohol	quality
1	7.4	0.700	0.00	1.90	0.076	11	34	0.99780	3.51	0.56	9.4	5
2	7.8	0.880	0.00	2.60	0.098	25	67	0.99680	3.20	0.68	9.8	5
3	7.8	0.760	0.04	2.30	0.092	15	54	0.99700	3.26	0.65	9.8	5
4	11.2	0.280	0.56	1.90	0.075	17	60	0.99800	3.16	0.58	9.8	6
5	7.4	0.700	0.00	1.90	0.076	11	34	0.99780	3.51	0.56	9.4	5
6	7.4	0.660	0.00	1.80	0.075	13	40	0.99780	3.51	0.56	9.4	5
7	7.9	0.600	0.06	1.60	0.069	15	59	0.99640	3.30	0.46	9.4	5
8	7.3	0.650	0.00	1.20	0.065	15	21	0.99460	3.39	0.47	10.0	7
9	7.8	0.580	0.02	2.00	0.073	9	18	0.99680	3.36	0.57	9.5	7
10	7.5	0.500	0.36	6.10	0.071	17	102	0.99780	3.35	0.80	10.5	5
11	6.7	0.580	0.08	1.80	0.097	15	65	0.99590	3.28	0.54	9.2	5
12	7.5	0.500	0.36	6.10	0.071	17	102	0.99780	3.35	0.80	10.5	5
13	5.6	0.615	0.00	1.60	0.089	16	59	0.99430	3.58	0.52	9.9	5
14	7.8	0.610	0.29	1.60	0.114	9	29	0.99740	3.26	1.56	9.1	5
15	8.9	0.620	0.18	3.80	0.176	52	145	0.99860	3.16	0.88	9.2	5
16	8.9	0.620	0.19	3.90	0.170	51	148	0.99860	3.17	0.93	9.2	5
17	8.5	0.280	0.56	1.80	0.092	35	103	0.99690	3.30	0.75	10.5	7
18	8.1	0.560	0.28	1.70	0.368	16	56	0.99680	3.11	1.28	9.3	5
19	7.4	0.590	0.08	4.40	0.086	6	29	0.99740	3.38	0.50	9.0	4
20	7.9	0.320	0.51	1.80	0.341	17	56	0.99690	3.04	1.08	9.2	6
21	8.9	0.220	0.48	1.80	0.077	29	60	0.99680	3.39	0.53	9.4	6
22	7.6	0.390	0.31	2.30	0.082	23	71	0.99820	3.52	0.65	9.7	5
23	7.9	0.430	0.21	1.60	0.106	10	37	0.99660	3.17	0.91	9.5	5
24	8.5	0.490	0.11	2.30	0.084	9	67	0.99680	3.17	0.53	9.4	5
25	6.9	0.400	0.14	2.40	0.085	21	40	0.99680	3.43	0.63	9.7	6
26	6.3	0.390	0.16	1.40	0.080	11	23	0.99550	3.34	0.56	9.3	5
27	7.6	0.410	0.24	1.80	0.080	4	11	0.99620	3.28	0.59	9.5	5
28	7.9	0.430	0.21	1.60	0.106	10	37	0.99660	3.17	0.91	9.5	5
29	7.1	0.710	0.00	1.90	0.080	14	35	0.99720	3.47	0.55	9.4	5
30	7.8	0.645	0.00	2.00	0.082	8	16	0.99640	3.38	0.59	9.8	6

Showing 1 to 31 of 1,599 entries, 12 total columns

winequality-red を
R のデータフレームに
読み込みます。

1599件のレコードがあり、11列のデータ（説明変数）とワインの評価（目的変数）の1列のデータで構成されています。

▼「winequality-red」の11列のデータ（説明変数）

カラム（列）名	内容
fixed.acidity	酒石酸濃度
volatile.acidity	酢酸濃度
citric.acid	クエン酸濃度
residual.sugar	残糖濃度
chlorides	塩化ナトリウム濃度
free.sulfur.dioxide	遊離SO_2（二酸化硫黄）濃度
total.sulfur.dioxide	総SO_2（二酸化硫黄）濃度
density	密度
pH	水素イオン濃度
sulphates	硫化カリウム濃度
alcohol	アルコール度数

▼「winequality-red」の目的変数

カラム（列）名	内容
quality	1〜10の評価。

▼「winequality-red」のqualityをヒストグラムにする（read-winequality.R）

```
# qualityをヒストグラムにする
hist(winequality$quality)
```

▼出力されたヒストグラム

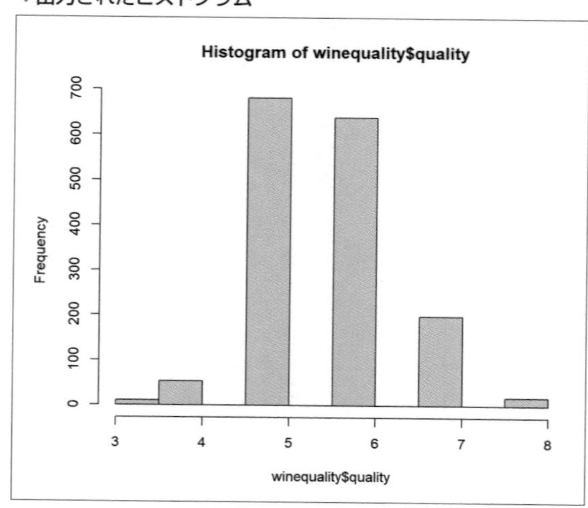

品質の3〜8が登録されていて、5が最も多く、次いで6が多いことが確認できます。品質の1、2、9、10を除く3〜8をカテゴリ化したものを目的変数にして、次のアルゴリズムを用いて分類を行います。

・サポートベクターマシン
・決定木
・ランダムフォレスト
・ニューラルネットワーク

Section

11.7 サポートベクターマシンによる分類

Level ★★★　Keyword　サポートベクターマシン

サポートベクターマシンのモデルを作成し、「winequality-red」のワインの評価（1〜10）の分類を行います。

サポートベクターマシンによるワインの分類

「winequality-red」のワインの評価（1〜10）について、サポートベクターマシンのモデルで分類してみましょう。

▼プロジェクト

プロジェクト	Winequality-Supportvector
Rスクリプトファイル	svm.R

▼「winequality-red」（30件まで表示）

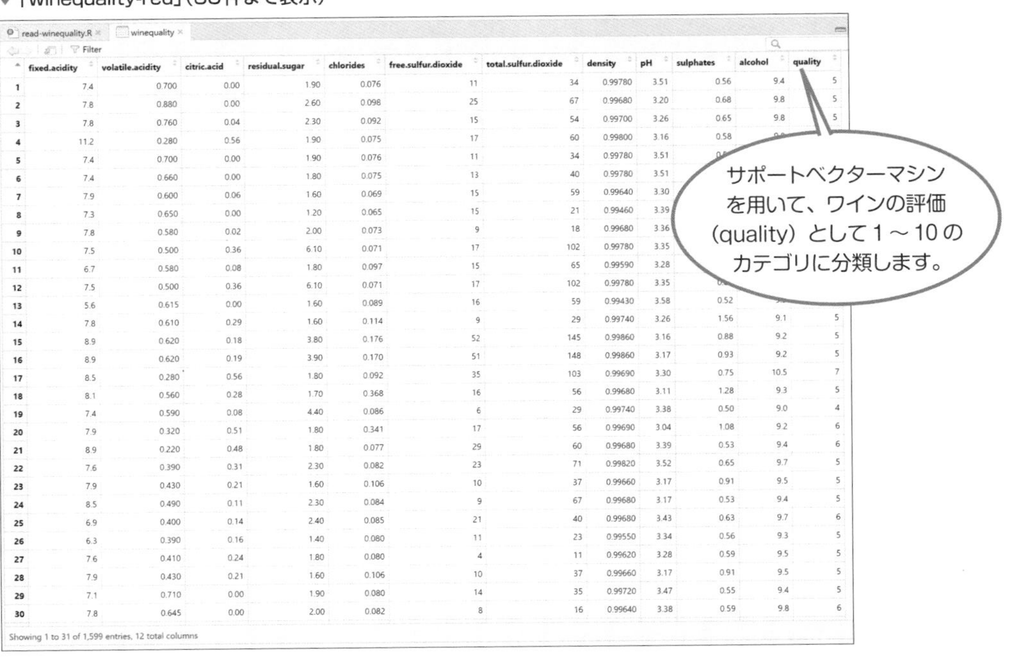

	fixed.acidity	volatile.acidity	citric.acid	residual.sugar	chlorides	free.sulfur.dioxide	total.sulfur.dioxide	density	pH	sulphates	alcohol	quality
1	7.4	0.700	0.00	1.90	0.076	11	34	0.99780	3.51	0.56	9.4	5
2	7.8	0.880	0.00	2.60	0.098	25	67	0.99680	3.20	0.68	9.8	5
3	7.8	0.760	0.04	2.30	0.092	15	54	0.99700	3.26	0.65	9.8	5
4	11.2	0.280	0.56	1.90	0.075	17	60	0.99800	3.16	0.58	[illegible]	[illegible]
5	7.4	0.700	0.00	1.90	0.076	11	34	0.99780	3.51	[illegible]	[illegible]	[illegible]
6	7.4	0.660	0.00	1.80	0.075	13	40	0.99780	3.51	[illegible]	[illegible]	[illegible]
7	7.9	0.600	0.06	1.60	0.069	15	59	0.99640	3.30	[illegible]	[illegible]	[illegible]
8	7.3	0.650	0.00	1.20	0.065	15	21	0.99460	3.39	[illegible]	[illegible]	[illegible]
9	7.8	0.580	0.02	2.00	0.073	9	18	0.99680	3.36	[illegible]	[illegible]	[illegible]
10	7.5	0.500	0.36	6.10	0.071	17	102	0.99780	3.35	[illegible]	[illegible]	[illegible]
11	6.7	0.580	0.08	1.80	0.097	15	65	0.99590	3.28	[illegible]	[illegible]	[illegible]
12	7.5	0.500	0.36	6.10	0.071	17	102	0.99780	3.35	[illegible]	[illegible]	[illegible]
13	5.6	0.615	0.00	1.60	0.089	16	59	0.99430	3.58	0.52	[illegible]	[illegible]
14	7.8	0.610	0.29	1.60	0.114	9	29	0.99740	3.26	1.56	9.1	5
15	8.9	0.620	0.18	3.80	0.176	52	145	0.99860	3.16	0.88	9.2	5
16	8.9	0.620	0.19	3.90	0.170	51	148	0.99860	3.17	0.93	9.2	5
17	8.5	0.280	0.56	1.80	0.092	35	103	0.99690	3.30	0.75	10.5	7
18	8.1	0.560	0.28	1.70	0.368	16	56	0.99680	3.11	1.28	9.3	5
19	7.4	0.590	0.08	4.40	0.086	6	29	0.99740	3.38	0.50	9.0	4
20	7.9	0.320	0.51	1.80	0.341	17	56	0.99690	3.04	1.08	9.2	6
21	8.9	0.220	0.48	1.80	0.077	29	60	0.99680	3.39	0.53	9.4	6
22	7.6	0.390	0.31	2.30	0.082	23	71	0.99820	3.52	0.65	9.7	5
23	7.9	0.430	0.21	1.60	0.106	10	37	0.99660	3.17	0.91	9.5	5
24	8.5	0.490	0.11	2.30	0.084	9	67	0.99680	3.17	0.53	9.4	5
25	6.9	0.400	0.14	2.40	0.085	21	40	0.99680	3.43	0.63	9.7	6
26	6.3	0.390	0.16	1.40	0.080	11	23	0.99550	3.34	0.56	9.3	5
27	7.6	0.410	0.24	1.80	0.080	4	11	0.99620	3.28	0.59	9.5	5
28	7.9	0.430	0.21	1.60	0.106	10	37	0.99660	3.17	0.91	9.5	5
29	7.1	0.710	0.00	1.90	0.080	14	35	0.99720	3.47	0.55	9.4	5
30	7.8	0.645	0.00	2.00	0.082	8	16	0.99640	3.38	0.59	9.8	6

Showing 1 to 31 of 1,599 entries, 12 total columns

11.7.1 サポートベクターマシンによる分類

機械学習における分類とは、クラス間の境界線を決定する問題と考えることができます。クラスという用語が出てきましたが、正解値を表すカテゴリデータのことだとお考えください。分類問題では、分類先のことをクラスと呼びます。

0と1のクラスに分類することを**二値分類**と呼び、もっと多くのクラスに分類することを**多クラス分類**と呼びます。ワインデータは10クラスの分類なので、多クラス分類となります。

マージンとサポートベクターによる分類

サポートベクターマシンによる分類では、クラス間の境界線を決定するにあたって、**マージン**と**サポートベクター**という概念を使います。次図は、サポートベクター回帰のところで示したものです。

▼モデルの予測とチューブの領域

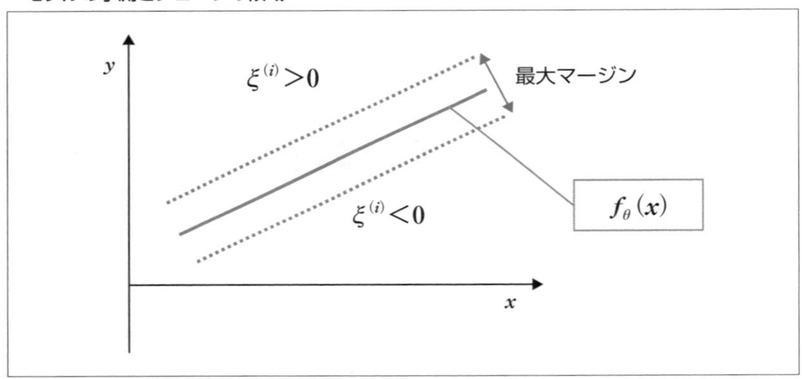

ここでは説明を簡単にするため、2個のクラスの二値分類について、2次元の図を用いて考えてみます。次図は、サポートベクターマシンによる二値分類の様子を表したものです。

▼サポートベクターマシンによる分類

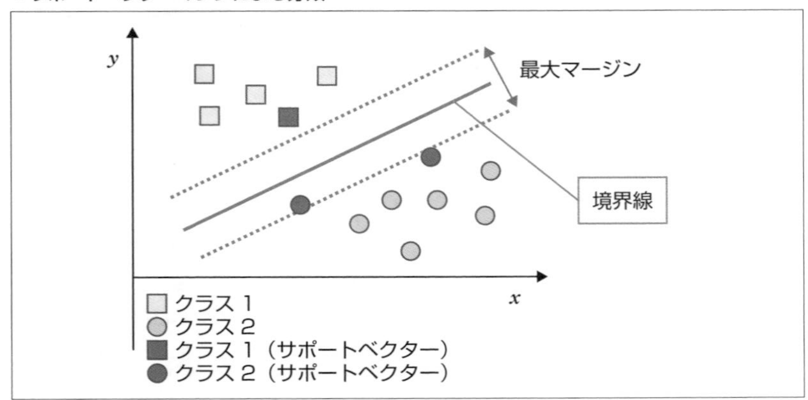

「マージン」は、境界線と各データとの距離で、この距離が大きければ、新しいデータを分類する際に安定して動作することが期待できます。境界線付近にある■や●が「サポートベクター」で、マージンを最大化する役目を持っています。各クラスには少なくともサポートベクターが1つ存在しますが、複数になることもあります。

先の図において、境界線を挟んで上下のマージンで囲まれた面を「超平面(hyperplane)」と呼び、超平面はサポートベクターだけで定義できます。図の超平面は2次元の直線で構成されていますが、3次元で構成される面になる場合もあります。このような直線または平面によって分類できるものを「線形分離可能」と呼びます。ただし、データによっては線形分離が不可能な場合があります。その場合は、カーネル関数を用いて、もとのデータを高次元空間に移し替えて分類します。カーネル関数については、Memo「サポートベクターマシンのカーネル」(507ページ)をご参照ください。

11.7.2 サポートベクターマシンでワインの評価を分類する

サポートベクターマシンによる分類モデルを、kernlabパッケージのksvm()関数で構築します。今回は分類なので、引数に指定するモデル式を

```
as.factor(quality)~
```

のように、目的変数をカテゴリ化したものにします。

プロジェクトにソースファイル「svm.R」を作成し、次のコードを入力して実行しましょう。

▼サポートベクターマシンでワインの評価を分類(svm.R)

```
# 「winequality-red」データセット(CSVファイル)をデータフレームに読み込む
winequality <- read.csv(
  "https://archive.ics.uci.edu/ml/machine-learning-databases/wine-quality/winequality-red.csv",
  sep =";" # 区切り文字を指定
)

# rsampleライブラリを読み込む
library(rsample)
# ランダムに分割する際の乱数の種(シード値)を設定
set.seed(123)
# 訓練データとテストデータを7:3の割合で分割する
df_split <- initial_split(winequality, prop = 0.7)
# 訓練データをデータフレームに格納
train <- training(df_split)
# テストデータをデータフレームに格納
test <- testing(df_split)

# kernlabパッケージを読み込む
library(kernlab)
```

```
# ksvm()関数で訓練データを学習
svm_model <- ksvm(as.factor(quality)~.,
                  data=train )

# caretパッケージを読み込む
library(caret)
# 訓練データの予測値を評価
confusionMatrix(as.factor(train$quality),
                predict(svm_model, train))

# テストデータの予測値を評価
confusionMatrix(as.factor(test$quality),
                predict(svm_model, test))
```

●caretのインストール

ここでは、訓練データとテストデータの予測結果の評価をcaretパッケージのconfusionMatrix()関数で行っています。caretパッケージは、次の手順でインストールを行ってください。

①RStudioの［Packages］ビューを表示し、［Install］をクリックします。
②［Install Packages］ダイアログの［Packages］に「caret」と入力して、［Install］ボタンをクリックします。

▼出力（コンソール）

```
> # 訓練データの予測値を評価
> confusionMatrix(as.factor(train$quality),
+                 predict(svm_model, train))
Confusion Matrix and Statistics

          Reference
Prediction   3   4   5   6   7   8
         3   0   0   7   0   0   0
         4   0   1  26  12   0   0
         5   0   0 379  84   1   0
         6   0   0 117 317   9   0
         7   0   0  11  90  50   0
         8   0   0   0  10   5   0

Overall Statistics

               Accuracy : 0.6676
                 95% CI : (0.6391, 0.6951)
```

```
    No Information Rate : 0.4826
    P-Value [Acc > NIR] : < 2.2e-16

                  Kappa : 0.4555

 Mcnemar's Test P-Value : NA

Statistics by Class:

                     Class: 3  Class: 4 Class: 5 Class: 6 Class: 7 Class: 8
Sensitivity                NA 1.0000000   0.7019   0.6179  0.76923       NA
Specificity          0.993744 0.9660107   0.8532   0.7921  0.90417   0.9866
Pos Pred Value             NA 0.0256410   0.8168   0.7156  0.33113       NA
Neg Pred Value             NA 1.0000000   0.7542   0.7101  0.98450       NA
Prevalence           0.000000 0.0008937   0.4826   0.4584  0.05809   0.0000
Detection Rate       0.000000 0.0008937   0.3387   0.2833  0.04468   0.0000
Detection Prevalence 0.006256 0.0348525   0.4147   0.3959  0.13494   0.0134
Balanced Accuracy          NA 0.9830054   0.7775   0.7050  0.83670       NA
```

「Accuracy」が正解率です。訓練データを用いた分類では「0.6676」の正解率になっています。クロス集計表が出力されていますが、「Prediction」という見出しで行（縦）方向に並んだ3から8のラベルは予測結果を表し、「Reference」という見出しで列（横）方向に並んだ3から8のラベルは正解値を表します。「Prediction」の1行目のラベル3を見ると、「Reference」のラベル3と交差する部分が0になっています。これは、正解値の3を予測できた数は0であることを示しています。一方、「Prediction」のラベル3と「Reference」のラベル5が交差する部分が7になっていて、これは3に分類すべきものを誤って5に分類した数が7であることを示しています。

▼テストデータの予測結果（コンソール）

```
> # テストデータの予測値を評価
> confusionMatrix(as.factor(test$quality),
+                 predict(svm_model, test))
Confusion Matrix and Statistics

          Reference
Prediction   3   4   5   6   7   8
         3   0   0   1   2   0   0
         4   0   0  12   1   1   0
         5   0   0 170  46   1   0
         6   0   0  68 124   3   0
         7   0   0   2  30  16   0
         8   0   0   0   2   1   0
```

```
Overall Statistics

               Accuracy : 0.6458
                 95% CI : (0.6012, 0.6886)
    No Information Rate : 0.5271
    P-Value [Acc > NIR] : 9.396e-08

                  Kappa : 0.3932

 Mcnemar's Test P-Value : NA

Statistics by Class:

                     Class: 3 Class: 4 Class: 5 Class: 6 Class: 7 Class: 8
Sensitivity                NA       NA   0.6719   0.6049  0.72727       NA
Specificity           0.99375  0.97083   0.7930   0.7418  0.93013  0.99375
Pos Pred Value             NA       NA   0.7834   0.6359  0.33333       NA
Neg Pred Value             NA       NA   0.6844   0.7158  0.98611       NA
Prevalence            0.00000  0.00000   0.5271   0.4271  0.04583  0.00000
Detection Rate        0.00000  0.00000   0.3542   0.2583  0.03333  0.00000
Detection Prevalence  0.00625  0.02917   0.4521   0.4062  0.10000  0.00625
Balanced Accuracy          NA       NA   0.7324   0.6733  0.82870       NA
```

テストデータを用いた分類では「0.6458」の正解率です。

Section

11.8 「決定木」による分類

Level ★★★ | Keyword | 決定木(decision tree)

「決定木(decision tree)」を利用したモデルを作成し、「winequality-red」のワインの評価(1～10)の分類を行います。

Theme 「決定木」によるワインの分類

決定木のモデルを作成し、「winequality-red」のワインの評価(1～10)についての分類を行ってみましょう。

▼プロジェクト

プロジェクト	Winequality-Decisiontree
Rスクリプトファイル	tree.R

▼「winequality-red」(30件まで表示)

	fixed.acidity	volatile.acidity	citric.acid	residual.sugar	chlorides	free.sulfur.dioxide	total.sulfur.dioxide	density	pH	sulphates	alcohol	quality
1	7.4	0.700	0.00	1.90	0.076	11	34	0.99780	3.51	0.56	9.4	[illegible]
2	7.8	0.880	0.00	2.60	0.098	25	67	0.99680	3.20	0.68	9.8	[illegible]
3	7.8	0.760	0.04	2.30	0.092	15	54	0.99700	3.26	0.65	9.8	5
4	11.2	0.280	0.56	1.90	0.075	17	60	0.99800	3.16	0.58	9.8	6
5	7.4	0.700	0.00	1.90	0.076	11	34	0.99780	3.51	0.56	9.4	5
6	7.4	0.660	0.00	1.80	0.075	13	40	0.99780	3.51	0.56	9.4	5
7	7.9	0.600	0.06	1.60	0.069	15	59	0.99640	3.30	0.46	[illegible]	[illegible]
8	7.3	0.650	0.00	1.20	0.065	15	21	0.99460	3.39	[illegible]	[illegible]	[illegible]
9	7.8	0.580	0.02	2.00	0.073	9	18	0.99680	3.36	[illegible]	[illegible]	[illegible]
10	7.5	0.500	0.36	6.10	0.071	17	102	0.99780	3.35	[illegible]	[illegible]	[illegible]
11	6.7	0.580	0.08	1.80	0.097	15	65	0.99590	3.28	[illegible]	[illegible]	[illegible]
12	7.5	0.500	0.36	6.10	0.071	17	102	0.99780	3.35	[illegible]	[illegible]	[illegible]
13	5.6	0.615	0.00	1.60	0.089	16	59	0.99430	3.58	[illegible]	[illegible]	[illegible]
14	7.8	0.610	0.29	1.60	0.114	9	29	0.99740	3.26	[illegible]	[illegible]	[illegible]
15	8.9	0.620	0.18	3.80	0.176	52	145	0.99860	3.16	0.88	[illegible]	[illegible]
16	8.9	0.620	0.19	3.90	0.170	51	148	0.99860	3.17	0.93	9.2	5
17	8.5	0.280	0.56	1.80	0.092	35	103	0.99690	3.30	0.75	10.5	7
18	8.1	0.560	0.28	1.70	0.368	16	56	0.99680	3.11	1.28	9.3	5
19	7.4	0.590	0.08	4.40	0.086	6	29	0.99740	3.38	0.50	9.0	4
20	7.9	0.320	0.51	1.80	0.341	17	56	0.99690	3.04	1.08	9.2	6
21	8.9	0.220	0.48	1.80	0.077	29	60	0.99680	3.39	0.53	9.4	6
22	7.6	0.390	0.31	2.30	0.082	23	71	0.99820	3.52	0.65	9.7	5
23	7.9	0.430	0.21	1.60	0.106	10	37	0.99660	3.17	0.91	9.5	5
24	8.5	0.490	0.11	2.30	0.084	9	67	0.99680	3.17	0.53	9.4	5
25	6.9	0.400	0.14	2.40	0.085	21	40	0.99680	3.43	0.63	9.7	6
26	6.3	0.390	0.16	1.40	0.080	11	23	0.99550	3.34	0.56	9.3	5
27	7.6	0.410	0.24	1.80	0.080	4	11	0.99620	3.28	0.59	9.5	5
28	7.9	0.430	0.21	1.60	0.106	10	37	0.99660	3.17	0.91	9.5	5
29	7.1	0.710	0.00	1.90	0.080	14	35	0.99720	3.47	0.55	9.4	5
30	7.8	0.645	0.00	2.00	0.082	8	16	0.99640	3.38	0.59	9.8	6

Showing 1 to 31 of 1,599 entries, 12 total columns

11.8.1 「決定木」による分類

ランダムフォレスト回帰のところで紹介したように、**決定木**はフローチャートによく似た構造のモデルを構築します。頂点のルートノードから伸びた決定ノード、枝により、データを分類するための一連の決定が定義されます。

決定木が機械学習の他のモデルに比べて優れている点として、データの前処理を行わなくても処理できることが挙げられます。特徴量を正規化したり標準化したりする必要がありません。

11.8.2 「決定木」でワインの評価を分類する

ここでは、決定木のモデルの作成は、caretパッケージのtrain()関数で行うことにします。train()関数の第1引数はモデル式なので、

```
as.factor(quality)~.
```

のように指定します。ワインの品質（quality）をカテゴリ化していることに注意してください。dataオプションで使用するデータフレームを

```
data=train
```

のように指定します。methodオプションは、機械学習のアルゴリズムを指定するためのものなので、決定木の場合は、

```
method="rpart"
```

のように"rpart"を設定しましょう。

プロジェクトにソースファイル「tree.R」を作成し、次のコードを入力して実行しましょう。

▼「決定木」でワインの評価を分類（tree.R）

```
# 「winequality-red」データセット（CSVファイル）をデータフレームに読み込む
winequality <- read.csv(
  "https://archive.ics.uci.edu/ml/machine-learning-databases/wine-quality/winequality-red.csv",
  sep =";" # 区切り文字を指定
)


# rsampleライブラリを読み込む
library(rsample)
# ランダムに分割する際の乱数の種（シード値）を設定
set.seed(123)
# 訓練データとテストデータを7:3の割合で分割する
```

```
df_split <- initial_split(winequality, prop = 0.7)
# 訓練データをデータフレームに格納
train <- training(df_split)
# テストデータをデータフレームに格納
test <- testing(df_split)

# caretパッケージを読み込む
library(caret)

# 決定木のモデルを作成
tree_model <- train(
  as.factor(quality)~., # qualityをカテゴリデータに変換
  data=train,
  method="rpart"        # ツリーモデルを生成するrpartを指定
)

# 訓練データの予測値を評価
confusionMatrix(as.factor(train$quality),
                predict(tree_model, train))

# テストデータの予測値を評価
confusionMatrix(as.factor(test$quality),
                predict(tree_model, test))
```

▼出力(コンソール)

```
> # 訓練データの予測値を評価
> confusionMatrix(as.factor(train$quality),
+                 predict(tree_model, train))
Confusion Matrix and Statistics

          Reference
Prediction   3   4   5   6   7   8
         3   0   0   6   1   0   0
         4   0   0  24  15   0   0
         5   0   0 361 101   2   0
         6   0   0 149 262  32   0
         7   0   0  11  93  47   0
         8   0   0   1   7   7   0

Overall Statistics
```

```
               Accuracy : 0.5987
                 95% CI : (0.5694, 0.6276)
    No Information Rate : 0.4933
    P-Value [Acc > NIR] : 9.283e-13

                  Kappa : 0.348

 Mcnemar's Test P-Value : NA

Statistics by Class:

                     Class: 3 Class: 4 Class: 5 Class: 6 Class: 7 Class: 8
Sensitivity                NA       NA   0.6540   0.5470  0.53409       NA
Specificity          0.993744  0.96515   0.8183   0.7172  0.89913   0.9866
Pos Pred Value             NA       NA   0.7780   0.5914  0.31126       NA
Neg Pred Value             NA       NA   0.7084   0.6790  0.95764       NA
Prevalence           0.000000  0.00000   0.4933   0.4281  0.07864   0.0000
Detection Rate       0.000000  0.00000   0.3226   0.2341  0.04200   0.0000
Detection Prevalence 0.006256  0.03485   0.4147   0.3959  0.13494   0.0134
Balanced Accuracy          NA       NA   0.7362   0.6321  0.71661       NA

> # テストデータの予測値を評価
> confusionMatrix(as.factor(test$quality),
+                 predict(tree_model, test))
Confusion Matrix and Statistics

          Reference
Prediction   3   4   5   6   7   8
         3   0   0   3   0   0   0
         4   0   0   9   5   0   0
         5   0   0 172  44   1   0
         6   0   0  81 107   7   0
         7   0   0   4  27  17   0
         8   0   0   0   2   1   0

Overall Statistics

               Accuracy : 0.6167
                 95% CI : (0.5715, 0.6604)
    No Information Rate : 0.5604
    P-Value [Acc > NIR] : 0.007175

                  Kappa : 0.3443
```

```
 Mcnemar's Test P-Value : NA

Statistics by Class:

                     Class: 3 Class: 4 Class: 5 Class: 6 Class: 7 Class: 8
Sensitivity                NA       NA   0.6394   0.5784  0.65385       NA
Specificity           0.99375  0.97083   0.7867   0.7017  0.93172  0.99375
Pos Pred Value             NA       NA   0.7926   0.5487  0.35417       NA
Neg Pred Value             NA       NA   0.6312   0.7263  0.97917       NA
Prevalence            0.00000  0.00000   0.5604   0.3854  0.05417  0.00000
Detection Rate        0.00000  0.00000   0.3583   0.2229  0.03542  0.00000
Detection Prevalence  0.00625  0.02917   0.4521   0.4062  0.10000  0.00625
Balanced Accuracy          NA       NA   0.7131   0.6400  0.79278       NA
```

「Accuracy」が正解率です。訓練データを用いた分類では「0.5987」、テストデータを用いた分類では「0.6167」の正解率です。

Memo 勾配ブースティング

このあとで紹介する「ランダムフォレスト」は、複数の決定木を一斉に実行して、最終的に多数決で分類先を決定します。

勾配ブースティングは、ランダムフォレストの木に相当する複数の「分類器」が、予測値の誤りを次々に引き継ぎながら誤差を小さくしていく手法です。勾配ブースティングには、「XGBoost」や「LightGBM」、「CatBoost」などのアルゴリズムがあります。

Section
11.9 ランダムフォレストによる分類

Level ★★★ | Keyword ランダムフォレスト

ランダムフォレストのモデルを作成し、「winequality-red」のワインの評価（1〜10）の分類を行います。

Theme ランダムフォレストによるワインの分類

ランダムフォレストのモデルを作成し、「winequality-red」のワインの評価（1〜10）についての分類を行ってみましょう。

▼プロジェクト

プロジェクト	Winequality-Randomforest
Rスクリプトファイル	random-f.R

▼「winequality-red」（30件まで表示）

read-winequality.R × | winequality ×

Filter

	fixed.acidity	volatile.acidity	citric.acid	residual.sugar	chlorides	free.sulfur.dioxide	total.sulfur.dioxide	density	pH	sulphates	alcohol	quality
1	7.4	0.700	0.00	1.90	0.076	11	34	0.99780	3.51	0.56	9.4	
2	7.8	0.880	0.00	2.60	0.098	25	67	0.99680	3.20	0.68	9.8	5
3	7.8	0.760	0.04	2.30	0.092	15	54	0.99700	3.26	0.65	9.8	5
4	11.2	0.280	0.56	1.90	0.075	17	60	0.99800	3.16	0.58	9.8	6
5	7.4	0.700	0.00	1.90	0.076	11	34	0.99780	3.51	0.56	9.4	5
6	7.4	0.660	0.00	1.80	0.075	13	40	0.99780	3.51	0.56	9.4	
7	7.9	0.600	0.06	1.60	0.069	15	59	0.99640	3.30	0.46		
8	7.3	0.650	0.00	1.20	0.065	15	21	0.99460	3.39			
9	7.8	0.580	0.02	2.00	0.073	9	18	0.99680	3.36			
10	7.5	0.500	0.36	6.10	0.071	17	102	0.99780	3.35			
11	6.7	0.580	0.08	1.80	0.097	15	65	0.99590	3.28			
12	7.5	0.500	0.36	6.10	0.071	17	102	0.99780	3.35			
13	5.6	0.615	0.00	1.60	0.089	16	59	0.99430	3.58			
14	7.8	0.610	0.29	1.60	0.114	9	29	0.99740	3.26			
15	8.9	0.620	0.18	3.80	0.176	52	145	0.99860	3.16	0.88		
16	8.9	0.620	0.19	3.90	0.170	51	148	0.99860	3.17	0.93	9.2	5
17	8.5	0.280	0.56	1.80	0.092	35	103	0.99690	3.30	0.75	10.5	7
18	8.1	0.560	0.28	1.70	0.368	16	56	0.99680	3.11	1.28	9.3	5
19	7.4	0.590	0.08	4.40	0.086	6	29	0.99740	3.38	0.50	9.0	4
20	7.9	0.320	0.51	1.80	0.341	17	56	0.99690	3.04	1.08	9.2	6
21	8.9	0.220	0.48	1.80	0.077	29	60	0.99680	3.39	0.53	9.4	6
22	7.6	0.390	0.31	2.30	0.082	23	71	0.99820	3.52	0.65	9.7	5
23	7.9	0.430	0.21	1.60	0.106	10	37	0.99660	3.17	0.91	9.5	5
24	8.5	0.490	0.11	2.30	0.084	9	67	0.99680	3.17	0.53	9.4	5
25	6.9	0.400	0.14	2.40	0.085	21	40	0.99680	3.43	0.63	9.7	6
26	6.3	0.390	0.16	1.40	0.080	11	23	0.99550	3.34	0.56	9.3	5
27	7.6	0.410	0.24	1.80	0.080	4	11	0.99620	3.28	0.59	9.5	5
28	7.9	0.430	0.21	1.60	0.106	10	37	0.99660	3.17	0.91	9.5	5
29	7.1	0.710	0.00	1.90	0.080	14	35	0.99720	3.47	0.55	9.4	5
30	7.8	0.645	0.00	2.00	0.082	8	16	0.99640	3.38	0.59	9.8	6

Showing 1 to 31 of 1,599 entries, 12 total columns

ランダムフォレストを用いて、ワインの評価（quality）として1〜10のカテゴリに分類します。

11.9.1 ランダムフォレストによるワインの分類

ランダムフォレストによる分類を行います。
プロジェクトにソースファイル「random-f.R」を作成し、以下のコードを入力して実行しましょう。

▼ランダムフォレストでワインの評価を分類（random-f.R）
```
#「winequality-red」データセット（CSVファイル）をデータフレームに読み込む
winequality <- read.csv(
  "https://archive.ics.uci.edu/ml/machine-learning-databases/wine-quality/winequality-red.csv",
  sep =";" # 区切り文字を指定
)

# rsampleライブラリを読み込む
library(rsample)
# ランダムに分割する際の乱数の種（シード値）を設定
set.seed(123)
# 訓練データとテストデータを7:3の割合で分割する
df_split <- initial_split(winequality, prop = 0.7)
# 訓練データをデータフレームに格納
train <- training(df_split)
# テストデータをデータフレームに格納
test <- testing(df_split)


# randomForestを読み込む
library(randomForest)
# ランダムフォレストのモデルを作成
rf_model <- randomForest(as.factor(quality)~., # qualityをカテゴリデータに変換
                         train)

# caretパッケージを読み込む
library(caret)

# 訓練データの予測値を評価
confusionMatrix(as.factor(train$quality),
                predict(rf_model, train))

# テストデータの予測値を評価
confusionMatrix(as.factor(test$quality),
                predict(rf_model, test))
```

11

Rで機械学習

▼出力（コンソール）

```
> # 訓練データの予測値を評価
> confusionMatrix(as.factor(train$quality),
+                 predict(rf_model, train))
Confusion Matrix and Statistics

          Reference
Prediction   3   4   5   6   7   8
         3   7   0   0   0   0   0
         4   0  39   0   0   0   0
         5   0   0 464   0   0   0
         6   0   0   0 443   0   0
         7   0   0   0   0 151   0
         8   0   0   0   0   0  15

Overall Statistics

               Accuracy : 1
                 95% CI : (0.9967, 1)
    No Information Rate : 0.4147
    P-Value [Acc > NIR] : < 2.2e-16

                  Kappa : 1

 Mcnemar's Test P-Value : NA

Statistics by Class:

                     Class: 3 Class: 4 Class: 5 Class: 6 Class: 7 Class: 8
Sensitivity          1.000000  1.00000   1.0000   1.0000   1.0000   1.0000
Specificity          1.000000  1.00000   1.0000   1.0000   1.0000   1.0000
Pos Pred Value       1.000000  1.00000   1.0000   1.0000   1.0000   1.0000
Neg Pred Value       1.000000  1.00000   1.0000   1.0000   1.0000   1.0000
Prevalence           0.006256  0.03485   0.4147   0.3959   0.1349   0.0134
Detection Rate       0.006256  0.03485   0.4147   0.3959   0.1349   0.0134
Detection Prevalence 0.006256  0.03485   0.4147   0.3959   0.1349   0.0134
Balanced Accuracy    1.000000  1.00000   1.0000   1.0000   1.0000   1.0000

> # テストデータの予測値を評価
> confusionMatrix(as.factor(test$quality),
+                 predict(rf_model, test))
Confusion Matrix and Statistics
```

```
          Reference
Prediction   3   4   5   6   7   8
         3   0   1   1   1   0   0
         4   0   0  10   3   1   0
         5   0   0 162  52   3   0
         6   0   0  42 147   6   0
         7   0   0   2  23  23   0
         8   0   0   0   1   1   1

Overall Statistics

               Accuracy : 0.6938
                 95% CI : (0.6504, 0.7347)
    No Information Rate : 0.4729
    P-Value [Acc > NIR] : < 2.2e-16

                  Kappa : 0.4865

 Mcnemar's Test P-Value : NA

Statistics by Class:

                     Class: 3 Class: 4 Class: 5 Class: 6 Class: 7 Class: 8
Sensitivity                NA 0.000000   0.7465   0.6476  0.67647 1.000000
Specificity           0.99375 0.970772   0.7909   0.8103  0.94395 0.995825
Pos Pred Value             NA 0.000000   0.7465   0.7538  0.47917 0.333333
Neg Pred Value             NA 0.997854   0.7909   0.7193  0.97454 1.000000
Prevalence            0.00000 0.002083   0.4521   0.4729  0.07083 0.002083
Detection Rate        0.00000 0.000000   0.3375   0.3063  0.04792 0.002083
Detection Prevalence  0.00625 0.029167   0.4521   0.4062  0.10000 0.006250
Balanced Accuracy          NA 0.485386   0.7687   0.7289  0.81021 0.997912
```

訓練データを用いた分類では正解率「1」ですべて正解、テストデータを用いた分類では「0.6938」の正解率です。

Section

11.10 ニューラルネットワークによる分類

Level ★★★

Keyword ニューロン　ニューラルネットワーク　パーセプトロン　活性化関数　交差エントロピー誤差　勾配降下法　順伝播　バックプロパゲーション

「ニューラルネットワーク」を利用したモデルを作成し、「winequality-red」のワインの評価（1～10）の分類を行います。

Theme ニューラルネットワークによるワインの分類

ニューラルネットワークのモデルを使用して、「winequality-red」のワインの評価の分類を行ってみましょう。

▼プロジェクト

プロジェクト	Winequality-NN
Rスクリプトファイル	nnet.R

▼「winequality-red」（30件まで表示）

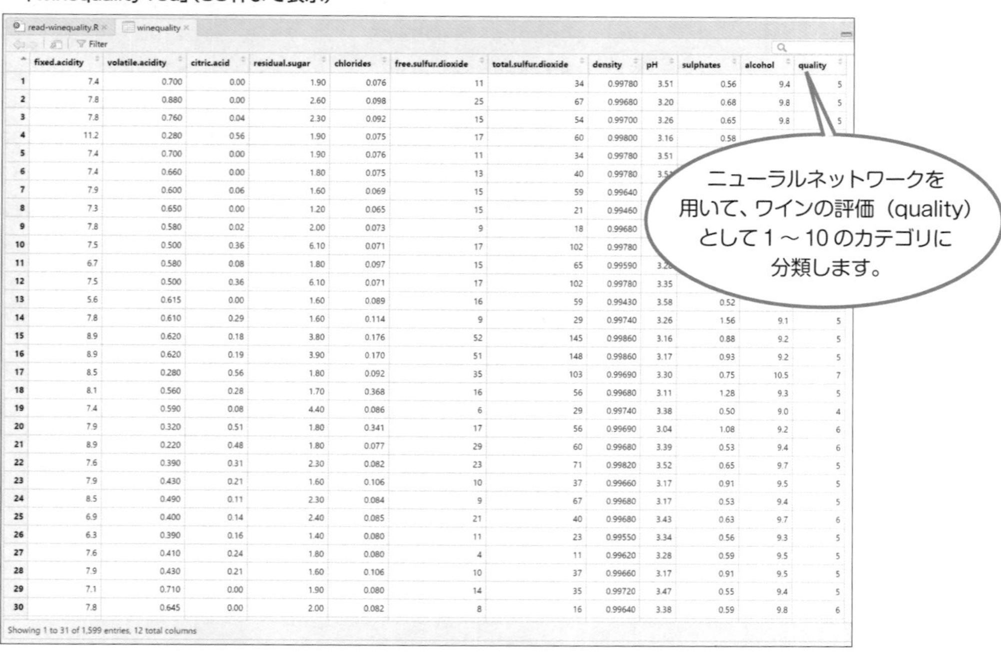

	fixed.acidity	volatile.acidity	citric.acid	residual.sugar	chlorides	free.sulfur.dioxide	total.sulfur.dioxide	density	pH	sulphates	alcohol	quality
1	7.4	0.700	0.00	1.90	0.076	11	34	0.99780	3.51	0.56	9.4	5
2	7.8	0.880	0.00	2.60	0.098	25	67	0.99680	3.20	0.68	9.8	5
3	7.8	0.760	0.04	2.30	0.092	15	54	0.99700	3.26	0.65	9.8	5
4	11.2	0.280	0.56	1.90	0.075	17	60	0.99800	3.16	0.58		
5	7.4	0.700	0.00	1.90	0.076	11	34	0.99780	3.51			
6	7.4	0.660	0.00	1.80	0.075	13	40	0.99780				
7	7.9	0.600	0.06	1.60	0.069	15	59	0.99640				
8	7.3	0.650	0.00	1.20	0.065	15	21	0.99460				
9	7.8	0.580	0.02	2.00	0.073	9	18	0.99680				
10	7.5	0.500	0.36	6.10	0.071	17	102	0.99780				
11	6.7	0.580	0.08	1.80	0.097	15	65	0.99590				
12	7.5	0.500	0.36	6.10	0.071	17	102	0.99780	3.35			
13	5.6	0.615	0.00	1.60	0.089	16	59	0.99430	3.58	0.52		
14	7.8	0.610	0.29	1.60	0.114	9	29	0.99740	3.26	1.56	9.1	5
15	8.9	0.620	0.18	3.80	0.176	52	145	0.99860	3.16	0.88	9.2	5
16	8.9	0.620	0.19	3.90	0.170	51	148	0.99860	3.17	0.93	9.2	5
17	8.5	0.280	0.56	1.80	0.092	35	103	0.99690	3.30	0.75	10.5	7
18	8.1	0.560	0.28	1.70	0.368	16	56	0.99680	3.11	1.28	9.3	5
19	7.4	0.590	0.08	4.40	0.086	6	29	0.99740	3.38	0.50	9.0	4
20	7.9	0.320	0.51	1.80	0.341	17	56	0.99690	3.04	1.08	9.2	6
21	8.9	0.220	0.48	1.80	0.077	29	60	0.99680	3.39	0.53	9.4	6
22	7.6	0.390	0.31	2.30	0.082	23	71	0.99820	3.52	0.65	9.7	5
23	7.9	0.430	0.21	1.60	0.106	10	37	0.99660	3.17	0.91	9.5	5
24	8.5	0.490	0.11	2.30	0.084	9	67	0.99680	3.17	0.53	9.4	5
25	6.9	0.400	0.14	2.40	0.085	21	40	0.99680	3.43	0.63	9.7	6
26	6.3	0.390	0.16	1.40	0.080	11	23	0.99550	3.34	0.56	9.3	5
27	7.6	0.410	0.24	1.80	0.080	4	11	0.99620	3.28	0.59	9.5	5
28	7.9	0.430	0.21	1.60	0.106	10	37	0.99660	3.17	0.91	9.5	5
29	7.1	0.710	0.00	1.90	0.080	14	35	0.99720	3.47	0.55	9.4	5
30	7.8	0.645	0.00	2.00	0.082	8	16	0.99640	3.38	0.59	9.8	6

Showing 1 to 31 of 1,599 entries, 12 total columns

11.10.1 ニューラルネットワークによる分類

ニューラルネットワークは、画像認識だけでなく音声、自然言語処理を含むパターン認識、さらには市場における顧客データに基づく購入物の類推などのデータマイニングに広く用いられています。今回は、ワインの品質の分類問題にニューラルネットワークのモデルを使用します。

ニューラルネットワークのニューロン

ニューラルネットワークをひとことで表現すると、「動物の脳細胞を模した人工ニューロンというプログラム上の構造物をつないでネットワークにしたもの」です。画像認識を例にすると、ネコの画像をネットワークに入力すると、ネットワークの出口から「その画像はネコである」という答えが出てくる、というイメージです。

これは、ニューラルネットワークが、脳機能に見られるいくつかの特性を模した数理的なモデルであるからこそ実現できるものです。動物の脳は、神経細胞の巨大なネットワークです。神経細胞そのものは「ニューロン」と呼ばれていて、その先端部分には、他のニューロンからの信号を受け取る「樹状突起」があり、「シナプス」と呼ばれるニューロン同士の結合部を介して他のニューロンと接続されています。例えば、視覚情報を扱うための膨大な数のニューロンが複雑に絡み合ったネットワークがあるとしましょう。ある物体を見たときの視覚的な情報がネットワークに入力されると、ニューロンを通るたびに信号が変化し、最終的にその物体が何であるかを認識する信号が出力されます。大雑把にいうと、動物の脳は、このようなニューロンのネットワークに流れる信号で、外部や内部の情報を処理していると考えられています。

▼ニューロンから発せられる信号の流れ

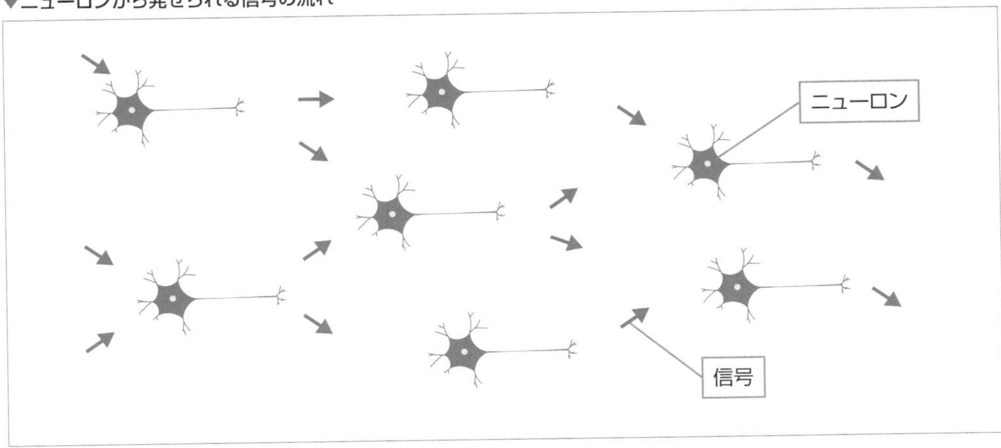

このような神経細胞（ニューロン）をコンピューター上で「機械的に」表現できないものかと考案されたのが、**人工ニューロン**です。人口ニューロンは、他の（複数の）ニューロンからの信号を受け取り、内部で変換処理（活性化関数）をして、他のニューロンに伝達します。

▼人工ニューロン（単純パーセプトロン）

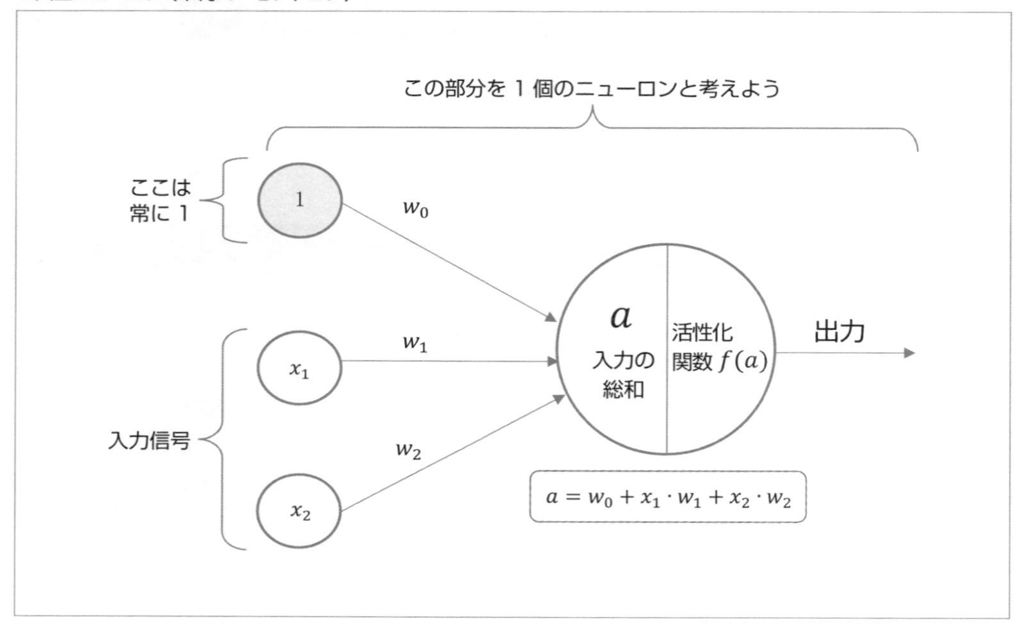

人工ニューロンは、複数の人工ニューロンからなる「層」を形成し、学習によって結合強度を変化させ、問題解決能力を持つようなモデルを形成します。これがニューラルネットワークです。

さて、動物のニューロンに目を移すと、ニューロンに何らかの刺激が電気的な信号として入ってくると、この電位を変化させることで「活動電位」を発生させる仕組みになっています。活動電位とは、いわゆる「ニューロンが発火する」という状態を作るためのもので、活動電位にするのかしないのかを決める境界、つまり「閾値（しきいち）」を変化させることで、発火する／しない状態にします。

人口ニューロンでは、このような仕組みを実現する手段として、他のニューロンからの信号（上図の1、x_1、x_2）に「重み」（図のw_0、w_1、w_2）を適用（実際には掛け算）し、「重みを通した入力信号の総和」（$a = w_0 + x_1 \cdot w_1 + x_2 \cdot w_2$）に活性化関数（図の$f(a)$）を適用することで、1個の「発火／発火しない」信号を出力します。このように、入力と人工ニューロンの2層から構成されるモデルを特に**単純パーセプトロン**と呼びます。図に示されているとおり、まさに「複数の入力に対して1つ出力する」関数です。

一方、ニューラルネットワークでは、単体のニューロンが出力する信号の種類は1個だけですが、同じものを複数のニューロンに出力します。上図では出力する信号が1個になっていますが、実際は矢印がもっとたくさんあって、複数のニューロンに出力されるイメージです。

ここで、ニューロン、ニューラルネットワークの基本的な動作を整理しておきましょう。ニューラルネットワークでは、

という流れを作ることで、ニューロンのネットワークを人工的に再現します。ただし、発火するかどうかは、常に「活性化関数の出力」によって決定されるので、もとをたどれば、発火するかどうかは活性化関数に入力される値次第、ということになります。ですので、やみくもに発火させず、正しいときにのみ発火させるように、信号の取り込み側には重み、バイアスという調整値が付いています。バイアスとは重みだけを入力するための値のことで、他の入力信号の総和が0または0に近い小さな値になるのを防ぐ、「底上げ」としての役目を持ちます。

学習するということは、重み・バイアスを適切な値に更新するということ

ここまでを整理すると、人工ニューロンの動作の決め手は「重み・バイアス」と「活性化関数」ということになります。活性化関数には、一定の閾値を超えると発火するもの、発火ではなく「発火の確率」を出力するもの、などがあります。9章のロジスティック回帰のところで出てきたシグモイド関数のほか、正規化線形関数のReLU（rectified linear unit）がよく使われます。一方、重み・バイアスについては、値は決まっていませんので、プログラム側で適切な値を探すことになります。他のニューロンからの出力に重み（前ページ上図のw_1、w_2）を掛けた値、およびバイアス（図のw_0）の値の合計値が入力信号となるので、重み・バイアスを適正な値にしなければ、活性化関数の種類が何であっても、人工ニューロンは正しく動作することができません。次の図を見てください。

▼ニューラルネットワーク

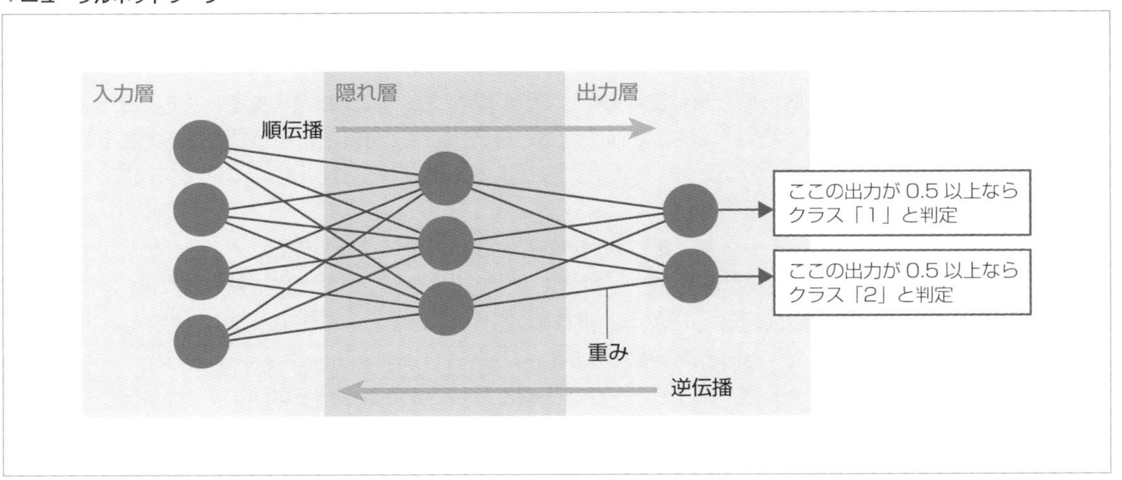

今回のワインの品質の分類では、説明変数の数が11個なので、入力層には11個の値が並ぶことになります。このグループを「入力層」と呼びます。これに接続されるニューロンのグループが「隠れ層」です。上図では、ここに出力層の2個のニューロンが接続されていますので、仮に上段のニューロンが発火した場合はクラス「1」、下段のニューロンが発火した場合はクラス「2」と判定するものと仮定しましょう。発火するかどうかの閾値は0.5とし、0.5以上であれば発火として扱います。一方、活性化関数はどんな値を入力しても0か1、もしくは0〜1の範囲に収まる値を出力するので、クラス1なら上段のニューロンが発火すれば正解、クラス2の場合なら下段のニューロンが発火すれば正解です。

とはいえ、最初は重みとバイアスは場当たり的に決めるのが一般的ですので、上段のニューロンが発火してほしい（クラス「1」と判定したい）のに0.1と出力され、逆に下段のニューロンが0.9になったりします。そこで、順方向への値の伝播で上段のニューロンが出力した0.1と正解の0.5以上の値との誤差を測り、この誤差がなくなるように、出力層に接続されている重みとバイアスの値を修正します。さらに、修正した重みに対応するように、隠れ層に接続されている重みとバイアスの値を修正します。出力するときとは反対の方向に向かって、誤差をなくすように重みとバイアスの値を計算していくことから、このことを専門用語で**誤差逆伝播法**（Backpropagation：**バックプロパゲーション**）と呼びます。

なお、学術的な観点から、ニューラルネットワークでの人工ニューロンは、生体のニューロンの動作を極めて単純化したものを利用するものとされています。つまり、順方向へ信号を伝達するモデルです。順方向への伝播のみを行うフィードフォワードニューラルネットワーク（FNN）が、本来のニューラルネットワークの形態です。

このことから、バックプロパゲーションを用いつつ多層化されたネットワークは、「多層パーセプトロン」と呼んで区別されます。とはいえ、一般的には多層パーセプトロンはすなわちニューラルネットワークのことを指し、機械学習の分野でも同じような扱いがなされています。

順方向で出力し、間違いがあれば逆方向に向かって修正して1回の学習を終える

機械学習でいうところの「学習」とは、「**順方向に向かっていったん出力を行い、誤差逆伝播で重みとバイアスを修正する**」ことです。ただし、学習を1回行っただけでは不十分です。同じデータをもう一度ニューラルネットワーク（モデル）に入力すれば、上段のニューロンが間違いなく発火すると思われますが、説明変数の値が少し変わるだけで、下段のニューロンが発火するかもしれません。あるいは、どのニューロンも発火しない、逆に両方とも発火してしまう、ということもあります。なぜなら、このニューラルネットワークは「学習したときに使ったデータでしかクラス1に分類できない」からです。

なので、クラス1のデータを大量に入力して重みとバイアスを修正することで、クラス1に分類できるように学習させることが必要です。同様に、クラス2のデータを大量に入力すれば、常に下段のニューロンのみが発火するようになるはずです。こうしてひととおりのデータの入力が済んだら、「1回目の学習が終了した」ということになります。

もちろん、1回の学習ですべてのデータを正確に分類できるとは限らないので、同じデータをもう一度学習（順伝播➡誤差逆伝播）させるのが一般的です。これが機械学習における「学習」の基本です。

Onepoint

多クラス分類

今回のワインの品質の分類は、実質的に評価3、4、5、6、7、8の6クラスに分類することになるので、出力層に6個のニューロンが配置され、最も高い確率を出力するニューロン（クラスに相当）に分類されるイメージです。

ニューラルネットワークにおける順伝播処理

533ページの図に示したニューラルネットワークは、入力層が4ユニット、隠れ層が3ユニットのニューロン、出力層が2ユニットのニューロンで構成されていました。この場合、入力層から出力層への順方向の処理は、次の計算式で表されます。

▼ニューラルネットワークにおける隠れ層の処理

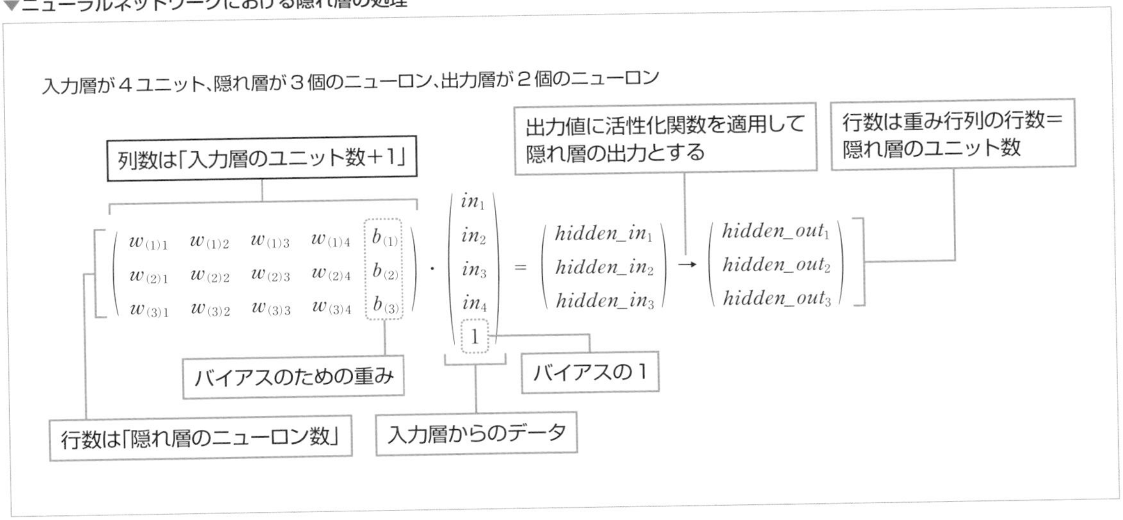

重み$w_{(h)i}$の添え字のhはリンク先の隠れ層のニューロン番号、iはリンク元の入力層のユニット番号を示します。$w_{(1)1}$の場合は、入力層の１番目のユニットから隠れ層の１番目のニューロンに入力される際に適用される重みになります。重み行列の列数は、「入力層のユニット数＋1」になります。最後の１列はバイアスに適用される重み$b_{(h)}$のためのもので、添え字のhはやはりリンク先の隠れ層のニューロン番号を示します。

入力層は4ユニットなので４行の行列になりますが、バイアスの値として１が追加され、(5行, 1列)の行列になります。(n行, m列)の行列と(m行, 1列)の行列の積は、(n行, 1列)の行列になる法則があるので、隠れ層からの出力は(3行, 1列)の行列になります。これに活性化関数を適用した$hidden_out_n$が隠れ層の最終出力です。

▼入力信号に活性化関数を適用

$$\mathrm{sigmoid}\begin{pmatrix} hidden\_in_1 \\ hidden\_in_2 \\ hidden\_in_3 \end{pmatrix} = \begin{pmatrix} hidden\_out_1 \\ hidden\_out_2 \\ hidden\_out_3 \end{pmatrix}$$

続いて、隠れ層から出力層に至る処理を見てみましょう。

▼ニューラルネットワークにおける出力層の処理

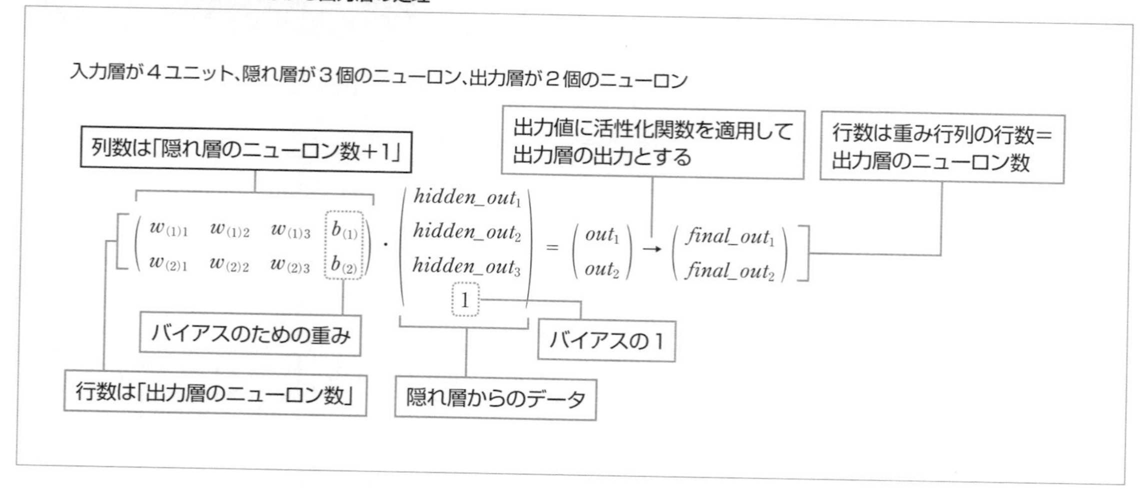

重み$w_{(h)i}$の添え字のhはリンク先の出力層のニューロン番号、iはリンク元の隠れ層のニューロン番号を示します。重み行列の列数は、「隠れ層のニューロン+1」です。最後の1列はバイアスに適用される重み$b_{(h)}$のためのもので、添え字のhはやはりリンク先の出力層のニューロン番号を示します。

出力層の出力は(2行, 1列)の行列になります。これに活性化関数を適用した$final_out_n$が最終出力です。

▼出力値に活性化関数を適用

$$sigmoid\begin{pmatrix} out_1 \\ out_2 \end{pmatrix} = \begin{pmatrix} final\_out_1 \\ final\_out_2 \end{pmatrix}$$

勾配降下法によるパラメーターの更新処理

バックプロパゲーションでは、「交差エントロピー誤差」を最小にするための処理が行われます。

▼交差エントロピー誤差関数

$$E(w) = -\sum_{i=1}^{n}(t_i \log f_w(x_i) + (1-t_i) \log (1-f_w(x_i)))$$

交差エントロピー誤差関数で求められる誤差は、「最適な状態からどのくらい誤差があるのか」を表しています。

勾配降下法の考え方

交差エントロピー誤差関数を最小化するために、**勾配降下法**と呼ばれる手法が使われます。手法名の「勾配降下」は、最小値を見付けるために下り坂を進むことを示唆しています。簡単な例として、次のような2次関数$g(x) = (x-1)^2$で考えてみましょう。グラフでわかるように、関数の最小値は$x=1$のときで、この場合$g(x)=0$です。

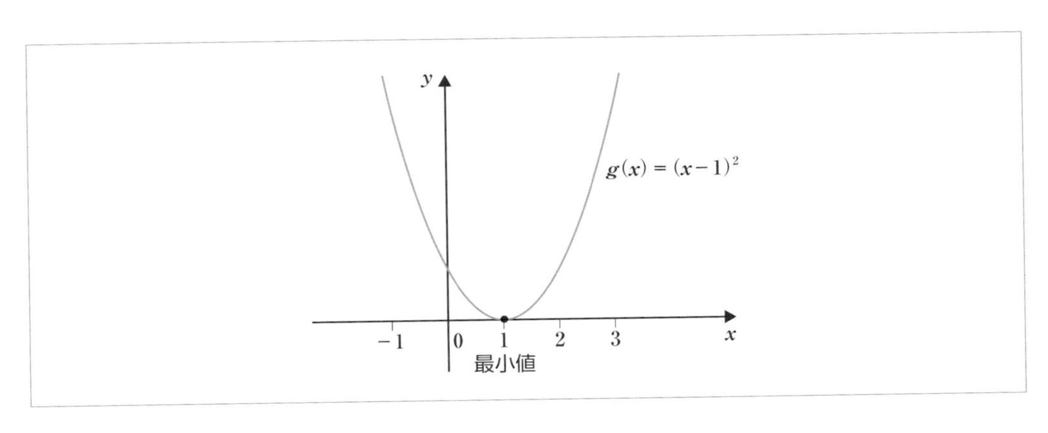

勾配降下法を行うためには初期値が必要です。そこで、点の位置を適当に決めて、少しずつ動かして最小値に近づけることを考えてみます。まずは、グラフの2次関数$g(x) = (x-1)^2$を微分します。$x=1$のとき$g(x)=0$になるので、$g(x)$を展開すると、次のように微分できます。

$$(x-1)^2 = x^2 - 2x + 1 \quad \Rightarrow \quad \frac{d}{dx}g(x) = 2x - 2$$

ここで傾きが正（右上がり）なら左に、傾きが負（右下がり）なら右に移動すると、最小値に近づきます。$x=-1$からスタートした場合は負の傾きです。$g(x)$の値を小さくするには下方向に移動すればよいので、xを右に移動する、つまりxを大きくします。

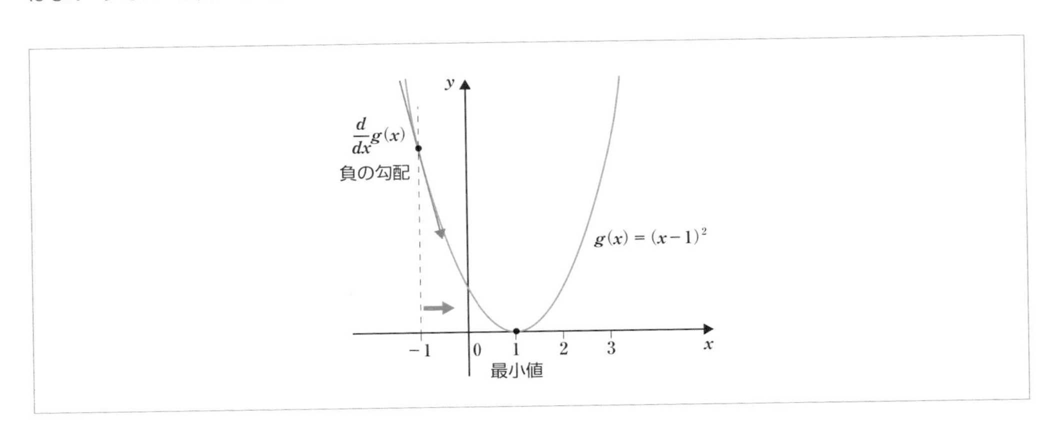

点の位置を反対側の$x=3$に変えてみましょう。今度は、点の位置の傾きが正なので、$g(x)$ の値を小さくするには、xを左に移動する、つまりxを減らします。

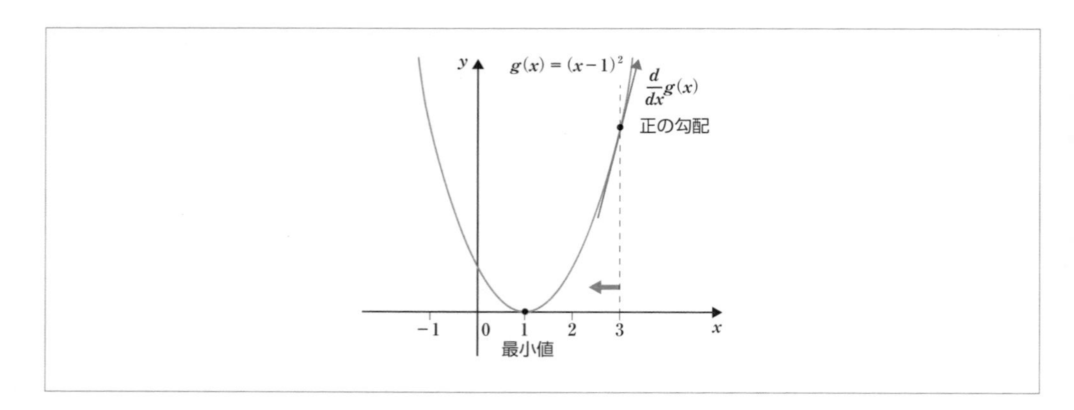

xの値を減らすことを繰り返し、最小値に達したと思えるくらいになるまで、同じように続けます。

学習率の設定

勾配降下法には改善すべき点があります。それは、「最小値を飛び越えないようにする」ことです。xを移動したことにより最小値を飛び越えてしまった場合、最小値をまたいで行ったり来たりすることが永久に続いたり、あるいは最小値から離れていく、つまり発散した状態になります。そこで、xの値を「少しずつ更新する」ことを考えます。

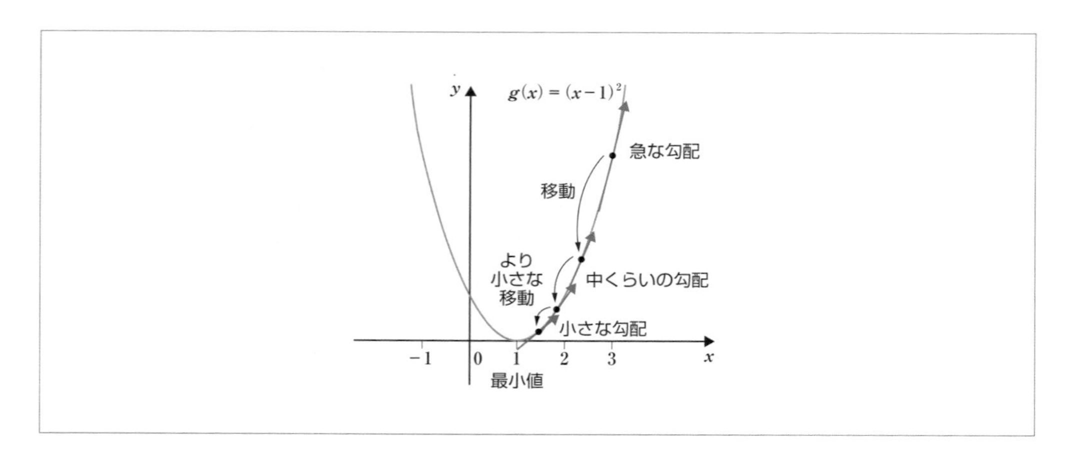

このように、導関数 $\frac{d}{dx}g(x)$ の符号と逆の方向に点の位置を「少しずつ移動」していけば、だんだんと最小値に近づいていきます。ここで、その移動するときの係数を$\eta>0$と書くことにすると，次のように記述できます。

$$x_{i+1} = x_i - \eta \frac{d}{dx} g(x_i)$$

これは、新しいxを1つ前のxを使って定義していることを示しているので、$A := B$（AをBによって定義する）という書き方を使って次のように表せます。

▼勾配降下法による更新式

$$x := x - \eta \frac{d}{dx} g(x)$$

ここで$dg(x)/dx$は、$g(x)$のxについての微分、つまりxに対する$g(x)$の変化の度合い（ある瞬間の変化量）を表します。この式で表される微分は、「xの小さな変化によって関数$g(x)$の値がどのくらい変化するか」ということを意味します。勾配降下法では、微分によって得られた式（導関数）の符号とは逆の方向にxを動かすことで、$g(x)$を最小にする方向へ向かわせるようにします。それが上記の式です。「：＝」の記号は、左辺のxを右辺の式で更新することを示しています。

ここでのポイントは、η（イータ）で表される「学習率」と呼ばれる正の定数です。0.1や0.01などの適当な小さめの値を使うことが多いのですが、当然のこととして、学習率の大小によって最小値に達するまでの移動（更新）回数が変わってきます。このことを「収束の速さが変わる」といいますが、いずれにしても、この方法なら最小値に近づくほど傾きが小さくなることが期待できるので、最小値を飛び越してしまう心配も少なくなります。この操作を続けて、最終的に点があまり動かなくなったら、「収束した」ものとして、その点を最小値とすることができます。

バックプロパゲーションの処理

勾配降下法による更新式がわかりましたので、この式を使って交差エントロピー誤差関数Eを最小にすることを考えましょう。ニューラルネットワーク（多層パーセプトロン）における勾配降下法の更新式は次のようになります。Lが任意の層番号、jは重みのリンク先のニューロンの番号、iはリンク元のニューロン（入力層の場合はユニット）の番号です。

▼多層パーセプトロンにおける勾配降下法の更新式

$$w^{(L)}_{(j)i} := w^{(L)}_{(j)i} - \eta \frac{\partial E}{\partial w^{(L)}_{(j)i}}$$

$w^{(L)}_{(j)i}$はL層のニューロンjにリンクする重み、リンク元は1つ前の層のニューロンiということになります。Eは交差エントロピー誤差関数です。重みに関する誤差関数Eの勾配が最小になるように、出力層から逆順に各層の重みを更新していくわけですが、これを定義したのがバックプロパゲーションです。

バックプロパゲーションによる重みの更新

隠れ層と出力層のニューロンは、それぞれの入力値にシグモイド関数などの活性化関数を適用したものを最終の出力値とします。ここで、l番目の層におけるi番目のニューロンからの出力値を$o^{(l)}_i$とした場合、勾配降下法の更新式を次のように表すことができます。

▼重みの更新式

$$w^{(l)}_{i,h} := w^{(l)}_{(i)h} - \eta\delta^{(l)}_i \; o^{(l-1)}_i$$

$\delta^{(l)}_i$はl番目の層におけるi番目のニューロンの「入力側の誤差」を表します。$\delta^{(l)}_i$の中身は、出力層のときとそれ以外の層でそれぞれ次のようになります。

▼lが出力層のときの$\delta^{(l)}_i$

$$\delta^{(l)}_i = (o^{(l)}_j - t_j) \odot (1 - f(u^{(l)}_j)) \odot f(u^{(l)}_j)$$

▼lが出力層以外の層のときの$\delta^{(l)}_i$

$$\delta^{(l)}_i = \sum_{j=1}^{n} (\delta^{(l+1)}_j w^{(l+1)}_{(j)\,i}) \odot (1 - f(u^{(l)}_j)) \odot f(u^{(l)}_j)$$

$\delta^{(l)}_i$は、対象の層の出力誤差から逆算した入力側の誤差情報であり、これと出力値との積が「入力側の誤差」になります。t_iは、i番目のニューロンの出力値に対する正解値です。分類の場合は、分類先のクラスに対して1が正解値になります。分類先ではないクラスに対する正解値は0です。出力層のときは正解値t_jがわかっていますが、それ以外の層では正解値というものは存在しないので、それぞれ$\delta^{(l)}_i$の中身は上記のように異なるものになります。

NeuralNetToolsのインストール

NeuralNetToolsパッケージ（ライブラリ）は、次の手順でインストールを行ってください。

①RStudioの［Packages］ビューを表示し、［Install］をクリックします。

②［Install Packages］ダイアログの［Packages］に「NeuralNetTools」と入力して、［Install］ボタンをクリックします。

11.10.2　ニューラルネットワークでワインの評価を分類する

ニューラルネットワークにおける順伝播処理やバックプロパゲーションにおける細々とした処理を見てきましたが、Rのパッケージを利用すれば、これらの処理の内容を理解していなくても、いとも簡単に順伝播やバックプロパゲーションを実装したモデルを作成することができます。

ここでは、ニューラルネットワークのモデルの作成は、caretパッケージのtrain()関数で行うことにします。train()関数の第1引数はモデル式なので、

```
as.factor(quality)~.
```

のように指定します。ワインの品質（quality）をカテゴリ化していることに注意してください。dataオプションで使用するデータフレームを

```
data=train
```

のように指定します。methodオプションは、機械学習のアルゴリズムを指定するためのものなので、ニューラルネットワークの場合は、

```
method="nnet"
```

のように"nnet"を設定しましょう。

tuneGridオプションは、ハイパーパラメーターの設定値を試すためのものです。隠れ層のユニット数を1、5、3とし、学習率を0.1、0.2とした場合、3種類のユニット数に対して2パターンの学習率を組み合わせた学習を個別に行って、最もよい結果を示すパラメーター値を決定します。ここでは、

```
tuneGrid=expand.grid(
  size=seq(from=16, to=32, by=4),
  decay=seq(from=0.8, to=1.0, by=0.1))
```

として、隠れ層のユニット数を16から32まで、4刻みで5パターン（16、20、24、28、32）、学習率を0.8、0.9、1.0の3パターン、設定します。ユニット数と学習率のすべての組み合わせを作るため、expand.grid()関数を用いてデータフレームを作成しています。

学習を行う回数については、train()関数特有のアルゴリズムで決定されますが、maxitオプションで任意の回数を指定することができます。今回はmaxit=200を設定して、学習回数を200にすることにします。

プロジェクトにソースファイル「nnet.R」を作成し、次のコードを入力して実行してみましょう。なお、学習が完了するまで一般的なパソコンで10分以上を要しますので、支障がある場合は学習回数（maxit）の値を少なくして試してみてください。

▼「ニューラルネットワーク」でワインの評価を分類（nnet.R）

```
# 「winequality-red」データセット（CSVファイル）をデータフレームに読み込む
winequality <- read.csv(
  "https://archive.ics.uci.edu/ml/machine-learning-databases/wine-quality/winequality-red.csv",
  sep =";" # 区切り文字を指定
)

# rsampleライブラリを読み込む
library(rsample)
# ランダムに分割する際の乱数の種（シード値）を設定
set.seed(123)
# 訓練データとテストデータを7:3の割合で分割する
df_split <- initial_split(winequality, prop = 0.7)
# 訓練データをデータフレームに格納
train <- training(df_split)
# テストデータをデータフレームに格納
test <- testing(df_split)

# caretを読み込む
library(caret)

# ニューラルネットワークのモデル
nnet_model <- train(
  # モデル式（ワインの品質はカテゴリ化する）
  as.factor(quality)~.,
  # 使用するデータフレーム
  data=train,
  # ニューラルネットワークのモデルを指定
  method="nnet",
  # 説明変数をすべて標準化する
  preProcess = c("center", "scale"),
  # 隠れ層のユニット数（size）16〜32の4刻みの5パターンと
  # 学習率（decay）0.8、0.9、1.0の組み合わせで試す
  tuneGrid=expand.grid(
    size=seq(from=16, to=32, by=4),
    decay=seq(from=0.8, to=1.0, by=0.1)),
  # 最大学習回数を200にする
  maxit = 200,
```

```
  # 進捗状況は出力しない
  trace=FALSE
)
# モデルを出力
nnet_model

# NeuralNetToolsを読み込む
library(NeuralNetTools)
# ニューラルネットワークのモデルを視覚化する
plotnet(nnet_model)

# 訓練データの予測値を評価
confusionMatrix(as.factor(train$quality),
                predict(nnet_model, train))

# テストデータの予測値を評価
confusionMatrix(as.factor(test$quality),
                predict(nnet_model, test))
```

結果について順番に見ていきましょう。まず、モデルの内容です。

▼モデルを出力（コンソール）

```
> nnet_model
Neural Network

1119 samples
  11 predictor
   6 classes: '3', '4', '5', '6', '7', '8'

Pre-processing: centered (11), scaled (11)
Resampling: Bootstrapped (25 reps)
Summary of sample sizes: 1119, 1119, 1119, 1119, 1119, 1119, ...
Resampling results across tuning parameters:

  size  decay  Accuracy   Kappa
  16    0.8    0.5823686  0.3308325
  16    0.9    0.5880639  0.3386985
  16    1.0    0.5899058  0.3402070
  20    0.8    0.5838971  0.3339024
  20    0.9    0.5893011  0.3407899
  20    1.0    0.5890031  0.3393703
  24    0.8    0.5877210  0.3404550
```

11 Rで機械学習

```
   24     0.9     0.5846586  0.3342669
   24     1.0     0.5879177  0.3373023
   28     0.8     0.5825483  0.3318568
   28     0.9     0.5890651  0.3410093
   28     1.0     0.5897980  0.3406038
   32     0.8     0.5836694  0.3341048
   32     0.9     0.5873581  0.3381154
   32     1.0     0.5916281  0.3440460

Accuracy was used to select the optimal model using the largest value.
The final values used for the model were size = 32 and decay = 1.
```

分類先のクラスは、'3'、'4'、'5'、'6'、'7'、'8'の6クラスです。試行の結果、隠れ層のユニット数は32、学習率は1.0がベストのようです。続いて、モデルを視覚化した結果です。

▼ニューラルネットワークのモデルを視覚化したところ

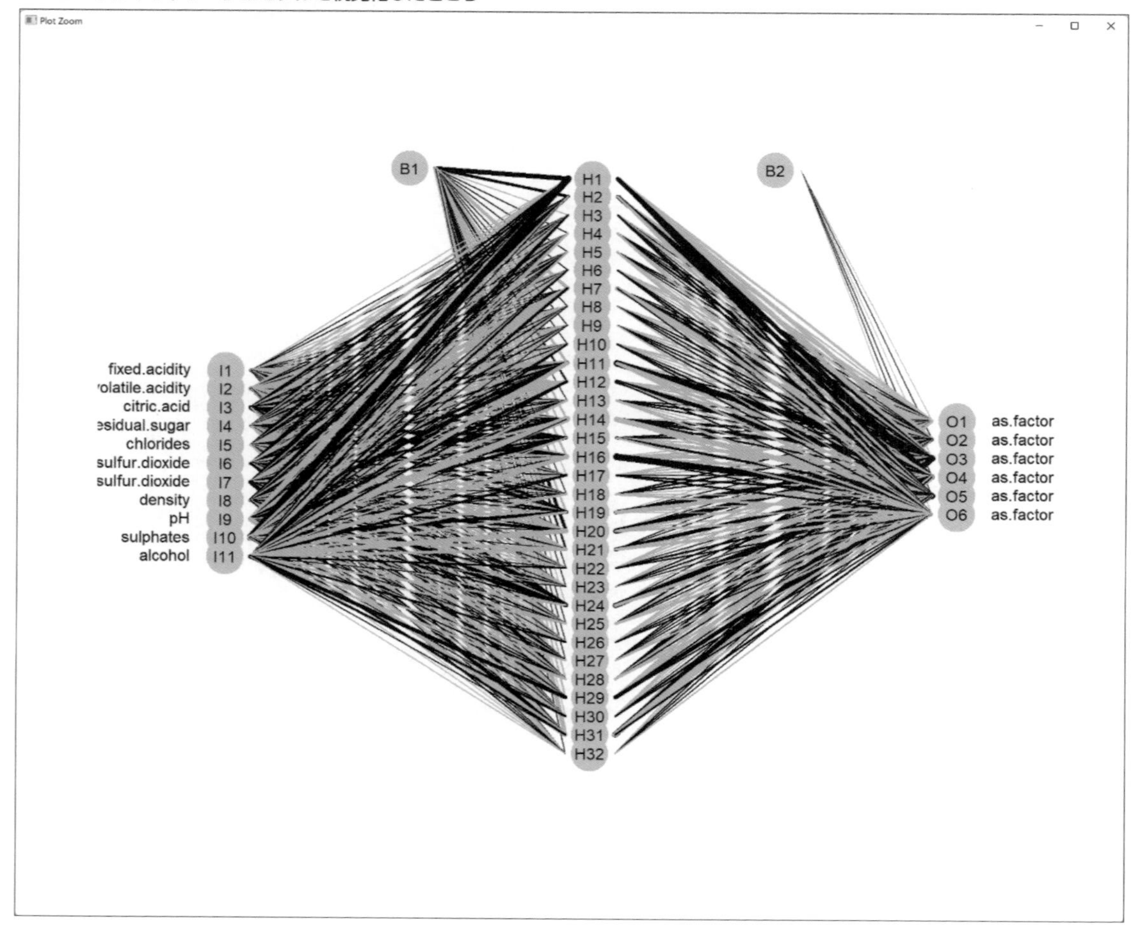

細かくてかなり見づらいですが、説明変数が11個の入力層に対して、隠れ層の32個のユニットが配置され、出力層がクラス数と同じ6ユニットになっています。入力層から取り込まれた11個の説明変数の値が隠れ層の32ユニットに入力され、出力層の6ユニットへの出力が行われます。出力値はそのクラスの確率なので、最も確率が高いユニットのクラスが、分類先のクラスになります。続いて、訓練データを用いた分類結果について見てみましょう。

▼訓練データの分類結果を評価（コンソール）

```
> confusionMatrix(as.factor(train$quality),
+                 predict(nnet_model, train))

Confusion Matrix and Statistics

          Reference
Prediction   3   4   5   6   7   8
         3   0   2   5   0   0   0
         4   0   0  28  10   1   0
         5   0   1 372  86   5   0
         6   0   0 111 313  19   0
         7   0   0  10  74  67   0
         8   0   0   0   6   9   0

Overall Statistics

               Accuracy : 0.672
                 95% CI : (0.6436, 0.6995)
    No Information Rate : 0.4701
    P-Value [Acc > NIR] : < 2.2e-16

                  Kappa : 0.4709
......以下省略......
```

続いて、テストデータを用いた分類結果について見てみましょう。

▼テストデータの分類結果を評価（コンソール）

```
> confusionMatrix(as.factor(test$quality),
+                 predict(nnet_model, test))

Confusion Matrix and Statistics

          Reference
Prediction   3   4   5   6   7   8
```

11 Rで機械学習

```
          3   0   0   2   1   0   0
          4   0   1  10   2   1   0
          5   0   1 165  50   1   0
          6   0   0  60 126   9   0
          7   0   0   2  29  17   0
          8   0   0   0   2   1   0

Overall Statistics

               Accuracy : 0.6438
                 95% CI : (0.5991, 0.6866)
    No Information Rate : 0.4979
    P-Value [Acc > NIR] : 8.486e-11

                  Kappa : 0.3972
......以下省略......
```

「訓練データを用いた分類の正解率は「0. 672」、テストデータを用いた分類では「0. 6438」の正解率です。

以上、赤ワインの評価についての分類を「サポートベクターマシン」「決定木」「ランダムフォレスト」「ニューラルネットワーク」の各アルゴリズムを用いて行いました。

Perfect Master Series
Statistical Analysis with R

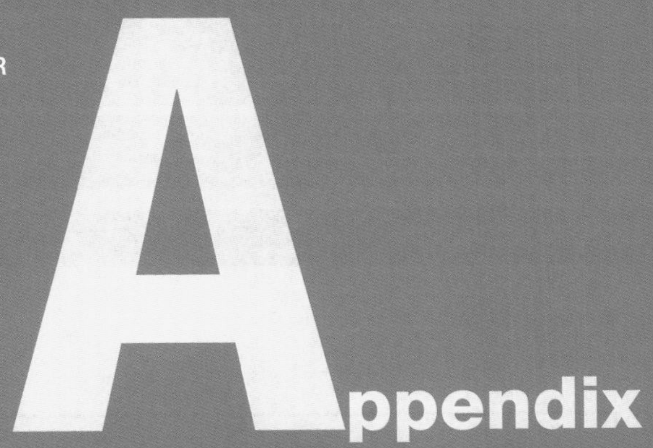

Appendix

1 関数リファレンス

本編で取り上げた関数をまとめました。

統計分析に関連する関数

●mean() 関数

平均値を求めます。

```
mean(値1, 値2[, …, 値n])
mean(ベクトル)
```

●mean() 関数(トリム平均を求める)

mean() 関数のtrimオプションを指定します。

```
mean(x, trim=0 [, na.rm=FALSE])
```

パラメーター	x	対象のデータ。
	trim	平均の計算の前にxの前後から取り除かれる割合(0〜0.5)。この範囲外の値は0もしくは0.5の近い方とされる。
	na.rm	TRUEなら計算の前にNA値を取り除く。

●fivenum() 関数

データの最小値、下側ヒンジ、中央値、上側ヒンジ、最大値を求めます。

```
fivenum(x, na.rm=TRUE)
```

パラメーター	x	数値。NA, −Inf, Infを含んでもよい。
	na.rm	論理値。TRUEならNA値とNaN値はあらかじめ取り除かれる。
戻り値	要約情報を含む長さ5のベクトル。	

●cumsum() 関数

引数に指定した要素の累積合計を求めます。引数に指定した値が複数の値を含むベクトルであれば、先頭の要素から順番に累積合計を求め、これらの値を返します。

```
cumsum(累積合計を求める値)
```

●summary()関数

データの平均、中央値や最大／最小値などの情報を返します。

```
summary(対象のデータ)
```

パラメーター		
	Min.	最小値。
	1st Qu.	第一四分位数。
	Median	中央値。
	Mean	平均値。
	3rd Qu.	第三四分位数。
	Max.	最大値。

●dnorm()関数

平均mean、標準偏差sdの正規分布における確率密度関数を求めます。

```
dnorm(x, mean=0, sd=1)
```

パラメーター		
	x	ベクトル。
	mean	平均（デフォルトは0）。
	sd	標準偏差（デフォルトは1）。

●var()関数

不偏分散を求めます。

```
var(不偏分散を求めるベクトル)
```

資料

●pnorm()関数

指定した平均と標準偏差に対する確率密度関数$f(x)$の累積確率を求めます。

```
pnorm(q, mean=0, sd=1, lower.tail=TRUE, log.p=FALSE)
```

パラメーター		
	q	ベクトル。
	mean	平均（デフォルト0）。
	sd	標準偏差のベクトル（デフォルト1）。
	lower.tail	論理値。デフォルトのTRUEなら確率は下側確率P[X <= x]、FALSEで上側確率P[X > x]とされる。
	log.p	論理値。もしTRUEなら確率pは対数値log(p)とされる。

●qnorm()関数

pnorm()関数の逆関数です。面積（累積確率）を指定すると、面積の区切りになる値（σのいくつぶんか）を求めます。

```
qnorm(p, mean=0, sd=1, lower.tail=TRUE, log.p=FALSE)
```

パラメーター		
	p	累積確率を表す面積。
	mean	平均（デフォルト0）。
	sd	標準偏差のベクトル(デフォルト1)。
	lower.tail	論理値。デフォルトのTRUEなら確率は下側確率P[X <= x]、FALSEで上側確率P[X > x]とされる。
	log.p	論理値。もしTRUEなら確率pは対数値log(p)とされる。

●density()関数

確率密度（確率の面積）を推定します。

```
density(確率密度を推定するデータ)
```

●runif()関数

離散型一様分布の乱数を発生します。

```
runif(n, min, max)
```

パラメーター		
	n	試行の回数。
	min	出力する乱数の最小値。
	max	出力する乱数の最大値。ただし、出力される乱数には引数の最大値は含まない。

●sample()関数

指定したデータからランダムにサンプリングを抽出します。

```
sample(
        x,
        size,
        replace = FALSE,
        prob = NULL
)
```

パラメーター		
	x	ランダムサンプリングするデータを格納したベクトル。
	size	ランダムサンプリングする個数。
	replace	復元抽出を行うか。

●dist()関数

"euclidean"(ユークリッド距離)、"manhattan"(マンハッタン距離)、"canberra"(キャンベラ距離)、"binary"(バイナリー距離)、"minkowski"(ミンコフスキー距離)、"maximum"(最長距離)を求め、結果を行列で返します。

```
dist(x, method="euclidean", diag=FALSE, upper=FALSE)
```

パラメーター	x	数値の行列、またはデータフレーム。
	method	使われる距離の定義。"euclidean"、"maximum"、"manhattan"、"canberra"、"binary"、"minkowski"のいずれかを指定。デフォルトは"euclidean"。
	diag	TRUEで距離行列の対角要素を出力。デフォルトはFALSE。
	upper	TRUEで距離行列の上三角部分を出力。デフォルトはFALSE。

●hclust()関数

階層的クラスター解析を行います。

```
hclust(d, method="complete" [, members=NULL])
```

パラメーター	d	dist()で作成した距離構造(距離行列)。
	method	クラスター分析の方法として、 "single"　最近隣法 "complete"　最遠隣法 "average"　群平均法 "centroid"　重心法 "median"　メディアン法 "ward.D2"　ウォード法 "mcquitty"　McQuitty法 のどれかを指定する。デフォルトは"complete"。
	members	デフォルトはNULL。ラベルを使用する場合に、ラベル用のベクトルを設定する。
戻り値	hclust()関数は、hclustクラスのオブジェクトを戻り値として返す。このオブジェクトはリストで、次の要素を格納している。	

merge	クラスタリングの過程を示す行列。
height	クラスタリングの高さ。特定のクラスターの集積に対する基準の値。
order	プロットに都合がよい原観測値の置換を与えるベクトル。
labels	クラスタリングされるオブジェクトに対するラベル。
call	結果を生成した関数呼び出し式。
method	使用されたクラスター分析方法。
dist.method	hclust()関数の引数dを計算するのに使われた距離。

●kmeans() 関数

データ行列に対して、k-means法（平均法）を使ったクラスタリングを実行します。

```
kmeans(
        x,
        centers
        [, iter.max = 10,
        nstart = 1,
        algorithm = c("Hartigan-Wong", "Lloyd", "Forgy", "MacQueen")]
)
```

<table>
<tr><td rowspan="5">パラメーター</td><td>x</td><td>数値データ行列。</td></tr>
<tr><td>centers</td><td>クラスターの数、またはクラスターの中心の数。</td></tr>
<tr><td>iter.max</td><td>許容する最大繰り返し回数。</td></tr>
<tr><td>nstart</td><td>centersが数値であれば、選ばれるランダム集合の数。</td></tr>
<tr><td>algorithm</td><td>4つの方法（"Hartigan-Wong"、"Lloyd"、"Forgy"、"MacQueen"）から1つ選んで指定する。デフォルトは"Hartigan-Wong"。</td></tr>
<tr><td>戻り値</td><td colspan="2">戻り値は、以下の要素が格納されたkmeansオブジェクト（リスト）として返される。
<table>
<tr><th>リストのラベル</th><th>内容</th></tr>
<tr><td>Cluster</td><td>各点が所属するクラスターを示す整数のベクトル。</td></tr>
<tr><td>Centers</td><td>クラスター中心の行列。</td></tr>
<tr><td>Withinss</td><td>各クラスターに対するクラスター内の二乗和。</td></tr>
<tr><td>size</td><td>各クラスター内の個体の数。</td></tr>
</table></td></tr>
</table>

数値の処理を行う関数

●signif() 関数

第１引数に指定した値を第２引数で指定した桁で丸めます。

```
signif(x, n)
```

<table>
<tr><td rowspan="2">パラメーター</td><td>x</td><td>丸める対象の値を指定。</td></tr>
<tr><td>n</td><td>上位から数えてどこまでの桁で丸めるのかを指定。</td></tr>
</table>

●prod() 関数

引数に指定した値の積を求めます。

```
prod(データ[, データ, …])
```

●exp() 関数

e(自然対数の底) のx乗の値を返します。

```
exp(x)
```

パラメーター	x	*e*に対して累乗する値。

ベクトルの処理を行う関数

●seq() 関数

ベクトルを作成します。

```
seq(a, b, by=c)
```

パラメーター	a, b, by=c	aからbまでcずつ増加するベクトルを生成。

●length() 関数

ベクトルの長さ (要素の数) を調べます。

```
length(ベクトル)
```

データフレームの処理を行う関数

●cbind()関数

2つのデータフレームを並べた状態で結合します。第1引数で指定したデータフレームの右端の列の次に、第2引数で指定したデータフレームの列が結合されます。

```
cbind(結合されるデータフレーム, 結合するデータフレーム)
```

●write.table()関数

引数に指定したオブジェクトをファイルに書き出します。データフレームでなければ、強制的にデータフレームに変換したあとでファイルに書き出します。各行の項目はsepの値で切り分けられます。

```
write.table(
        x,
        file = "",
        append = FALSE,
        quote = FALSE,
        sep = " ",
        eol = "\n",
        na = "NA",
        dec = ".",
        row.names = TRUE,
        col.names = TRUE,
        qmethod = c("escape", "double")
)
```

パラメーター		
	x	書き出されるオブジェクト(データフレーム)。
	file	データを書き出すファイル名。
	append	TRUEを指定すると、既存のファイルが存在する場合は、ファイルの内容に追加される。FALSEを指定すると上書きモードになり、既存のファイルがある場合は、内容がすべて上書きされる。デフォルトはFALSE。
	quote	TRUEを指定すると、列名がダブルクォート(")で囲まれる。FALSEを指定するとダブルクォートで囲まれない。デフォルトはFALSE。
	sep	区切り文字を指定する。タブ区切りのときは"\t"、カンマ区切りのときは","。
	eol	各行の最後に出力される文字を指定する。デフォルトは"\n"(改行)。
	na	データ中の欠損値に使われる文字列を指定する。デフォルトは"NA"。
	dec	小数点に使われる文字列を指定する。デフォルトは"."(ピリオド)。
	row.names	TRUEを指定するとデータフレームの行名を書き込み、FALSEを指定すると書き込みを行わない。デフォルトはTRUE。
	col.names	TRUEを指定するとデータフレームの列名を書き込み、FALSEを指定すると書き込みを行わない。デフォルトはTRUE。

グラフ関係の関数

●hist() 関数

指定したデータからヒストグラムを作成します。

```
hist(
      x[,
      breaks = "Sturges",
      freq = TRUE,
      right = TRUE,
      density = NULL,
      angle = 45,
      col = NULL,
      border = NULL,
      main = paste("Histogram of ", xname),
      xlim = range(breaks),
      ylim = NULL,
      xlab = xname, ylab,
      axes = TRUE,
      plot = TRUE,
      labels = FALSE,
      nclass = NULL]
)
```

パラメーター		
	x	データベクトル。
	breaks	以下の1つ。 ・ヒストグラムのセル間の分割点を与えるベクトル。 ・セル数を与える単一の数。 ・セル数を計算するアルゴリズムを与える文字列。 ・セル数を計算する関数。
	freq	TRUEであれば、ヒストグラムは度数の表示。 FALSEなら確率密度がプロットされ、総面積は1になる。デフォルトはTRUE。
	right	TRUEであればヒストグラムのセルは右閉じ左開き区間となる。
	density	陰影斜線の密度(インチ当たりの線数)。デフォルトのNULLか負の値では斜線は引かれない。
	angle	陰影斜線の傾き。度単位の角度(反時計回り)。
	col	棒を塗りつぶす色。デフォルトのNULLでは塗りつぶしなし。
	border	棒の周囲の色。デフォルトでは標準前景色と同じ。
	main, xlab, ylab	タイトル用の引数。
	xlim, ylim	x, y 値の範囲。x軸範囲指定xlimはヒストグラムの定義には使われず、plot=TRUEの際のプロットで使われる。
	axes	デフォルトのTRUEでは、プロットする際に軸が描かれる。
	plot	デフォルトのTRUEでは、ヒストグラムが描かれる。それ以外はbreaksとcountsのリストが返される。
	labels	論理値もしくは文字。FALSEでなければ棒の上部にラベルが追加される。

資料

●barplot()関数

棒グラフを作成します。グラフのもとになるデータと、その他の書式を設定するオプションを指定できます。

```
barplot(
  棒グラフのもとになるデータ,
  main      = "グラフのタイトル",
  sub       = "サブタイトル",
  names.arg = "棒の下に表示する文字",
  xlab      = "x軸のラベル"
  ylab      = "y軸のラベル"
  col       = "棒の色",
  space     = 棒と棒の間のスペース（0でスペースなし）
  border    = NAまたはTRUE。棒の境界線（NAは境界線なし、TRUEで棒と同じ色を使用）
)
```

●plot()関数

散布図を描きます。

```
plot(x軸に割り当てるデータ, y軸に割り当てるデータ)
```

●curve()関数

xを含んだ関数式グラフを、fromからtoまでの区間だけ表示します。

```
curve(
        xを含んだ関数式,
        from=左端の値,
        to=右端の値
)
```

●lines()関数

出力済みのグラフに、指定した地点を結ぶ線（ライン）を描画します。

```
lines(地点1, 地点2[, …])
```

●interaction.plot()関数

複数の要因の組み合わせによる平均をプロットします。

```
interaction.plot(横軸にとる要因, もう1つの要因, 平均値を求める変数)
```

Appendix

2 統計用語集

本編で扱った内容に関する統計用語の一覧です。

あ行

●1要因の分散分析

1元配置の分散分析とも呼ばれます。要因（因子）の数が1つの場合の分散分析です。データを「水準の違いによる部分」と「統計的な揺らぎの部分」とに分け、それらの大小を、F分布を利用して検定します。分析結果が有意水準で定められた棄却域に入れば、有意な差があるとして、因子の効果を認めます。なお、要因同士が対応しているか、していないかによって、
1要因の分散分析（対応あり）
1要因の分散分析（対応なし）
のいずれかを行います。

●一様分布

離散型または連続型の確率分布の総称です。すべての事象の起こる確率が等しい現象のモデルです。

●一般化線形モデル

目的変数と説明変数が回帰直線という線形式で表される統計モデルです。変数yが次のように表現される場合、これを**一般化線形モデル**と呼びます。
$y = ax + b$

●因子

確率変数の背後にあり、それらの変数に対して深く影響を与える潜在的な変数のことです。

●上側確率

与えられた確率分布において、確率変数の値が指定された値よりも大きくなる確率。

●ウェルチのt検定

母分散 (σ^2) が必ずしも等しくない2つの母集団に対し、その平均が等しいかどうかを検定する手法のことです。

●F分布

自由度を2つ持つ確率分布です。

$$\text{検定統計量}F = \frac{\text{群間の平方和/群間の自由度}}{\text{群内の平方和/郡内の自由度}}$$

は、すべての群の母平均が等しいときに「F分布」に従います。

●オッズ

ある結果が起こる確率pと起こらない確率$1-p$との比率で、すなわち$\frac{p}{1-p}$の値のことです。この対数をとった値は**ロジット**と呼ばれます。

か行

●回帰係数

回帰分析において、回帰方程式の説明変数に付く係数のことです。回帰方程式$y = ax + b$の説明変数xに付いている係数aが回帰係数です。

●回帰直線

線形の単回帰方程式を、散布図上の直線として表したものです。

●回帰分析

複数の変数で構成されるデータにおいて、着目する1つの変数を残りの変数で説明する分析手法です。回

帰方程式が１次式で表される線形回帰分析と、回帰方程式が１次式でない非線形回帰分析とに分類されます。また、線形回帰分析は、説明変数が１つの単回帰分析と、説明変数が複数ある重回帰分析に分類されます。

- 回帰分析
  - 線形回帰分析
    - 線形の単回帰分析
    - 線形の重回帰分析
  - 非線形回帰分析
    - 非線形の単回帰分析
    - 非線形の重回帰分析

●回帰方程式

回帰分析で、１変数（目的変数）を他の変数（説明変数）で表した式のことです。「回帰式」と略することもあります。回帰方程式の一般式は$y = ax + b$と表し、式中の係数 a や定数項 b は「最小二乗法」で求めます。回帰方程式が表すグラフの線を「回帰直線」または「回帰曲線」と呼び、その線は散布図上の各点の中心に沿って描かれます。

●カイ二乗（χ^2）検定

標本分散（s^2）と母分散（σ^2）の比の値のように、検定の際に用いる統計量がχ^2分布に従うとき、この検定をχ^2検定と呼びます。χ^2検定には、

・母集団の分散の検定
・適合度の検定
・独立性の検定

があります。

χ^2検定における検定統計量は、次の式：

$$\text{検定統計量}\chi^2 = \frac{(\text{観測度数} - \text{期待値})^2}{\text{期待値}}\text{の総和}$$

で求めます。この場合、観測度数をO、期待値をEに置き換えると、次のように表されます。

$$\text{検定統計量}\chi^2 = \frac{(O_1 - E_1)^2}{E_1} + \frac{(O_2 - E_2)^2}{E_2} + \cdots + \frac{(O_k - E_k)^2}{E_k}$$

●カイ二乗（χ^2）分布

N個の確率変数$X_1, X_2, \cdots, X_N$が正規分布$N(\mu, \sigma^2)$に従うとき、統計量

$$\chi^2 = \frac{(X_1 - \bar{X})^2 + (X_2 - \bar{X})^2 + \cdots + (X_N - \bar{X})^2}{\sigma^2}$$

の分布は、自由度$N-1$のカイ二乗分布になります。

●階層的クラスター分析

似通った個体や変数をグループ化するクラスター分析における代表的な分析手法です。次の４つのステップを繰り返し、似た者同士を樹形図にまとめます。

①分析対象の各個体間の距離を測り、最も近い個体を結び付けてグループ（クラスター）を作る。
②クラスターと個体、クラスターとクラスターの距離を測り、その距離に応じて最も近い者同士を結ぶ。
③②の作業をクラスターが１つになるまで繰り返す。
④グループ分けしたい個数に該当する箇所で樹形図を切る。

なお、個体間の距離やクラスター間の距離の測り方には、様々な方法があります。

●確率

１つの事柄（事象）が起こり得る可能性を数で表したものです。一般的に０以上１以下の数で表し、１が完全に起こること、０がまったく起こらないことを示します。これらを前提にして考え出された理論が「確率論」で、推測統計学は確率論の上に構築されています。

●確率関数

確率分布を表す関数のことです。二項分布のように飛び飛びの値をとる離散型の確率分布と、正規分布のように連続型の確率分布を表す関数の総称ですが、連続型の確率分布の場合は**確率密度関数**と呼ぶのが一般的です。

●確率分布

確率変数Xがとる値に、総量１の確率がどのように分配されたかを示したものを確率分布といい、式や表、グラフで表されます。確率変数Xが離散型のグラフでは、棒グラフを使って分布状況が表され、連続型のグラフでは曲線で囲まれた面積によって分布状況が表されます。離散型の確率分布には二項分布、連続型の確率分布には標準正規分布や正規分布があります。

●確率変数

事象によって値が決まる変数のことですが、たんなる変数ではなく、確率が付与された変数であるという特徴があります。確率変数の値は確率的に値が変化

し、この確率は「ある特定の確率分布」に従います。飛び飛びの値をとる離散型確率変数の例としてコイン投げを考えると、表が出ればXを1とし、裏が出ればXを0とする場合、変数Xが1になる確率は1/2、変数Xが0になる確率も1/2です。したがってXは離散型確率変数です。一方、変数Xが連続した値をとり得る「連続型の確率変数」もあります。

●確率密度関数

連続型の確率変数Xに対して、Xがa以上b以下となる確率が、積分を用いて

$$P(a \leq X \leq b) = \int_a^b f(x)dx$$

で与えられるとき、$f(x)$を確率密度関数といいます。連続型の確率分布のグラフの曲線は確率変数Xがとり得る値の確率（これを**確率密度**という）を表しますが、この確率密度を知るための関数が確率密度関数です。

標準正規分布の確率密度関数は

$$f(x) = \frac{1}{\sqrt{2\pi}} e^{-\frac{1}{2}x^2}$$

一般的な正規分布の確率密度関数は

$$f(x) = \frac{1}{\sigma\sqrt{2\pi}} e^{-\frac{1}{2}(\frac{x-\mu}{\sigma})^2}$$

と表されます。

●片側検定

統計的仮説検定において、統計量の分布の右端または左端のどちらかに棄却域を設定して行う検定のことです。棄却域を右側にとる場合を特に**右片側検定**、棄却域を左側にとる場合を**左片側検定**と呼ぶことがあります。検定したい統計量が、ある値よりも大きいかどうかを調べる場合は右側（上側）の右片側検定を、小さいかどうかを調べるときは左側（下側）の左片側検定を行います。

●幾何平均

n個の観測値$\{x_1, x_2, x_3, \cdots, x_n\}$の積の$n$乗根です。**相乗平均**とも呼ばれます。

$$幾何平均 = \sqrt[n]{x_1 x_2 x_3 \cdots x_n}$$

幾何平均はn乗したら$x_1 x_2 x_3 \cdots x_n$になり、増加率などの比率に着目するときに用いられます。

●棄却域

統計的仮説検定では、観測値から求めた統計量が、ある仮説のもとで起こりにくいことであれば、仮説を棄却します。このとき、観測値から求めた統計量の分布では起こりにくいと見なされる範囲を「棄却域」といいます。棄却域を統計量の分布のどこに設定するかで、両側検定と片側検定のどちらかが用いられます。

●記述統計学

収集したデータを整理して、もとの集団についての構造や特性を数量や図表で記述する統計学のことです。

●帰無仮説

仮説検定において、その当否を検定するための仮説です。期待する説をあえて**対立仮説**とし、対立仮説を否定する仮説として「帰無仮説」を立てます。無に帰する意図で立てた仮説なので、このように呼ばれます。検定によって帰無仮説を棄却した方がよいと判断できれば、対立仮説が採択されることになります。

●共分散

共分散は、「変量xとyの偏差の積和をサンプルサイズ－1で割ったもの」です。変量xとyの共分散をu_{xy}とすると、次の式で求めることができます。

$$u_{xy} = \frac{(x_1-\bar{x})(y_1-\bar{y})+(x_2-\bar{x})(y_2-\bar{y})+\cdots+(x_n-\bar{x})(y_n-\bar{y})}{n〔サンプルサイズ〕-1}$$

●区間推定

標本から得た値をもとに、「母数θがL以上R以下の区間に入っている確率はpである」のように、特定の区間で母数を推定する方法です。点推定の場合は、推定値が1つだけ示されますが、それがどのくらいの確率で正しいのかはわかりません。一方、区間推定の場合は、推定値が幅を持って示されると同時に、その正当性の確率も示されます。

●クロス集計表

2つの項目について調べた度数を同時にまとめた表です。**分割表**、**連関表**とも呼ばれます。

●欠損値

何らかの理由で測定できなかったデータのことで、**欠測値**とも呼ばれます。

●決定係数

線形の回帰分析において、目的変数の予測値の分散を目的変数の実測値の分散で割った値のことで、「R^2」と表記されます。

さ行

●最小二乗法

実測値と理論値との差の二乗和が最小になるように、母数を推定する方法です。

●残差

回帰分析において、回帰方程式から得られる目的変量の予測値と、資料から得られる目的変量の実測値との差のことです。一般的に「ε（イプシロン）」で表されます。

●残差平方和

回帰分析において、資料から得られる目的変量の実測値との差εを2乗し、その和を求めたものです。

●算術平均

n個の値$\{x_1, x_2, x_3, \cdots, x_n\}$の総和をデータの数$n$で割ったものです。**相加平均**と呼ばれることもあります。

$$\text{算術平均}\bar{x} = \frac{x_1 + x_2 + x_3 + \cdots + x_n}{n}$$

●試行

決まった条件のもとで繰り返し行うことのできる実験や観測のことです。サイコロを投げて出た目の数に着目する場合、サイコロ投げが試行になります。

●事象

試行の結果として起こる事柄のことです。

●実測値

実際の資料（データ）から得られる値のことです。

●重回帰分析

説明変数が複数ある場合の回帰分析です。線形回帰分析と非線形回帰分析があります。基本的に、回帰方程式から得られる目的変数の値（予測値）と、実際の目的変数の値（実測値）との差が最小になるように、最小二乗法で回帰方程式の係数と定数項を決めます。

●自由度

独立に動くことができる変数の個数のことです。見かけ上の変数がn個あるからといって、それらが独立にn通りの値を自由にとれるとは限らないので、変数が自由に動ける度合いを表すものとして自由度が利用されます。

●信頼区間

母集団の区間推定において、真の値が含まれるように推定された区間のことで、区間の両端を**信頼限界**と呼びます。

●信頼度

母集団の区間推定において、信頼区間に真の値が含まれる確率のことで、**信頼係数**とも呼ばれます。区間推定では、標本を抽出するたびに信頼区間が変化しますが、信頼度95%で母平均を推定する場合、標本を無数に抽出してたくさんの信頼区間を得られれば、母平均を含んでいる区間がほぼ95%あるということになります。

●水準

分散分析において、資料に影響を与えると仮定される要因の種類のことです。例えば、3種類の肥料を与えた3つの植物群のデータにおいて、どの肥料がよく効いたかを調べる場合、3つの肥料の一つひとつが水準になります。

●正規分布

連続型確率変数Xの確率密度関数$f(x)$が次の式で表される分布のことです。

$$f(x) = \frac{1}{\sigma\sqrt{2\pi}} e^{-\frac{1}{2}\left(\frac{x-\mu}{\sigma}\right)^2}$$

●**相関係数**

２変量の関係の強さを数値で表したものです。いくつかの種類があり、代表的なものを**ピアソンの積率相関係数**ともいいます。

xの標本標準偏差（不偏分散から求めたもの）をu_x、yの標本標準偏差をu_y、x、yの共分散をu_{xy}とすると、相関係数rは

$$r = \frac{u_{xy}}{u_x \cdot u_y}$$

となり、xの標準偏差（標本分散から求めたもの）をs_x、yの標準偏差をs_y、不偏推定量を用いないx、yの共分散をs_{xy}とすると、相関係数rは

$$r = \frac{s_{xy}}{s_x \cdot s_y}$$

となって、相関係数rは常に「$-1 \leqq r \leqq 1$」の値になります。rの値が１に近いほど正の相関が強く、－１に近いほど負の相関が強くなり、０に近ければ相関がないことになります。

●**z検定**

n個の標本について標準偏差σと標本平均$\bar{x}$が与えられているとき、母平均が仮説の平均xに等しいかどうかを検定する方法です。検定では、次の検定統計量

$$z = \frac{\bar{x} - x}{\frac{\sigma}{\sqrt{n}}}$$

が正規分布に従うことと仮定して、このxが母平均に等しいかどうかを両側検定します。

●**切片**

数学における方程式において、y軸と交わるところのyの値のことで、回帰方程式においては定数項のことを指します。$y = ax + b$においてbが定数項で、aは回帰係数です。

●**説明変数**

回帰分析において、目的変数を説明する変数のことです。回帰方程式を$y = f(x_1, x_2, x_3, \cdots)$とした場合、変数$x_1, x_2, x_3, \cdots$に相当するのが説明変数です。

●**線形回帰分析**

回帰分析において、目的変数を説明変数の１次式で表現する分析手法のことです。データの分布状況を直線で代表させます。

●**相関図**

２つの変数x、yの実際の値を(x, y)として座標平面上に示した図のことです。**散布図**とも呼ばれます。

●**相関分析**

散布図や相関係数をもとにして、２変数の関係を調べる解析手法のことです。

●**相対度数**

ある事象の起こった度数を、資料全体の総度数で割った値のことです。

●**相対度数分布表**

変量の値をいくつかの区間（階級）に分類し、各階級の度数（値の出現回数）を表した表のことを**度数分布表**といいます。全度数に対する各階級の度数の割合が**相対度数**で、これを表にまとめたのが**相体度数分布表**です。

た行

●**大数の法則**

母平均μの母集団から大きさnの標本を無作為に抽出するとき、その標本平均$\bar{x}$は、nが大きくなるに従って母平均μの近くに分布する、という法則です。

●**代表値**

データを代表する値。平均値、中央値などがあります。

●**多変量解析**

複数の変数に関するデータをもとに、変数間の相互の関係を分析する統計手法の総称です。

●**単回帰係数**

説明変数が１つの線形の単回帰分析において、回帰方程式の係数（**回帰係数**）のことです。

●単回帰分析

説明変数が1つの線形の回帰分析のことです。回帰方程式に1変数の1次式を用いる線形回帰分析と、それ以外の式を用いる非線形回帰分析がありますが、単回帰分析という場合は、一般的に線形回帰分析のことを指します。

●中央値

資料（データ）を大きさの順に並べたときに中央の順位にくる値のことです。データの数が奇数であれば中央値は必ず存在しますが、偶数の場合は中央の値が存在しないので、その場合は中央の順位の隣り合う2つの値の平均を中央値とします。

●中心極限定理

平均μ、分散σ^2の母集団から抽出した、サンプルサイズnの標本の平均を$\bar{x}$とするとき、

・$\bar{x}$の平均はμ、$\bar{x}$の平均の分散はσ^2 / n、$\bar{x}$の平均の標準偏差は$\sigma/\sqrt{n}$になる。

・母集団の分布が正規分布であるときは、$\bar{x}$の平均の分布も正規分布になる。

・母集団の分布が正規分布でないときも、nの値を大きくしていけば、$\bar{x}$の平均の分布は正規分布に近づく。

ということが成立します。これが中心極限定理です。

●t検定

2つの母集団の平均の検定には、次の3つのt検定が使われます。

▼独立な2群のt検定

• 対応のない2群のt検定（スチューデントのt検定）

2つの母集団が独立したものであり、母分散が等しいと仮定できる場合。

・スチューデントのt検定における検定統計量：

$$\text{検定統計量 } t = \frac{\bar{x}_1 - \bar{x}_2}{\sqrt{\left(\frac{1}{n_1} + \frac{1}{n_2}\right)\frac{(n_1-1)\hat{\sigma}_1^2 + (n_2-1)\hat{\sigma}_2^2}{n_1+n_2-2}}}$$

は、自由度$(n_1 + n_2 - 2)$のt分布に従う。

・母分散σ^2を推定するための不偏推定量$\hat{\sigma}^2_{pooled}$：

$$\hat{\sigma}^2_{pooled} = \frac{(n_1-1)\hat{\sigma}_1^2 + (n_2-1)\hat{\sigma}_2^2}{n_1+n_2-2}$$

• 対応のない2群のt検定（ウェルチのt検定）

2つの母集団が独立したものであり、母分散が異なる場合。

・ウェルチのt検定の検定統計量

$$\text{検定統計量 } t = \frac{\text{平均}_1 - \text{平均}_2}{\sqrt{\frac{\text{不偏分散}_1}{\text{サンプルサイズ}_1} + \frac{\text{不偏分散}_2}{\text{サンプルサイズ}_2}}} = \frac{\bar{x}_1 - \bar{x}_2}{\sqrt{\frac{u_1^2}{n_1} + \frac{u_2^2}{n_2}}}$$

▼対応のある2群のt検定

調査の対象が同じで、双方に「対応がある」2群の場合。

・対応のあるt検定のための検定統計量：

$$t = \frac{\overline{D} - \mu_D}{\frac{\hat{\sigma}\,D}{\sqrt{n}}}$$

この分布は「自由度$df = n - 1$」のt分布に従う。

な行

●2要因の分散分析（対応なし）

対応のない2元配置の分散分析とも呼ばれます。1つの水準の組み合わせに対して単一のデータしか得られていない2因子の分散分析です。

●2要因の分散分析（対応あり）

対応のある2元配置の分散分析とも呼ばれます。2要因の分散分析（対応なし）では考慮できない、因子の相乗効果である**交互作用**を検証することができます。

●二項分布

成功確率がpの試行を独立にn回繰り返したときの成功回数Xの確率分布のことを、確率pに対する次数nの「二項分布」といいます。確率変数$P\{X = x\}$を$p(x)$と表すとき、二項分布の確率変数Xの確率分布を求める式は、次のようになります。

$$p(x) = {}_nC_k\, p^k (1-p)^{n-k} \quad (k = 0, 1, 2, \cdots, n)$$

は行

●外れ値

調査や実験によって得られた観測値の中で、真の値の推定値からの差が異常に大きな観測値のことです。

●ヒストグラム

度数分布や相対度数分布の様子が一見してわかるように、棒状のグラフで表したものです。連続型の変量の場合、データの数を増やし、階級の幅を小さくしていくと、度数の分布を表す棒グラフの間隔が狭まって曲線に近づいていきます。

●非線形回帰分析

２次式や指数、対数などの複雑な式を回帰方程式に利用する回帰分析です。ロジスティック関数を用いた非線形回帰分析などがあります。

●非復元抽出

母集団からサンプルを抽出する際に、抽出したサンプルを母集団に戻さずに抽出を続けることです。

●標準化

確率変数を変換することで、分布の平均や標準偏差を特定の値にすることです。一般的に、

$$z = \frac{X - \mu}{\sigma}$$

の変換を行って、平均が0、標準偏差が１の標準正規分布に換算することを指します。

●標準正規分布

平均が0、標準偏差が１の正規分布のことです。標準正規分布の確率密度関数は、

$$f(x) = \frac{1}{\sqrt{2\pi}} e^{-\frac{1}{2}x^2}$$

の式で表されます。

一般的な正規分布$N(\mu, \sigma^2)$は、標準化$z = (X - \mu)/\sigma$を行うことで、$N(0, 1^2)$の標準正規分布に変換されます。

●標準偏差

分散の正の平方根です。標本の標準偏差は次の式を使って求めます。

n個のデータ　　　：$\{x_1, x_2, x_3, \cdots, x_n\}$

n個のデータの平均：$\bar{x}$

標本標準偏差 $s = \sqrt{\dfrac{(x_1 - \bar{x})^2 + (x_2 - \bar{x})^2 + (x_3 - \bar{x})^2 + \cdots + (x_n - \bar{x})^2}{n〔データの個数〕}}$

※母集団の標準偏差は「σ」と表します。

●標本

母集団から取り出した１つのデータのことで、**サンプル**とも呼びます。

●標本平均

母集団から取り出した標本の平均です。母平均をμと表すのに対し、$\bar{x}$のように表されます。

●復元抽出

母集団から標本を取り出す際に、一度取り出した標本をもとに戻してから抽出を続けることを指します。

●不偏分散

標本から母集団のことを予測する場合、標本分散の値が母分散の値よりも小さ目になるので、これを避けるため、データの個数n（サンプルサイズ）から１を引いた値で割るようにします。これが「不偏分散（u^2）」です。本書では、**標本分散**s^2に対して、u^2の記号で表しています。

不偏分散 $(u^2) = \dfrac{(x_1 - \bar{x})^2 + (x_2 - \bar{x})^2 + (x_3 - \bar{x})^2 + \cdots + (x_n - \bar{x})^2}{n - 1}$

●分散

データのバラツキ具合を表す値のことで、標本の分散は次の式を使って求めます。

n個のデータ　　　：$\{x_1, x_2, x_3, \cdots, x_n\}$

n個のデータの平均：$\bar{x}$

標本分散 $s^2 = \dfrac{(x_1 - \bar{x})^2 + (x_2 - \bar{x})^2 + (x_3 - \bar{x})^2 + \cdots + (x_n - \bar{x})^2}{n〔データの個数〕}$

※母集団の分散は「σ^2」と表します。

●偏差

個々の観測値と観測値全体から求めた平均との差のことです。

●**偏差平方和**

すべての偏差を2乗して、その総和を求めた値のことです。偏差平方和をデータの個数nで割ったものが分散です。

●**変量**

変化する量のことを**変数**と呼ぶのに対し、変数に観測値として実際の数値が与えられているときに、これを**変量**と呼びます。例えば、身長や体重を測定した場合、身長や体重が「変量」であり、変量がとる170.5や58.2などの値が**変量の値**、または**観測値**になります。

●**母標準偏差**

母分散の生の平方根で、

$$母標準偏差[\sigma] = \sqrt{母分散[\sigma^2]}$$

の式で求めます。

●**母分散**

母集団の分散のことで、σ^2の記号で表されます。

●**母平均**

母集団の平均です。一般的にμの記号で表されます。

ま行

●**無作為抽出**

母集団からランダムに標本を抽出することです。**ランダムサンプリング**とも呼ばれます。

●**目的変数**

回帰分析において、ほかの変数から説明される変数のことを指します。

や行

●**有意**

統計的仮説検定において、帰無仮説が棄却される場合のことを指します。「有意な差がある」のように表現します。

●**有意水準**

統計的仮説検定において、帰無仮説が真であるにもかかわらず、それが棄却される（つまり誤った判断をする）確率のことで、**危険率**とも呼びます。有意水準として0.05（5%）や0.01（1%）を用いることが多いです。

●**両側検定**

統計的仮説検定において、棄却域を、観測値から算出された統計量の分布の両端に設定して行う検定のことです。

Appendix

3 用語索引

ひらがな・カタカナ

■あ行

■か行

■さ行

■た行

■な行

■は行

■ま行

■や行

■ら行

アルファベット

■A～C

■D～H

■I～O

■P～R

■S～Z

数字

記号・ギリシャ文字

MEMO

■本文イラスト　中西　隆浩

R統計解析パーフェクトマスター
(R4完全対応) [統計＆機械学習第2版]

発行日　2022年10月 1日　　第1版第1刷

著　者　金城　俊哉

発行者　斉藤　和邦
発行所　株式会社　秀和システム
〒135-0016
東京都江東区東陽2-4-2　新宮ビル2F
Tel 03-6264-3105（販売）Fax 03-6264-3094
印刷所　三松堂印刷株式会社

ISBN978-4-7980-6772-8 C3055

定価はカバーに表示してあります。
乱丁本・落丁本はお取りかえいたします。
本書に関するご質問については、ご質問の内容と住所、氏名、電話番号を明記のうえ、当社編集部宛FAXまたは書面にてお送りください。お電話によるご質問は受け付けておりませんのであらかじめご了承ください。

R 統計プログラミングをマスターする 3つのステップ

プログラミングの準備

❶ データマイニングの環境を用意しよう

- Rのインストール
- RStudioのインストール

❷ RStudioの「コンソール」を使おう

- 数値計算に慣れましょう。
- Rのソースコードを入力してプログラムを実行することに慣れましょう。

❸ プロジェクトの作成

自分で作成したRプログラムを管理するプロジェクトの作成と保存方法を知りましょう。

❹ ソースファイルの作成とソースコードの入力

ソースファイルを作成してRのソースコードを入力することに慣れましょう。

❺ R プログラムの実行

ソースファイルにコードを書き込めば、それは立派なRプログラムです！　プログラムを実行する方法をマスターしましょう。

Rプログラムの作り方を知ろう

- データを扱う方法を知りましょう。
- 意図したとおりにプログラムを動かせるようにしましょう。

Rでデータマイニング

統計学で培われてきた各種の分析手法をRプログラムで実践しましょう!

記述統計	推測統計	ビッグデータ用
代表値 データの散らばり データの分布	母集団と標本 独立性の検定 t検定 分散分析 線形回帰分析 非線形回帰分析 一般化線形モデル	クラスター分析

サンプルデータのダウンロード方法

本書で紹介したデータは、㈱秀和システムのホームページからダウンロードできます。本書を読み進めるときや説明に従って操作するときは、サンプルデータをダウンロードして利用されることをおすすめします。

サンプルデータについて

ダウンロードは以下のサイトから行ってください。また、解凍の方法は次ページをご参照ください。

㈱秀和システムのホームページ

https://www.shuwasystem.co.jp/

サンプルファイルのダウンロードページ

https://www.shuwasystem.co.jp/books/r_sa_permas_2nd/

ファイルを解凍すると、フォルダーが開きます。そのフォルダーの中には、サンプルファイルが節ごとに格納されていますので、目的のサンプルファイルをご利用ください。

なお、解凍したファイルは、操作を始める前にバックアップを作成してから利用されることをおすすめします。

▼サンプルデータのフォルダー構造

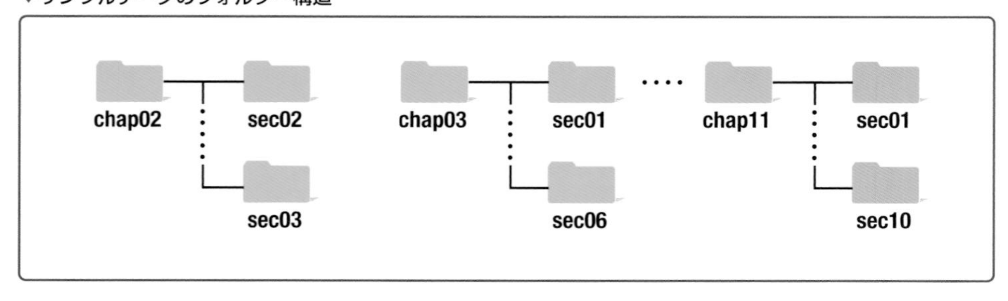